应用数学基础

主　编　胡　晶
副主编　乔海英　牛换生　胡宗河

中国人民大学出版社
·北京·

前言

高等数学由于它的基础作用，它提供的理论与方法的巧妙以及它在应用时的简洁和有效，使得它已经成为当代科学与技术进步、经济与社会发展离不开的一门基础学科. 为了满足各类人才培养的需要，适用于不同层次、不同专业的高等数学教材大量涌现，我们认为，一部好的高等数学教材，除了应具备科学性、系统性、严肃性之外，还必须有利于学生在教师引导下的主动学习. 因此，有两点显得特别重要：一是针对性，即根据培养目标、读者的基础和学习需要，对教材有一个准确的定位. 这样，教材内容的确定、素材的选取、结构和时间的安排等都能与之相适应，做到定位准确、结构合理、针对性强. 二是可读性，即在语言文字上下工夫，在表现方式上有"悬念情节"，要"有味道"，破除人们对数学教材是那种"枯燥无味的符号文字游戏"的误识.

本书是为高等职业教育、开放教育理工类和经济类学生编写的一部应用数学基础教材，其内容是高等数学的一部分，要求学生具有简单的一元函数微积分的基础. 本书将所有内容分为三编，分别涉及线性代数、概率论和数理统计三个数学分支. 由于它涵盖面宽，各个分支知识内容的思维方式有所不同，知识的衔接性不太强，甚至有些内容初学时难以理解. 比如，概率论与数理统计基础部分，学生普遍感到课难懂、书难念、题难做. 为此，在本书的编写过程中，我们注意做到以下几点：

1. 针对学习对象群体的文化基础水平、理工类和经济类专业特点以及培养目标，恰当定位，以提高学生的文化素质和培养学生量化分析问题的意识为宗旨.

2. 以基本、实用、易自学、易掌握为原则，遵循知识体系的系统性与科学性，但不追求知识体系的完整性，一些定理只给出结论而不进行大篇幅的逻辑推理证明，淡化理论性，注重实用性.

3. 在一些概念的描述上，大胆对传统和现行教材进行改革尝试，如逆矩阵定义等与传统定义有所不同，在不失科学性和严谨性的前提下，力求精简，使学生更容易接受.

4. 注意用通俗的语言引入概念，结合实际生活中注意到或还没有注意到的实际案例，介绍用于解决问题的数学思想或方法. 让学生在学习数学的过程中，一方面感到“有味道、有兴趣”，数学不再深奥，数学不再难学，数学就在我们身边；另一方面也感悟到数学思想的深刻性，还体会到数学知识的基础性和数学应用的广泛性.

5. 在讲清基本概念、基本思想的基础上，在基本定理、基本方法的应用上下工夫，尽量从多个方面给出一定数量的例题和习题，帮助学生对知识内容的深刻理解，解决好做题难的问题.

6. 除第 3 章外，每章都有相应的 MATLAB 数学实验，学生通过学习 MATLAB 应用软件，掌握该软件的基本操作技能和方法，对所学内容进行数学验证、推理或计算，这有助于提高学生运用所学知识分析、解决实际问题的能力，并为今后的进一步学习和从事实际工作奠定一定的基础.

7. 为了减轻学生的学习负担和经济负担，尽可能做到突出重点和有效解决难点，争取一部文字教材解决问题. 每一编试图通过“引子”从学生学过的知识内容中引出本编的内容，介绍本编所要解决的问题，引起学生学习的兴趣；学生容易混淆或易错的地方以黑体“注意”的方式给予提示；关键之处给出一些“思考题”引导学生深入思考；部分带“*”号内容仅供学有余力的学生选读；每章开始设有学习要求，最后配有知识考核点及典型试题，学生学习完一章内容后可以归纳总结和自我测试；本书的最后一节给出一个真实的案例分析，将本书各编的知识内容进行综合运用，同时引导学生注意将所学的数学思想和方法应用到社会生产、生活中分析与解决实际问题.

通过本课程的学习，学生应能了解并能够处理好多个变量之间的线性关系问题，掌握研究和解决随机现象统计规律性问题的基本思想和基本方法.

本书由胡晶教授担任主编，乔海英、牛换生、胡宗河担任副主编，各部分编写人员情况是：第 1 章由胡晶、韩晓东、梁晶晶编写；第 2 章由乔海英编写；第 3 章由胡宗河、赵凌华编写；第 4 章由胡晶、肖欣、王惠书编写；第 5 章由胡晶、牛换生编写；第 6 章由胡晶编写；各章 MATLAB 数学实验均由乔海英、牛换生编写. 徐兰栓教授将全部习题及答案进行了审核和校正. 全书由胡晶教授统稿. 张存桂教授、高俊科教授仔细审阅了全部书稿，提出了许多宝贵意见，王金山老师对此书的编写也提出了许多好的建议，在此一并表示感谢！

由于编者水平有限，虽为使本书达到最好效果尽了最大努力，但疏漏之处在所难免，诚望各位同行、老师、学生、读者给予批评指正.

编者
2012 年 2 月

目　录

第一编　线性代数

第二编 概率论

第三编　数理统计基础

第一编　线性代数

引　子

本编为线性代数的内容. 线性代数是数学中与微积分具有同等地位和重要性的一个数学分支.

在中学的数学学习中，我们学习过二元一次方程 $ax+by=c$ (a,b 不同时为零). “元”是指未知量的个数；“次”是指未知量的次数，也称为未知量的幂数；“一次方程”是指方程中所有未知量都是一次的. 二元一次方程 $ax+by=c$ 是一个恒等式，两个未知量 x,y 受此方程的制约，由此也反映了 x,y 之间的关系，这种关系是涉及两个未知量之间的所有关系中最简单的关系. 由于二元一次方程 $ax+by=c$ 与平面上的一条直线建立了一种对应关系，因而，这种关系称为二元线性关系. 求解二元一次方程组$\begin{cases}a_1x+b_1y=c_1\\a_2x+b_2y=c_2\end{cases}$，实际上是求解两个二元一次方程 $a_1x+b_1y=c_1$ 与 $a_2x+b_2y=c_2$ 对应的两条直线的交点问题. 二元一次方程组也叫二元线性方程组. 对于二元线性方程组解的情况有三种可能：

(1) 若两条直线相交，两条直线有唯一交点，那么对应的方程组有唯一解；

(2) 若两条直线重合，两条直线有无穷多个交点，那么对应的方程组有无穷多解；

(3) 若两条直线平行，两条直线没有交点，那么对应的方程组无解.

这样，我们把二元一次方程组解的存在情况用几何的方法很直观地分析出来了.

对于三个量 x,y,z，三元一次方程 $ax+by+cz=d$ (a,b,c 不同时为零) 表达了 x,y,z 之间最简单的相互制约、相互依赖关系，它的图形需要在空间直角坐标系中画出来，这个图形是空间中的一个平面. 三元一次方程与空间平面之间也建立了一种对应的关系. 虽然三元一次方程已经不再表示直线了，但我们还是习惯上称它为三元线性方程. 当 x,y,z 受多种因素影响或受多种因素相互制约、相互依赖时，就得到由多个三元线性方程构成的方程组，如

$$\begin{cases}a_1x+b_2y+c_3z=d_1\\a_2x+b_2y+c_2z=d_2\\a_3x+b_3y+c_3z=d_3\\\quad\cdots\\a_mx+b_my+c_mz=d_m\end{cases}.$$

与平面中的直线类似，利用三元一次方程与空间平面的相互位置对应关系，可以分析三元线性方程组解的存在也有三种情况：

(1) 若所有平面相交于一点，即有一个公共的交点，那么对应的方程组有唯一解；

(2) 若所有平面交于一条直线或重合，这些平面就有无穷多个交点，那么对应的方程组有无穷多解；

(3) 若所有平面没有公共的交点，那么对应的方程组也就无解.

在客观世界中，有许多量不是孤立地而是彼此关联、相互依赖地存在着的.

例如，一个城市有三个重要的企业:一座煤矿，一座发电厂和一条地方铁路. 开采 1 元钱的煤，煤矿必须支付铁路 0.20 元的运输费，支付发电厂 0.25 元的电费；而生产 1 元钱的电力，发电厂需支付煤矿 0.55 元的燃料费，自己还需要支付 0.05 元的电费来驱动辅助设备及支付铁路 0.15 元的运输费；地方铁路获得 1 元钱的运输费，需支付煤矿 0.40 元的燃料费，支付发电厂 0.30 元的电费来驱动其他的辅助设备. 某个星期内，煤矿从外面接到 50 000 元煤的订货，发电厂从外面接到 25 000 元的电力订货，外界对地方铁路没有要求. 问这三个企业在这个星期内的生产总产值各为多少时才能精确地满足它们本身的需求和外界的要求?

要解决这一问题，需要建立煤矿、发电厂、地方铁路三个企业总产值之间的关系，即建立三元一次方程组，并对其求解.

线性代数就是要研究和揭示客观世界中存在着的所有量与量之间最简单、最基本、最普遍的一种关系——线性关系，这种关系通常用含有多个未知量、多个方程的线性方程组表示

$$\begin{cases} a_{11}x_1+a_{12}x_2+\cdots+a_{1n}x_n=b_1 \\ a_{21}x_1+a_{22}x_2+\cdots+a_{2n}x_n=b_2 \\ \cdots \quad \cdots \quad \cdots \quad \cdots \quad \cdots \\ a_{m1}x_1+a_{m2}x_2+\cdots+a_{mn}x_n=b_m \end{cases}.$$

通过本编两章内容的学习，对线性方程组进行比较深入的研究和讨论，不仅要了解线性方程组的表达方式，而且还要探究其本质，了解方程组解的存在条件、解的结构及其内在规律.

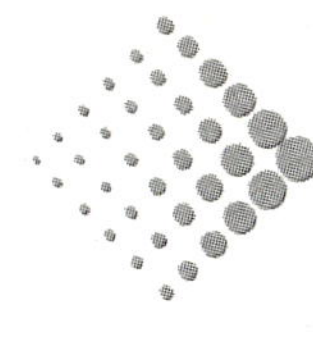

第 1 章

矩 阵

本章所介绍的矩阵是从许多实际问题的计算中抽象出来的一个数学概念. 它具有与数的运算不同的运算规律和性质,在数学、工程技术和经济管理等方面有着广泛的应用,也是我们研究线性方程组的表达工具和运算工具. 因此,矩阵是线性代数的主要研究对象之一. 本章主要介绍矩阵的概念与运算、几种特殊矩阵、方阵行列式、矩阵的初等行变换、可逆矩阵等内容,最后介绍数学实验,关于应用计算机软件 MATLAB 进行矩阵运算的基本操作程序.

学习要求

1. 理解矩阵的概念,熟练掌握矩阵相等的概念,以及矩阵的加法、数乘矩阵、矩阵的乘法、矩阵的转置等运算,了解它们的运算律.

2. 了解 $\boldsymbol{O}$ 矩阵、单位矩阵、数量矩阵、对角矩阵、上(下)三角矩阵、对称矩阵的定义,了解初等矩阵的定义和性质.

3. 了解 n 阶矩阵行列式的递归定义,掌握利用行列式性质计算行列式的方法,掌握方阵乘积行列式定理.

4. 了解克莱姆法则的条件、结论,掌握克莱姆法则关于齐次线性方程组存在非零解的推论.

5. 理解可逆矩阵和逆矩阵的概念及性质,掌握矩阵可逆的充分必要条件.

6. 熟练掌握求逆矩阵的初等行变换法,会用伴随矩阵法求逆矩阵,会解简单的矩阵方程.

7. 掌握矩阵秩的概念,会求矩阵的秩.

8. 会进行分块矩阵的代数运算.

§1.1 矩阵的概念及代数运算

1.1.1 矩阵的概念

当我们走进某一家商场，经常可以看到一些不同品牌、不同型号商品的价格表；在企业经常可以看到某些不同型号产品的产量报表和某些不同型号的原材料的耗材报表；在学校经常可以看到某班学生各门功课的考试成绩表. 这些表格都是由若干行和若干列的数组成的矩形阵表.

又如，一个国家的两个机场 A_1，A_2 与另一个国家的三个机场 B_1，B_2，B_3 的通航网络如图 1—1—1 所示. 每条连线上面的数字表示航线上不同航班的数目. 例如，由 A_1 到 B_1 有 5 个航班，A_2 到 B_1 没有航班，等等. 于是，航班信息可用下面 2 行 3 列的数表(见表 1—1—1)表示.

表 1—1—1

	B_1	B_2	B_3
A_1	5	1	2
A_2	0	4	3

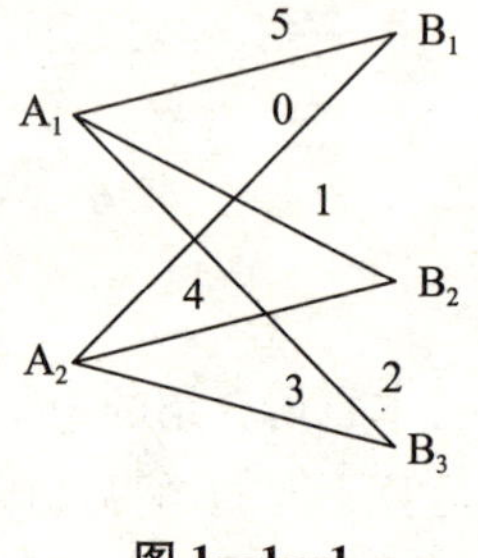

图 1—1—1

再有，由 n 个未知量、m 个方程组成的方程组

$$\begin{cases} a_{11}x_1+a_{12}x_2+\cdots+a_{1n}x_n=b_1 \\ a_{21}x_1+a_{22}x_2+\cdots+a_{2n}x_n=b_2 \\ \cdots \quad \cdots \quad \cdots \quad \cdots \quad \cdots \\ a_{m1}x_1+a_{m2}x_2+\cdots+a_{mn}x_n=b_m \end{cases},$$

如果把未知量的系数 a_{ij} $(i=1, 2, \cdots, m; j=1, 2, \cdots, n)$和常数项 b_i $(i=1, 2, \cdots, m)$按照原来的顺序写出，就得到一个 m 行、$n+1$ 列的矩形阵表

$$\begin{bmatrix} a_{11} & a_{12} & \cdots & a_{1n} & b_1 \\ a_{21} & a_{22} & \cdots & a_{2m} & b_2 \\ \cdots & \cdots & \cdots & \cdots & \cdots \\ a_{m1} & a_{m2} & \cdots & a_{mn} & b_m \end{bmatrix}.$$

当我们要在计算机上求解这个方程组时，必须按照这种数表的方式输入计算机.

其实，用矩形阵表来表达一些量或关系的办法是常用的. 我们把这种矩形阵表称为**矩阵**.

定义 1 由 $m\times n$ 个数排成 m 行、n 列，并括以方括号(或圆括号)的矩形阵表

$$\begin{bmatrix} a_{11} & a_{12} & \cdots & a_{1n} \\ a_{21} & a_{22} & \cdots & a_{2n} \\ \cdots & \cdots & \cdots & \cdots \\ a_{m1} & a_{m2} & \cdots & a_{mn} \end{bmatrix}$$

称为 m 行 n 列**矩阵**，简称 $m\times n$ **矩阵**，其中 a_{ij} 称为矩阵的第 i 行、第 j 列的**元素**.

通常用大写字母 $\boldsymbol{A}$，$\boldsymbol{B}$，$\boldsymbol{C}$，…表示矩阵. 有时为了标明一个矩阵的行数和列数，用 $\boldsymbol{A}=\boldsymbol{A}_{m\times n}=[a_{ij}]_{m\times n}$ 或 $(a_{ij})_{m\times n}$ 表示 m 行 n 列矩阵. a_{ij} 的第 1 个脚标 i 称为元素 a_{ij} 的**行脚标**，第 2 个脚标 j 称为元素 a_{ij} 的**列脚标**.

例如前面航班信息的例子中，航班信息可用矩阵

$$\boldsymbol{A}=\begin{bmatrix}5 & 1 & 2\\ 0 & 4 & 3\end{bmatrix}$$

表示. 其中，$a_{11}=5$ 表示从 A_1 机场到 B_1 机场的航班数为 5，$a_{23}=3$ 表示从 A_2 机场到 B_3 机场的航班数为 3.

在 $m\times n$ 矩阵中，当 $m=n$ 时，矩阵 $\boldsymbol{A}$ 称为 **n 阶矩阵**或 **n 阶方阵**，记作 $\boldsymbol{A}_n$ 或 $\boldsymbol{A}$ 并且将 $\boldsymbol{A}$ 的从左上角到右下角的对角线称为 n 阶方阵的**主对角线**. 例如，$\boldsymbol{A}=\begin{bmatrix}1 & 2\\ 3 & 4\end{bmatrix}$，对角线 1→4 为主对角线.

当 $m=1$ 时，矩阵只有一行，即 $[a_1\quad a_2\quad \cdots\quad a_n]$ 称为**行矩阵**；

当 $n=1$ 时，矩阵只有一列，即

$$\begin{bmatrix}a_1\\ a_2\\ \vdots\\ a_m\end{bmatrix}$$

称为**列矩阵**；所有元素都是 0 的矩阵称为 **$\boldsymbol{O}$ 矩阵(零矩阵)**，记作 $\boldsymbol{O}$. 强调 $\boldsymbol{O}$ 矩阵的行数和列数时，记作 $\boldsymbol{O}_{m\times n}$ 或 $\boldsymbol{O}_n$.

如 $\begin{bmatrix}0 & 0\\ 0 & 0\end{bmatrix}$ 和 $\begin{bmatrix}0 & 0 & 0 & 0\\ 0 & 0 & 0 & 0\\ 0 & 0 & 0 & 0\end{bmatrix}$ 分别是 2 阶 $\boldsymbol{O}$ 矩阵和 3×4 阶 $\boldsymbol{O}$ 矩阵.

1.1.2　矩阵的代数运算

当我们用矩阵来表达某些量时，有时客观上需要将两个矩阵联系起来. 如考虑某车间产品的产量，若用矩阵 $\boldsymbol{A}$ 表示第一天的产量

$$\boldsymbol{A}=\begin{array}{c}\text{零件1}\quad\text{零件2}\quad\text{零件3}\\ \begin{bmatrix}2\,000 & 1\,000 & 1\,000\\ 2\,500 & 1\,500 & 1\,200\\ 1\,500 & 1\,200 & 1\,000\end{bmatrix}\end{array}\begin{array}{l}\\ \text{甲班}\\ \text{乙班}\\ \text{丙班}\end{array},$$

用矩阵 $\boldsymbol{B}$ 表示第二天的产量

$$\boldsymbol{B}=\begin{array}{c}\text{零件1}\quad\text{零件2}\quad\text{零件3}\\ \begin{bmatrix}b_{11} & b_{12} & b_{13}\\ b_{21} & b_{22} & b_{23}\\ b_{31} & b_{32} & b_{33}\end{bmatrix}\end{array}\begin{array}{l}\\ \text{甲班}\\ \text{乙班}\\ \text{丙班}\end{array},$$

用矩阵 $\boldsymbol{C}$ 表示产品的单位价格、单位利润

$$\boldsymbol{C}=\begin{bmatrix} c_{11} & c_{12} \\ c_{21} & c_{22} \\ c_{31} & c_{32} \end{bmatrix}\begin{matrix}\text{零件 1}\\ \text{零件 2}\\ \text{零件 3}\end{matrix}.$$

（两列依次为：单位价格、单位利润）

我们要考虑：第一天、第二天的产量是否相等，或者这两天产量之和是多少，这些产品的总收入或总利润是多少等，就需要考虑矩阵 $\boldsymbol{A}$，$\boldsymbol{B}$，$\boldsymbol{C}$ 之间的运算. 要进行矩阵间的运算，首先需要定义两个矩阵相等.

1. 矩阵相等

定义 2 若两个矩阵 $\boldsymbol{A}=[a_{ij}]_{s\times p}$，$\boldsymbol{B}=[b_{ij}]_{r\times k}$ 满足

(1) 行数相同，即 $s=r$；

(2) 列数相同，即 $p=k$；

(3) 对应元素相等，即 $a_{ij}=b_{ij}$，$i=1, 2, \cdots, s$，$j=1, 2, \cdots, p$，

则称**矩阵 $\boldsymbol{A}$ 与 $\boldsymbol{B}$ 相等**，记作 $\boldsymbol{A}=\boldsymbol{B}$.

再来看上面的例子. 当 $b_{11}=2\ 000$，$b_{12}=b_{13}=b_{33}=1\ 000$，$b_{21}=2\ 500$，$b_{22}=b_{31}=1\ 500$，$b_{23}=b_{32}=1\ 200$ 时，第一天的产量与第二天的产量完全相同.

根据定义，矩阵 $\begin{bmatrix} 2 & 3 & 4 \\ 1 & 5 & 7 \end{bmatrix}$ 与 $\begin{bmatrix} a & b \\ c & d \end{bmatrix}$ 无论 a，b，c，d 取什么数值，它们都不可能相等，因为它们的列数不同.

例 1 设矩阵 $\boldsymbol{A}=\boldsymbol{B}$，且 $\boldsymbol{A}=\begin{bmatrix} x & 1 & 0 \\ 2 & y & z \end{bmatrix}$，$\boldsymbol{B}=\begin{bmatrix} 1 & a & b \\ c & 3 & 4 \end{bmatrix}$，求 x，y，z，a，b，c.

解 根据矩阵相等的定义，$x=1$，$y=3$，$z=4$，$a=1$，$b=0$，$c=2$.

满足定义 2 中(1)，(2)两个条件的矩阵，称为**同形矩阵**.

如果需要计算两天产量之和，只需将 $\boldsymbol{A}$，$\boldsymbol{B}$ 两个矩阵对应元素相加即可.

2. 矩阵的加法

定义 3 设 $\boldsymbol{A}=[a_{ij}]$，$\boldsymbol{B}=[b_{ij}]$ 都是 $m\times n$ 矩阵，则称 $m\times n$ 矩阵 $\boldsymbol{C}=[c_{ij}]$，其中 $c_{ij}=a_{ij}+b_{ij}$，$(i=1, 2, \cdots, m; j=1, 2, \cdots, n)$ 为 **$\boldsymbol{A}$ 与 $\boldsymbol{B}$ 之和**，记作 $\boldsymbol{C}=\boldsymbol{A}+\boldsymbol{B}$.

注意 只有两个同形矩阵才可以相加. 将两者的对应元素相加就得到它们的和.

例 2 设 $\boldsymbol{A}=\begin{bmatrix} 2 & 0 & 1 \\ 1 & 2 & 3 \end{bmatrix}$，$\boldsymbol{B}=\begin{bmatrix} 5 & 3 & -1 \\ 2 & -2 & 4 \end{bmatrix}$，求 $\boldsymbol{A}+\boldsymbol{B}$.

解 $\boldsymbol{A}+\boldsymbol{B}=\begin{bmatrix} 2 & 0 & 1 \\ 1 & 2 & 3 \end{bmatrix}+\begin{bmatrix} 5 & 3 & -1 \\ 2 & -2 & 4 \end{bmatrix}=\begin{bmatrix} 2+5 & 0+3 & 1+(-1) \\ 1+2 & 2+(-2) & 3+4 \end{bmatrix}=\begin{bmatrix} 7 & 3 & 0 \\ 3 & 0 & 7 \end{bmatrix}$.

3. 数与矩阵的乘法

由上面例子中 $\boldsymbol{A}$ 表示第一天的产量

$$\boldsymbol{A}=\begin{bmatrix} 2\ 000 & 1\ 000 & 1\ 000 \\ 2\ 500 & 1\ 500 & 1\ 200 \\ 1\ 500 & 1\ 200 & 1\ 000 \end{bmatrix}\begin{matrix}\text{甲班}\\ \text{乙班}\\ \text{丙班}\end{matrix},$$

（三列依次为：零件1、零件2、零件3）

如果第三天的产量是第一天产量的两倍，那么第三天的产量则是

$$2\boldsymbol{A}=2\begin{bmatrix}2\,000 & 1\,000 & 1\,000\\ 2\,500 & 1\,500 & 1\,200\\ 1\,500 & 1\,200 & 1\,000\end{bmatrix}\begin{matrix}\text{甲班}\\ \text{乙班}\\ \text{丙班}\end{matrix}=\begin{bmatrix}4\,000 & 2\,000 & 2\,000\\ 5\,000 & 3\,000 & 2\,400\\ 3\,000 & 2\,400 & 2\,000\end{bmatrix}\begin{matrix}\text{甲班}\\ \text{乙班}\\ \text{丙班}\end{matrix}.$$

定义 4　设矩阵 $\boldsymbol{A}=[a_{ij}]_{m\times n}$，$\lambda$ 为任意常数，则称矩阵 $\boldsymbol{C}=[c_{ij}]_{m\times n}$，其中 $c_{ij}=\lambda a_{ij}(i=1,2,\cdots,m;j=1,2,\cdots,n)$ 为**数 λ 与矩阵 $\boldsymbol{A}$ 的乘积**，简称**数乘矩阵**，记作 $\boldsymbol{C}=\lambda\boldsymbol{A}$.

例 3　设 $\boldsymbol{A}=\begin{bmatrix}1 & 2\\ 5 & 4\\ -1 & -3\end{bmatrix}$，求 $3\boldsymbol{A}$ 及 $-\boldsymbol{A}$.

解　由定义得 $3\boldsymbol{A}=\begin{bmatrix}3\times1 & 3\times2\\ 3\times5 & 3\times4\\ 3\times(-1) & 3\times(-3)\end{bmatrix}=\begin{bmatrix}3 & 6\\ 15 & 12\\ -3 & -9\end{bmatrix}$，

$$-\boldsymbol{A}=(-1)\boldsymbol{A}=\begin{bmatrix}(-1)\times1 & (-1)\times2\\ (-1)\times5 & (-1)\times4\\ (-1)\times(-1) & (-1)\times(-3)\end{bmatrix}=\begin{bmatrix}-1 & -2\\ -5 & -4\\ 1 & 3\end{bmatrix}.$$

注意　数 λ 乘矩阵 $\boldsymbol{A}$ 等于数 λ 乘矩阵 $\boldsymbol{A}$ 的每一个元素；$-\boldsymbol{A}$ 等于 -1 乘 $\boldsymbol{A}$，即 $\boldsymbol{A}$ 的每一个元素变号.

设矩阵 $\boldsymbol{A}=[a_{ij}]_{m\times n}$，$\boldsymbol{B}=[b_{ij}]_{m\times n}$，根据定义 3 和定义 4 不难验证矩阵加法满足以下运算律：

(1) 加法交换律：$\boldsymbol{A}+\boldsymbol{B}=\boldsymbol{B}+\boldsymbol{A}$；

(2) 加法结合律：$(\boldsymbol{A}+\boldsymbol{B})+\boldsymbol{C}=\boldsymbol{A}+(\boldsymbol{B}+\boldsymbol{C})$；

据此，今后凡是 3 个或 3 个以上矩阵相加，可以不用括号表明运算顺序.

(3) $\boldsymbol{O}$ 矩阵满足：$\boldsymbol{A}+\boldsymbol{O}=\boldsymbol{A}$；

(4) $\boldsymbol{A}$ 与 $\boldsymbol{B}$ 的差：$\boldsymbol{A}-\boldsymbol{B}=\boldsymbol{A}+(-\boldsymbol{B})=[a_{ij}-b_{ij}]$.

根据数乘矩阵的定义不难验证，对于任意常数 k，l 和矩阵 $\boldsymbol{A}=[a_{ij}]_{m\times n}$，$\boldsymbol{B}=[b_{ij}]_{m\times n}$ 满足以下运算律：

(1) 数对矩阵的分配律：$k(\boldsymbol{A}+\boldsymbol{B})=k\boldsymbol{A}+k\boldsymbol{B}$；

(2) 矩阵对数的分配律：$(k+l)\boldsymbol{A}=k\boldsymbol{A}+l\boldsymbol{A}$；

(3) 数与矩阵的结合律：$(kl)\boldsymbol{A}=k(l\boldsymbol{A})=l(k\boldsymbol{A})$；

(4) 数 1 与矩阵满足：$1\boldsymbol{A}=\boldsymbol{A}$.

例 4　设矩阵 $\boldsymbol{A}=\begin{bmatrix}1 & 3 & 5\\ -1 & 0 & 3\end{bmatrix}$，$\boldsymbol{B}=\begin{bmatrix}-1 & 0 & 7\\ 4 & -1 & 3\end{bmatrix}$，求 $\boldsymbol{A}-\boldsymbol{B}$.

解　$\boldsymbol{A}-\boldsymbol{B}=\begin{bmatrix}1 & 3 & 5\\ -1 & 0 & 3\end{bmatrix}-\begin{bmatrix}-1 & 0 & 7\\ 4 & -1 & 3\end{bmatrix}$

$$=\begin{bmatrix}1-(-1) & 3-0 & 5-7\\ -1-4 & 0-(-1) & 3-3\end{bmatrix}=\begin{bmatrix}2 & 3 & -2\\ -5 & 1 & 0\end{bmatrix}.$$

例 5　设两个 3×4 矩阵 $\boldsymbol{A}=\begin{bmatrix}3 & -2 & 4 & 5\\ 2 & -1 & 3 & 4\\ 1 & 6 & 0 & 2\end{bmatrix}$，$\boldsymbol{B}=\begin{bmatrix}4 & -3 & 5 & -10\\ 8 & 3 & 2 & 4\\ -1 & 8 & 3 & -1\end{bmatrix}$，求 $3\boldsymbol{A}-2\boldsymbol{B}$.

解 $3\boldsymbol{A}-2\boldsymbol{B}=3\begin{bmatrix}3&-2&4&5\\2&-1&3&4\\1&6&0&2\end{bmatrix}-2\begin{bmatrix}4&-3&5&-10\\8&3&2&4\\-1&8&3&-1\end{bmatrix}$

$=\begin{bmatrix}9&-6&12&15\\6&-3&9&12\\3&18&0&6\end{bmatrix}-\begin{bmatrix}8&-6&10&-20\\16&6&4&8\\-2&16&6&-2\end{bmatrix}$

$=\begin{bmatrix}1&0&2&35\\-10&-9&5&4\\5&2&-6&8\end{bmatrix}.$

例 6 已知矩阵$\boldsymbol{A}=\begin{bmatrix}3&-1&2&0\\1&5&7&9\\5&4&-3&6\end{bmatrix}$，$\boldsymbol{B}=\begin{bmatrix}7&5&-4&4\\5&1&9&7\\3&-2&1&8\end{bmatrix}$，且$\boldsymbol{A}+2\boldsymbol{X}=\boldsymbol{B}$，求矩阵$\boldsymbol{X}$.

解 由$\boldsymbol{A}+2\boldsymbol{X}=\boldsymbol{B}$得$\boldsymbol{X}=\frac{1}{2}(\boldsymbol{B}-\boldsymbol{A})$，因为

$$\boldsymbol{B}-\boldsymbol{A}=\begin{bmatrix}7&5&-4&4\\5&1&9&7\\3&-2&1&8\end{bmatrix}-\begin{bmatrix}3&-1&2&0\\1&5&7&9\\5&4&-3&6\end{bmatrix}=\begin{bmatrix}4&6&-6&4\\4&-4&2&-2\\-2&-6&4&2\end{bmatrix},$$

所以

$$\boldsymbol{X}=\frac{1}{2}\begin{bmatrix}4&6&-6&4\\4&-4&2&-2\\-2&-6&4&2\end{bmatrix}=\begin{bmatrix}2&3&-3&2\\2&-2&1&-1\\-1&-3&2&1\end{bmatrix}.$$

注意 这里$\frac{1}{2}(\boldsymbol{B}-\boldsymbol{A})$应理解为数$\frac{1}{2}$乘以矩阵$\boldsymbol{B}-\boldsymbol{A}$，而不是矩阵$\boldsymbol{B}-\boldsymbol{A}$除以 2.

4. 矩阵的乘法

再来看本小节开始的例子. 若求甲、乙、丙班第一天生产的总产值与总利润，可以考虑

$$\boldsymbol{AC}=\begin{bmatrix}2\,000&1\,000&1\,000\\2\,500&1\,500&1\,200\\1\,500&1\,200&1\,000\end{bmatrix}\begin{bmatrix}c_{11}&c_{12}\\c_{21}&c_{22}\\c_{31}&c_{32}\end{bmatrix}=\begin{bmatrix}d_{11}&d_{12}\\d_{21}&d_{22}\\d_{31}&d_{32}\end{bmatrix}=\boldsymbol{D},$$

其中

$$d_{11}=2\,000c_{11}+1\,000c_{21}+1\,000c_{31},$$
$$d_{21}=2\,500c_{11}+1\,500c_{21}+1\,200c_{31},$$
$$d_{31}=1\,500c_{11}+1\,200c_{21}+1\,000c_{31}$$

分别为甲、乙、丙班第一天生产的总产值；而

$$d_{12}=2\,000c_{12}+1\,000c_{22}+1\,000c_{32},$$
$$d_{22}=2\,500c_{12}+1\,500c_{22}+1\,200c_{32},$$
$$d_{32}=1\,500c_{12}+1\,200c_{22}+1\,000c_{32}$$

分别为甲、乙、丙班第一天生产的总利润.

定义 5　设 $\boldsymbol{A}=[a_{ij}]$ 是一个 $m\times s$ 矩阵，$\boldsymbol{B}=[b_{ij}]$ 是一个 $s\times n$ 矩阵，则称 $m\times n$ 矩阵 $\boldsymbol{C}=[c_{ij}]$，其中 $c_{ij}=a_{i1}b_{1j}+a_{i2}b_{2j}+\cdots+a_{is}b_{sj}=\sum\limits_{k=1}^{s}a_{ik}b_{kj}$，$i=1,2,\cdots,m$；$j=1,2,\cdots,n$，**为矩阵 $\boldsymbol{A}$ 与 $\boldsymbol{B}$ 的乘积**，记作 $\boldsymbol{C}=\boldsymbol{AB}$.

根据矩阵乘法定义，矩阵 $\boldsymbol{AB}=\boldsymbol{C}$ 有如下关系：

$$\begin{matrix}\text{共 } m \text{ 行}\\ \text{第 } i \text{ 行}\end{matrix}\overset{\text{共 } s \text{ 列}}{\begin{bmatrix}\cdots & \cdots & \cdots & \cdots\\ \cdots & \cdots & \cdots & \cdots\\ a_{i1} & a_{i2} & \cdots & a_{is}\\ \cdots & \cdots & \cdots & \cdots\end{bmatrix}}\overset{\text{共 } s \text{ 行, 共 } n \text{ 列}}{\underset{\text{第 } j \text{ 列}}{\begin{bmatrix}\cdots & \cdots & b_{1j} & \cdots\\ \cdots & \cdots & b_{2j} & \cdots\\ \cdots & \cdots & \cdots & \cdots\\ \cdots & \cdots & b_{sj} & \cdots\end{bmatrix}}}=\overset{\text{共 } n \text{ 列}}{\underset{\text{第 } j \text{ 列}}{\begin{bmatrix}\cdots & \cdots & \cdots & \cdots\\ \cdots & \cdots & \cdots & \cdots\\ \cdots & \cdots & c_{ij}=\sum\limits_{k=1}^{s}a_{ik}b_{kj} & \cdots\\ \cdots & \cdots & \cdots & \cdots\end{bmatrix}}}\begin{matrix}\text{共 } m \text{ 行}\\ \text{第 } i \text{ 行}\end{matrix}$$

注意　进行矩阵乘法运算时应注意以下三点：

(1)左矩阵 $\boldsymbol{A}$ 的列数等于右矩阵 $\boldsymbol{B}$ 的行数时，$\boldsymbol{A}$，$\boldsymbol{B}$ 才能相乘得 $\boldsymbol{AB}$，即 $\boldsymbol{AB}$ 有意义；

(2)两个矩阵的乘积 $\boldsymbol{AB}$ 亦是矩阵，它的行数等于左矩阵 $\boldsymbol{A}$ 的行数，它的列数等于右矩阵 $\boldsymbol{B}$ 的列数；

(3)乘积矩阵 $\boldsymbol{AB}$ 中第 i 行第 j 列的元素等于 $\boldsymbol{A}$ 的第 i 行与 $\boldsymbol{B}$ 的第 j 列对应元素乘积之和，简称行**乘列法则**.

例 7　已知 $\boldsymbol{A}$ 是 2×3 矩阵，$\boldsymbol{B}$ 是 3×4 矩阵，$\boldsymbol{C}$ 是 3×3 矩阵，问下列运算：$\boldsymbol{AB}$，$\boldsymbol{AC}$，$\boldsymbol{BA}$，$\boldsymbol{BC}$，$\boldsymbol{CA}$，$\boldsymbol{CB}$ 能否进行运算？若能进行，写出乘积矩阵的行数与列数.

解　$\boldsymbol{A}_{2\times3}\boldsymbol{B}_{3\times4}$，$\boldsymbol{A}_{2\times3}\boldsymbol{C}_{3\times3}$，$\boldsymbol{C}_{3\times3}\boldsymbol{B}_{3\times4}$ 左矩阵的列数与右矩阵的行数相等，所以能进行乘法运算. 因此，$\boldsymbol{AB}$ 是 2×4 矩阵，$\boldsymbol{AC}$ 是 2×3 矩阵，$\boldsymbol{CB}$ 是 3×4 矩阵. 而 $\boldsymbol{B}_{3\times4}\boldsymbol{A}_{2\times3}$，$\boldsymbol{B}_{3\times4}\boldsymbol{C}_{3\times3}$，$\boldsymbol{C}_{3\times3}\boldsymbol{A}_{2\times3}$ 左矩阵的列数与右矩阵的行数不等，所以不能进行乘法运算.

例 8　设矩阵 $\boldsymbol{A}=\begin{bmatrix}2 & 3 & 1\\ 0 & -1 & 1\end{bmatrix}$，$\boldsymbol{B}=\begin{bmatrix}-2 & 1 & 1\\ -1 & 2 & 1\\ 3 & 0 & 1\end{bmatrix}$，求 $\boldsymbol{AB}$.

解　由题设，$\boldsymbol{A}$ 是 2×3 矩阵，$\boldsymbol{B}$ 是 3×3 矩阵，所以 $\boldsymbol{AB}$ 可以进行乘法运算，且 $\boldsymbol{AB}$ 是 2×3 矩阵，

$$\begin{aligned}\boldsymbol{AB}&=\begin{bmatrix}2 & 3 & 1\\ 0 & -1 & 1\end{bmatrix}\begin{bmatrix}-2 & 1 & 1\\ -1 & 2 & 1\\ 3 & 0 & 1\end{bmatrix}\\ &=\begin{bmatrix}2\times(-2)+3\times(-1)+1\times3 & 2\times1+3\times2+1\times0 & 2\times1+3\times1+1\times1\\ 0\times(-2)+(-1)\times(-1)+1\times3 & 0\times1+(-1)\times2+1\times0 & 0\times1+(-1)\times1+1\times1\end{bmatrix}\\ &=\begin{bmatrix}-4-3+3 & 2+6+0 & 2+3+1\\ 0+1+3 & 0-2+0 & 0-1+1\end{bmatrix}=\begin{bmatrix}-4 & 8 & 6\\ 4 & -2 & 0\end{bmatrix}.\end{aligned}$$

思考题　对于例 8 中的 $\boldsymbol{A}$，$\boldsymbol{B}$，问 $\boldsymbol{BA}$ 有意义吗？

例 9　设矩阵 $\boldsymbol{A}=\begin{bmatrix}1 & 0 & 3\\ 2 & 1 & -1\end{bmatrix}$，$\boldsymbol{B}=\begin{bmatrix}-1 & 1 & 4\\ 3 & -2 & 1\\ 0 & 0 & 2\end{bmatrix}$，$\boldsymbol{C}=\begin{bmatrix}2\\ 1\\ 0\end{bmatrix}$，求 $(\boldsymbol{AB})\boldsymbol{C}$ 及 $\boldsymbol{A}(\boldsymbol{BC})$.

解 $(\boldsymbol{AB})\boldsymbol{C}$ 表示 $\boldsymbol{A}$ 先右乘 $\boldsymbol{B}$，有

$$\boldsymbol{AB}=\begin{bmatrix}1&0&3\\2&1&-1\end{bmatrix}\begin{bmatrix}-1&1&4\\3&-2&1\\0&0&2\end{bmatrix}=\begin{bmatrix}-1&1&10\\1&0&7\end{bmatrix},$$

再将 $\boldsymbol{AB}$ 之积右乘 $\boldsymbol{C}$，有

$$(\boldsymbol{AB})\boldsymbol{C}=\begin{bmatrix}-1&1&10\\1&0&7\end{bmatrix}\begin{bmatrix}2\\1\\0\end{bmatrix}=\begin{bmatrix}-1\\2\end{bmatrix}.$$

类似地，将 $\boldsymbol{B}$ 先右乘 $\boldsymbol{C}$，有

$$\boldsymbol{BC}=\begin{bmatrix}-1&1&4\\3&-2&1\\0&0&2\end{bmatrix}\begin{bmatrix}2\\1\\0\end{bmatrix}=\begin{bmatrix}-1\\4\\0\end{bmatrix},$$

再将 $\boldsymbol{A}$ 右乘 $\boldsymbol{BC}$ 之积，有

$$\boldsymbol{A}(\boldsymbol{BC})=\begin{bmatrix}1&0&3\\2&1&-1\end{bmatrix}\begin{bmatrix}-1\\4\\0\end{bmatrix}=\begin{bmatrix}-1\\2\end{bmatrix}.$$

由例 9 可以看出，$(\boldsymbol{AB})\boldsymbol{C}=\boldsymbol{A}(\boldsymbol{BC})$. 事实上，由矩阵乘法定义不难验证，矩阵乘法满足以下运算律：

(1) 结合律：$(\boldsymbol{AB})\boldsymbol{C}=\boldsymbol{A}(\boldsymbol{BC})$，其中 $\boldsymbol{A}=[a_{ij}]_{m\times n}$，$\boldsymbol{B}=[b_{ij}]_{n\times s}$，$\boldsymbol{C}=[c_{ij}]_{s\times p}$；

(2) 数乘结合律：$k(\boldsymbol{AB})=(k\boldsymbol{A})\boldsymbol{B}=\boldsymbol{A}(k\boldsymbol{B})$，其中 k 为任意常数，$\boldsymbol{A}=[a_{ij}]_{m\times s}$，$\boldsymbol{B}=[b_{ij}]_{s\times n}$；

(3) 分配律：$\boldsymbol{A}(\boldsymbol{B}+\boldsymbol{C})=\boldsymbol{AB}+\boldsymbol{AC}$，其中 $\boldsymbol{A}=[a_{ij}]_{m\times s}$，$\boldsymbol{B}=[b_{ij}]_{s\times n}$，$\boldsymbol{C}=[c_{ij}]_{s\times n}$；

$(\boldsymbol{B}+\boldsymbol{C})\boldsymbol{A}=\boldsymbol{BA}+\boldsymbol{CA}$，其中 $\boldsymbol{B}=[b_{ij}]_{m\times s}$，$\boldsymbol{C}=[c_{ij}]_{m\times s}$，$\boldsymbol{A}=[a_{ij}]_{s\times n}$.

注意 以上矩阵的乘法运算律与数的乘法运算律完全一致. 但是，由于矩阵乘法运算的特殊性，在许多方面它与数的乘法运算有着很大的区别. 表现为：

(1)矩阵乘法一般不满足交换律.

(2)矩阵乘法一般不满足消去律.

下面举例说明矩阵运算与数的运算的几点不同之处.

例 10 设 $\boldsymbol{A}$ 是一个行矩阵，$\boldsymbol{B}$ 是一个列矩阵，即 $\boldsymbol{A}=[a_1\quad a_2\quad\cdots\quad a_n]$，$\boldsymbol{B}=\begin{bmatrix}b_1\\b_2\\\vdots\\b_n\end{bmatrix}$，求 $\boldsymbol{AB}$ 及 $\boldsymbol{BA}$.

解 $\boldsymbol{AB}=[a_1\quad a_2\quad\cdots\quad a_n]\begin{bmatrix}b_1\\b_2\\\vdots\\b_n\end{bmatrix}=[a_1b_1+a_2b_2+\cdots+a_nb_n]$，

$$BA=\begin{bmatrix} b_1 \\ b_2 \\ \vdots \\ b_n \end{bmatrix}\begin{bmatrix} a_1 & a_2 & \cdots & a_n \end{bmatrix}=\begin{bmatrix} a_1b_1 & a_2b_1 & \cdots & a_nb_1 \\ a_1b_2 & a_2b_2 & \cdots & a_nb_2 \\ \cdots & \cdots & \cdots & \cdots \\ a_1b_n & a_2b_n & \cdots & a_nb_n \end{bmatrix}.$$

例 10 的计算结果表明，乘积矩阵 $\boldsymbol{BA}$ 是一个 n 阶矩阵，$\boldsymbol{AB}$ 是一个 1 阶矩阵，$\boldsymbol{AB}$，$\boldsymbol{BA}$ 都有意义，但它们不是同形矩阵. 因而，$\boldsymbol{AB}\neq\boldsymbol{BA}$.

另外，说明一点，一般情况下，如果运算的最后结果是一个 1 阶矩阵时，可以把它当作一个数看待，可以不加矩阵符号[　]. 但在运算过程中，不能把 1 阶矩阵看成一个数.

思考题　在矩阵的乘法运算过程中，为什么不能把 1 阶矩阵看成一个数?

例 11　设矩阵 $\boldsymbol{A}=\begin{bmatrix} 1 & 2 \\ 4 & 3 \end{bmatrix}$，$\boldsymbol{B}=\begin{bmatrix} 0 & 1 \\ -2 & -1 \end{bmatrix}$，求 $\boldsymbol{AB}$，$\boldsymbol{BA}$.

解　$\boldsymbol{AB}=\begin{bmatrix} 1 & 2 \\ 4 & 3 \end{bmatrix}\begin{bmatrix} 0 & 1 \\ -2 & -1 \end{bmatrix}=\begin{bmatrix} -4 & -1 \\ -6 & 1 \end{bmatrix}$，

$\boldsymbol{BA}=\begin{bmatrix} 0 & 1 \\ -2 & -1 \end{bmatrix}\begin{bmatrix} 1 & 2 \\ 4 & 3 \end{bmatrix}=\begin{bmatrix} 4 & 3 \\ -6 & -7 \end{bmatrix}$.

由例 8～例 11 知道，乘积矩阵 $\boldsymbol{AB}$ 有意义时，$\boldsymbol{BA}$ 不一定有意义，即使乘积矩阵 $\boldsymbol{AB}$，$\boldsymbol{BA}$ 都有意义，$\boldsymbol{AB}$ 与 $\boldsymbol{BA}$ 也不一定相等. 因此，矩阵乘法一般不满足交换律. 但有些矩阵可以满足 $\boldsymbol{AB}=\boldsymbol{BA}$.

例 12　设 $\boldsymbol{A}=\begin{bmatrix} 1 & 1 \\ 0 & 1 \end{bmatrix}$，$\boldsymbol{B}=\begin{bmatrix} 3 & 8 \\ 0 & 3 \end{bmatrix}$，求 $\boldsymbol{AB}$，$\boldsymbol{BA}$.

解　因为 $\boldsymbol{AB}=\begin{bmatrix} 3 & 11 \\ 0 & 3 \end{bmatrix}$，$\boldsymbol{BA}=\begin{bmatrix} 3 & 11 \\ 0 & 3 \end{bmatrix}$，所以，$\boldsymbol{AB}=\boldsymbol{BA}$.

需要强调的是，在进行矩阵乘法运算时，一定要考虑乘积次序，不能随意改变. 当 $\boldsymbol{AB}\neq\boldsymbol{BA}$时，称 $\boldsymbol{A}$，$\boldsymbol{B}$ 不可交换(或说 $\boldsymbol{A}$ 与 $\boldsymbol{B}$ 不可交换)；当 $\boldsymbol{AB}=\boldsymbol{BA}$ 时，称 $\boldsymbol{A}$，$\boldsymbol{B}$ 可交换(或说 $\boldsymbol{A}$ 与 $\boldsymbol{B}$ 可交换). 今后只有在已知 $\boldsymbol{A}$，$\boldsymbol{B}$ 可交换时，才能改变乘积次序.

例 13　设矩阵 $\boldsymbol{A}=\begin{bmatrix} -2 & 4 \\ -3 & 6 \end{bmatrix}$，$\boldsymbol{B}=\begin{bmatrix} 2 & 10 \\ 1 & 5 \end{bmatrix}$，$\boldsymbol{C}=\begin{bmatrix} -6 & 4 \\ -3 & 2 \end{bmatrix}$，求 $\boldsymbol{AB}$ 和 $\boldsymbol{AC}$.

解　$\boldsymbol{AB}=\begin{bmatrix} -2 & 4 \\ -3 & 6 \end{bmatrix}\begin{bmatrix} 2 & 10 \\ 1 & 5 \end{bmatrix}=\begin{bmatrix} 0 & 0 \\ 0 & 0 \end{bmatrix}$，

$\boldsymbol{AC}=\begin{bmatrix} -2 & 4 \\ -3 & 6 \end{bmatrix}\begin{bmatrix} -6 & 4 \\ -3 & 2 \end{bmatrix}=\begin{bmatrix} 0 & 0 \\ 0 & 0 \end{bmatrix}$.

由例 13 可以看到以下两点：

(1) 当 $\boldsymbol{AB}=\boldsymbol{AC}$ 且 $\boldsymbol{A}\neq\boldsymbol{O}$ 时，一般不能像数的运算一样消去 $\boldsymbol{A}$ 而得到 $\boldsymbol{B}=\boldsymbol{C}$.

(2) 在可以相乘的前提下，$\boldsymbol{O}$ 矩阵和任何矩阵的乘积为 $\boldsymbol{O}$ 矩阵. 反过来，即 $\boldsymbol{AB}=\boldsymbol{O}$ 时，不能保证 $\boldsymbol{A}$ 和 $\boldsymbol{B}$ 中至少有一个是 $\boldsymbol{O}$ 矩阵. 在例 13 中，$\boldsymbol{A}\neq\boldsymbol{O}$，$\boldsymbol{B}\neq\boldsymbol{O}$，$\boldsymbol{C}\neq\boldsymbol{O}$，但均有 $\boldsymbol{AB}=\boldsymbol{O}$，$\boldsymbol{AC}=\boldsymbol{O}$.

如果设

$$\boldsymbol{A}=\begin{bmatrix} a_{11} & a_{12} & \cdots & a_{1n} \\ a_{21} & a_{22} & \cdots & a_{2n} \\ \cdots & \cdots & \cdots & \cdots \\ a_{m1} & a_{m2} & \cdots & a_{mn} \end{bmatrix},\ \boldsymbol{X}=\begin{bmatrix} x_1 \\ x_2 \\ \vdots \\ x_n \end{bmatrix},\ \boldsymbol{B}=\begin{bmatrix} b_1 \\ b_2 \\ \vdots \\ b_m \end{bmatrix},$$

那么线性方程组

$$\begin{cases} a_{11}x_1+a_{12}x_2+\cdots+a_{1n}x_n=b_1 \\ a_{21}x_1+a_{22}x_2+\cdots+a_{2n}x_n=b_2 \\ \cdots\quad \cdots\quad \cdots\quad \cdots\quad \cdots \\ a_{m1}x_1+a_{m2}x_2+\cdots+a_{mn}x_n=b_m \end{cases} \cdots\cdots\cdots\cdots (1)$$

就可以表示为 $\boldsymbol{AX}=\boldsymbol{B}$，并且称 $\boldsymbol{AX}=\boldsymbol{B}$ 为线性方程组(1)的矩阵表示.

对于 n 阶方阵 $\boldsymbol{A}$，规定

$$\boldsymbol{A}^k=\underbrace{\boldsymbol{AA}\cdots\boldsymbol{A}}_{k\text{个}}$$

为**矩阵 $\boldsymbol{A}$ 的 k 次幂**，其中 k 是正整数.

5. 矩阵的转置

在实际问题中，有时需要把矩阵元素行的位置与列的位置互换. 比如，二阶矩阵 $\boldsymbol{A}=\begin{bmatrix} 1 & 2 \\ 3 & 4 \end{bmatrix}$，把 $\boldsymbol{A}$ 的行变为列，列变为行，得到一个新的矩阵 $\begin{bmatrix} 1 & 3 \\ 2 & 4 \end{bmatrix}$，这个矩阵叫做矩阵 $\boldsymbol{A}$ 的转置矩阵. 我们把它也看成矩阵的一种运算. 下面给出一般定义.

定义 6 把一个 $m\times n$ 矩阵

$$\boldsymbol{A}=\begin{bmatrix} a_{11} & a_{12} & \cdots & a_{1n} \\ a_{21} & a_{22} & \cdots & a_{2n} \\ \cdots & \cdots & \cdots & \cdots \\ a_{m1} & a_{m2} & \cdots & a_{mn} \end{bmatrix}$$

的行、列位置互换得到 $n\times m$ 矩阵称为 $\boldsymbol{A}$ 的**转置矩阵**，记作 $\boldsymbol{A}'$ 或 $\boldsymbol{A}^{\mathrm{T}}$，即

$$\boldsymbol{A}'=\begin{bmatrix} a_{11} & a_{21} & \cdots & a_{m1} \\ a_{12} & a_{22} & \cdots & a_{m2} \\ \cdots & \cdots & \cdots & \cdots \\ a_{1n} & a_{2n} & \cdots & a_{mn} \end{bmatrix}.$$

把矩阵的转置作为一种矩阵的运算，由矩阵转置定义，不难验证它满足以下运算律：

(1) $(\boldsymbol{A}')'=\boldsymbol{A}$;

(2) $(\boldsymbol{A}+\boldsymbol{B})'=\boldsymbol{A}'+\boldsymbol{B}'$;

(3) $(k\boldsymbol{A})'=k\boldsymbol{A}'$ (k 为常数);

(4) $(\boldsymbol{AB})'=\boldsymbol{B}'\boldsymbol{A}'$.

例 14 设 $\boldsymbol{A}=\begin{bmatrix} 1 & -1 & 3 \\ 0 & 1 & 2 \\ 1 & 2 & 0 \end{bmatrix}$，$\boldsymbol{B}=\begin{bmatrix} 4 & 1 \\ 2 & -1 \\ 0 & 1 \end{bmatrix}$，求 $\boldsymbol{A}'$，$\boldsymbol{B}'$，$\boldsymbol{AB}$，$\boldsymbol{B}'\boldsymbol{A}'$.

解 $A'=\begin{bmatrix}1&0&1\\-1&1&2\\3&2&0\end{bmatrix}$，$B'=\begin{bmatrix}4&2&0\\1&-1&1\end{bmatrix}$，

$$AB=\begin{bmatrix}1&-1&3\\0&1&2\\1&2&0\end{bmatrix}\begin{bmatrix}4&1\\2&-1\\0&1\end{bmatrix}=\begin{bmatrix}2&5\\2&1\\8&-1\end{bmatrix},$$

$$B'A'=\begin{bmatrix}4&2&0\\1&-1&1\end{bmatrix}\begin{bmatrix}1&0&1\\-1&1&2\\3&2&0\end{bmatrix}=\begin{bmatrix}2&2&8\\5&1&-1\end{bmatrix}.$$

例 15 若 A，B，C 为三个同阶方阵，证明：$(ABC)'=C'B'A'$.

证 $(ABC)'=[(AB)C]'=C'(AB)'=C'B'A'$.

本节关键词

矩阵 矩阵运算 矩阵加法 数乘矩阵 矩阵乘法 矩阵的转置

习题 1.1

1. 北京、天津、上海、沈阳四个城市中，北京到天津 130 公里，北京到沈阳 750 公里，北京到上海 1 200 公里，天津到沈阳 610 公里，天津到上海 1 070 公里，上海到沈阳 1 560 公里，试写出表示这四个城市距离的矩阵.

2. 设矩阵 $A=\begin{bmatrix}2&1&-4&b\\-1&a&-5&2\end{bmatrix}$，$B=\begin{bmatrix}c&1&-4&3\\-1&0&d&2\end{bmatrix}$，且 $A=B$，求元素 a，b，c，d.

3. 设 $A=\begin{bmatrix}1&2\\-3&5\end{bmatrix}$，$B=\begin{bmatrix}1&-1\\3&4\end{bmatrix}$，$C=\begin{bmatrix}5&4\\-1&3\end{bmatrix}$，求：(1) $A+B$；(2) $A+C$；(3) $2A+3C$；(4) $A+5B$；(5) $(AB)C$.

4. 设矩阵 $A=\begin{bmatrix}1&-2&1&2\\2&3&4&0\\-3&-5&1&-4\end{bmatrix}$，$B=\begin{bmatrix}-2&-3&0&6\\7&2&5&1\\4&-1&-2&0\end{bmatrix}$，

(1) 求 $3A-B$；

(2) 求 $2A+3B$；

(3) 若 X 满足 $A+X=B$，求 X；

(4) 若 Y 满足 $(3A-Y)+2(B-Y)=O$，求 Y.

5. 计算下列各题：

(1) $\begin{bmatrix}2&3&1\\1&-2&3\\0&5&6\end{bmatrix}\begin{bmatrix}7&2\\-1&0\\3&4\end{bmatrix}$；

(2) $\begin{bmatrix}0&1&0\\1&0&0\\0&0&1\end{bmatrix}\begin{bmatrix}1&2&3&4\\5&6&7&8\\9&10&11&12\end{bmatrix}$；

(3) $\begin{bmatrix}1&2&3\end{bmatrix}\begin{bmatrix}2\\3\\1\end{bmatrix}$；

(4) $\begin{bmatrix}2\\3\\1\end{bmatrix}\begin{bmatrix}1&2&3\end{bmatrix}$；

(5) $\begin{bmatrix}-2 & 3\\ 5 & -4\end{bmatrix}\begin{bmatrix}3 & 4\\ 2 & 5\end{bmatrix}$；

(6) $\begin{bmatrix}0 & 1\\ 1 & 0\end{bmatrix}\begin{bmatrix}5 & 3\\ 2 & 7\end{bmatrix}\begin{bmatrix}0 & 1\\ 1 & 0\end{bmatrix}$；

(7) $\begin{bmatrix}-1 & 2 & 3\\ 3 & -1 & 0\end{bmatrix}\begin{bmatrix}2 & 5 & 0\\ -4 & 3 & -2\\ 3 & -1 & 1\end{bmatrix}$；

(8) $\begin{bmatrix}1 & 1\\ -1 & -1\end{bmatrix}\begin{bmatrix}1 & 1\\ -1 & -1\end{bmatrix}$；

(9) $\begin{bmatrix}0 & 2\\ 0 & 3\end{bmatrix}\begin{bmatrix}1 & 1\\ 0 & 0\end{bmatrix}$；

(10) $\begin{bmatrix}1 & 1\\ 0 & 0\end{bmatrix}\begin{bmatrix}0 & 2\\ 0 & 3\end{bmatrix}$；

(11) $\begin{bmatrix}5 & 4\\ 3 & 1\end{bmatrix}\begin{bmatrix}0 & 1\\ 1 & 0\end{bmatrix}$；

(12) $\begin{bmatrix}0 & 1\\ 1 & 0\end{bmatrix}\begin{bmatrix}5 & 4\\ 3 & 1\end{bmatrix}$.

6. 计算：

(1) $\begin{bmatrix}2 & -1 & 5 & 7\\ 3 & 0 & -2 & -5\\ 4 & 6 & 1 & 1\end{bmatrix}\begin{bmatrix}x_1\\ x_2\\ x_3\\ x_4\end{bmatrix}$；

(2) $\begin{bmatrix}1 & 2 & 3\\ -1 & 2 & 1\\ 1 & -3 & 2\end{bmatrix}\begin{bmatrix}1 & 2 & 4\\ 2 & -4 & 1\\ -1 & 1 & 0\end{bmatrix}+\begin{bmatrix}2 & 4 & 5\\ 5 & 1 & -1\\ -3 & -2 & 7\end{bmatrix}$；

(3) $\begin{bmatrix}\frac{1}{3} & \frac{2}{3} & \frac{2}{3}\\ \frac{2}{3} & \frac{1}{3} & -\frac{2}{3}\\ \frac{2}{3} & -\frac{2}{3} & \frac{1}{3}\end{bmatrix}\begin{bmatrix}\frac{1}{3} & \frac{2}{3} & \frac{2}{3}\\ \frac{2}{3} & \frac{1}{3} & -\frac{2}{3}\\ \frac{2}{3} & -\frac{2}{3} & \frac{1}{3}\end{bmatrix}$；

(4) $\begin{bmatrix}x_1 & x_2 & x_3\end{bmatrix}\begin{bmatrix}a_{11} & a_{12} & a_{13}\\ a_{12} & a_{22} & a_{23}\\ a_{13} & a_{23} & a_{33}\end{bmatrix}\begin{bmatrix}x_1\\ x_2\\ x_3\end{bmatrix}$.

7. 设 $\boldsymbol{A}=\begin{bmatrix}3 & 1 & 1\\ 2 & 1 & 2\\ 1 & 2 & 3\end{bmatrix}$，$\boldsymbol{B}=\begin{bmatrix}1 & 1 & 1\\ 2 & -1 & 0\\ 1 & 0 & 1\end{bmatrix}$，求：(1) $\boldsymbol{A}'\boldsymbol{B}$；(2) $\boldsymbol{B}'\boldsymbol{A}$；(3) $\boldsymbol{AB}-\boldsymbol{BA}$.

8. 已知 $\boldsymbol{B}_1$，$\boldsymbol{B}_2$ 都与 $\boldsymbol{A}$ 可交换，证明：$\boldsymbol{B}_1+\boldsymbol{B}_2$，$\boldsymbol{B}_1\boldsymbol{B}_2$ 也都与 $\boldsymbol{A}$ 可交换.

9. 在 $\boldsymbol{A}$ 与 $\boldsymbol{B}$ 可交换的条件下，证明下列式子成立：

(1) $(\boldsymbol{A}+\boldsymbol{B})^2=\boldsymbol{A}^2+2\boldsymbol{AB}+\boldsymbol{B}^2$；

(2) $(\boldsymbol{A}+\boldsymbol{B})(\boldsymbol{A}-\boldsymbol{B})=\boldsymbol{A}^2-\boldsymbol{B}^2$；

(3) $(\boldsymbol{A}+\boldsymbol{B})^3=\boldsymbol{A}^3+3\boldsymbol{A}^2\boldsymbol{B}+3\boldsymbol{AB}^2+\boldsymbol{B}^3$.

§1.2 几种特殊矩阵

在这一节中将介绍几种特殊的矩阵(它们都是方阵)，这些特殊矩阵在矩阵理论中起着重要作用，了解它们的性质可以使矩阵运算较为简便.

1.2.1　单位矩阵

定义 1　主对角线上的元素都是 1，其余元素全是 0 的 n 阶方阵，称为 **n 阶单位矩阵**，记作 $\boldsymbol{I}_n$ 或 $\boldsymbol{I}$，即

$$\boldsymbol{I}_n=\begin{bmatrix}1 & 0 & \cdots & 0\\ 0 & 1 & \cdots & 0\\ \cdots & \cdots & \cdots & \cdots\\ 0 & 0 & \cdots & 1\end{bmatrix}.$$

例如，$\boldsymbol{I}_2=\begin{bmatrix}1 & 0\\ 0 & 1\end{bmatrix}$，$\boldsymbol{I}_3=\begin{bmatrix}1 & 0 & 0\\ 0 & 1 & 0\\ 0 & 0 & 1\end{bmatrix}$，分别是 2，3 阶单位矩阵.

在矩阵运算中，单位矩阵起着在数的运算中数 1 的作用. 在可以相乘的前提下，单位矩阵具有下列性质：

性质 1　$\boldsymbol{I}_m\boldsymbol{A}_{m\times n}=\boldsymbol{A}_{m\times n}$，$\boldsymbol{A}_{m\times n}\boldsymbol{I}_n=\boldsymbol{A}_{m\times n}$.

性质 2　当 $\boldsymbol{A}$ 是 n 阶矩阵时，$\boldsymbol{I}_n\boldsymbol{A}=\boldsymbol{A}$，$\boldsymbol{A}\boldsymbol{I}_n=\boldsymbol{A}$(单位矩阵与任何同阶方阵可交换).

规定：n 阶矩阵 $\boldsymbol{A}$ 的零次幂为 $\boldsymbol{I}_n$，即 $\boldsymbol{A}^0=\boldsymbol{I}_n$.

1.2.2　数量矩阵

定义 2　主对角线上的元素都是常数 k，其余元素全是 0 的 n 阶方阵，称为 **n 阶数量矩阵**，即

$$\begin{bmatrix}k & 0 & \cdots & 0\\ 0 & k & \cdots & 0\\ \cdots & \cdots & \cdots & \cdots\\ 0 & 0 & \cdots & k\end{bmatrix}.$$

例如，$\begin{bmatrix}a & 0\\ 0 & a\end{bmatrix}$，$\begin{bmatrix}b & 0 & 0\\ 0 & b & 0\\ 0 & 0 & b\end{bmatrix}$分别是 2，3 阶数量矩阵.

思考题　单位矩阵、$\boldsymbol{O}$ 矩阵是数量矩阵吗？

数量矩阵具有如下性质：

性质 1　数量矩阵等于数乘单位矩阵.

性质 2　n 阶数量矩阵与所有 n 阶矩阵可交换.

证　设 $\boldsymbol{A}$ 是 n 阶数量矩阵，$\boldsymbol{A}=k\boldsymbol{I}$. 对任何 n 阶矩阵 $\boldsymbol{C}$，有

$$\boldsymbol{A}\boldsymbol{C}=k\boldsymbol{I}\boldsymbol{C}=k(\boldsymbol{I}\boldsymbol{C})=k\boldsymbol{C}\boldsymbol{I}=\boldsymbol{C}(k\boldsymbol{I})=\boldsymbol{C}\boldsymbol{A}.$$

注意　性质 2 的逆命题也成立，即能与所有 n 阶矩阵可交换的矩阵一定是 n 阶数量矩阵. 请读者自己证明.

1.2.3　对角矩阵

定义 3　主对角线以外的元素全是 0 的 n 阶方阵称为 **n 阶对角矩阵**，即

$$\begin{bmatrix}a_1 & 0 & \cdots & 0\\ 0 & a_2 & \cdots & 0\\ \cdots & \cdots & \cdots & \cdots\\ 0 & 0 & \cdots & a_n\end{bmatrix},$$

记作 diag$[a_1, a_2, \cdots, a_n]$.

例如，$\begin{bmatrix} 2 & 0 \\ 0 & 1 \end{bmatrix}$，$\begin{bmatrix} 1 & 0 & 0 \\ 0 & -2 & 0 \\ 0 & 0 & 3 \end{bmatrix}$，$\begin{bmatrix} 1 & 0 & 0 & 0 \\ 0 & 8 & 0 & 0 \\ 0 & 0 & 0 & 0 \\ 0 & 0 & 0 & -3 \end{bmatrix}$均为对角矩阵.

思考题 单位矩阵、数量矩阵是对角矩阵吗？对角矩阵的主对角线上的元素都相等吗？对角矩阵的主对角线上可以有零元素吗？

由定义容易验证对角矩阵具有以下性质：

性质 1 两个同阶对角矩阵相加仍为对角矩阵.

性质 2 数乘对角矩阵仍为对角矩阵.

性质 3 两个同阶对角矩阵的乘积仍为对角矩阵，且它们的乘积可交换. 即

$$\begin{bmatrix} a_1 & 0 & \cdots & 0 \\ 0 & a_2 & \cdots & 0 \\ \cdots & \cdots & \cdots & \cdots \\ 0 & 0 & \cdots & a_n \end{bmatrix}\begin{bmatrix} b_1 & 0 & \cdots & 0 \\ 0 & b_2 & \cdots & 0 \\ \cdots & \cdots & \cdots & \cdots \\ 0 & 0 & \cdots & b_n \end{bmatrix}=\begin{bmatrix} a_1b_1 & 0 & \cdots & 0 \\ 0 & a_2b_2 & \cdots & 0 \\ \cdots & \cdots & \cdots & \cdots \\ 0 & 0 & \cdots & a_nb_n \end{bmatrix}.$$

性质 4 对角矩阵的转置矩阵仍为原对角矩阵，即 $\boldsymbol{A}=\boldsymbol{A}'$.

例 1 设矩阵 $\boldsymbol{A}=\begin{bmatrix} 2 & 0 & 0 \\ 0 & 5 & 0 \\ 0 & 0 & -3 \end{bmatrix}$，$\boldsymbol{B}=\begin{bmatrix} 2 & 0 & 0 \\ 0 & 1 & 0 \\ 0 & 0 & 3 \end{bmatrix}$，求 $\boldsymbol{A}+\boldsymbol{B}$，$-3\boldsymbol{A}+2\boldsymbol{B}$，$\boldsymbol{AB}$，$(\boldsymbol{AB})'$.

解 $\boldsymbol{A}+\boldsymbol{B}=\begin{bmatrix} 2 & 0 & 0 \\ 0 & 5 & 0 \\ 0 & 0 & -3 \end{bmatrix}+\begin{bmatrix} 2 & 0 & 0 \\ 0 & 1 & 0 \\ 0 & 0 & 3 \end{bmatrix}=\begin{bmatrix} 4 & 0 & 0 \\ 0 & 6 & 0 \\ 0 & 0 & 0 \end{bmatrix}$,

$$\begin{aligned} -3\boldsymbol{A}+2\boldsymbol{B} &= -3\begin{bmatrix} 2 & 0 & 0 \\ 0 & 5 & 0 \\ 0 & 0 & -3 \end{bmatrix}+2\begin{bmatrix} 2 & 0 & 0 \\ 0 & 1 & 0 \\ 0 & 0 & 3 \end{bmatrix} \\ &= \begin{bmatrix} -6 & 0 & 0 \\ 0 & -15 & 0 \\ 0 & 0 & 9 \end{bmatrix}+\begin{bmatrix} 4 & 0 & 0 \\ 0 & 2 & 0 \\ 0 & 0 & 6 \end{bmatrix} \\ &= \begin{bmatrix} -2 & 0 & 0 \\ 0 & -13 & 0 \\ 0 & 0 & 15 \end{bmatrix}, \end{aligned}$$

$$\boldsymbol{AB}=\begin{bmatrix} 2 & 0 & 0 \\ 0 & 5 & 0 \\ 0 & 0 & -3 \end{bmatrix}\begin{bmatrix} 2 & 0 & 0 \\ 0 & 1 & 0 \\ 0 & 0 & 3 \end{bmatrix}=\begin{bmatrix} 4 & 0 & 0 \\ 0 & 5 & 0 \\ 0 & 0 & -9 \end{bmatrix},$$

$$(\boldsymbol{AB})'=\begin{bmatrix} 4 & 0 & 0 \\ 0 & 5 & 0 \\ 0 & 0 & -9 \end{bmatrix}'=\begin{bmatrix} 4 & 0 & 0 \\ 0 & 5 & 0 \\ 0 & 0 & -9 \end{bmatrix}.$$

1.2.4　三角矩阵

定义 4　主对角线下方的元素全是 0 的 n 阶方阵称为 **n 阶上三角矩阵**，即

$$\begin{bmatrix} a_{11} & a_{12} & \cdots & a_{1n} \\ 0 & a_{22} & \cdots & a_{2n} \\ \cdots & \cdots & \cdots & \cdots \\ 0 & 0 & \cdots & a_{nn} \end{bmatrix}.$$

主对角线上方的元素全是 0 的 n 阶矩阵称为 **n 阶下三角矩阵**. 上、下三角矩阵统称为**三角矩阵**.

思考题　(1) 上(下)三角矩阵的主对角线上的元素可以有 0 吗?

(2) 单位矩阵、数量矩阵是三角矩阵吗?

从定义容易验证三角矩阵具有下列性质：

性质 1　上（下）三角矩阵的和、数乘、乘积仍是上（下）三角矩阵.

性质 2　上（下）三角矩阵的转置矩阵是下（上）三角矩阵.

例 2　设矩阵 $\boldsymbol{A}=\begin{bmatrix} 2 & -4 & 0 \\ 0 & 1 & 3 \\ 0 & 0 & 5 \end{bmatrix}$，$\boldsymbol{B}=\begin{bmatrix} 1 & 2 & -1 \\ 0 & 3 & -1 \\ 0 & 0 & 2 \end{bmatrix}$，求 $\boldsymbol{A}+\boldsymbol{B}$，$\boldsymbol{AB}$.

解　$\boldsymbol{A}+\boldsymbol{B}=\begin{bmatrix} 2 & -4 & 0 \\ 0 & 1 & 3 \\ 0 & 0 & 5 \end{bmatrix}+\begin{bmatrix} 1 & 2 & -1 \\ 0 & 3 & -1 \\ 0 & 0 & 2 \end{bmatrix}=\begin{bmatrix} 3 & -2 & -1 \\ 0 & 4 & 2 \\ 0 & 0 & 7 \end{bmatrix}$,

$$\boldsymbol{AB}=\begin{bmatrix} 2 & -4 & 0 \\ 0 & 1 & 3 \\ 0 & 0 & 5 \end{bmatrix}\begin{bmatrix} 1 & 2 & -1 \\ 0 & 3 & -1 \\ 0 & 0 & 2 \end{bmatrix}=\begin{bmatrix} 2 & -8 & 2 \\ 0 & 3 & 5 \\ 0 & 0 & 10 \end{bmatrix}.$$

1.2.5　对称矩阵

定义 5　若 n 阶方阵 $\boldsymbol{A}=[a_{ij}]$ 满足 $\boldsymbol{A}'=\boldsymbol{A}$，则称 $\boldsymbol{A}$ 为**对称矩阵**.

由矩阵的转置定义及对称矩阵定义不难得到：$\boldsymbol{A}=[a_{ij}]$ 为对称矩阵的充分必要条件是 $a_{ij}=a_{ji}$，i，$j=1$，2，$\cdots$，n.

例如，$\begin{bmatrix} 0 & -2 & 1 \\ -2 & 1 & 3 \\ 1 & 3 & 0 \end{bmatrix}$，$\begin{bmatrix} 1 & 2 & 3 & 4 \\ 2 & 0 & 1 & 2 \\ 3 & 1 & -1 & 0 \\ 4 & 2 & 0 & -8 \end{bmatrix}$ 都是对称矩阵.

对称矩阵具有以下性质：

性质 1　两个同阶对称矩阵的和(或差)仍是对称矩阵.

证　设 $\boldsymbol{A}$，$\boldsymbol{B}$ 是同阶对称矩阵，$\boldsymbol{A}'=\boldsymbol{A}$，$\boldsymbol{B}'=\boldsymbol{B}$. 由矩阵转置的运算性质，有

$$(\boldsymbol{A}+\boldsymbol{B})'=\boldsymbol{A}'+\boldsymbol{B}'=\boldsymbol{A}+\boldsymbol{B},$$

所以 $\boldsymbol{A}+\boldsymbol{B}$ 是对称矩阵.

性质 2　数乘对称矩阵仍为对称矩阵.

证　设 $\boldsymbol{A}'=\boldsymbol{A}$，由矩阵转置的性质 $(k\boldsymbol{A})'=k\boldsymbol{A}'=k\boldsymbol{A}$，所以 $k\boldsymbol{A}$ 也是对称的.

注意 两个对称矩阵的乘积不一定是对称矩阵. 例如$\boldsymbol{A}=\begin{bmatrix}1 & -1\\ -1 & 2\end{bmatrix}$, $\boldsymbol{B}=\begin{bmatrix}0 & 1\\ 1 & 0\end{bmatrix}$, 它们的乘积矩阵$\boldsymbol{AB}=\begin{bmatrix}1 & -1\\ -1 & 2\end{bmatrix}\begin{bmatrix}0 & 1\\ 1 & 0\end{bmatrix}=\begin{bmatrix}-1 & 1\\ 2 & -1\end{bmatrix}$却不是对称矩阵.

例 3 证明: 对任意 $m\times n$ 矩阵 $\boldsymbol{A}$, 都有 $\boldsymbol{AA}'$ 是对称矩阵.

证 由矩阵定义及矩阵转置的性质,有

$$(\boldsymbol{AA}')'=(\boldsymbol{A}')'\boldsymbol{A}'=\boldsymbol{AA}',$$

所以 $\boldsymbol{AA}'$ 是对称矩阵.

例 4 设 $\boldsymbol{A}$, $\boldsymbol{B}$ 都是 n 阶对称矩阵. 试证:

(1) 对任意常数 k 和 l, $k\boldsymbol{A}-l\boldsymbol{B}$ 也是对称矩阵;

(2) $\boldsymbol{AB}$ 是对称矩阵的充分必要条件是 $\boldsymbol{A}$ 与 $\boldsymbol{B}$ 可交换.

证 (1) 因为 $\boldsymbol{A}'=\boldsymbol{A}$, $\boldsymbol{B}'=\boldsymbol{B}$, 那么

$$(k\boldsymbol{A}-l\boldsymbol{B})'=(k\boldsymbol{A})'-(l\boldsymbol{B})'=k\boldsymbol{A}'-l\boldsymbol{B}'=k\boldsymbol{A}-l\boldsymbol{B},$$

所以 $k\boldsymbol{A}-l\boldsymbol{B}$ 是对称矩阵.

(2) 必要性: 设 $\boldsymbol{AB}$ 是对称矩阵, 即$(\boldsymbol{AB})'=\boldsymbol{AB}$. 因为 $\boldsymbol{A}'=\boldsymbol{A}$, $\boldsymbol{B}'=\boldsymbol{B}$,

$$\boldsymbol{AB}=(\boldsymbol{AB})'=\boldsymbol{B}'\boldsymbol{A}'=\boldsymbol{BA},$$

所以 $\boldsymbol{A}$ 与 $\boldsymbol{B}$ 可交换.

充分性: 设 $\boldsymbol{A}$ 与 $\boldsymbol{B}$ 可交换, 即 $\boldsymbol{AB}=\boldsymbol{BA}$. 因为 $\boldsymbol{A}'=\boldsymbol{A}$, $\boldsymbol{B}'=\boldsymbol{B}$,

$$(\boldsymbol{AB})'=(\boldsymbol{BA})'=\boldsymbol{A}'\boldsymbol{B}'=\boldsymbol{AB},$$

所以 $\boldsymbol{AB}$ 是对称矩阵.

本节关键词

单位矩阵　数量矩阵　对角矩阵　三角矩阵　对称矩阵

习题 1.2

1. 计算:

(1) $\begin{bmatrix}d_1 & 0 & 0\\ 0 & d_2 & 0\\ 0 & 0 & d_3\end{bmatrix}\begin{bmatrix}a_{11} & a_{12} & a_{13}\\ a_{21} & a_{22} & a_{23}\\ a_{31} & a_{32} & a_{33}\end{bmatrix}$;

(2) $\begin{bmatrix}a_{11} & a_{12} & a_{13}\\ a_{21} & a_{22} & a_{23}\\ a_{31} & a_{32} & a_{33}\end{bmatrix}\begin{bmatrix}d_1 & 0 & 0\\ 0 & d_2 & 0\\ 0 & 0 & d_3\end{bmatrix}$,

由此能得出什么结论?

2. 对于任意对称方阵 $\boldsymbol{A}$, $\boldsymbol{B}$, (1) 证明: $\boldsymbol{A}+\boldsymbol{A}'$是对称矩阵; (2) 问: $\boldsymbol{AB}-\boldsymbol{BA}$ 是对称矩阵吗?

3. 设 $\boldsymbol{A}$ 是 n 阶对称矩阵, 且 $\boldsymbol{A}^2=\boldsymbol{O}$, 证明 $\boldsymbol{A}=\boldsymbol{O}$.

§ 1.3　方阵的行列式

1.3.1　方阵行列式的递归定义

1. 2 阶行列式的定义及应用

先回顾中学求解二元一次方程组的过程. 设二元一次方程组为

$$\begin{cases} a_{11}x_1 + a_{12}x_2 = b_1 \cdots\cdots\cdots\cdots(1) \\ a_{21}x_1 + a_{22}x_2 = b_2 \cdots\cdots\cdots\cdots(2) \end{cases}$$

用消元法来解这个方程组.

为消去 x_2，将式(1)×a_{22}－式(2)×a_{12}得

$$(a_{11}a_{22} - a_{12}a_{21})x_1 = b_1a_{22} - b_2a_{12} \cdots\cdots\cdots\cdots(3)$$

为消去 x_1，将式(2)×a_{11}－式(1)×a_{21}得

$$(a_{11}a_{22} - a_{12}a_{21})x_2 = b_2a_{11} - b_1a_{21} \cdots\cdots\cdots\cdots(4)$$

当 $a_{11}a_{22} - a_{12}a_{21} \neq 0$ 时，解得方程组的唯一解为

$$\begin{cases} x_1 = \dfrac{b_1a_{22} - b_2a_{12}}{a_{11}a_{22} - a_{12}a_{21}} \\ x_2 = \dfrac{b_2a_{11} - b_1a_{21}}{a_{11}a_{22} - a_{12}a_{21}} \end{cases}.$$

现在，令矩阵 $\boldsymbol{A} = \begin{bmatrix} a_{11} & a_{12} \\ a_{21} & a_{22} \end{bmatrix}$，$\boldsymbol{A}_1 = \begin{bmatrix} b_1 & a_{12} \\ b_2 & a_{22} \end{bmatrix}$，$\boldsymbol{A}_2 = \begin{bmatrix} a_{11} & b_1 \\ a_{21} & b_2 \end{bmatrix}$. 对于 2 阶方阵 $\boldsymbol{A} = \begin{bmatrix} a_{11} & a_{12} \\ a_{21} & a_{22} \end{bmatrix}$，定义数值

$$\begin{vmatrix} a_{11} & a_{12} \\ a_{21} & a_{22} \end{vmatrix} = a_{11}a_{22} - a_{12}a_{21}$$

为 **2 阶方阵 $\boldsymbol{A}$ 的行列式**，简称 **2 阶行列式**，记为$|\boldsymbol{A}|$.

注意　2 阶行列式是对 2 阶矩阵的元素进行特定运算：主对角线元素乘积与另一个对角线上元素乘积的差，得到的一个数值. 因此，2 阶行列式与 2 阶矩阵有着本质的区别.

当 2 阶矩阵 $\boldsymbol{A}$ 的行列式$|\boldsymbol{A}| = \begin{vmatrix} a_{11} & a_{12} \\ a_{21} & a_{22} \end{vmatrix} = a_{11}a_{22} - a_{12}a_{21} \neq 0$ 时，上面的二元一次方程组的解可以表示为

$$x_1 = \frac{|\boldsymbol{A}_1|}{|\boldsymbol{A}|},\ x_2 = \frac{|\boldsymbol{A}_2|}{|\boldsymbol{A}|}.$$

由此可见，二元线性方程组的解用 2 阶行列式表达非常简单.

例 1　求解二元一次方程组 $\begin{cases} 2x_1 + 3x_2 = 5 \\ x_1 - 2x_2 = 3 \end{cases}$.

解 $|\boldsymbol{A}|=\begin{vmatrix}2 & 3\\1 & -2\end{vmatrix}=-7\neq0$，$|\boldsymbol{A}_1|=\begin{vmatrix}5 & 3\\3 & -2\end{vmatrix}=-19$，$|\boldsymbol{A}_2|=\begin{vmatrix}2 & 5\\1 & 3\end{vmatrix}=1$，所以，

$$x_1=\frac{|\boldsymbol{A}_1|}{|\boldsymbol{A}|}=\frac{-19}{-7}=\frac{19}{7},$$

$$x_2=\frac{|\boldsymbol{A}_2|}{|\boldsymbol{A}|}=\frac{1}{-7}=-\frac{1}{7}.$$

2. 3 阶行列式的定义

设有 3 元线性方程组

$$\begin{cases}a_{11}x_1+a_{12}x_2+a_{13}x_3=b_1\\a_{21}x_1+a_{22}x_2+a_{23}x_3=b_2\\a_{31}x_1+a_{32}x_2+a_{33}x_3=b_3\end{cases},$$

用消元法(过程略)可以解得其中的一个未知元

$$x_1=\frac{b_1a_{22}a_{33}+b_3a_{12}a_{23}+b_2a_{13}a_{32}-b_1a_{23}a_{32}-b_2a_{12}a_{33}-b_3a_{13}a_{22}}{a_{11}a_{22}a_{33}+a_{12}a_{23}a_{31}+a_{13}a_{21}a_{32}-a_{11}a_{23}a_{32}-a_{12}a_{21}a_{33}-a_{13}a_{22}a_{31}}$$

根据前述 2 阶行列式的定义，并将表达式的分母做恒等变形：

$$\begin{aligned}&a_{11}a_{22}a_{33}+a_{12}a_{23}a_{31}+a_{13}a_{21}a_{32}-a_{11}a_{23}a_{32}-a_{12}a_{21}a_{33}-a_{13}a_{22}a_{31}\\=&a_{11}(a_{22}a_{33}-a_{23}a_{32})+a_{12}(a_{23}a_{31}-a_{21}a_{33})+a_{13}(a_{21}a_{32}-a_{22}a_{31})\\=&a_{11}\begin{vmatrix}a_{22} & a_{23}\\a_{32} & a_{33}\end{vmatrix}-a_{12}\begin{vmatrix}a_{21} & a_{23}\\a_{31} & a_{33}\end{vmatrix}+a_{13}\begin{vmatrix}a_{21} & a_{22}\\a_{31} & a_{32}\end{vmatrix}.\end{aligned}$$

下面给出 3 阶行列式的定义.

设 3 阶方阵 $\boldsymbol{A}=\begin{bmatrix}a_{11} & a_{12} & a_{13}\\a_{21} & a_{22} & a_{23}\\a_{31} & a_{32} & a_{33}\end{bmatrix}$，定义数值

$$\begin{vmatrix}a_{11} & a_{12} & a_{13}\\a_{21} & a_{22} & a_{23}\\a_{31} & a_{32} & a_{33}\end{vmatrix}=a_{11}(-1)^{1+1}\begin{vmatrix}a_{22} & a_{23}\\a_{32} & a_{33}\end{vmatrix}+a_{12}(-1)^{1+2}\begin{vmatrix}a_{21} & a_{23}\\a_{31} & a_{33}\end{vmatrix}+a_{13}(-1)^{1+3}\begin{vmatrix}a_{21} & a_{22}\\a_{31} & a_{32}\end{vmatrix}$$

为 **3 阶方阵 A 的行列式**，简称 **3 阶行列式**，记作 $|\boldsymbol{A}|$. 其中 $\begin{vmatrix}a_{22} & a_{23}\\a_{32} & a_{33}\end{vmatrix}$ 是 $|\boldsymbol{A}|$ 中去掉 a_{11} 所在行和 a_{11} 所在列的元素后，剩下的元素按照原来的先后次序排列成的一个 2 阶行列式，称为 a_{11} 的**余子式**，$(-1)^{1+1}\begin{vmatrix}a_{22} & a_{23}\\a_{32} & a_{33}\end{vmatrix}$ 称为 a_{11} 的**代数余子式**；类似地，$(-1)^{1+2}\begin{vmatrix}a_{21} & a_{23}\\a_{31} & a_{33}\end{vmatrix}$ 和 $(-1)^{1+3}\begin{vmatrix}a_{21} & a_{22}\\a_{31} & a_{32}\end{vmatrix}$ 分别称为 a_{12} 和 a_{13} 的**代数余子式**.

注意 3 阶行列式也是由确定的运算关系得到的一个数值，它等于其第 1 行的每个元素与它自己的代数余子式乘积之和.

例 2 设 3 阶方阵 $\boldsymbol{A}$ 的行列式为 $|\boldsymbol{A}|=\begin{vmatrix} 1 & -4 & 2 \\ 3 & 0 & -3 \\ -2 & 4 & 5 \end{vmatrix}$，求：(1) $|\boldsymbol{A}|$ 的第 1 行每个元素的余子式及代数余子式；(2) $|\boldsymbol{A}|$.

解 (1) 由定义，元素 $a_{11}=1$ 的余子式是：$|\boldsymbol{A}|$ 中去掉第 1 行的元素和第 1 列的元素，剩下的元素按照原来的次序排列构成的 2 阶行列式，即

$$M_{11}=\begin{vmatrix} 0 & -3 \\ 4 & 5 \end{vmatrix}.$$

$a_{11}=1$ 的代数余子式是：在它的余子式前面乘以一个符号(-1)的$(1+1)$次幂，即

$$A_{11}=(-1)^{1+1}M_{11}=(-1)^{1+1}\begin{vmatrix} 0 & -3 \\ 4 & 5 \end{vmatrix}.$$

$a_{12}=-4$ 的余子式是：$|\boldsymbol{A}|$ 中去掉第 1 行的元素和第 2 列的元素，剩下的元素按照原来的次序排列构成的 2 阶行列式，即

$$M_{12}=\begin{vmatrix} 3 & -3 \\ -2 & 5 \end{vmatrix}.$$

$a_{12}=-4$ 的代数余子式是：在它的余子式前面乘以一个符号(-1)的$(1+2)$次幂，即

$$A_{12}=(-1)^{1+2}M_{12}=(-1)^{1+2}\begin{vmatrix} 3 & -3 \\ -2 & 5 \end{vmatrix}.$$

$a_{13}=2$ 的余子式是：$|\boldsymbol{A}|$ 中去掉第 1 行的元素和第 3 列的元素，剩下的元素按照原来的次序排列构成的 2 阶行列式，即

$$M_{13}=\begin{vmatrix} 3 & 0 \\ -2 & 4 \end{vmatrix}.$$

$a_{13}=2$ 的代数余子式是：在它的余子式前面乘以一个符号(-1)的$(1+3)$次幂，即

$$A_{13}=(-1)^{1+3}M_{13}=(-1)^{1+3}\begin{vmatrix} 3 & 0 \\ -2 & 4 \end{vmatrix}.$$

(2) 由 3 阶行列式的定义，$|\boldsymbol{A}|$ 等于第 1 行的每个元素与其代数余子式乘积之和，即

$$\begin{aligned}|\boldsymbol{A}|&=1\times(-1)^{1+1}\begin{vmatrix} 0 & -3 \\ 4 & 5 \end{vmatrix}+(-4)\times(-1)^{1+2}\begin{vmatrix} 3 & -3 \\ -2 & 5 \end{vmatrix}+2\times(-1)^{1+3}\begin{vmatrix} 3 & 0 \\ -2 & 4 \end{vmatrix}\\&=12+4\times(15-6)+2\times12=72.\end{aligned}$$

3. 方阵行列式的递归定义

由 2、3 阶行列式的定义及 2 阶行列式与 3 阶行列式的关系，可以推广到一般情形，得到 n 阶行列式的定义.

定义 1 由 n 阶方阵 $\boldsymbol{A}=[a_{ij}]$ 的 n^2 个元素构成且按照确定的运算关系得到的一个数值，称为 **n 阶方阵 $\boldsymbol{A}$ 的行列式**，记作 $|\boldsymbol{A}|$，即

$$|\boldsymbol{A}|=\begin{vmatrix} a_{11} & a_{12} & \cdots & a_{1n} \\ a_{21} & a_{22} & \cdots & a_{2n} \\ \cdots & \cdots & \cdots & \cdots \\ a_{n1} & a_{n2} & \cdots & a_{nn} \end{vmatrix}.$$

当 $n=2$ 时，$|\mathbf{A}|=\begin{vmatrix} a_{11} & a_{12} \\ a_{21} & a_{22} \end{vmatrix}=a_{11}a_{22}-a_{12}a_{21}$；

当 $n>2$ 时，$|\mathbf{A}|=a_{11}A_{11}+a_{12}A_{12}+\cdots+a_{1n}A_{1n}=\sum\limits_{j=1}^{n}a_{1j}A_{1j}$，其中 $A_{1j}=(-1)^{1+j}M_{1j}$ $(j=1,2,\cdots,n)$ 称为 a_{1j} 的**代数余子式**；M_{1j} 为由 $|\mathbf{A}|$ 中去掉第 1 行和第 j 列所有元素后余下的元素按照原来的次序排列构成的一个 $n-1$ 阶行列式，即

$$M_{1j}=\begin{vmatrix} a_{21} & \cdots & a_{2j-1} & a_{2j+1} & \cdots & a_{2n} \\ a_{31} & \cdots & a_{3j-1} & a_{3j+1} & \cdots & a_{3n} \\ \cdots & \cdots & \cdots & \cdots & \cdots & \cdots \\ a_{n1} & \cdots & a_{nj-1} & a_{nj+1} & \cdots & a_{nn} \end{vmatrix}, \quad j=1,2,\cdots,n,$$

称为 a_{1j} 的**余子式**.

注意 a_{1j} 的代数余子式 $A_{1j}=(-1)^{1+j}M_{1j}$ 中 (-1) 的指数 $1+j$ 是元素 a_{1j} 所在的行数 1 加列数 j.

类似地，可以定义 $|\mathbf{A}|$ 中其他行元素 a_{ij} 的余子式 M_{ij} 及代数余子式 A_{ij}.

例 3 设 $|\mathbf{A}|=\begin{vmatrix} 1 & 2 & 3 & 4 \\ 6 & -1 & 5 & 7 \\ -3 & -2 & 0 & -4 \\ -8 & -6 & 9 & 10 \end{vmatrix}$，求元素 a_{23} 的余子式 M_{23} 及元素 a_{42} 的代数余子式 A_{42}.

解 元素 a_{23} 的余子式 M_{23} 是：由 $|\mathbf{A}|$ 中去掉第 2 行的所有元素及第 3 列的所有元素后，剩下的元素按照原来的次序排列构成的 3 阶行列式

$$M_{23}=\begin{vmatrix} 1 & 2 & 4 \\ -3 & -2 & -4 \\ -8 & -6 & 10 \end{vmatrix}.$$

若求元素 a_{42} 的代数余子式，应先求 a_{42} 的余子式. 在 $|\mathbf{A}|$ 中去掉第 4 行的所有元素，再去掉第 2 列的所有元素，剩下的元素按照原来的次序排列构成的 3 阶行列式

$$M_{42}=\begin{vmatrix} 1 & 3 & 4 \\ 6 & 5 & 7 \\ -3 & 0 & -4 \end{vmatrix},$$

那么，a_{42} 的代数余子式是

$$A_{42}=(-1)^{4+2}\begin{vmatrix} 1 & 3 & 4 \\ 6 & 5 & 7 \\ -3 & 0 & -4 \end{vmatrix}=\begin{vmatrix} 1 & 3 & 4 \\ 6 & 5 & 7 \\ -3 & 0 & -4 \end{vmatrix}.$$

根据定义 1 可知，一个 n 阶行列式代表一个数值，它由第 1 行的所有元素与其相应的代数余子式乘积之和求得. 通常把定义 1 简称为**按第一行展开**.

类似于矩阵，把行列式 $|\mathbf{A}|$ 中从左上角到右下角的对角线称为**主对角线**.

例 4　计算 4 阶行列式 $\begin{vmatrix} 2 & 0 & 0 & -4 \\ 7 & -1 & 0 & 5 \\ -2 & 6 & 1 & 0 \\ 8 & 4 & -3 & -5 \end{vmatrix}$.

解　由定义

$$\begin{aligned}\begin{vmatrix} 2 & 0 & 0 & -4 \\ 7 & -1 & 0 & 5 \\ -2 & 6 & 1 & 0 \\ 8 & 4 & -3 & -5 \end{vmatrix} &= 2\times(-1)^{1+1}\begin{vmatrix} -1 & 0 & 5 \\ 6 & 1 & 0 \\ 4 & -3 & -5 \end{vmatrix} + (-4)\times(-1)^{1+4}\begin{vmatrix} 7 & -1 & 0 \\ -2 & 6 & 1 \\ 8 & 4 & -3 \end{vmatrix} \\ &= 2\left[(-1)\times(-1)^{1+1}\begin{vmatrix} 1 & 0 \\ -3 & -5 \end{vmatrix} + 5\times(-1)^{1+3}\begin{vmatrix} 6 & 1 \\ 4 & -3 \end{vmatrix}\right] \\ &\quad +4\times\left[7\times(-1)^{1+1}\begin{vmatrix} 6 & 1 \\ 4 & -3 \end{vmatrix} + (-1)\times(-1)^{1+2}\begin{vmatrix} -2 & 1 \\ 8 & -3 \end{vmatrix}\right] \\ &= 2\times[(-1)(-5)+5(-18-4)]+4[7\times(-18-4)+(6-8)] \\ &= -210-624=-834.\end{aligned}$$

由例 4 的计算过程可以看到，如果所要计算的行列式第 1 行 0 元素越多，按第 1 行展开计算时就越方便. 不难得到以下结论：

(1) n 阶单位矩阵的行列式的值 $|\boldsymbol{I}_n|=1$.

(2) n 阶对角矩阵 $\begin{vmatrix} a_1 & 0 & \cdots & 0 \\ 0 & a_2 & \cdots & 0 \\ \cdots & \cdots & \cdots & \cdots \\ 0 & 0 & \cdots & a_n \end{vmatrix} = a_1a_2\cdots a_n$.

(3) n 阶下三角矩阵的行列式 $\begin{vmatrix} a_{11} & 0 & \cdots & 0 \\ a_{21} & a_{22} & \cdots & 0 \\ \cdots & \cdots & \cdots & \cdots \\ a_{n1} & a_{n2} & \cdots & a_{nn} \end{vmatrix} = a_{11}a_{22}\cdots a_{nn}$.

思考题　想一想，为什么？

1.3.2　行列式的性质

为了进一步讨论 n 阶行列式，简化 n 阶行列式的计算，下面介绍 n 阶行列式的性质(证明从略).

首先给出 n 阶转置行列式的概念.

定义 2　把 n 阶矩阵 $\boldsymbol{A}=[a_{ij}]$ 的转置矩阵 $\boldsymbol{A}'=[a_{ji}]$ 的行列式称为**矩阵 $\boldsymbol{A}$ 的行列式的转置**，记作 $|\boldsymbol{A}|'$，即

$$|\boldsymbol{A}|'=|\boldsymbol{A}'|=\begin{vmatrix} a_{11} & a_{21} & \cdots & a_{n1} \\ a_{12} & a_{22} & \cdots & a_{n2} \\ \cdots & \cdots & \cdots & \cdots \\ a_{1n} & a_{2n} & \cdots & a_{nn} \end{vmatrix}.$$

由定义 2 知道，行列式 $|\boldsymbol{A}|$ 也是 $|\boldsymbol{A}|'$ 的转置行列式，即行列式 $|\boldsymbol{A}|$ 与 $|\boldsymbol{A}|'$ 互为转置行列式.

思考题 行列式$|\boldsymbol{A}|$与$|\boldsymbol{A}|'$有何区别和联系？

性质 1 行列式$|\boldsymbol{A}|$与它的转置行列式$|\boldsymbol{A}|'$相等，即

$$|\boldsymbol{A}|=|\boldsymbol{A}|'.$$

这个性质说明：行列式的行与列无本质的区别，凡是对行列式的行成立的性质对列也是成立的.

例 5 将本节例 2 的行列式按第 1 列展开得

$$\begin{vmatrix} 1 & -4 & 2 \\ 3 & 0 & -3 \\ -2 & 4 & 5 \end{vmatrix}=\begin{vmatrix} 0 & -3 \\ 4 & 5 \end{vmatrix}-3\begin{vmatrix} -4 & 2 \\ 4 & 5 \end{vmatrix}-2\begin{vmatrix} -4 & 2 \\ 0 & -3 \end{vmatrix}$$

$$=12-3\times(-20-8)-2\times 12=72.$$

由性质 1 及上面 n 阶下三角行列式的结论容易得到：n 阶上三角行列式等于它的主对角线上元素的乘积，即

$$\begin{vmatrix} a_{11} & a_{12} & \cdots & a_{1n} \\ 0 & a_{22} & \cdots & a_{2n} \\ \cdots & \cdots & \cdots & \cdots \\ 0 & 0 & \cdots & a_{nn} \end{vmatrix}=a_{11}a_{22}\cdots a_{nn}.$$

性质 2 互换行列式的两行(列)，行列式的值改变符号.

例 6 计算行列式 $|\boldsymbol{A}|=\begin{vmatrix} 4 & 2 & 7 & 9 & 8 \\ 0 & -1 & -2 & 4 & 5 \\ 7 & 0 & 6 & 1 & -5 \\ 4 & 2 & 7 & 9 & 8 \\ 2 & 3 & 4 & 5 & 6 \end{vmatrix}$.

解 注意$|\boldsymbol{A}|$中第 1 行和第 4 行的对应元素相等，即两行相同. 因此，将第 1 行与第 4 行互换后的行列式仍是$|\boldsymbol{A}|$，但由性质 2，$|\boldsymbol{A}|=-|\boldsymbol{A}|$，所以$|\boldsymbol{A}|=0$.

推论 若行列式的两行(列)相同，则该行列式为 0.

性质 2 的意义还在于，按照行列式的定义，行列式的第 1 行似乎处于一种特殊的地位，但是性质 2 告诉我们，只要适当调整符号，任何一行均能换至第 1 行位置，因此说明第 1 行并不特殊.

以 4 阶行列式 $|\boldsymbol{A}|=\begin{vmatrix} a_{11} & a_{12} & a_{13} & a_{14} \\ a_{21} & a_{22} & a_{23} & a_{24} \\ a_{31} & a_{32} & a_{33} & a_{34} \\ a_{41} & a_{42} & a_{43} & a_{44} \end{vmatrix}$ 为例.

注意 以后把第 i 行和第 j 行互换简记为“(ⓘ,ⓙ)”，写在等号的上方；把第 i 列和第 j 列互换也记为“(ⓘ,ⓙ)”，但需指出，凡对行列式进行列的变换，应将记号写在等号的下方.

利用性质 2

$$|\boldsymbol{A}|=\begin{vmatrix}a_{11}&a_{12}&a_{13}&a_{14}\\a_{21}&a_{22}&a_{23}&a_{24}\\a_{31}&a_{32}&a_{33}&a_{34}\\a_{41}&a_{42}&a_{43}&a_{44}\end{vmatrix}\xlongequal{(②,③)}-\begin{vmatrix}a_{11}&a_{12}&a_{13}&a_{14}\\a_{31}&a_{32}&a_{33}&a_{34}\\a_{21}&a_{22}&a_{23}&a_{24}\\a_{41}&a_{42}&a_{43}&a_{44}\end{vmatrix}$$

$$\xlongequal{(①,②)}\begin{vmatrix}a_{31}&a_{32}&a_{33}&a_{34}\\a_{11}&a_{12}&a_{13}&a_{14}\\a_{21}&a_{22}&a_{23}&a_{24}\\a_{41}&a_{42}&a_{43}&a_{44}\end{vmatrix}\xlongequal{\text{按定义}}a_{31}(-1)^{1+1}\begin{vmatrix}a_{12}&a_{13}&a_{14}\\a_{22}&a_{23}&a_{24}\\a_{42}&a_{43}&a_{44}\end{vmatrix}$$

$$+a_{32}(-1)^{1+2}\begin{vmatrix}a_{11}&a_{13}&a_{14}\\a_{21}&a_{23}&a_{24}\\a_{41}&a_{43}&a_{44}\end{vmatrix}+a_{33}(-1)^{1+3}\begin{vmatrix}a_{11}&a_{12}&a_{14}\\a_{21}&a_{22}&a_{24}\\a_{41}&a_{42}&a_{44}\end{vmatrix}$$

$$+a_{34}(-1)^{1+4}\begin{vmatrix}a_{11}&a_{12}&a_{13}\\a_{21}&a_{22}&a_{23}\\a_{41}&a_{42}&a_{43}\end{vmatrix}.$$

可以看到，上式中四个3阶行列式及它前面的符号，分别是原行列式中 a_{31}，a_{32}，a_{33}，a_{34}的代数余子式 A_{31}，A_{32}，A_{33}，A_{34} 的表达式，即 $|\boldsymbol{A}|=a_{31}A_{31}+a_{32}A_{32}+a_{33}A_{33}+a_{34}A_{34}$. 这表明，$|\boldsymbol{A}|$ 可以按第3行展开. 上述分析具有一般性，从而得到下面重要的性质3.

性质3 n 阶行列式等于任意一行(列)所有元素与其对应的代数余子式的乘积之和，即

$$|\boldsymbol{A}|=\sum_{k=1}^{n}a_{ik}A_{ik},\quad |\boldsymbol{A}|=\sum_{k=1}^{n}a_{kj}A_{kj},$$

其中 $i=1,2,\cdots,n$, $j=1,2,\cdots,n$.

简言之，行列式可按任意一行(列)展开.

注意 既然行列式可以按任意一行(列)展开，那么在计算行列式时，应选0元素比较多的行或列展开，使行列式逐步降阶，从而简化行列式的计算.

例7 计算5阶行列式 $|\boldsymbol{A}|=\begin{vmatrix}1&-2&0&5&0\\4&3&0&1&0\\2&1&2&0&1\\-5&4&0&1&3\\0&3&0&0&0\end{vmatrix}$.

解 $|\boldsymbol{A}|\xlongequal{\text{按第5行展开}}3\times(-1)^{5+2}\times\begin{vmatrix}1&0&5&0\\4&0&1&0\\2&2&0&1\\-5&0&1&3\end{vmatrix}$

$$\xlongequal{\text{按第2列展开}}-3\times2\times(-1)^{3+2}\times\begin{vmatrix}1&5&0\\4&1&0\\-5&1&3\end{vmatrix}$$

$$\xlongequal{\text{按第3列展开}}6\times3\times(-1)^{3+3}\times\begin{vmatrix}1&5\\4&1\end{vmatrix}=18\times(1-20)=-342.$$

读者不妨按第 3 列展开，比较两种方法的难易程度.

思考题 若行列式$|\boldsymbol{A}|$中某一行(列)元素全为 0，其值如何?

性质 4 n 阶行列式$|\boldsymbol{A}|$中任意一行(列)的元素与另一行(列)的相应元素的代数余子式的乘积之和等于零，即当 $i\neq j$ 时，有

$$a_{j1}A_{i1}+a_{j2}A_{i2}+\cdots+a_{jn}A_{in}=0.$$

性质 4 有重要的理论价值，以后会用到.

综合性质 3 及性质 4 得到：

$$\sum_{k=1}^{n}a_{ki}A_{kj}=a_{1i}A_{1j}+a_{2i}A_{2j}+\cdots+a_{ni}A_{nj}=\begin{cases}|\boldsymbol{A}|, & 当\ i=j\ 时\\ 0, & 当\ i\neq j\ 时\end{cases},$$

$$\sum_{k=1}^{n}a_{ik}A_{jk}=a_{i1}A_{j1}+a_{i2}A_{j2}+\cdots+a_{in}A_{jn}=\begin{cases}|\boldsymbol{A}|, & 当\ i=j\ 时\\ 0, & 当\ i\neq j\ 时\end{cases}.$$

性质 5 行列式某一行(列)的公因子可以提到行列式号的前面，即

$$\begin{vmatrix} a_{11} & a_{12} & \cdots & a_{1n}\\ \cdots & \cdots & \cdots & \cdots\\ \lambda a_{k1} & \lambda a_{k2} & \cdots & \lambda a_{kn}\\ \cdots & \cdots & \cdots & \cdots\\ a_{n1} & a_{n2} & \cdots & a_{nn}\end{vmatrix}=\lambda\begin{vmatrix} a_{11} & a_{12} & \cdots & a_{1n}\\ \cdots & \cdots & \cdots & \cdots\\ a_{k1} & a_{k2} & \cdots & a_{kn}\\ \cdots & \cdots & \cdots & \cdots\\ a_{n1} & a_{n2} & \cdots & a_{nn}\end{vmatrix}\cdots\cdots\cdots\cdots(1)$$

推论 如果行列式的两行(列)对应元素成比例，那么这个行列式等于零.

注意 把(1)式由右向左看，它是性质 5 的另一种叙述：

一个数 λ 乘以行列式$|\boldsymbol{A}|$等于数 λ 乘行列式$|\boldsymbol{A}|$的某一行(列)的每一个元素，其余行(列)元素不变.

思考题 数乘行列式 $\lambda|\boldsymbol{A}|$与数乘矩阵 $\lambda\boldsymbol{A}$ 有何不同? $\lambda|\boldsymbol{A}|$与$|\lambda\boldsymbol{A}|$是否相等?

性质 6 若行列式的某一行(列)的元素都表示为两数之和

$$a_{ij}=b_{ij}+c_{ij},\quad j=1,2,\cdots,n,$$

那么，此行列式等于两个行列式之和，这两个行列式的第 i 行的元素分别是 b_{i1}, b_{i2}, $\cdots$, b_{in} 和 c_{i1}, c_{i2}, $\cdots$, c_{in}，其余各行(列)的元素与原行列式相应各行(列)的元素相同，即

$$\begin{vmatrix} a_{11} & a_{12} & \cdots & a_{1n}\\ \cdots & \cdots & \cdots & \cdots\\ b_{i1}+c_{i1} & b_{i2}+c_{i2} & \cdots & b_{in}+c_{in}\\ \cdots & \cdots & \cdots & \cdots\\ a_{n1} & a_{n2} & \cdots & a_{nn}\end{vmatrix}=\begin{vmatrix} a_{11} & a_{12} & \cdots & a_{1n}\\ \cdots & \cdots & \cdots & \cdots\\ b_{i1} & b_{i2} & \cdots & b_{in}\\ \cdots & \cdots & \cdots & \cdots\\ a_{n1} & a_{n2} & \cdots & a_{nn}\end{vmatrix}+\begin{vmatrix} a_{11} & a_{12} & \cdots & a_{1n}\\ \cdots & \cdots & \cdots & \cdots\\ c_{i1} & c_{i2} & \cdots & c_{in}\\ \cdots & \cdots & \cdots & \cdots\\ a_{n1} & a_{n2} & \cdots & a_{nn}\end{vmatrix}\cdots\cdots(2)$$

注意 (1)把(2)式由右向左看，它是性质 6 的另一种叙述：

如果两个行列式有相同的阶数，且至少有 $n-1$ 行(列)的元素对应相等，则将它们相加时，只需将剩余的一行(列)的元素对应相加，其他元素保持不变. 需要强调的是，在这种意义下，不是所有的同阶行列式都能进行相加.

(2)由于行列式是由特定运算确定的一个数值，当把两个行列式分别计算出数值再相加时，不受行列式阶数相等的条件限制.

例 8　计算行列式 $|\boldsymbol{A}|=\begin{vmatrix} 1 & 2 & 3 & 4 \\ 6 & 7 & 8 & 9 \\ -2 & -2 & -2 & -2 \\ 5 & 7 & 8 & 6 \end{vmatrix}$.

解　把 $|\boldsymbol{A}|$ 的第 2 行的元素分别写成 $6=1+5$，$7=2+5$，$8=3+5$，$9=4+5$. 由性质 6 及性质 5 的推论，得

$$|\boldsymbol{A}|=\begin{vmatrix} 1 & 2 & 3 & 4 \\ 1 & 2 & 3 & 4 \\ -2 & -2 & -2 & -2 \\ 5 & 7 & 8 & 6 \end{vmatrix}+\begin{vmatrix} 1 & 2 & 3 & 4 \\ 5 & 5 & 5 & 5 \\ -2 & -2 & -2 & -2 \\ 5 & 7 & 8 & 6 \end{vmatrix}=0.$$

性质 7　在行列式中，把某一行（列）各元素的 λ 倍加到另一行（列）对应的元素上，行列式的值不变，即

$$\begin{vmatrix} a_{11} & \cdots & a_{1n} \\ \cdots & \cdots & \cdots \\ a_{i1} & \cdots & a_{in} \\ \cdots & \cdots & \cdots \\ a_{j1}+\lambda a_{i1} & \cdots & a_{jn}+\lambda a_{in} \\ \cdots & \cdots & \cdots \\ a_{n1} & \cdots & a_{nn} \end{vmatrix}=\begin{vmatrix} a_{11} & \cdots & a_{1n} \\ \cdots & \cdots & \cdots \\ a_{i1} & \cdots & a_{in} \\ \cdots & \cdots & \cdots \\ a_{j1} & \cdots & a_{jn} \\ \cdots & \cdots & \cdots \\ a_{n1} & \cdots & a_{nn} \end{vmatrix}$$

注意　在行列式的计算过程中，为清楚起见，把第 i 行的 λ 倍加到第 j 行的变换记作 ⓙ+ⓘ×λ，并写在等号的上方；类似地，把对列的变换记在等号的下方.

思考题　在应用性质 7 后，行列式的哪一行（列）元素发生了变化，哪一行（列）元素没有发生变化?

例 9　计算行列式 $\begin{vmatrix} c & a & d & b \\ a & c & d & b \\ a & c & b & d \\ c & a & b & d \end{vmatrix}$.

解　$$\begin{vmatrix} c & a & d & b \\ a & c & d & b \\ a & c & b & d \\ c & a & b & d \end{vmatrix}\xlongequal{①+②\times(-1)}\begin{vmatrix} c-a & a-c & 0 & 0 \\ a & c & d & b \\ a & c & b & d \\ c & a & b & d \end{vmatrix}\xlongequal{④+③\times(-1)}\begin{vmatrix} c-a & a-c & 0 & 0 \\ a & c & d & b \\ a & c & b & d \\ c-a & a-c & 0 & 0 \end{vmatrix}=0.$$

注意　上面介绍了行列式的 7 个性质，如何综合运用行列式的性质，熟练地计算行列式是本课程重点要求之一. 读者在学习这部分内容时，要注意总结行列式的计算方法.

1.3.3　行列式的计算

1. 选择 0 元素最多的行或列进行展开

在展开之前也可以利用行列式的性质把某一行或列的元素尽可能多地化为 0 后再展开.

例 10 计算行列式$|\boldsymbol{A}|=\begin{vmatrix} 3 & 1 & 2 \\ 297 & 101 & 198 \\ 5 & -3 & 2 \end{vmatrix}$的值.

解 $|\boldsymbol{A}|=\begin{vmatrix} 3 & 1 & 2 \\ 300-3 & 100+1 & 200-2 \\ 5 & -3 & 2 \end{vmatrix}=\begin{vmatrix} 3 & 1 & 2 \\ 300 & 100 & 200 \\ 5 & -3 & 2 \end{vmatrix}+\begin{vmatrix} 3 & 1 & 2 \\ -3 & 1 & -2 \\ 5 & -3 & 2 \end{vmatrix}$

$$\xlongequal{①+②}0+\begin{vmatrix} 0 & 2 & 0 \\ -3 & 1 & -2 \\ 5 & -3 & 2 \end{vmatrix}=-2\begin{vmatrix} -3 & -2 \\ 5 & 2 \end{vmatrix}=-2(-6+10)=-8.$$

例 11 计算行列式$|\boldsymbol{A}|=\begin{vmatrix} -\frac{1}{3} & \frac{2}{3} & \frac{1}{3} & 1 \\ 2 & 1 & 0 & 3 \\ 2 & -2 & -1 & -2 \\ \frac{3}{2} & -\frac{1}{2} & 1 & \frac{1}{2} \end{vmatrix}$.

分析 这是一个纯数字的 4 阶行列式，它含有多个分数，且只有一个 0 元素，如果直接按含有 0 元素的行(列)展开，计算将很繁杂. 如果将此行列式先按行提取公分母，再将 0 元素所在行(列)的其他元素尽可能多地化为 0，然后再展开. 这样将行列式逐次降阶，可以使整个计算量大大减少.

解 $|\boldsymbol{A}|=\frac{1}{3}\times\frac{1}{2}\begin{vmatrix} -1 & 2 & 1 & 3 \\ 2 & 1 & 0 & 3 \\ 2 & -2 & -1 & -2 \\ 3 & -1 & 2 & 1 \end{vmatrix}\xlongequal[④+①\times(-2)]{③+①}\frac{1}{6}\begin{vmatrix} -1 & 2 & 1 & 3 \\ 2 & 1 & 0 & 3 \\ 1 & 0 & 0 & 1 \\ 5 & -5 & 0 & -5 \end{vmatrix}$

$$=\frac{1}{6}\times(-1)^{1+3}\begin{vmatrix} 2 & 1 & 3 \\ 1 & 0 & 1 \\ 5 & -5 & -5 \end{vmatrix}\xlongequal[③+①\times(-1)]{}\frac{1}{6}\begin{vmatrix} 2 & 1 & 1 \\ 1 & 0 & 0 \\ 5 & -5 & -10 \end{vmatrix}$$

$$=\frac{-1}{6}\begin{vmatrix} 1 & 1 \\ -5 & -10 \end{vmatrix}=\frac{5}{6}.$$

由于三角行列式的值等于主对角线上的元素的乘积，因此，可以得到下面行列式的计算方法.

2. 利用行列式的性质把行列式化为三角行列式

这种方法特别适用于数字行列式. 计算方法归纳如下：

设 n 阶矩阵行列式

$$|\boldsymbol{A}|=\begin{vmatrix} a_{11} & a_{12} & \cdots & a_{1n} \\ a_{21} & a_{22} & \cdots & a_{2n} \\ \cdots & \cdots & \cdots & \cdots \\ a_{n1} & a_{n2} & \cdots & a_{nn} \end{vmatrix},$$

不妨设 $a_{11}\neq 0$（如果 $a_{11}=0$，可以通过行(列)变换的性质将第1列(行)中非零元素所在的行换到第1行). 先将 a_{11} 变换为1(有时也可以把第1行乘以 $\frac{1}{a_{11}}$ 来实现. 但要尽量避免出现分数，否则将给后面的计算增加困难)，然后把第1行分别乘以 $(-a_{21}),(-a_{31}),\cdots,(-a_{n1})$ 加到第2，3，…，n 行对应元素上，这样就把第1列 a_{11} 以下的所有元素全化为0. 逐次利用类似的方法可将主对角线以下的元素全化为0，这样，行列式就化成了上三角行列式.

注意　在上述变换过程中，主对角线元素 $a_{ii}(i=1,2,\cdots,n-1)$ 一般不为0(如果为0，可通过行(列)变换使得主对角线上的元素不为0). 若三角行列式主对角线上的元素出现0，则该行列式的值一定是0.

由于这套方法程序固定，不仅适用于任意高阶数字行列式的计算，而且还可以将此方法编写成计算机程序上机使用. 有兴趣的读者不妨试一试.

例12　计算行列式 $|\boldsymbol{A}|=\begin{vmatrix}1&1&1&1\\1&-1&1&1\\1&1&-1&1\\1&1&1&-1\end{vmatrix}$.

解　$|\boldsymbol{A}|\xlongequal[④+①\times(-1)]{\substack{②+①\times(-1)\\③+①\times(-1)}}\begin{vmatrix}1&1&1&1\\0&-2&0&0\\0&0&-2&0\\0&0&0&-2\end{vmatrix}=1\times(-2)\times(-2)\times(-2)=-8.$

例13　计算行列式 $|\boldsymbol{A}|=\begin{vmatrix}2&-5&1&2\\-3&7&-1&4\\5&-9&2&7\\4&-6&1&2\end{vmatrix}$.

解　$|\boldsymbol{A}|\xlongequal[(①,③)]{}-\begin{vmatrix}1&-5&2&2\\-1&7&-3&4\\2&-9&5&7\\1&-6&4&2\end{vmatrix}\xlongequal[④+①\times(-1)]{\substack{②+①\\③+①\times(-2)}}-\begin{vmatrix}1&-5&2&2\\0&2&-1&6\\0&1&1&3\\0&-1&2&0\end{vmatrix}$

$\xlongequal[(②,③)]{}\begin{vmatrix}1&-5&2&2\\0&1&1&3\\0&2&-1&6\\0&-1&2&0\end{vmatrix}\xlongequal[④+②]{③+②\times(-2)}\begin{vmatrix}1&-5&2&2\\0&1&1&3\\0&0&-3&0\\0&0&3&3\end{vmatrix}$

$\xlongequal[④+③]{}\begin{vmatrix}1&-5&2&2\\0&1&1&3\\0&0&-3&0\\0&0&0&3\end{vmatrix}=1\times1\times(-3)\times3=-9.$

例 14 解行列式方程：

(1) $\begin{vmatrix} 1 & 1 & 1 & 1 \\ -1 & x & 2 & 2 \\ 2 & 2 & x & -3 \\ 3 & 3 & 3 & x \end{vmatrix}=0$；　　(2) $\begin{vmatrix} 1 & 4 & 3 & 2 \\ 2 & x+4 & 6 & 4 \\ 3 & -2 & x & 1 \\ -3 & 2 & 5 & -1 \end{vmatrix}=0$.

解 (1) 因为

$$\begin{vmatrix} 1 & 1 & 1 & 1 \\ -1 & x & 2 & 2 \\ 2 & 2 & x & -3 \\ 3 & 3 & 3 & x \end{vmatrix} \xlongequal[\text{②+①}]{\substack{\text{④+①×(-3)}\\ \text{③+①×(-2)}}} \begin{vmatrix} 1 & 1 & 1 & 1 \\ 0 & x+1 & 3 & 3 \\ 0 & 0 & x-2 & -5 \\ 0 & 0 & 0 & x-3 \end{vmatrix}$$

$$=(x+1)(x-2)(x-3)=0,$$

所以，方程的解为 $x_1=-1, x_2=2, x_3=3$.

(2) 因为

$$\begin{vmatrix} 1 & 4 & 3 & 2 \\ 2 & x+4 & 6 & 4 \\ 3 & -2 & x & 1 \\ -3 & 2 & 5 & -1 \end{vmatrix} \xlongequal{\substack{\text{②+①×(-2)}\\ \text{③+④}}} \begin{vmatrix} 1 & 4 & 3 & 2 \\ 0 & x-4 & 0 & 0 \\ 0 & 0 & x+5 & 0 \\ -3 & 2 & 5 & -1 \end{vmatrix}$$

$$=(x-4)\begin{vmatrix} 1 & 3 & 2 \\ 0 & x+5 & 0 \\ -3 & 5 & -1 \end{vmatrix}$$

$$=(x-4)(x+5)\begin{vmatrix} 1 & 2 \\ -3 & -1 \end{vmatrix}$$

$$=5(x-4)(x+5)=0,$$

所以，方程的解为 $x_1=4$，$x_2=-5$.

在计算一些含有参数(文字)的行列式时，有时采用一些解题技巧，可以简化计算.

例 15 求行列式 $|\mathbf{A}|=\begin{vmatrix} a & 1 & 1 & 1 & 1 \\ 1 & a & 1 & 1 & 1 \\ 1 & 1 & a & 1 & 1 \\ 1 & 1 & 1 & a & 1 \\ 1 & 1 & 1 & 1 & a \end{vmatrix}$ (其中 $a\neq 1$) 的值.

分析 注意到 $|\mathbf{A}|$ 的每行(列)的元素之和是一常数 $4+a$，可以将 $|\mathbf{A}|$ 的第 2，3，4，5 行(列)都加到第 1 行(列)，再提出公因子.

解 $|\mathbf{A}| \xlongequal{\substack{\text{①+⑤}\\ \text{①+④}\\ \text{①+③}\\ \text{①+②}}} \begin{vmatrix} 4+a & 4+a & 4+a & 4+a & 4+a \\ 1 & a & 1 & 1 & 1 \\ 1 & 1 & a & 1 & 1 \\ 1 & 1 & 1 & a & 1 \\ 1 & 1 & 1 & 1 & a \end{vmatrix} =(4+a)\begin{vmatrix} 1 & 1 & 1 & 1 & 1 \\ 1 & a & 1 & 1 & 1 \\ 1 & 1 & a & 1 & 1 \\ 1 & 1 & 1 & a & 1 \\ 1 & 1 & 1 & 1 & a \end{vmatrix}$

$$\xlongequal[\substack{③+①\times(-1)\\②+①\times(-1)}]{\substack{⑤+①\times(-1)\\④+①\times(-1)}}(4+a)\begin{vmatrix}1&1&1&1&1\\0&a-1&0&0&0\\0&0&a-1&0&0\\0&0&0&a-1&0\\0&0&0&0&a-1\end{vmatrix}=(4+a)(a-1)^4.$$

1.3.4　方阵乘积行列式定理

前面介绍了矩阵行列式的概念及性质. 就一般而言，对于同阶方阵 $\boldsymbol{A}$，$\boldsymbol{B}$ 及数 λ，有

$$|\boldsymbol{A}+\boldsymbol{B}|\neq|\boldsymbol{A}|+|\boldsymbol{B}|,\ |\lambda\boldsymbol{A}|\neq\lambda|\boldsymbol{A}|,$$

但是否有 $|\boldsymbol{AB}|=|\boldsymbol{A}||\boldsymbol{B}|$？下面的定理回答了这个问题.

定理 1（方阵行列式定理）　对于任意两个 n 阶方阵 $\boldsymbol{A}$，$\boldsymbol{B}$，总有

$$|\boldsymbol{AB}|=|\boldsymbol{A}||\boldsymbol{B}|.$$

即方阵乘积的行列式等于方阵行列式的乘积.

下面仅就 2 阶的情形给出证明，对于一般 n 阶情形可以仿此方法证明.

设 $|\boldsymbol{A}|=\begin{vmatrix}a_{11}&a_{12}\\a_{21}&a_{22}\end{vmatrix}$，$|\boldsymbol{B}|=\begin{vmatrix}b_{11}&b_{12}\\b_{21}&b_{22}\end{vmatrix}$，考察行列式 $|\boldsymbol{D}|=\begin{vmatrix}a_{11}&a_{12}&0&0\\a_{21}&a_{22}&0&0\\-1&0&b_{11}&b_{12}\\0&-1&b_{21}&b_{22}\end{vmatrix}$.

若利用行列式的定义，

$$|\boldsymbol{D}|=a_{11}\begin{vmatrix}a_{22}&0&0\\0&b_{11}&b_{12}\\-1&b_{21}&b_{22}\end{vmatrix}-a_{12}\begin{vmatrix}a_{21}&0&0\\-1&b_{11}&b_{12}\\0&b_{21}&b_{22}\end{vmatrix}$$

$$=a_{11}a_{22}\begin{vmatrix}b_{11}&b_{12}\\b_{21}&b_{22}\end{vmatrix}-a_{12}a_{21}\begin{vmatrix}b_{11}&b_{12}\\b_{21}&b_{22}\end{vmatrix}=(a_{11}a_{22}-a_{12}a_{21})\begin{vmatrix}b_{11}&b_{12}\\b_{21}&b_{22}\end{vmatrix}=|\boldsymbol{A}||\boldsymbol{B}|;$$

若利用行列式的性质，

$$|\boldsymbol{D}|\xlongequal[②+③\times a_{21}]{①+③\times a_{11}}\begin{vmatrix}0&a_{12}&a_{11}b_{11}&a_{11}b_{12}\\0&a_{22}&a_{21}b_{11}&a_{21}b_{12}\\-1&0&b_{11}&b_{12}\\0&-1&b_{21}&b_{22}\end{vmatrix}$$

$$\xlongequal[②+④\times a_{22}]{①+④\times a_{12}}\begin{vmatrix}0&0&a_{11}b_{11}+a_{12}b_{21}&a_{11}b_{12}+a_{12}b_{22}\\0&0&a_{21}b_{11}+a_{22}b_{21}&a_{21}b_{12}+a_{22}b_{22}\\-1&0&b_{11}&b_{12}\\0&-1&b_{21}&b_{22}\end{vmatrix}$$

$$\xlongequal{按第一列展开}-\begin{vmatrix}0&a_{11}b_{11}+a_{12}b_{21}&a_{11}b_{12}+a_{12}b_{22}\\0&a_{21}b_{11}+a_{22}b_{21}&a_{21}b_{12}+a_{22}b_{22}\\-1&b_{21}&b_{22}\end{vmatrix}$$

$$\xlongequal{按第一列展开}\begin{vmatrix}a_{11}b_{11}+a_{12}b_{21}&a_{11}b_{12}+a_{12}b_{22}\\a_{21}b_{11}+a_{22}b_{21}&a_{21}b_{12}+a_{22}b_{22}\end{vmatrix}=|\boldsymbol{AB}|,$$

所以，$|\boldsymbol{AB}|=|\boldsymbol{A}||\boldsymbol{B}|$.

由方阵行列式定理可以得到：

1. 设 $\boldsymbol{A}$ 是 n 阶方阵，λ 是一个任意常数，k 是一个正整数，那么

(1) $|\lambda\boldsymbol{A}|=\lambda^n|\boldsymbol{A}|$；

(2) $|\boldsymbol{A}^k|=|\boldsymbol{A}|^k$；

(3) $|\boldsymbol{AA}'|=|\boldsymbol{A}'\boldsymbol{A}|=|\boldsymbol{A}|^2$.

2. 设 $\boldsymbol{A}_1,\boldsymbol{A}_2,\cdots,\boldsymbol{A}_k$ 都是 n 阶矩阵，那么 $|\boldsymbol{A}_1\boldsymbol{A}_2\cdots\boldsymbol{A}_k|=|\boldsymbol{A}_1||\boldsymbol{A}_2|\cdots|\boldsymbol{A}_k|$.

例 16 设 $\boldsymbol{A}=\begin{bmatrix}1 & 2 & 4\\0 & -1 & 7\\0 & 0 & 8\end{bmatrix}$，$\boldsymbol{B}=\begin{bmatrix}2 & 3 & 4\\0 & 6 & 5\\0 & 0 & 3\end{bmatrix}$，求 $|\boldsymbol{AB}'|$，$|\boldsymbol{A}+\boldsymbol{B}|$，$|3\boldsymbol{A}|$.

解 $|\boldsymbol{AB}'|=|\boldsymbol{A}||\boldsymbol{B}'|=|\boldsymbol{A}||\boldsymbol{B}|=\begin{vmatrix}1 & 2 & 4\\0 & -1 & 7\\0 & 0 & 8\end{vmatrix}\begin{vmatrix}2 & 3 & 4\\0 & 6 & 5\\0 & 0 & 3\end{vmatrix}=-8\times36=-288$，

$$|\boldsymbol{A}+\boldsymbol{B}|=\left|\begin{bmatrix}1 & 2 & 4\\0 & -1 & 7\\0 & 0 & 8\end{bmatrix}+\begin{bmatrix}2 & 3 & 4\\0 & 6 & 5\\0 & 0 & 3\end{bmatrix}\right|=\begin{vmatrix}3 & 5 & 8\\0 & 5 & 12\\0 & 0 & 11\end{vmatrix}=3\times5\times11=165,$$

$$|3\boldsymbol{A}|=3^3|\boldsymbol{A}|=27\times\begin{vmatrix}1 & 2 & 4\\0 & -1 & 7\\0 & 0 & 8\end{vmatrix}=27\times(-8)=-216.$$

此例可以进一步说明，对一般矩阵 $|\boldsymbol{A}+\boldsymbol{B}|\neq|\boldsymbol{A}|+|\boldsymbol{B}|$ 及 $|\lambda\boldsymbol{A}|\neq\lambda|\boldsymbol{A}|$.

例 17 设矩阵 $\boldsymbol{A}=\begin{bmatrix}1 & -2 & 5\\3 & 1 & -1\end{bmatrix}$，$\boldsymbol{B}=\begin{bmatrix}1 & -2 & -1\\0 & 1 & 1\end{bmatrix}$，求 $|(\boldsymbol{AB}')|^5$.

分析 由于 $\boldsymbol{A}$，$\boldsymbol{B}$ 均不是方阵，不存在方阵行列式定理，只能先求出乘积矩阵 $\boldsymbol{AB}'$ 再取行列式.

解 $\boldsymbol{AB}'=\begin{bmatrix}1 & -2 & 5\\3 & 1 & -1\end{bmatrix}\begin{bmatrix}1 & 0\\-2 & 1\\-1 & 1\end{bmatrix}=\begin{bmatrix}0 & 3\\2 & 0\end{bmatrix}$，

$$|(\boldsymbol{AB}')^5|=|\boldsymbol{AB}'|^5=\begin{vmatrix}0 & 3\\2 & 0\end{vmatrix}^5=(-6)^5=-6^5=-7\ 776$$

1.3.5 克莱姆法则

利用 n 阶方阵的行列式可以判别含有 n 个方程的 n 元一次方程组

$$\begin{cases}a_{11}x_1+a_{12}x_2+\cdots+a_{1n}x_n=b_1\\a_{21}x_1+a_{22}x_2+\cdots+a_{2n}x_n=b_2\\\cdots\quad\cdots\quad\cdots\quad\cdots\quad\cdots\\a_{n1}x_1+a_{n2}x_2+\cdots+a_{nn}x_n=b_n\end{cases}\cdots\cdots\cdots\cdots\cdots\cdots(*)$$

解的情况. 如果(＊)的解存在，那么其解还可以用 n 阶行列式表出. 这就是著名的克莱姆法则.

定理 2(克莱姆法则)　如果含有 n 个方程、n 个未知量的线性方程组(＊)的系数矩阵 $\mathbf{A}=[a_{ij}]$ 的行列式 $|\mathbf{A}|\neq 0$，那么这个方程组有唯一解

$$x_j=\frac{|\mathbf{A}_j|}{|\mathbf{A}|},\quad j=1,2,\cdots,n.$$

其中 $|\mathbf{A}_j|$ 是把系数行列式 $|\mathbf{A}|$ 中的第 j 列的元素换成常数列后所得到的 n 阶行列式(证明略).

注意　克莱姆法则是就一般含有 n 个 n 元线性方程的线性方程组的情形给出的结果. 本节开始介绍的二元线性方程组的解用行列式表出结果与 $n=2$ 时的克莱姆法则完全吻合.

例 18　解线性方程组 $\begin{cases} x_1+2x_2+3x_3=4 \\ 2x_1+x_2+2x_3=-4 \\ x_1+3x_2+3x_3=8 \end{cases}$.

解　因为行列式 $|\mathbf{A}|=\begin{vmatrix} 1 & 2 & 3 \\ 2 & 1 & 2 \\ 1 & 3 & 3 \end{vmatrix}=\begin{vmatrix} 1 & 2 & 3 \\ 0 & -3 & -4 \\ 0 & 1 & 0 \end{vmatrix}=4\neq 0$，所以方程组有唯一解.

又因为

$$|\mathbf{A}_1|=\begin{vmatrix} 4 & 2 & 3 \\ -4 & 1 & 2 \\ 8 & 3 & 3 \end{vmatrix}=\begin{vmatrix} 4 & 2 & 3 \\ 0 & 3 & 5 \\ 0 & -1 & -3 \end{vmatrix}=4\times(-9+5)=-16,$$

$$|\mathbf{A}_2|=\begin{vmatrix} 1 & 4 & 3 \\ 2 & -4 & 2 \\ 1 & 8 & 3 \end{vmatrix}=\begin{vmatrix} 1 & 4 & 3 \\ 0 & -12 & -4 \\ 0 & 4 & 0 \end{vmatrix}=16,$$

$$|\mathbf{A}_3|=\begin{vmatrix} 1 & 2 & 4 \\ 2 & 1 & -4 \\ 1 & 3 & 8 \end{vmatrix}=\begin{vmatrix} 1 & 2 & 4 \\ 0 & -3 & -12 \\ 0 & 1 & 4 \end{vmatrix}=0,$$

所以，方程组的唯一解为 $x_1=\dfrac{-16}{4}=-4$，$x_2=\dfrac{16}{4}=4$，$x_3=0$.

当线性方程组(＊)的右端常数全为 0 时，称该方程组为**齐次线性方程组**，即

$$\begin{cases} a_{11}x_1+a_{12}x_2+\cdots+a_{1n}x_n=0 \\ a_{21}x_1+a_{22}x_2+\cdots+a_{2n}x_n=0 \\ \cdots\quad\cdots\quad\cdots\quad\cdots\quad\cdots \\ a_{n1}x_1+a_{n2}x_2+\cdots+a_{nn}x_n=0 \end{cases}\cdots\cdots\cdots\cdots(**)$$

由克莱姆法则可以得到下面的推论 1 及推论 2.

推论 1　若齐次线性方程组(**)的系数行列式 $|\mathbf{A}|\neq 0$，则方程组只有零解，即

$$x_j=0,\quad j=1,2,\cdots,n.$$

推论 2　齐次线性方程组(**)有非零解(即解不唯一)的必要条件是系数行列式 $|\mathbf{A}|=0$.

例 19 解齐次线性方程组$\begin{cases} x_1+3x_2+2x_3=0 \\ 2x_1-x_2+3x_3=0 \\ 3x_1+2x_2-x_3=0 \end{cases}$.

解 因为$|\boldsymbol{A}|=\begin{vmatrix} 1 & 3 & 2 \\ 2 & -1 & 3 \\ 3 & 2 & -1 \end{vmatrix}=42\neq 0$，由推论 1，所以方程组只有零解，即

$$x_1=0,\ x_2=0,\ x_3=0.$$

注意 克莱姆法则揭示了含有 n 个方程、n 个未知量的线性方程组(*)的解与未知量的系数、常数项之间的依赖关系. 因此，克莱姆法则在理论上有相当重要的价值.

本节关键词

n 阶行列式　代数余子式　行列式的性质　方阵行列式定理　克莱姆法则

习题 1.3

1. 写出下列行列式中元素 a_{23} 及 a_{31} 的余子式及代数余子式：

(1) $\begin{vmatrix} 30 & 20 & -100 \\ 5 & 2 & 0 \\ -3 & 1 & 4 \end{vmatrix}$；　(2) $\begin{vmatrix} x & 2 & x & 6 \\ -x & 3 & 4 & 5 \\ -1 & -2 & -4 & 1 \\ -5 & 0 & 2 & 0 \end{vmatrix}$.

2. 由定义计算下列行列式：

(1) $\begin{vmatrix} 1 & 0 & 0 & 0 \\ 4 & 2 & 0 & 0 \\ 9 & -7 & 5 & 0 \\ -2 & 4 & 6 & 8 \end{vmatrix}$；　(2) $\begin{vmatrix} 1 & 2 & 3 & 4 \\ 0 & 1 & 0 & 2 \\ 3 & 4 & 5 & 0 \\ 2 & 0 & 3 & 0 \end{vmatrix}$；　(3) $\begin{vmatrix} 0 & 0 & 0 & 0 & 5 \\ 0 & 0 & 0 & 4 & 0 \\ 0 & 0 & 3 & 8 & 6 \\ 0 & 2 & 7 & 3 & 2 \\ 1 & 1 & 1 & 1 & 1 \end{vmatrix}$.

3. 利用行列式的性质计算下列行列式：

(1) $\begin{vmatrix} a_1 & a_2 & a_3 & a_4 & a_5 \\ 0 & b_1 & b_2 & b_3 & b_4 \\ 0 & 0 & c_1 & c_2 & c_3 \\ 0 & 0 & 0 & d_1 & d_2 \\ 0 & 0 & 0 & 0 & e_1 \end{vmatrix}$；　(2) $\begin{vmatrix} 4 & 0 & 0 & 0 & 0 \\ 9 & -1 & 0 & 0 & 0 \\ 8 & 0 & 4 & 0 & 0 \\ 5 & 6 & 7 & 0 & 0 \\ 1 & 2 & 3 & 4 & 3 \end{vmatrix}$；　(3) $\begin{vmatrix} 1 & 0 & 2 & a \\ 2 & 0 & b & 0 \\ 3 & c & 4 & 5 \\ d & 0 & 0 & 0 \end{vmatrix}$；

(4) $\begin{vmatrix} a & b & a & d \\ e & c & e & h \\ f & m & f & n \\ g & u & g & v \end{vmatrix}$；　(5) $\begin{vmatrix} 1 & 2 & 3 & 4 \\ 5 & 6 & 7 & 8 \\ 0 & 0 & 0 & 0 \\ 9 & 10 & 1 & 2 \end{vmatrix}$；

(6) $\begin{vmatrix} a_1 & b_1 & c_1 \\ a_2 & b_2 & c_2 \\ \lambda(a_1+a_2) & \lambda(b_1+b_2) & \lambda(c_1+c_2) \end{vmatrix}$；

(7) $\begin{vmatrix} 5 & -1 & 3 \\ 2 & 2 & 2 \\ 196 & 203 & 199 \end{vmatrix}$；　(8) $\begin{vmatrix} -1 & 203 & -\frac{1}{3} \\ 3 & 298 & \frac{1}{3} \\ 5 & 399 & \frac{2}{3} \end{vmatrix}$；　(9) $\begin{vmatrix} 1 & \frac{3}{4} & -1 \\ -3 & \frac{1}{2} & 5 \\ -1 & 1 & -2 \end{vmatrix}$.

4. 解行列式方程 $\begin{vmatrix} 0 & 1 & x & 1 \\ 1 & 0 & 1 & x \\ x & 1 & 0 & 1 \\ 1 & x & 1 & 0 \end{vmatrix}=0$.

5. 设 $\boldsymbol{A}$ 是3阶方阵，证明：$|2\boldsymbol{A}|=2^3|\boldsymbol{A}|$.

6. 若 $\boldsymbol{A}$ 是 n 阶方阵，且 $\boldsymbol{AA}'=\boldsymbol{I}$，证明：$|\boldsymbol{A}|=1$ 或 -1.

7*. 设 $\boldsymbol{A}$ 是 n 阶方阵，且满足 $\boldsymbol{AA}'=\boldsymbol{I}$，$|\boldsymbol{A}|=-1$，证明：$|\boldsymbol{I}+\boldsymbol{A}|=0$.

8. 用克莱姆法则解下列方程组：

(1) $\begin{cases} x_1+2x_2-x_3=1 \\ 3x_1-2x_2+x_3=0 \\ x_1-x_2-x_3=2 \end{cases}$；　(2) $\begin{cases} x_1-x_2+x_3=0 \\ 2x_1+x_2-3x_3=0 \\ x_1+x_2+x_3=0 \end{cases}$；　(3) $\begin{cases} 5x_1+4x_3+2x_4=3 \\ x_1-x_2+2x_3+x_4=1 \\ 4x_1+x_2+2x_3=1 \\ x_1+x_2+x_3+x_4=0 \end{cases}$.

9. 若使齐次线性方程组 $\begin{cases} ax_1+x_2-x_3=0 \\ x_1-2x_2+x_3=0 \\ ax_1-x_2+2x_3=0 \end{cases}$ 有非零解，a 应为何值？

§1.4　可逆矩阵

在数的运算中，对于任意两个数 a，b 都可以定义加法、减法和乘法运算；当 $a\neq0$ 时可以定义除法，即

$$b\div a=b\times\frac{1}{a},$$

这里 $\frac{1}{a}$ 是 a 的倒数，也称 a 的逆．当 $a\neq0$ 时，a 可逆且逆一定存在，记 a 的逆为 a^{-1}，有

$$aa^{-1}=a^{-1}a=1.$$

类似于数的运算，在§1.1中我们已经定义了矩阵的加法、减法和乘法运算，是否还可以定义矩阵的“除法”运算呢？或者说，对于一个矩阵 $\boldsymbol{A}$，是否存在矩阵 $\boldsymbol{B}$ 使得 $\boldsymbol{AB}=\boldsymbol{BA}=\boldsymbol{I}$？当 $\boldsymbol{A}$ 可逆时，如何求出 $\boldsymbol{A}$ 的逆？本节将着重讨论这一问题.

1.4.1　可逆矩阵与逆矩阵

定义1　对于 n 阶方阵 $\boldsymbol{A}$，如果存在 n 阶方阵 $\boldsymbol{B}$ 满足

$AB=I$………………(1)

则称矩阵 A 为**可逆矩阵**(简称 A 可逆)，称矩阵 B 为 A 的**逆矩阵**，记作 A^{-1}，即 $B=A^{-1}$.

由定义 1 可知，若 A 可逆，则 A^{-1}存在，且

$AA^{-1}=I$……………(2)

对于单位矩阵 I，总有 $II=I$，所以单位矩阵是可逆矩阵，且 $I^{-1}=I$. 对任何 n 阶方阵 B 和 n 阶 O 矩阵总有 $OB=O$，所以 O 矩阵不是可逆矩阵. 因此，并不是所有的 n 阶矩阵都是可逆矩阵，那么，可逆矩阵应具备哪些条件呢？

1.4.2 可逆矩阵的判别与逆矩阵的求法

设 A 是 n 阶可逆矩阵，由(2)式及方阵行列式定理，有

$$|AA^{-1}|=|A||A^{-1}|=1,$$

所以，$|A|\neq 0$，因而得到下面的定理 1.

定理 1 方阵 A 可逆的必要条件是 $|A|\neq 0$.

注意 定理 1 的逆否命题是：若 $|A|=0$，则 A 一定不可逆. 定理 1 的逆否命题在判别一个矩阵不可逆时非常有用.

例 1 判别矩阵 $A=\begin{bmatrix}1 & 2 & 3\\ 2 & 1 & -4\\ 2 & 4 & 6\end{bmatrix}$是否可逆.

解 因为矩阵 A 的第 1 行与第 3 行元素对应成比例，所以 $|A|=0$，因此 A 不可逆.

思考题 定理 1 的逆命题成立吗？或者说 $|A|\neq 0$ 是 A 可逆的充分条件吗？再有，如果已知 A 可逆，A 应具有什么样的结构呢？

为了回答上述问题，先引入伴随矩阵的概念.

定义 2 对于 n 阶方阵 $A=[a_{ij}]$，称 n 阶方阵

$$\begin{bmatrix}A_{11} & A_{21} & \cdots & A_{n1}\\ A_{12} & A_{22} & \cdots & A_{n2}\\ \cdots & \cdots & \cdots & \cdots\\ A_{1n} & A_{2n} & \cdots & A_{nn}\end{bmatrix}$$

为 A 的**伴随矩阵**，记作 A^*，其中 A_{ij} 为行列式 $|A|$ 中元素 a_{ij} 的代数余子式.

注意 矩阵 A 的伴随矩阵 A^* 是用元素 a_{ij} 的代数余子式 A_{ij} 代入到 A 中 a_{ij} 的位置，然后再转置而得到的.

例 2 求矩阵 $A=\begin{bmatrix}a & b\\ c & d\end{bmatrix}$的伴随矩阵.

解 因为$a_{11}=a$ 的代数余子式为 $A_{11}=d$，$a_{12}=b$ 的代数余子式为 $A_{12}=-c$，

$a_{21}=c$ 的代数余子式为 $A_{21}=-b$，$a_{22}=d$ 的代数余子式为 $A_{22}=a$，

所以，A 的伴随矩阵为 $A^*=\begin{bmatrix}A_{11} & A_{12}\\ A_{21} & A_{22}\end{bmatrix}'=\begin{bmatrix}d & -c\\ -b & a\end{bmatrix}'=\begin{bmatrix}d & -b\\ -c & a\end{bmatrix}$.

例 3 求矩阵 $A=\begin{bmatrix}1 & -1 & 2\\ 1 & 2 & 0\\ 2 & 1 & 3\end{bmatrix}$的伴随矩阵.

解　先求出 A 的各元素的代数余子式.

$$A_{11}=(-1)^{1+1}\begin{vmatrix}2&0\\1&3\end{vmatrix}=6,\quad A_{12}=(-1)^{1+2}\begin{vmatrix}1&0\\2&3\end{vmatrix}=-3,A_{13}=(-1)^{1+3}\begin{vmatrix}1&2\\2&1\end{vmatrix}=-3,$$

$$A_{21}=(-1)^{2+1}\begin{vmatrix}-1&2\\1&3\end{vmatrix}=5,\quad A_{22}=(-1)^{2+2}\begin{vmatrix}1&2\\2&3\end{vmatrix}=-1,A_{23}=(-1)^{2+3}\begin{vmatrix}1&-1\\2&1\end{vmatrix}=-3,$$

$$A_{31}=(-1)^{3+1}\begin{vmatrix}-1&2\\2&0\end{vmatrix}=-4,A_{32}=(-1)^{3+2}\begin{vmatrix}1&2\\1&0\end{vmatrix}=2,\quad A_{33}=(-1)^{3+3}\begin{vmatrix}1&-1\\1&2\end{vmatrix}=3,$$

所以

$$\boldsymbol{A}^*=\begin{bmatrix}A_{11}&A_{21}&A_{31}\\A_{12}&A_{22}&A_{32}\\A_{13}&A_{23}&A_{33}\end{bmatrix}=\begin{bmatrix}6&5&-4\\-3&-1&2\\-3&-3&3\end{bmatrix}.$$

借助于伴随矩阵，可以证明下面的定理.

定理 2　若 n 阶方阵 $\boldsymbol{A}$ 的行列式 $|\boldsymbol{A}|\neq 0$，则 $\boldsymbol{A}$ 一定可逆，且有

$$\boldsymbol{A}^{-1}=\frac{1}{|\boldsymbol{A}|}\boldsymbol{A}^*\cdots\cdots\cdots\cdots\cdots\cdots(3)$$

证　因为对任何方阵 $\boldsymbol{A}=[a_{ij}]$，它的伴随矩阵 $\boldsymbol{A}^*=[A_{ij}]$ 一定存在. 由行列式的性质 3 及性质 4，有

$$\boldsymbol{AA}^*=\begin{bmatrix}a_{11}&a_{12}&\cdots&a_{1n}\\a_{21}&a_{22}&\cdots&a_{2n}\\\cdots&\cdots&\cdots&\cdots\\a_{n1}&a_{n2}&\cdots&a_{nn}\end{bmatrix}\begin{bmatrix}A_{11}&A_{21}&\cdots&A_{n1}\\A_{12}&A_{22}&\cdots&A_{n2}\\\cdots&\cdots&\cdots&\cdots\\A_{1n}&A_{2n}&\cdots&A_{nn}\end{bmatrix}$$

$$=\begin{bmatrix}\sum_{i=1}^{n}a_{1i}A_{1i}&\sum_{i=1}^{n}a_{1i}A_{2i}&\cdots&\sum_{i=1}^{n}a_{1i}A_{ni}\\\sum_{i=1}^{n}a_{2i}A_{1i}&\sum_{i=1}^{n}a_{2i}A_{2i}&\cdots&\sum_{i=1}^{n}a_{2i}A_{ni}\\\cdots&\cdots&\cdots&\cdots\\\sum_{i=1}^{n}a_{ni}A_{1i}&\sum_{i=1}^{n}a_{ni}A_{2i}&\cdots&\sum_{i=1}^{n}a_{ni}A_{ni}\end{bmatrix}$$

$$=\begin{bmatrix}|\boldsymbol{A}|&0&\cdots&0\\0&|\boldsymbol{A}|&\cdots&0\\\cdots&\cdots&\cdots&\cdots\\0&0&\cdots&|\boldsymbol{A}|\end{bmatrix}=|\boldsymbol{A}|\boldsymbol{I},$$

又因为 $|\boldsymbol{A}|\neq 0$，所以，$\frac{1}{|\boldsymbol{A}|}\boldsymbol{AA}^*=\boldsymbol{A}\left(\frac{1}{|\boldsymbol{A}|}\boldsymbol{A}^*\right)=\boldsymbol{I}$. 从而，$\boldsymbol{A}$ 可逆且

$$\boldsymbol{A}^{-1}=\frac{1}{|\boldsymbol{A}|}\boldsymbol{A}^*.$$

注意　定理 2 不仅给出了 $|\boldsymbol{A}|\neq 0$ 是 $\boldsymbol{A}$ 可逆的充分条件，而且还指出了 $\boldsymbol{A}^{-1}$ 的结构及逆矩阵的求法.

由定理 1 及定理 2 容易得到下面的定理 3.

定理 3 矩阵 $\boldsymbol{A}$ 可逆的充分必要条件是 $|\boldsymbol{A}|\neq 0$，且 $\boldsymbol{A}^{-1}=\frac{1}{|\boldsymbol{A}|}\boldsymbol{A}^{*}$.

例 4 试判断 2 阶矩阵 $\boldsymbol{A}=\begin{bmatrix} a & b \\ c & d \end{bmatrix}$ 是否可逆. 当 $\boldsymbol{A}$ 可逆时，求 $\boldsymbol{A}^{-1}$.

解 $|\boldsymbol{A}|=\begin{vmatrix} a & b \\ c & d \end{vmatrix}=ad-bc$,

当 $ad-bc=0$ 时，$\boldsymbol{A}$ 不可逆，$\boldsymbol{A}^{-1}$ 不存在；

当 $ad-bc\neq 0$ 时，$\boldsymbol{A}$ 可逆，由例 2 及定理 3，有

$$\boldsymbol{A}^{-1}=\frac{1}{|\boldsymbol{A}|}\boldsymbol{A}^{*}=\frac{1}{ad-bc}\begin{bmatrix} d & -b \\ -c & a \end{bmatrix}.$$

例 5 求例 3 中矩阵 $\boldsymbol{A}$ 的逆矩阵.

解 先判别 $\boldsymbol{A}$ 是否可逆.

$$|\boldsymbol{A}|=\begin{vmatrix} 1 & -1 & 2 \\ 1 & 2 & 0 \\ 2 & 1 & 3 \end{vmatrix} \xlongequal{②+①\times(-2)} \begin{vmatrix} 1 & -3 & 2 \\ 1 & 0 & 0 \\ 2 & -3 & 3 \end{vmatrix}=-\begin{vmatrix} -3 & 2 \\ -3 & 3 \end{vmatrix}=3,$$

所以，$\boldsymbol{A}$ 可逆. 由例 3，有

$$\boldsymbol{A}^{-1}=\frac{1}{|\boldsymbol{A}|}\boldsymbol{A}^{*}=\frac{1}{3}\begin{bmatrix} 6 & 5 & -4 \\ -3 & -1 & 2 \\ -3 & -3 & 3 \end{bmatrix}=\begin{bmatrix} 2 & \frac{5}{3} & -\frac{4}{3} \\ -1 & -\frac{1}{3} & \frac{2}{3} \\ -1 & -1 & 1 \end{bmatrix}.$$

例 6 求 3 阶矩阵 $\boldsymbol{A}=\begin{bmatrix} 1 & 2 & 3 \\ 2 & 2 & 1 \\ 3 & 4 & 3 \end{bmatrix}$ 的逆矩阵.

解 首先判断 $\boldsymbol{A}$ 是否可逆，为此，先计算 A_{1j}，$j=1,2,3$. 因为

$$A_{11}=(-1)^{1+1}\begin{vmatrix} 2 & 1 \\ 4 & 3 \end{vmatrix}=2,\quad A_{12}=(-1)^{1+2}\begin{vmatrix} 2 & 1 \\ 3 & 3 \end{vmatrix}=-3,\quad A_{13}=(-1)^{1+3}\begin{vmatrix} 2 & 2 \\ 3 & 4 \end{vmatrix}=2,$$

所以，$|\boldsymbol{A}|=1\times 2+2\times(-3)+3\times 2=2\neq 0$，故 $\boldsymbol{A}$ 可逆. 再求 $\boldsymbol{A}^{*}$，因为

$$A_{21}=(-1)^{2+1}\begin{vmatrix} 2 & 3 \\ 4 & 3 \end{vmatrix}=6,\quad A_{22}=(-1)^{2+2}\begin{vmatrix} 1 & 3 \\ 3 & 3 \end{vmatrix}=-6,\quad A_{23}=(-1)^{2+3}\begin{vmatrix} 1 & 2 \\ 3 & 4 \end{vmatrix}=2,$$

$$A_{31}=(-1)^{3+1}\begin{vmatrix} 2 & 3 \\ 2 & 1 \end{vmatrix}=-4,\quad A_{32}=(-1)^{3+2}\begin{vmatrix} 1 & 3 \\ 2 & 1 \end{vmatrix}=5,\quad A_{33}=(-1)^{3+3}\begin{vmatrix} 1 & 2 \\ 2 & 2 \end{vmatrix}=-2,$$

所以，$\boldsymbol{A}^{*}=\begin{bmatrix} 2 & 6 & -4 \\ -3 & -6 & 5 \\ 2 & 2 & -2 \end{bmatrix}$，从而

$$\boldsymbol{A}^{-1}=\frac{1}{2}\begin{bmatrix} 2 & 6 & -4 \\ -3 & -6 & 5 \\ 2 & 2 & -2 \end{bmatrix}=\begin{bmatrix} 1 & 3 & -2 \\ -\frac{3}{2} & -3 & \frac{5}{2} \\ 1 & 1 & -1 \end{bmatrix}.$$

注意 借助于伴随矩阵求逆矩阵的方法通常称为**伴随矩阵法**. 由例2及例6可以看出，2阶矩阵有4个元素且每个元素的代数余子式是一个数，3阶矩阵有9个元素且每个元素的代数余子式都是2阶行列式，那么对于4阶矩阵就有16个元素，且每个元素的代数余子式都是3阶行列式. 所以，在利用伴随矩阵法求逆矩阵时，矩阵的阶数越高，矩阵行列式的阶数及各元素的代数余子式的阶数就越高，代数余子式的个数也在增多，从而使得计算量大大增加. 因此，伴随矩阵法不适用于高阶矩阵求逆矩阵.

1.4.3 可逆矩阵的性质

性质1 若$\boldsymbol{A}$可逆，则$\boldsymbol{A}$与$\boldsymbol{A}^{-1}$可交换.

证 设$\boldsymbol{A}=[a_{ij}]$，则$\boldsymbol{A}^*=[A_{ij}]'$，由行列式的性质3及性质4，

$$\boldsymbol{A}^*\boldsymbol{A}=\begin{bmatrix} A_{11} & A_{21} & \cdots & A_{n1} \\ A_{12} & A_{22} & \cdots & A_{n2} \\ \cdots & \cdots & \cdots & \cdots \\ A_{1n} & A_{2n} & \cdots & A_{nn} \end{bmatrix}\begin{bmatrix} a_{11} & a_{12} & \cdots & a_{1n} \\ a_{21} & a_{22} & \cdots & a_{2n} \\ \cdots & \cdots & \cdots & \cdots \\ a_{n1} & a_{n2} & \cdots & a_{nn} \end{bmatrix}$$

$$=\begin{bmatrix} \sum_{i=1}^{n}A_{i1}a_{i1} & \sum_{i=1}^{n}A_{i1}a_{i2} & \cdots & \sum_{i=1}^{n}A_{i1}a_{in} \\ \sum_{i=1}^{n}A_{i2}a_{i1} & \sum_{i=1}^{n}A_{i2}a_{i2} & \cdots & \sum_{i=1}^{n}A_{i2}a_{in} \\ \cdots & \cdots & \cdots & \cdots \\ \sum_{i=1}^{n}A_{in}a_{i1} & \sum_{i=1}^{n}A_{in}a_{i2} & \cdots & \sum_{i=1}^{n}A_{in}a_{in} \end{bmatrix}$$

$$=\begin{bmatrix} |\boldsymbol{A}| & 0 & \cdots & 0 \\ 0 & |\boldsymbol{A}| & \cdots & 0 \\ \cdots & \cdots & \cdots & \cdots \\ 0 & 0 & \cdots & |\boldsymbol{A}| \end{bmatrix}=|\boldsymbol{A}|\boldsymbol{I}.$$

因为$\boldsymbol{A}$可逆，由定理3，$|\boldsymbol{A}|\neq 0$，且$\boldsymbol{A}^{-1}=\frac{1}{|\boldsymbol{A}|}\boldsymbol{A}^*$，$\frac{1}{|\boldsymbol{A}|}\boldsymbol{A}^*\boldsymbol{A}=\boldsymbol{I}$，即$\boldsymbol{A}^{-1}\boldsymbol{A}=\boldsymbol{I}=\boldsymbol{A}\boldsymbol{A}^{-1}$，故$\boldsymbol{A}$与$\boldsymbol{A}^{-1}$可交换.

注意 定义1中的(1)式似乎只能在$\boldsymbol{A}$的右侧乘以$\boldsymbol{B}=\boldsymbol{A}^{-1}$，但是，性质1告诉我们：$\boldsymbol{A}$，$\boldsymbol{B}$的地位是同等的，$\boldsymbol{A}$，$\boldsymbol{B}$均可逆且互为逆矩阵，即$\boldsymbol{A}=\boldsymbol{B}^{-1}$，$\boldsymbol{B}=\boldsymbol{A}^{-1}$.

性质2 若$\boldsymbol{A}$可逆，则$\boldsymbol{A}^{-1}$是唯一的.

证 因为$\boldsymbol{A}$可逆，所以$\boldsymbol{A}^{-1}$存在，且$\frac{1}{|\boldsymbol{A}|}\boldsymbol{A}^*$是$\boldsymbol{A}$的一个逆矩阵.

若存在$\boldsymbol{B}$使得$\boldsymbol{AB}=\boldsymbol{I}$，由于

$$\boldsymbol{AB}=\boldsymbol{A}\,\frac{1}{|\boldsymbol{A}|}\boldsymbol{A}^*,$$

等式两边左乘$\frac{1}{|\boldsymbol{A}|}\boldsymbol{A}^*$，有

$$\frac{1}{|\boldsymbol{A}|}\boldsymbol{A}^*\boldsymbol{AB}=\frac{1}{|\boldsymbol{A}|}\boldsymbol{A}^*\boldsymbol{A}\,\frac{1}{|\boldsymbol{A}|}\boldsymbol{A}^*,$$

因为$\frac{1}{|\boldsymbol{A}|}\boldsymbol{A}^*\boldsymbol{A}=\boldsymbol{I}$，由矩阵乘法的结合律，有

$$\left(\frac{1}{|\boldsymbol{A}|}\boldsymbol{A}^*\boldsymbol{A}\right)\boldsymbol{B}=\left(\frac{1}{|\boldsymbol{A}|}\boldsymbol{A}^*\boldsymbol{A}\right)\frac{1}{|\boldsymbol{A}|}\boldsymbol{A}^*,$$

所以$\boldsymbol{B}=\frac{1}{|\boldsymbol{A}|}\boldsymbol{A}^*$，从而$\boldsymbol{A}^{-1}$唯一.

性质 3 若$\boldsymbol{A}$可逆，则$\boldsymbol{A}^{-1}$也可逆，且$(\boldsymbol{A}^{-1})^{-1}=\boldsymbol{A}$.

请读者自己证明.

性质 4 若n阶方阵$\boldsymbol{A}$，$\boldsymbol{B}$都可逆，则$\boldsymbol{AB}$也可逆，且$(\boldsymbol{AB})^{-1}=\boldsymbol{B}^{-1}\boldsymbol{A}^{-1}$.

证 因为$\boldsymbol{A}$，$\boldsymbol{B}$都可逆，所以存在$\boldsymbol{A}^{-1}$和$\boldsymbol{B}^{-1}$，于是

$$(\boldsymbol{AB})(\boldsymbol{B}^{-1}\boldsymbol{A}^{-1})=\boldsymbol{ABB}^{-1}\boldsymbol{A}^{-1}=\boldsymbol{A}(\boldsymbol{BB}^{-1})\boldsymbol{A}^{-1}=\boldsymbol{AIA}^{-1}=\boldsymbol{AA}^{-1}=\boldsymbol{I},$$

从而$\boldsymbol{AB}$可逆且$(\boldsymbol{AB})^{-1}=\boldsymbol{B}^{-1}\boldsymbol{A}^{-1}$.

此性质可以推广到多个同阶可逆矩阵乘积的情形.

若$\boldsymbol{A}_1$，$\boldsymbol{A}_2$，…，$\boldsymbol{A}_n$都是同阶可逆矩阵，则乘积矩阵$\boldsymbol{A}_1\boldsymbol{A}_2\cdots\boldsymbol{A}_n$也可逆，且

$$(\boldsymbol{A}_1\boldsymbol{A}_2\cdots\boldsymbol{A}_n)^{-1}=\boldsymbol{A}_n^{-1}\cdots\boldsymbol{A}_2^{-1}\boldsymbol{A}_1^{-1}.$$

性质 5 若$\boldsymbol{A}$可逆，则$\boldsymbol{A}'$也可逆，且$(\boldsymbol{A}')^{-1}=(\boldsymbol{A}^{-1})'$.

证 因为$\boldsymbol{A}$可逆，所以$\boldsymbol{A}^{-1}$存在，由可逆矩阵的定义有

$$(\boldsymbol{A}^{-1}\boldsymbol{A})'=\boldsymbol{I}'=\boldsymbol{I},$$

另一方面由转置矩阵的性质，

$$(\boldsymbol{A}^{-1}\boldsymbol{A})'=\boldsymbol{A}'(\boldsymbol{A}^{-1})'=\boldsymbol{I},$$

所以，$\boldsymbol{A}'$可逆且$(\boldsymbol{A}')^{-1}=(\boldsymbol{A}^{-1})'$.

性质 6 若$\boldsymbol{A}$可逆，则$|\boldsymbol{A}^{-1}|=|\boldsymbol{A}|^{-1}$.

证 因为$\boldsymbol{A}$可逆，所以$\boldsymbol{A}^{-1}$存在，由方阵行列式定理$|\boldsymbol{AA}^{-1}|=|\boldsymbol{A}||\boldsymbol{A}^{-1}|=1$，所以

$$|\boldsymbol{A}^{-1}|=\frac{1}{|\boldsymbol{A}|}=|\boldsymbol{A}|^{-1}.$$

例 7 设$\boldsymbol{A}$是n阶可逆矩阵，证明：$\boldsymbol{A}$的伴随矩阵$\boldsymbol{A}^*$也可逆.

证 对任意n阶矩阵$\boldsymbol{A}$都有$\boldsymbol{A}^*\boldsymbol{A}=|\boldsymbol{A}|\boldsymbol{I}$. 又因为$\boldsymbol{A}$可逆，$|\boldsymbol{A}|\neq 0$，所以

$$\frac{1}{|\boldsymbol{A}|}\boldsymbol{A}^*\boldsymbol{A}=\boldsymbol{A}^*\left(\frac{1}{|\boldsymbol{A}|}\boldsymbol{A}\right)=\boldsymbol{I},$$

从而，$\boldsymbol{A}^*$可逆且$(\boldsymbol{A}^*)^{-1}=\frac{1}{|\boldsymbol{A}|}\boldsymbol{A}$.

思考题 $|\boldsymbol{A}^*|=?$

例 8 解矩阵方程$\begin{bmatrix}1 & 3\\2 & 5\end{bmatrix}\boldsymbol{X}\begin{bmatrix}2 & -1\\-3 & 2\end{bmatrix}=\begin{bmatrix}4 & 0\\-2 & 1\end{bmatrix}$.

分析 对于矩阵方程$\boldsymbol{AXB}=\boldsymbol{C}$，当$\boldsymbol{A}$，$\boldsymbol{B}$均可逆时，在方程两端同时左乘$\boldsymbol{A}^{-1}$，右乘$\boldsymbol{B}^{-1}$，可以得到$\boldsymbol{A}^{-1}\boldsymbol{AXBB}^{-1}=\boldsymbol{A}^{-1}\boldsymbol{CB}^{-1}$，即$\boldsymbol{X}=\boldsymbol{A}^{-1}\boldsymbol{CB}^{-1}$.

解 因为$\begin{vmatrix}1 & 3\\2 & 5\end{vmatrix}=-1\neq 0$，$\begin{vmatrix}2 & -1\\-3 & 2\end{vmatrix}=1\neq 0$，所以$\begin{bmatrix}1 & 3\\2 & 5\end{bmatrix}$，$\begin{bmatrix}2 & -1\\-3 & 2\end{bmatrix}$均可逆，在方程两端左乘$\begin{bmatrix}1 & 3\\2 & 5\end{bmatrix}^{-1}$，右乘$\begin{bmatrix}2 & -1\\-3 & 2\end{bmatrix}^{-1}$得到

$$\begin{bmatrix}1&3\\2&5\end{bmatrix}^{-1}\begin{bmatrix}1&3\\2&5\end{bmatrix}X\begin{bmatrix}2&-1\\-3&2\end{bmatrix}\begin{bmatrix}2&-1\\-3&2\end{bmatrix}^{-1}=\begin{bmatrix}1&3\\2&5\end{bmatrix}^{-1}\begin{bmatrix}4&0\\-2&1\end{bmatrix}\begin{bmatrix}2&-1\\-3&2\end{bmatrix}^{-1},$$

又因为

$$\begin{bmatrix}1&3\\2&5\end{bmatrix}^{-1}=\frac{1}{-1}\begin{bmatrix}5&-3\\-2&1\end{bmatrix}=\begin{bmatrix}-5&3\\2&-1\end{bmatrix},$$

$$\begin{bmatrix}2&-1\\-3&2\end{bmatrix}^{-1}=\frac{1}{1}\begin{bmatrix}2&1\\3&2\end{bmatrix}=\begin{bmatrix}2&1\\3&2\end{bmatrix},$$

所以，

$$X=\begin{bmatrix}-5&3\\2&-1\end{bmatrix}\begin{bmatrix}4&0\\-2&1\end{bmatrix}\begin{bmatrix}2&1\\3&2\end{bmatrix}=\begin{bmatrix}-43&-20\\15&8\end{bmatrix}.$$

再看一个例题.

例 9　在平面直角坐标系中，旋转变换所形成的矩阵 $A=\begin{bmatrix}\cos\theta&-\sin\theta\\\sin\theta&\cos\theta\end{bmatrix}$ 满足

$$AA'=A'A=\begin{bmatrix}\cos^2\theta+\sin^2\theta&\cos\theta\sin\theta-\cos\theta\sin\theta\\\cos\theta\sin\theta-\cos\theta\sin\theta&\cos^2\theta+\sin^2\theta\end{bmatrix}=\begin{bmatrix}1&0\\0&1\end{bmatrix},$$

即 $AA'=A'A=I$，可见 $A^{-1}=A'$.

今后把满足关系式 $A^{-1}=A'$ 的矩阵称为**正交矩阵**. 若 $A=[a_{ij}]$ 是正交矩阵，则 AA' 的第 i 行第 j 列的元素为

$$a_{i1}a_{j1}+a_{i2}a_{j2}+\cdots+a_{in}a_{jn}=\begin{cases}1,\ 当\ i=j\ 时\\0,\ 当\ i\neq j\ 时\end{cases},$$

即正交矩阵 A 具有如下性质：

性质 1　任一行(列)的元素的平方和为 1；

性质 2　任意两个不同行(列)的对应元素乘积之和为 0.

思考题　(1) 矩阵 $A=\begin{bmatrix}\frac{1}{3}&\frac{2}{3}&\frac{2}{3}\\\frac{2}{3}&\frac{1}{3}&-\frac{2}{3}\\\frac{2}{3}&-\frac{2}{3}&\frac{1}{3}\end{bmatrix}$ 是正交矩阵吗？(2) 若 A 是正交矩阵，求 $|A|$.

本节关键词

可逆矩阵　逆矩阵　伴随矩阵法　可逆矩阵的性质　方阵行列式定理　正交矩阵

习题 1.4

1. 验证下列矩阵 A, B 是否互为逆矩阵：

(1) $A=\begin{bmatrix}8&-4\\-5&3\end{bmatrix}$, $B=\begin{bmatrix}\frac{3}{4}&1\\\frac{5}{4}&2\end{bmatrix}$；　(2) $A=\begin{bmatrix}2&3&-1\\1&2&0\\-1&2&-2\end{bmatrix}$, $B=\begin{bmatrix}4&-4&-2\\-2&5&1\\-4&7&-1\end{bmatrix}$.

2. (1) 设$A=\begin{bmatrix}1 & 2\\ -3 & 4\end{bmatrix}$, $B=\begin{bmatrix}\frac{4}{10} & x\\ \frac{3}{10} & y\end{bmatrix}$,确定 x, y 使B 成为A 的逆矩阵;

(2) 设$A=\begin{bmatrix}2 & 0 & 0\\ 0 & 3 & 0\\ 0 & 0 & 4\end{bmatrix}$, 用定义求$A^{-1}$.

3. 判别下列矩阵的可逆性:

(1) $\begin{bmatrix}1 & 2 & -1\\ 3 & 4 & -2\\ 5 & -4 & 1\end{bmatrix}$; (2) $\begin{bmatrix}2 & 1 & 4\\ 3 & -1 & 5\\ 2 & 1 & 4\end{bmatrix}$; (3) $\begin{bmatrix}5 & 2 & 0 & 0\\ 2 & 1 & 0 & 0\\ 0 & 0 & 8 & 3\\ 0 & 0 & 5 & 2\end{bmatrix}$.

4. 求下列矩阵的伴随矩阵:

(1) $\begin{bmatrix}3 & 2\\ 1 & 0\end{bmatrix}$; (2) $\begin{bmatrix}6 & 0\\ 0 & -2\end{bmatrix}$; (3) $\begin{bmatrix}1 & -2 & 5\\ -3 & 0 & 4\\ 2 & 1 & 6\end{bmatrix}$.

5. 判别下列矩阵是否可逆?若可逆,用伴随矩阵法求其逆矩阵:

(1) $\begin{bmatrix}5 & 7\\ 8 & 11\end{bmatrix}$; (2) $\begin{bmatrix}1 & -2 & -1\\ -1 & 1 & 1\\ 2 & -1 & 1\end{bmatrix}$; (3) $\begin{bmatrix}1 & 0 & 1\\ -1 & 1 & 1\\ 2 & -1 & 1\end{bmatrix}$.

6. 试证:若 n 阶方阵A, B, C 都可逆,则 ABC 也可逆,且$(ABC)^{-1}=C^{-1}B^{-1}A^{-1}$.

7. 若A, B 均为 n 阶可逆矩阵,那么$A-B$, $A+B$, AB, AB^{-1}是否一定可逆?

8. 已知$A^{-1}=\begin{bmatrix}1 & 2 & 1\\ 0 & 1 & 3\\ 1 & 2 & 4\end{bmatrix}$, $B^{-1}=\begin{bmatrix}2 & 1 & 0\\ -1 & 2 & 1\\ -2 & 3 & 1\end{bmatrix}$, 求: $(AB)^{-1}$, $(A'B)^{-1}$, $[(AB)']^{-1}$.

9. 若A 可逆,证明: $2A$ 也可逆,且$(2A)^{-1}=\frac{1}{2}A^{-1}$.

10. 求满足下列方程的矩阵X:

(1) $\begin{bmatrix}1 & -2 & 0\\ 1 & -2 & -1\\ -3 & 1 & 2\end{bmatrix}X=\begin{bmatrix}-1 & 4\\ 2 & 5\\ 1 & -3\end{bmatrix}$; (2) $X\begin{bmatrix}1 & 1 & 1\\ 0 & 1 & 1\\ 0 & 0 & 1\end{bmatrix}=\begin{bmatrix}1 & -2 & 1\\ 0 & 1 & -1\end{bmatrix}$;

(3) $X+\begin{bmatrix}2 & 5\\ 1 & 3\end{bmatrix}X=\begin{bmatrix}4 & 6\\ 2 & 1\end{bmatrix}$.

§1.5 矩阵的初等行变换与矩阵的秩

1.5.1 矩阵的初等行变换

在中学,我们利用消元法求解线性方程组时,总是反复用到下面三种变换:

(1) 将两个方程的位置对调;

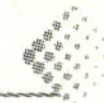

(2) 将一个方程遍乘一个非零常数 k；

(3) 将一个方程遍乘一个常数 k 后加至另一个方程上.

这三种变换称为**方程组的初等变换**. 我们已经知道线性方程组经过这样的初等变换后其解不变. 对应于线性方程组的初等变换，我们有矩阵的初等行变换的概念.

定义 1 **矩阵的初等行变换**是指对矩阵进行下列三种变换：

(1) 矩阵的某两行位置对换，称为**对换变换**；

(2) 将矩阵的某一行遍乘一个非零常数 k，称为**倍乘变换**；

(3) 将矩阵的某一行遍乘一个常数 k 后加至另一行上，称为**倍加变换**.

通常把第 i 行和第 j 行作对换简记作(ⓘ,ⓙ)；把第 i 行遍乘以一个常数 k 的倍乘变换简记作 $i\times k$；把第ⓘ行遍乘一个常数 k 加至第 j 行的倍加变换简记作 ⓙ+ⓘ$\times k$. 变换前和变换后的两个矩阵之间用箭头"→"表示，并且把初等行变换的记号写在箭头"→"的上方.

例如，

$$\boldsymbol{A}=\begin{bmatrix}2 & 3 & 1 & 4\\1 & 2 & -1 & 0\\3 & -2 & 1 & 5\end{bmatrix}\xrightarrow{(①,②)}\begin{bmatrix}1 & 2 & -1 & 0\\2 & 3 & 1 & 4\\3 & -2 & 1 & 5\end{bmatrix}$$

$$\xrightarrow[②+①\times(-2)]{③+①\times(-3)}\begin{bmatrix}1 & 2 & -1 & 0\\0 & -1 & 3 & 4\\0 & -8 & 4 & 5\end{bmatrix}\xrightarrow{②\times(-1)}\begin{bmatrix}1 & 2 & -1 & 0\\0 & 1 & -3 & -4\\0 & -8 & 4 & 5\end{bmatrix}$$

$$\xrightarrow{③+②\times 8}\begin{bmatrix}1 & 2 & -1 & 0\\0 & 1 & -3 & -4\\0 & 0 & -20 & -27\end{bmatrix}$$

实际上，对应于矩阵的初等行变换还有矩阵的初等列变换. 把矩阵的初等行变换和初等列变换统称为**矩阵的初等变换**. 本课程仅涉及初等行变换.

1.5.2 初等矩阵

定义 2 将单位矩阵 $\boldsymbol{I}$ 经过一次初等变换得到的矩阵称为**初等矩阵**. 对应于三种初等行变换有三种初等矩阵.

(1) **初等对换矩阵**：由单位矩阵的第 i 行与第 j 行对换而得到的矩阵，即

$$\boldsymbol{E}_{ij}=\begin{bmatrix}1 &&&&&&&&\\ & \cdots &&&&&&&\\ && 1 &&&&&&\\ &&& 0 & \cdots & 1 & \cdots & \cdots & \cdots\\ &&& \vdots & \ddots & \vdots &&&\\ &&& 1 & \cdots & 0 & \cdots & \cdots & \cdots\\ &&&&&& 1 &&\\ &&&&&&& \ddots &\\ &&&&&&&& 1\end{bmatrix}\begin{matrix}\\ \\ \\ \text{第 } i \text{ 行}\\ \\ \text{第 } j \text{ 行}\\ \\ \\ \\ \end{matrix}.$$

(2) **初等倍乘矩阵**：由单位矩阵的第 i 行遍乘 $k(k\neq 0)$ 而得到的矩阵. 即

$$\boldsymbol{E}_i(k)=\begin{bmatrix}1 &&&&&& \\ & \ddots &&&&& \\ && 1 &&&& \\ &&& k & \cdots & \cdots & \cdots \\ &&&& 1 && \\ &&&&& \ddots & \\ &&&&&& 1\end{bmatrix}\text{第 } i \text{ 行}.$$

(3) **初等倍加矩阵**：由单位矩阵的第 i 行遍乘 k 后加到第 j 行而得到的矩阵. 即

$$\boldsymbol{E}_{ij}(k)=\begin{bmatrix}1 &&&&&&& \\ & \ddots &&&&&& \\ && 1 & \cdots & \cdots & \cdots & \cdots & \\ && \vdots & \ddots & \vdots &&& \\ && k & \cdots & 1 & \cdots & \cdots & \\ &&&&& \ddots && \\ &&&&&&& 1\end{bmatrix}\begin{matrix} \\ \\ \text{第 } i \text{ 行} \\ \\ \text{第 } j \text{ 行} \\ \\ \\ \end{matrix}.$$

由矩阵行列式的性质及可逆矩阵的充要条件知 $|\boldsymbol{E}_{ij}|=-1$，$|\boldsymbol{E}_i(k)|=k\neq 0$，$|\boldsymbol{E}_{ij}(k)|=1$，因此，初等矩阵是可逆矩阵，且

$$\boldsymbol{E}_{ij}^{-1}=\boldsymbol{E}_{ij},\ \boldsymbol{E}_i(k)^{-1}=\boldsymbol{E}_i\left(\frac{1}{k}\right),\ \boldsymbol{E}_{ij}(k)^{-1}=\boldsymbol{E}_{ij}(-k).$$

初等矩阵在初等行变换中起着怎样的作用呢？下面以 3×4 矩阵为例说明. 设

$$\boldsymbol{A}=\begin{bmatrix}1 & 2 & 3 & 4 \\ 5 & 6 & 7 & 8 \\ 9 & 10 & 11 & 12\end{bmatrix},$$

$$\boldsymbol{E}_{13}\boldsymbol{A}=\begin{bmatrix}0 & 0 & 1 \\ 0 & 1 & 0 \\ 1 & 0 & 0\end{bmatrix}\begin{bmatrix}1 & 2 & 3 & 4 \\ 5 & 6 & 7 & 8 \\ 9 & 10 & 11 & 12\end{bmatrix}=\begin{bmatrix}9 & 10 & 11 & 12 \\ 5 & 6 & 7 & 8 \\ 1 & 2 & 3 & 4\end{bmatrix},$$

矩阵 $\boldsymbol{A}$ 左乘初等对换矩阵 $\boldsymbol{E}_{13}$ 等同于对 $\boldsymbol{A}$ 进行一次相应的行的对换变换，即第 1，3 行对换；

$$\boldsymbol{E}_2(k)\boldsymbol{A}=\begin{bmatrix}1 & 0 & 0 \\ 0 & k & 0 \\ 0 & 0 & 1\end{bmatrix}\begin{bmatrix}1 & 2 & 3 & 4 \\ 5 & 6 & 7 & 8 \\ 9 & 10 & 11 & 12\end{bmatrix}=\begin{bmatrix}1 & 2 & 3 & 4 \\ 5k & 6k & 7k & 8k \\ 9 & 10 & 11 & 12\end{bmatrix},$$

矩阵 $\boldsymbol{A}$ 左乘初等倍乘矩阵 $\boldsymbol{E}_2(k)$ 等同于对 $\boldsymbol{A}$ 进行一次相应的行的倍乘变换，即第 2 行遍乘 k；

$$\boldsymbol{E}_{12}(k)\boldsymbol{A}=\begin{bmatrix}1 & 0 & 0 \\ k & 1 & 0 \\ 0 & 0 & 1\end{bmatrix}\begin{bmatrix}1 & 2 & 3 & 4 \\ 5 & 6 & 7 & 8 \\ 9 & 10 & 11 & 12\end{bmatrix}=\begin{bmatrix}1 & 2 & 3 & 4 \\ k+5 & 2k+6 & 3k+7 & 4k+8 \\ 9 & 10 & 11 & 12\end{bmatrix},$$

矩阵 $\boldsymbol{A}$ 左乘初等倍加矩阵 $\boldsymbol{E}_{12}(k)$ 等同于对 $\boldsymbol{A}$ 进行一次相应的倍加变换，即把第 1 行遍乘 k

加到第 2 行上.

事实上，可以证明，对任何一个 $m\times n$ 矩阵 $\boldsymbol{A}$ 进行一次初等行变换都等同于矩阵 $\boldsymbol{A}$ 左乘一个相应的 m 阶初等矩阵；对 $\boldsymbol{A}$ 进行一次初等列变换等同于 $\boldsymbol{A}$ 右乘以一个相应的 n 阶初等矩阵. 有兴趣的读者不妨试一试.

由初等矩阵与初等行变换的关系不难得到下面的定理 1.

定理 1　设方阵 $\boldsymbol{A}$ 经过若干次初等行变换后得到方阵 $\boldsymbol{B}$，若 $|\boldsymbol{A}|\neq 0$，必有 $|\boldsymbol{B}|\neq 0$，反之亦然.

证　因为 $\boldsymbol{A}$ 经过若干次初等行变换等同于 $\boldsymbol{A}$ 左乘若干个初等矩阵 $\boldsymbol{P}_1$，$\boldsymbol{P}_2$，…，$\boldsymbol{P}_t$，有 $\boldsymbol{B}=\boldsymbol{P}_t\cdots\boldsymbol{P}_2\boldsymbol{P}_1\boldsymbol{A}$，由方阵行列式定理及初等矩阵的可逆性有

$$|\boldsymbol{B}|=|\boldsymbol{P}_t|\cdots|\boldsymbol{P}_2|\,|\boldsymbol{P}_1|\,|\boldsymbol{A}|,$$

且 $|\boldsymbol{P}_1|\neq 0$，$|\boldsymbol{P}_2|\neq 0$，…，$|\boldsymbol{P}_t|\neq 0$. 从而有

$$|\boldsymbol{A}|\neq 0 \Leftrightarrow |\boldsymbol{B}|\neq 0$$

利用定理 1 可以判别方阵的可逆性.

例 1　设 $\boldsymbol{A}=\begin{bmatrix}-2 & 1 & 0\\ 1 & -2 & 1\\ -1 & 1 & 2\end{bmatrix}$，试用初等行变换判别矩阵 $\boldsymbol{A}$ 是否可逆.

解　为了避免出现分数，方便计算，一般习惯于把第 1 行第 1 列的元素变成 1 或 (-1)，为此先将第 1，2 行对换，

$$\boldsymbol{A}=\begin{bmatrix}-2 & 1 & 0\\ 1 & -2 & 1\\ -1 & 1 & 2\end{bmatrix}\xrightarrow{(①,②)}\begin{bmatrix}1 & -2 & 1\\ -2 & 1 & 0\\ -1 & 1 & 2\end{bmatrix},$$

将第 1 行遍乘 2 加到第 2 行，再将第 1 行加到第 3 行就得到

$$\xrightarrow[③+①]{②+①\times 2}\begin{bmatrix}1 & -2 & 1\\ 0 & -3 & 2\\ 0 & -1 & 3\end{bmatrix},$$

为把第 2 行第 2 列的元素变成 1 或 (-1)，将第 2 行与第 3 行对换得到

$$\xrightarrow{(②,③)}\begin{bmatrix}1 & -2 & 1\\ 0 & -1 & 3\\ 0 & -3 & 2\end{bmatrix},$$

将第 2 行的 -3 倍加到第 3 行得到

$$\xrightarrow{③+②\times(-3)}\begin{bmatrix}1 & -2 & 1\\ 0 & -1 & 3\\ 0 & 0 & -7\end{bmatrix}=\boldsymbol{B}.$$

因为 $|\boldsymbol{B}|=-7\neq 0$，由定理 1，$|\boldsymbol{A}|\neq 0$，从而 $\boldsymbol{A}$ 可逆.

将例 1 的解题思路做一归纳：

(1) 矩阵将 $\boldsymbol{A}$ 经过若干次初等行变换化成上三角矩阵；

(2) 利用上三角矩阵行列式的性质得到 $|\boldsymbol{B}|\neq 0$；

(3) 利用定理 1 得到 $|\boldsymbol{A}|\neq 0$；

(4) 利用可逆矩阵的充要条件得到 $\boldsymbol{A}$ 可逆.

1.5.3 矩阵的秩

矩阵的秩是反映矩阵本质属性的重要概念之一. 为介绍矩阵的秩的概念，首先给出阶梯形矩阵的定义.

定义 3 满足下列条件的矩阵称为**行阶梯形矩阵**，简称**行阶梯阵**：

(1) 各个非零行(元素不全为 0 的行)的第 1 个非零元素的列标随着行标的递增而严格增大；

(2) 如果矩阵有零行，则零行在矩阵的最下方.

类似地可以定义列阶梯形矩阵. 由于本书只涉及行阶梯形矩阵，因此，以下统称为阶梯阵.

例如，$\begin{bmatrix}1&0&2\\0&2&1\\0&0&1\end{bmatrix}$，$\begin{bmatrix}1&3&4&1\\0&2&3&1\\0&0&0&1\end{bmatrix}$，$\begin{bmatrix}1&2&3&4\\0&1&2&3\\0&0&0&0\end{bmatrix}$，$\begin{bmatrix}0&0&0\\0&0&0\\0&0&0\end{bmatrix}$都是阶梯阵；而 $\begin{bmatrix}1&0&3&0\\0&0&0&0\\0&1&0&1\end{bmatrix}$及$\begin{bmatrix}1&0&3&0\\0&1&2&0\\0&2&0&1\end{bmatrix}$都不是阶梯阵.

定理 2 任意一个 $m\times n$ 矩阵 $\boldsymbol{A}=[a_{ij}]$经过有限次初等行变换可以化成阶梯阵.

证 若 $\boldsymbol{A}=[a_{ij}]=\boldsymbol{O}$，即 $\boldsymbol{A}$ 为 $\boldsymbol{O}$ 矩阵，$\boldsymbol{O}$ 矩阵是阶梯阵.

若 $\boldsymbol{A}=[a_{ij}]\neq\boldsymbol{O}$，则至少有一个元素不为 0，不妨设 $a_{11}\neq 0$. 把第 1 行遍乘$\left(-\dfrac{a_{21}}{a_{11}}\right)$加到第 2 行相应的元素上，再把第 1 行元素遍乘$\left(-\dfrac{a_{31}}{a_{11}}\right)$加到第 3 行相应的元素上，……，依次类推，就可以把第 1 列除 a_{11} 以外的其余元素化成 0：

$$\begin{bmatrix}a_{11}&a_{12}&\cdots&a_{1n}\\a_{21}&a_{22}&\cdots&a_{2n}\\\cdots&\cdots&\cdots&\cdots\\a_{m1}&a_{m2}&\cdots&a_{mn}\end{bmatrix}\longrightarrow\begin{bmatrix}a_{11}&a_{12}&\cdots&a_{1n}\\0&a'_{22}&\cdots&a'_{2n}\\\cdots&\cdots&\cdots&\cdots\\0&a'_{m2}&\cdots&a'_{mn}\end{bmatrix}=\begin{bmatrix}a_{11}&*\\\boldsymbol{O}&\boldsymbol{B}_1\end{bmatrix};$$

若 $\boldsymbol{B}_1=\boldsymbol{O}$，则 $\boldsymbol{A}$ 已化成阶梯阵. 若 $\boldsymbol{B}_1\neq\boldsymbol{O}$，则对 $\boldsymbol{B}_1$ 进行类似上述的初等行变换，这样经过有限次的初等行变换，总可以把 $\boldsymbol{A}$ 化成阶梯阵.

注意 定理 2 的证明告诉我们将任意矩阵 $\boldsymbol{A}$ 经过初等行变换化成阶梯形矩阵的方法.

定义 4 一个矩阵 $\boldsymbol{A}$ 经过初等行变换可化成阶梯阵，称此阶梯阵为**矩阵 $\boldsymbol{A}$ 的阶梯阵**.

例 2 求矩阵$\boldsymbol{A}=\begin{bmatrix}0&16&-7&-5&5\\1&-5&2&1&-1\\-1&-11&5&4&-4\\2&6&-3&-3&7\end{bmatrix}$的阶梯阵.

解　$\boldsymbol{A}=\begin{bmatrix}0&16&-7&-5&5\\1&-5&2&1&-1\\-1&-11&5&4&-4\\2&6&-3&-3&7\end{bmatrix}\xrightarrow{(①,②)}\begin{bmatrix}1&-5&2&1&-1\\0&16&-7&-5&5\\-1&-11&5&4&-4\\2&6&-3&-3&7\end{bmatrix}$

$$\xrightarrow[④+①\times(-2)]{③+①}\begin{bmatrix}1&-5&2&1&-1\\0&16&-7&-5&5\\0&-16&7&5&-5\\0&16&-7&-5&9\end{bmatrix}$$

$$\xrightarrow[④+②\times(-1)]{③+②}\begin{bmatrix}1&-5&2&1&-1\\0&16&-7&-5&5\\0&0&0&0&0\\0&0&0&0&4\end{bmatrix}$$

$$\xrightarrow{(③,④)}\begin{bmatrix}1&-5&2&1&-1\\0&16&-7&-5&5\\0&0&0&0&4\\0&0&0&0&0\end{bmatrix}.$$

上面由 $\boldsymbol{A}$ 进行初等行变换得到的最后一个矩阵就是 $\boldsymbol{A}$ 的阶梯阵. 如果将其继续进行初等行变换，就可得到

$$\xrightarrow{③\times\frac{1}{4}}\begin{bmatrix}1&-5&2&1&-1\\0&16&-7&-5&5\\0&0&0&0&1\\0&0&0&0&0\end{bmatrix}.$$

上面的矩阵也是 $\boldsymbol{A}$ 的阶梯阵，可见 $\boldsymbol{A}$ 的阶梯阵不是唯一的. 但值得注意的是，$\boldsymbol{A}$ 的阶梯阵中所含有非零行的行数是唯一确定的. 矩阵的这一性质在矩阵理论中占有重要的地位. 为此，给出下面矩阵的秩的概念.

定义 5　矩阵 $\boldsymbol{A}$ 的阶梯形矩阵的非零行的行数称为**矩阵 $\boldsymbol{A}$ 的秩**，记作秩($\boldsymbol{A}$)或 $\mathrm{r}(\boldsymbol{A})$.

本节例 2 中的 $\boldsymbol{A}$ 的阶梯矩阵有 3 个非零行，可见秩($\boldsymbol{A}$)=3.

由矩阵的秩的定义，若求已知矩阵 $\boldsymbol{A}$ 的秩，只需将 $\boldsymbol{A}$ 进行初等行变换化成阶梯阵即可得到.

思考题　n 阶单位矩阵、数量矩阵的秩是多少？对角矩阵、三角矩阵的秩是多少？

例 3　设矩阵 $\boldsymbol{A}=\begin{bmatrix}2&-3&0&5&0\\4&3&2&1&1\\0&1&2&3&4\\-1&1&-1&0&1\end{bmatrix}$，求秩($\boldsymbol{A}$)及秩($\boldsymbol{A}'$).

解　先将矩阵 $\boldsymbol{A}$ 进行初等行变换化成阶梯阵.

$$A=\begin{bmatrix}2&-3&0&5&0\\4&3&2&1&1\\0&1&2&3&4\\-1&1&-1&0&1\end{bmatrix}\xrightarrow{(①,④)}\begin{bmatrix}-1&1&-1&0&1\\4&3&2&1&1\\0&1&2&3&4\\2&-3&0&5&0\end{bmatrix}$$

$$\xrightarrow[②+①\times4]{④+①\times2}\begin{bmatrix}-1&1&-1&0&1\\0&7&-2&1&5\\0&1&2&3&4\\0&-1&-2&5&2\end{bmatrix}\xrightarrow{(②,③)}\begin{bmatrix}-1&1&-1&0&1\\0&1&2&3&4\\0&7&-2&1&5\\0&-1&-2&5&2\end{bmatrix}$$

$$\xrightarrow[③+②\times(-7)]{④+②}\begin{bmatrix}-1&1&-1&0&1\\0&1&2&3&4\\0&0&-16&-20&-23\\0&0&0&8&6\end{bmatrix},$$

A 的阶梯阵有 4 个非零行，所以，秩(**A**)＝4.

$$A'=\begin{bmatrix}2&4&0&-1\\-3&3&1&1\\0&2&2&-1\\5&1&3&0\\0&1&4&1\end{bmatrix}\xrightarrow{①+②}\begin{bmatrix}-1&7&1&0\\-3&3&1&1\\0&2&2&-1\\5&1&3&0\\0&1&4&1\end{bmatrix}$$

$$\xrightarrow[②+①\times(-3)]{④+①\times5}\begin{bmatrix}-1&7&1&0\\0&-18&-2&1\\0&2&2&-1\\0&36&8&0\\0&1&4&1\end{bmatrix}\xrightarrow{(⑤,②)}\begin{bmatrix}-1&7&1&0\\0&1&4&1\\0&2&2&-1\\0&36&8&0\\0&-18&-2&1\end{bmatrix}$$

$$\xrightarrow[\substack{③+②\times(-2)\\④+⑤\times2}]{⑤+②\times18}\begin{bmatrix}-1&7&1&0\\0&1&4&1\\0&0&-6&-3\\0&0&4&2\\0&0&70&19\end{bmatrix}\xrightarrow{③\times\left(-\frac{1}{3}\right)}\begin{bmatrix}-1&7&1&0\\0&1&4&1\\0&0&2&1\\0&0&4&2\\0&0&70&19\end{bmatrix}$$

$$\xrightarrow[⑤+③\times(-35)]{④+③\times(-2)}\begin{bmatrix}-1&7&1&0\\0&1&4&1\\0&0&2&1\\0&0&0&0\\0&0&0&-16\end{bmatrix}\xrightarrow{(⑤,④)}\begin{bmatrix}-1&7&1&0\\0&1&4&1\\0&0&2&1\\0&0&0&-16\\0&0&0&0\end{bmatrix},$$

A′的阶梯阵有 4 个非零行，所以，秩(**A**′)＝4.

可以证明，对任意矩阵 **A** 有

秩(**A**)＝秩(**A**′).

定义 6 设 **A** 是 n 阶方阵，若秩(**A**)＝n，则称 **A** 为**满秩矩阵**.

例如，$\begin{bmatrix}1&2&0\\0&3&0\\0&0&-1\end{bmatrix}$，$\boldsymbol{I}_n=\begin{bmatrix}1&0&\cdots&0\\0&1&\cdots&0\\\cdots&\cdots&\cdots&\cdots\\0&0&\cdots&1\end{bmatrix}$都是满秩矩阵. 而例 3 中的 $\boldsymbol{A}$ 及 $\boldsymbol{A}'$ 都不是方阵，因而它们不会是满秩矩阵.

因为任意矩阵经过有限次初等行变换都能化成阶梯阵，而满秩矩阵一定是方阵，它的阶梯阵不会出现 0 行，即主对角线上的元素均不等于 0. 若继续对这个阶梯阵进行初等行变换，把主对角线以外的其他元素都化成 0，最后再用倍乘变换把主对角线上的元素都化成 1，这样就把满秩矩阵化成了单位矩阵 $\boldsymbol{I}$. 因此，有下面的定理 3.

定理 3 任何满秩矩阵经过初等行变换都能化成单位矩阵.

例 4 设矩阵 $\boldsymbol{A}=\begin{bmatrix}1&1&-1\\2&3&3\\1&2&1\end{bmatrix}$，判断 $\boldsymbol{A}$ 是否为满秩矩阵，若是，将 $\boldsymbol{A}$ 化成单位矩阵.

解 先将 $\boldsymbol{A}$ 化成阶梯阵.

$$\boldsymbol{A}=\begin{bmatrix}1&1&-1\\2&3&3\\1&2&1\end{bmatrix}\xrightarrow[②+①\times(-2)]{③+①\times(-1)}\begin{bmatrix}1&1&-1\\0&1&5\\0&1&2\end{bmatrix}\xrightarrow{③+②\times(-1)}\begin{bmatrix}1&1&-1\\0&1&5\\0&0&-3\end{bmatrix},$$

所以，秩$(\boldsymbol{A})=3$，故 $\boldsymbol{A}$ 是满秩矩阵. 继续进行初等行变换，把主对角线以外的其他元素都化成 0.

$$\begin{bmatrix}1&1&-1\\0&1&5\\0&0&-3\end{bmatrix}\xrightarrow{③\times\left(-\frac{1}{3}\right)}\begin{bmatrix}1&1&-1\\0&1&5\\0&0&1\end{bmatrix}\xrightarrow[②+③\times(-5)]{①+③}\begin{bmatrix}1&1&0\\0&1&0\\0&0&1\end{bmatrix}\xrightarrow{①+②\times(-1)}\begin{bmatrix}1&0&0\\0&1&0\\0&0&1\end{bmatrix}.$$

这样，$\boldsymbol{A}$ 经过以上初等行变换化成了单位矩阵.

1.5.4 运用初等行变换求逆矩阵

由定理 3 及定理 1 可知，满秩矩阵的行列式不等于 0，所以满秩矩阵一定是可逆矩阵；又因为可逆矩阵的阶梯阵是满秩矩阵，所以可逆矩阵也是满秩矩阵. 因此满秩矩阵与可逆矩阵可以看成是“一回事”，即矩阵 $\boldsymbol{A}$ 可逆的充要条件是 $\boldsymbol{A}$ 为满秩的. 因此，有下面重要定理.

定理 4 任何可逆矩阵经过有限次初等行变换都可以化成单位矩阵 $\boldsymbol{I}$.

矩阵 $\boldsymbol{A}$ 经过有限次初等行变换化成单位矩阵 $\boldsymbol{I}$ 等同于 $\boldsymbol{A}$ 左乘有限个初等矩阵 $\boldsymbol{P}_1$，$\boldsymbol{P}_2$，…，$\boldsymbol{P}_t$ 使得

$$\boldsymbol{P}_t\cdots\boldsymbol{P}_2\boldsymbol{P}_1\boldsymbol{A}=\boldsymbol{I}.$$

由可逆矩阵的性质，

$$\boldsymbol{A}^{-1}=\boldsymbol{P}_t\cdots\boldsymbol{P}_2\boldsymbol{P}_1.$$

为了求出 $\boldsymbol{A}^{-1}$，只需在对 $\boldsymbol{A}$ 进行初等行变换时，把相应的初等矩阵的乘积记录下来即

可. 具体做法是：在对 $\boldsymbol{A}$ 进行一系列初等行变换将 $\boldsymbol{A}$ 化为单位矩阵 $\boldsymbol{I}$ 的过程中，同时对 $\boldsymbol{I}$ 进行完全相同的初等行变换. 当 $\boldsymbol{A}$ 化成单位矩阵 $\boldsymbol{I}$ 的同时，$\boldsymbol{I}$ 就化成了 $\boldsymbol{A}^{-1}$ 了，即

$$\boldsymbol{A}\xrightarrow{\boldsymbol{P}_t\cdots\boldsymbol{P}_2\boldsymbol{P}_1}\boldsymbol{I},$$

$$\boldsymbol{I}\xrightarrow{\boldsymbol{P}_t\cdots\boldsymbol{P}_2\boldsymbol{P}_1}\boldsymbol{A}^{-1}.$$

通常采用形式

$$[\boldsymbol{A}\ \boldsymbol{I}]\xrightarrow{\boldsymbol{P}_t\cdots\boldsymbol{P}_2\boldsymbol{P}_1}[\boldsymbol{I}\ \boldsymbol{A}^{-1}].$$

这种利用初等行变换求逆矩阵的方法称为**初等行变换法**.

例 5 用初等行变换法求矩阵 $\boldsymbol{A}=\begin{bmatrix}0&2&-1\\1&1&2\\-1&-1&-1\end{bmatrix}$ 的逆矩阵.

解 把 $\boldsymbol{A}$ 和 $\boldsymbol{I}$ 排成 $[\boldsymbol{A}\ \boldsymbol{I}]$，对它们进行同样的初等行变换，目标是把 $\boldsymbol{A}$ 化为 $\boldsymbol{I}$.

$$[\boldsymbol{A}\ \boldsymbol{I}]=\begin{bmatrix}0&2&-1&1&0&0\\1&1&2&0&1&0\\-1&-1&-1&0&0&1\end{bmatrix}\xrightarrow{(①,②)}\begin{bmatrix}1&1&2&0&1&0\\0&2&-1&1&0&0\\-1&-1&-1&0&0&1\end{bmatrix}$$

$$\xrightarrow{③+①}\begin{bmatrix}1&1&2&0&1&0\\0&2&-1&1&0&0\\0&0&1&0&1&1\end{bmatrix}\xrightarrow[①+③\times(-2)]{②+③}\begin{bmatrix}1&1&0&0&-1&-2\\0&2&0&1&1&1\\0&0&1&0&1&1\end{bmatrix}$$

$$\xrightarrow{②\times\frac{1}{2}}\begin{bmatrix}1&1&0&0&-1&-2\\0&1&0&\frac{1}{2}&\frac{1}{2}&\frac{1}{2}\\0&0&1&0&1&1\end{bmatrix}$$

$$\xrightarrow{①+②\times(-1)}\begin{bmatrix}1&0&0&-\frac{1}{2}&-\frac{3}{2}&-\frac{5}{2}\\0&1&0&\frac{1}{2}&\frac{1}{2}&\frac{1}{2}\\0&0&1&0&1&1\end{bmatrix},$$

当 $\boldsymbol{A}$ 化成单位矩阵的同时，原来 $\boldsymbol{A}$ 右边的单位矩阵 $\boldsymbol{I}$ 就化成了 $\boldsymbol{A}^{-1}$，所以，

$$\boldsymbol{A}^{-1}=\begin{bmatrix}-\frac{1}{2}&-\frac{3}{2}&-\frac{5}{2}\\\frac{1}{2}&\frac{1}{2}&\frac{1}{2}\\0&1&1\end{bmatrix}.$$

注意 这里需要指出的是：

(1) 初等行变换法适用于各阶方阵，特别是在方阵阶数较高时，要比伴随矩阵法求逆矩阵简捷得多. 这种方法有一定的规律性，可以进行计算机编程，因此常用于在计算机上

计算大型方阵的逆矩阵.

(2) 当给定了一个 n 阶方阵 $\boldsymbol{A}$ 后，不管其是否可逆，均可用上面的方法. 若能将 $\boldsymbol{A}$ 化成单位矩阵 $\boldsymbol{I}$，则 $\boldsymbol{A}$ 可逆，且单位矩阵 $\boldsymbol{I}$ 右侧的矩阵就是所要求的 $\boldsymbol{A}^{-1}$；否则 $\boldsymbol{A}$ 的阶梯阵出现零行，可以断定 $\boldsymbol{A}$ 不可逆. 因此，初等行变换法也可以判别矩阵的可逆性.

例 6　设 $\boldsymbol{A}=\begin{bmatrix}-2&0&1\\1&1&2\\-1&1&3\end{bmatrix}$，问 $\boldsymbol{A}^{-1}$ 存在吗?

解　$$[\boldsymbol{A}\ \ \boldsymbol{I}]=\begin{bmatrix}-2&0&1&1&0&0\\1&1&2&0&1&0\\-1&1&3&0&0&1\end{bmatrix}\xrightarrow{(①,②)}\begin{bmatrix}1&1&2&0&1&0\\-2&0&1&1&0&0\\-1&1&3&0&0&1\end{bmatrix}$$

$$\xrightarrow[②+①\times2]{③+①}\begin{bmatrix}1&1&2&0&1&0\\0&2&5&1&2&0\\0&2&5&0&1&1\end{bmatrix}\xrightarrow{③+②\times(-1)}\begin{bmatrix}1&1&2&0&1&0\\0&2&5&1&2&0\\0&0&0&-1&-1&1\end{bmatrix},$$

因为 $\boldsymbol{A}$ 的阶梯阵出现零行，所以 $\boldsymbol{A}$ 不是满秩矩阵，故 $\boldsymbol{A}$ 不可逆，$\boldsymbol{A}^{-1}$ 不存在.

像上节一样，通过矩阵求逆还可以解一些较为简单的矩阵方程.

设矩阵方程为 $\boldsymbol{AX}=\boldsymbol{B}$(其中 $\boldsymbol{A}$，$\boldsymbol{X}$，$\boldsymbol{B}$ 均为矩阵)，若矩阵 $\boldsymbol{A}$ 可逆，$\boldsymbol{A}^{-1}$ 存在，在方程的两边同时左乘 $\boldsymbol{A}^{-1}$ 得到 $\boldsymbol{A}^{-1}(\boldsymbol{AX})=\boldsymbol{A}^{-1}\boldsymbol{B}$，则矩阵方程的解为 $\boldsymbol{X}=\boldsymbol{A}^{-1}\boldsymbol{B}$.

例 7　解矩阵方程 $\boldsymbol{AX}=\boldsymbol{B}$，其中 $\boldsymbol{A}=\begin{bmatrix}1&-2&0\\4&-2&-1\\-3&1&2\end{bmatrix}$，$\boldsymbol{B}=\begin{bmatrix}-1&4\\2&5\\1&-3\end{bmatrix}$.

解　先求 $\boldsymbol{A}^{-1}$.

$$[\boldsymbol{A}\ \ \boldsymbol{I}]=\begin{bmatrix}1&-2&0&1&0&0\\4&-2&-1&0&1&0\\-3&1&2&0&0&1\end{bmatrix}\xrightarrow[②+①\times(-4)]{③+①\times3}\begin{bmatrix}1&-2&0&1&0&0\\0&6&-1&-4&1&0\\0&-5&2&3&0&1\end{bmatrix}$$

$$\xrightarrow{②+③}\begin{bmatrix}1&-2&0&1&0&0\\0&1&1&-1&1&1\\0&-5&2&3&0&1\end{bmatrix}\xrightarrow{③+②\times5}\begin{bmatrix}1&-2&0&1&0&0\\0&1&1&-1&1&1\\0&0&7&-2&5&6\end{bmatrix}$$

$$\xrightarrow{③\times\frac{1}{7}}\begin{bmatrix}1&-2&0&1&0&0\\0&1&1&-1&1&1\\0&0&1&-\frac{2}{7}&\frac{5}{7}&\frac{6}{7}\end{bmatrix}\xrightarrow{②+③\times(-1)}\begin{bmatrix}1&-2&0&1&0&0\\0&1&0&-\frac{5}{7}&\frac{2}{7}&\frac{1}{7}\\0&0&1&-\frac{2}{7}&\frac{5}{7}&\frac{6}{7}\end{bmatrix}$$

$$\xrightarrow{①+②\times2}\begin{bmatrix}1&0&0&-\frac{3}{7}&\frac{4}{7}&\frac{2}{7}\\0&1&0&-\frac{5}{7}&\frac{2}{7}&\frac{1}{7}\\0&0&1&-\frac{2}{7}&\frac{5}{7}&\frac{6}{7}\end{bmatrix},$$

所以，

$$A^{-1}=\begin{bmatrix}-\frac{3}{7} & \frac{4}{7} & \frac{2}{7}\\ -\frac{5}{7} & \frac{2}{7} & \frac{1}{7}\\ -\frac{2}{7} & \frac{5}{7} & \frac{6}{7}\end{bmatrix}=\frac{1}{7}\begin{bmatrix}-3 & 4 & 2\\ -5 & 2 & 1\\ -2 & 5 & 6\end{bmatrix},$$

$$X=A^{-1}B=\frac{1}{7}\begin{bmatrix}-3 & 4 & 2\\ -5 & 2 & 1\\ -2 & 5 & 6\end{bmatrix}\begin{bmatrix}-1 & 4\\ 2 & 5\\ 1 & -3\end{bmatrix}=\frac{1}{7}\begin{bmatrix}13 & 2\\ 10 & -13\\ 18 & -1\end{bmatrix}=\begin{bmatrix}\frac{13}{7} & \frac{2}{7}\\ \frac{10}{7} & -\frac{13}{7}\\ \frac{18}{7} & -\frac{1}{7}\end{bmatrix}.$$

最后需要指出的是，对于类似例 7 的矩阵方程 $AX=B$（一般 A 可逆）还有一种求解方法：在初等行变换法中，将矩阵 A 右面的单位矩阵 I 换成常数项矩阵 B，对 A 进行初等行变换的同时，对 B 进行相应的初等行变换，当 A 化成单位矩阵 I 时，I 右面的矩阵就是该矩阵方程的解 $A^{-1}B$，即

$$[A\ B]\xrightarrow{P_t\cdots P_2P_1}[I\ A^{-1}B],$$

想一想这是为什么. 读者不妨将例 7 按照此方法做一遍，比较两种解法.

本节关键词

矩阵的初等行变换　初等矩阵　阶梯阵　矩阵的秩　初等行变换法

习题 1.5

1. 用初等行变换法求下列矩阵的逆矩阵：

(1) $\begin{bmatrix}1 & 2 & 2\\ 2 & 1 & -2\\ 2 & -2 & 1\end{bmatrix}$；　(2) $\begin{bmatrix}1 & 2 & 3 & 4\\ 2 & 3 & 1 & 2\\ 1 & 1 & 1 & -1\\ 1 & 0 & -2 & -6\end{bmatrix}$；

(3) $\begin{bmatrix}1 & 0 & 0 & 0\\ 1 & 1 & 0 & 0\\ 1 & 1 & 1 & 0\\ 1 & 1 & 1 & 1\end{bmatrix}$；　(4) $\begin{bmatrix}1 & a & a^2 & a^3\\ 0 & 1 & a & a^2\\ 0 & 0 & 1 & a\\ 0 & 0 & 0 & 1\end{bmatrix}$；

(5) $\begin{bmatrix}0 & a_1 & 0 & \cdots & 0\\ 0 & 0 & a_2 & \cdots & 0\\ \cdots & \cdots & \cdots & \cdots & \cdots\\ 0 & 0 & 0 & \cdots & a_{n-1}\\ a_n & 0 & 0 & \cdots & 0\end{bmatrix}$，其中 $a_i\neq 0$，$i=1, 2, \cdots, n$.

2. 求下列矩阵的秩：

(1) $\begin{bmatrix}1&1&0&1&0&0&1\\1&1&1&0&1&1&0\\2&2&1&1&0&1&1\end{bmatrix}$； (2) $\begin{bmatrix}1&0&0\\0&1&0\\1&0&1\\0&1&1\\1&1&0\end{bmatrix}$； (3) $\begin{bmatrix}1&0&1&1&0&1&1\\1&1&0&1&1&0&0\\1&0&1&2&1&0&1\\2&1&1&3&2&0&1\end{bmatrix}$.

3. 求λ的值，使矩阵$\boldsymbol{A}=\begin{bmatrix}1&2&4\\2&\lambda&1\\1&1&0\end{bmatrix}$的秩有最小值.

4. 解矩阵方程：

(1) $\begin{bmatrix}2&5\\1&3\end{bmatrix}\boldsymbol{X}=\begin{bmatrix}4&-6\\2&1\end{bmatrix}$； (2) $\boldsymbol{X}\begin{bmatrix}3&-1&2\\1&0&-1\\-2&1&4\end{bmatrix}=\begin{bmatrix}3&0&-2\\-1&4&1\end{bmatrix}$.

§1.6 分块矩阵

1.6.1 矩阵分块

对于任意一个$m\times n$矩阵$\boldsymbol{A}$，我们可以用贯穿整个矩阵的纵线和横线，按照某种需要将它划分成若干个行数和列数较少的矩阵，这种矩阵称为$\boldsymbol{A}$的**子块**，被划分的矩阵$\boldsymbol{A}$称为**分块矩阵**. 例如，

$$\boldsymbol{A}=\left[\begin{array}{ccc:cc}a_{11}&a_{12}&a_{13}&a_{14}&a_{15}\\a_{21}&a_{22}&a_{23}&a_{24}&a_{25}\\\hdashline a_{31}&a_{32}&a_{33}&a_{34}&a_{35}\end{array}\right],$$

令$\boldsymbol{A}_{11}=\begin{bmatrix}a_{11}&a_{12}&a_{13}\\a_{21}&a_{22}&a_{23}\end{bmatrix}$，$\boldsymbol{A}_{12}=\begin{bmatrix}a_{14}&a_{15}\\a_{24}&a_{25}\end{bmatrix}$，$\boldsymbol{A}_{21}=\begin{bmatrix}a_{31}&a_{32}&a_{33}\end{bmatrix}$，$\boldsymbol{A}_{22}=\begin{bmatrix}a_{34}&a_{35}\end{bmatrix}$，

则称$\boldsymbol{A}_{11},\boldsymbol{A}_{12},\boldsymbol{A}_{21},\boldsymbol{A}_{22}$为矩阵$\boldsymbol{A}$的子块，而$\boldsymbol{A}=\begin{bmatrix}\boldsymbol{A}_{11}&\boldsymbol{A}_{12}\\\boldsymbol{A}_{21}&\boldsymbol{A}_{22}\end{bmatrix}$是以子块$\boldsymbol{A}_{11},\boldsymbol{A}_{12},\boldsymbol{A}_{21},\boldsymbol{A}_{22}$为元素的分块矩阵.

分块矩阵的好处有：第一，使矩阵的结构变得更加明显，矩阵的本质更加清楚；第二，将一个矩阵分成若干个条或块，能使行数、列数较高的矩阵运算转化成为行数、列数较低的矩阵运算，这是简化行数、列数较高的矩阵计算时的常用方法. 它的重要用处在于使矩阵运算通过子块进行更简捷. 当矩阵的分块满足一定条件时，我们就能把小块矩阵当成“数”来运用矩阵的运算法则. 特别是应用计算机对行数、列数较大的矩阵进行运算时，应用此法可以节省存储单元.

如何把一个矩阵进行分块呢？要根据实际需要，一是尽可能使子块简单，结构清楚；二

是要能进行运算. 但值得注意的是：在划分时，纵线和横线必须贯穿整个矩阵.

1.6.2　分块矩阵的运算

1. 分块矩阵的加(减)法

如果 $\boldsymbol{A}$, $\boldsymbol{B}$ 是同形矩阵，分块后对应的子块也都是同形矩阵，即

$$\boldsymbol{A}=\begin{bmatrix}\boldsymbol{A}_{11} & \cdots & \boldsymbol{A}_{1s}\\ \cdots & \cdots & \cdots\\ \boldsymbol{A}_{k1} & \cdots & \boldsymbol{A}_{ks}\end{bmatrix},\ \boldsymbol{B}=\begin{bmatrix}\boldsymbol{B}_{11} & \cdots & \boldsymbol{B}_{1s}\\ \cdots & \cdots & \cdots\\ \boldsymbol{B}_{k1} & \cdots & \boldsymbol{B}_{ks}\end{bmatrix},\ \text{则 } \boldsymbol{A}\pm\boldsymbol{B}=\begin{bmatrix}\boldsymbol{A}_{11}\pm\boldsymbol{B}_{11} & \cdots & \boldsymbol{A}_{1s}\pm\boldsymbol{B}_{1s}\\ \cdots & \cdots & \cdots\\ \boldsymbol{A}_{k1}\pm\boldsymbol{B}_{k1} & \cdots & \boldsymbol{A}_{ks}\pm\boldsymbol{B}_{ks}\end{bmatrix}.$$

2. 分块矩阵的乘法

对于分块矩阵 $\boldsymbol{A}$, $\boldsymbol{B}$ 的乘积 $\boldsymbol{AB}$，若左矩阵 $\boldsymbol{A}$ 的列的分法与右矩阵 $\boldsymbol{B}$ 的行的分法相同，就可以将子块看成“数”那样按照乘法规则进行运算，至于左矩阵 $\boldsymbol{A}$ 的行的分法及右矩阵 $\boldsymbol{B}$ 的列的分法不作要求.

设 $\boldsymbol{A}$ 是 $m\times l$ 矩阵，$\boldsymbol{B}$ 是 $l\times n$ 矩阵. 将 $\boldsymbol{A}$ 的 l 列分成 s 组，将 $\boldsymbol{B}$ 的 l 行也分成 s 组，而且 $\boldsymbol{A}$ 的每个列组中所含列数等于 $\boldsymbol{B}$ 的相应行组中所含行数，即

$$\boldsymbol{A}=\begin{bmatrix}\boldsymbol{A}_{11} & \boldsymbol{A}_{12} & \cdots & \boldsymbol{A}_{1s}\\ \boldsymbol{A}_{21} & \boldsymbol{A}_{22} & \cdots & \boldsymbol{A}_{2s}\\ \cdots & \cdots & \cdots & \cdots\\ \boldsymbol{A}_{r1} & \boldsymbol{A}_{r2} & \cdots & \boldsymbol{A}_{rs}\end{bmatrix},\ \boldsymbol{B}=\begin{bmatrix}\boldsymbol{B}_{11} & \boldsymbol{B}_{12} & \cdots & \boldsymbol{B}_{1t}\\ \boldsymbol{B}_{21} & \boldsymbol{B}_{22} & \cdots & \boldsymbol{B}_{2t}\\ \cdots & \cdots & \cdots & \cdots\\ \boldsymbol{B}_{s1} & \boldsymbol{B}_{s2} & \cdots & \boldsymbol{B}_{st}\end{bmatrix},$$

其中子块 $\boldsymbol{A}_{ij}$ 的列数等于 $\boldsymbol{B}_{jk}$ 的行数($j=1, \cdots, s$)，则

$$\boldsymbol{AB}=\begin{bmatrix}\boldsymbol{C}_{11} & \boldsymbol{C}_{12} & \cdots & \boldsymbol{C}_{1t}\\ \boldsymbol{C}_{21} & \boldsymbol{C}_{22} & \cdots & \boldsymbol{C}_{2t}\\ \cdots & \cdots & \cdots & \cdots\\ \boldsymbol{C}_{r1} & \boldsymbol{C}_{r2} & \cdots & \boldsymbol{C}_{rt}\end{bmatrix},$$

其中 $\boldsymbol{C}_{ij}=\boldsymbol{A}_{i1}\boldsymbol{B}_{1j}+\boldsymbol{A}_{i2}\boldsymbol{B}_{2j}+\cdots+\boldsymbol{A}_{is}\boldsymbol{B}_{sj}\,(i=1,\cdots,r;\ j=1,\cdots,t)$.

例 1　设矩阵 $\boldsymbol{A}=\begin{bmatrix}-1 & 0 & 1 & 3\\ 0 & -1 & -2 & 4\\ 0 & 0 & 1 & 0\\ 0 & 0 & 0 & 1\end{bmatrix}$，$\boldsymbol{B}=\begin{bmatrix}1 & 0 & 0 & 0\\ 0 & 1 & 2 & -4\\ 0 & 0 & 2 & 0\\ 0 & -2 & 0 & 2\end{bmatrix}$，求：(1) $\boldsymbol{A}+\boldsymbol{B}$；(2) $\boldsymbol{AB}$.

解　(1) 根据矩阵的特点，将 $\boldsymbol{A}$ 分成如下子块：

$$\boldsymbol{A}=\left[\begin{array}{cc|cc}-1 & 0 & 1 & 3\\ 0 & -1 & -2 & 4\\ \hline 0 & 0 & 1 & 0\\ 0 & 0 & 0 & 1\end{array}\right]=\begin{bmatrix}-\boldsymbol{I}_2 & \boldsymbol{A}_1\\ \boldsymbol{O}_2 & \boldsymbol{I}_2\end{bmatrix},\ \text{其中 } \boldsymbol{A}_1=\begin{bmatrix}1 & 3\\ -2 & 4\end{bmatrix},\ \boldsymbol{I}_2 \text{ 为 2 阶单位矩阵},$$

$\boldsymbol{O}_2$ 是 2 阶 $\boldsymbol{O}$ 矩阵；把 $\boldsymbol{B}$ 分成与 $\boldsymbol{A}$ 相同结构的子块：

$$\boldsymbol{B}=\left[\begin{array}{cc:cc}1&0&0&0\\0&1&2&-4\\\hdashline 0&0&2&0\\0&-2&0&2\end{array}\right]=\begin{bmatrix}\boldsymbol{I}_2&\boldsymbol{B}_1\\\boldsymbol{B}_2&2\boldsymbol{I}_2\end{bmatrix}，其中\ \boldsymbol{B}_1=\begin{bmatrix}0&0\\2&-4\end{bmatrix}，\boldsymbol{B}_2=\begin{bmatrix}0&0\\0&-2\end{bmatrix}，$$

于是

$$\boldsymbol{A}+\boldsymbol{B}=\begin{bmatrix}-\boldsymbol{I}_2&\boldsymbol{A}_1\\\boldsymbol{O}_2&\boldsymbol{I}_2\end{bmatrix}+\begin{bmatrix}\boldsymbol{I}_2&\boldsymbol{B}_1\\\boldsymbol{B}_2&2\boldsymbol{I}_2\end{bmatrix}=\begin{bmatrix}-\boldsymbol{I}_2+\boldsymbol{I}_2&\boldsymbol{A}_1+\boldsymbol{B}_1\\\boldsymbol{B}_2&\boldsymbol{I}_2+2\boldsymbol{I}_2\end{bmatrix}=\begin{bmatrix}\boldsymbol{O}_2&\boldsymbol{A}_1+\boldsymbol{B}_1\\\boldsymbol{B}_2&3\boldsymbol{I}_2\end{bmatrix}.$$

因为 $\boldsymbol{A}_1+\boldsymbol{B}_1=\begin{bmatrix}1&3\\-2&4\end{bmatrix}+\begin{bmatrix}0&0\\2&-4\end{bmatrix}=\begin{bmatrix}1&3\\0&0\end{bmatrix}$，所以

$$\boldsymbol{A}+\boldsymbol{B}=\begin{bmatrix}0&0&1&3\\0&0&0&0\\0&0&3&0\\0&-2&0&3\end{bmatrix};$$

(2) 按照上述分块方法，矩阵 $\boldsymbol{A}$ 的列的分法与矩阵 $\boldsymbol{B}$ 的行的分法相同. 所以

$$\begin{aligned}\boldsymbol{AB}&=\begin{bmatrix}-\boldsymbol{I}_2&\boldsymbol{A}_1\\\boldsymbol{O}_2&\boldsymbol{I}_2\end{bmatrix}\begin{bmatrix}\boldsymbol{I}_2&\boldsymbol{B}_1\\\boldsymbol{B}_2&2\boldsymbol{I}_2\end{bmatrix}=\begin{bmatrix}-\boldsymbol{I}_2\boldsymbol{I}_2+\boldsymbol{A}_1\boldsymbol{B}_2&-\boldsymbol{I}_2\boldsymbol{B}_1+2\boldsymbol{A}_1\boldsymbol{I}_2\\\boldsymbol{O}_2\boldsymbol{I}_2+\boldsymbol{I}_2\boldsymbol{B}_2&\boldsymbol{O}_2\boldsymbol{B}_1+2\boldsymbol{I}_2\boldsymbol{I}_2\end{bmatrix}\\&=\begin{bmatrix}-\boldsymbol{I}_2+\boldsymbol{A}_1\boldsymbol{B}_2&-\boldsymbol{B}_1+2\boldsymbol{A}_1\\\boldsymbol{B}_2&2\boldsymbol{I}_2\end{bmatrix},\end{aligned}$$

$$\begin{aligned}-\boldsymbol{I}_2+\boldsymbol{A}_1\boldsymbol{B}_2&=-\begin{bmatrix}1&0\\0&1\end{bmatrix}+\begin{bmatrix}1&3\\-2&4\end{bmatrix}\begin{bmatrix}0&0\\0&-2\end{bmatrix}=\begin{bmatrix}-1&0\\0&-1\end{bmatrix}+\begin{bmatrix}0&-6\\0&-8\end{bmatrix}\\&=\begin{bmatrix}-1&-6\\0&-9\end{bmatrix},\end{aligned}$$

$$-\boldsymbol{B}_1+2\boldsymbol{A}_1=-\begin{bmatrix}0&0\\2&-4\end{bmatrix}+2\begin{bmatrix}1&3\\-2&4\end{bmatrix}=\begin{bmatrix}2&6\\-6&12\end{bmatrix},$$

从而，$\boldsymbol{AB}=\begin{bmatrix}-1&-6&2&6\\0&-9&-6&12\\0&0&2&0\\0&-2&0&2\end{bmatrix}$.

思考题　若条件为例 1，且 $\boldsymbol{A}$ 的分法不变，$\boldsymbol{B}$ 的分法如下：$\boldsymbol{B}=\begin{bmatrix}\boldsymbol{I}&\boldsymbol{O}_{1\times3}\\\boldsymbol{O}_{3\times1}&\boldsymbol{B}_3\end{bmatrix}$，其中 $\boldsymbol{B}_3=\begin{bmatrix}1&2&-4\\0&2&0\\-2&0&2\end{bmatrix}$，能进行 $\boldsymbol{A}+\boldsymbol{B}$，$\boldsymbol{AB}$ 的运算吗？若 $\boldsymbol{B}$ 的分法如上，$\boldsymbol{A}$ 怎样分块才能进行 $\boldsymbol{AB}$ 运算？

例 2 设 $\boldsymbol{A}$ 是 $m\times s$ 矩阵，$\boldsymbol{B}$ 是 $s\times n$ 矩阵. 若 $\boldsymbol{A}$ 不分块，把 $\boldsymbol{B}$ 的每一列看成一个子块，即 $\boldsymbol{B}=[\boldsymbol{B}_1\ \boldsymbol{B}_2\cdots\ \boldsymbol{B}_n]$，其中 $\boldsymbol{B}_i$ 是 $\boldsymbol{B}$ 的第 i 列，由分块矩阵乘法 $\boldsymbol{AB}=[\boldsymbol{AB}_1\ \boldsymbol{AB}_2\cdots\ \boldsymbol{AB}_n]$.

3. 分块矩阵的转置

若分块矩阵 $\boldsymbol{A}=\begin{bmatrix}\boldsymbol{A}_{11} & \boldsymbol{A}_{12} & \cdots & \boldsymbol{A}_{1s}\\ \boldsymbol{A}_{21} & \boldsymbol{A}_{22} & \cdots & \boldsymbol{A}_{2s}\\ \cdots & \cdots & \cdots & \cdots\\ \boldsymbol{A}_{r1} & \boldsymbol{A}_{r2} & \cdots & \boldsymbol{A}_{rs}\end{bmatrix}$，则 $\boldsymbol{A}'=\begin{bmatrix}\boldsymbol{A}'_{11} & \boldsymbol{A}'_{21} & \cdots & \boldsymbol{A}'_{r1}\\ \boldsymbol{A}'_{12} & \boldsymbol{A}'_{22} & \cdots & \boldsymbol{A}'_{r2}\\ \cdots & \cdots & \cdots & \cdots\\ \boldsymbol{A}'_{1s} & \boldsymbol{A}'_{2s} & \cdots & \boldsymbol{A}'_{rs}\end{bmatrix}$.

4. 准对角矩阵的逆矩阵

当 n 阶矩阵 $\boldsymbol{A}$ 中非零元素都集中在主对角线的附近时，可将 $\boldsymbol{A}$ 分成如下对角块矩阵，也称**准对角矩阵**：

$$\boldsymbol{A}=\begin{bmatrix}\boldsymbol{A}_{t_1} & 0 & \cdots & 0\\ 0 & \boldsymbol{A}_{t_2} & \cdots & 0\\ \cdots & \cdots & \cdots & \cdots\\ 0 & 0 & \cdots & \boldsymbol{A}_{t_s}\end{bmatrix},$$

其中 $\boldsymbol{A}_{t_i}$ 是 t_i 阶方阵，$i=1,\cdots,s$，且 $t_1+t_2+\cdots+t_s=n$. 若每个 $\boldsymbol{A}_{t_i}$ $(i=1,\cdots,s,)$ 都可逆，则 $\boldsymbol{A}$ 可逆且

$$\boldsymbol{A}^{-1}=\begin{bmatrix}\boldsymbol{A}_{t_1}^{-1} & 0 & \cdots & 0\\ 0 & \boldsymbol{A}_{t_2}^{-1} & \cdots & 0\\ \cdots & \cdots & \cdots & \cdots\\ 0 & 0 & \cdots & \boldsymbol{A}_{t_s}^{-1}\end{bmatrix}.$$

例 3 将矩阵 $\boldsymbol{A}$ 分成如下对角块矩阵：

$$\boldsymbol{A}=\begin{bmatrix}1 & 2 & 0 & 0 & 0\\ -3 & -1 & 0 & 0 & 0\\ 0 & 0 & 5 & 0 & 0\\ 0 & 0 & 0 & -2 & 0\\ 0 & 0 & 0 & 1 & 2\end{bmatrix}=\begin{bmatrix}\boldsymbol{A}_1 & 0 & 0\\ 0 & \boldsymbol{A}_2 & 0\\ 0 & 0 & \boldsymbol{A}_3\end{bmatrix},$$

其中 $\boldsymbol{A}_1=\begin{bmatrix}1 & 2\\ -3 & -1\end{bmatrix}$，$\boldsymbol{A}_2=[5]$，$\boldsymbol{A}_3=\begin{bmatrix}-2 & 0\\ 1 & 2\end{bmatrix}$，易知 $|\boldsymbol{A}_1|\neq 0$，$|\boldsymbol{A}_2|\neq 0$，$|\boldsymbol{A}_3|\neq 0$，所以

$\boldsymbol{A}_1$，$\boldsymbol{A}_2$，$\boldsymbol{A}_3$ 可逆且 $\boldsymbol{A}_1^{-1}=\begin{bmatrix}-\frac{1}{5} & -\frac{2}{5}\\ \frac{3}{5} & \frac{1}{5}\end{bmatrix}$，$\boldsymbol{A}_2^{-1}=\left[\frac{1}{5}\right]$，$\boldsymbol{A}_3^{-1}=\begin{bmatrix}-\frac{1}{2} & 0\\ \frac{1}{4} & \frac{1}{2}\end{bmatrix}$，从而，

$$A^{-1}=\begin{bmatrix} A_1^{-1} & 0 & 0 \\ 0 & A_2^{-1} & 0 \\ 0 & 0 & A_3^{-1} \end{bmatrix}=\begin{bmatrix} -\frac{1}{5} & -\frac{2}{5} & 0 & 0 & 0 \\ \frac{3}{5} & \frac{1}{5} & 0 & 0 & 0 \\ 0 & 0 & \frac{1}{5} & 0 & 0 \\ 0 & 0 & 0 & -\frac{1}{2} & 0 \\ 0 & 0 & 0 & \frac{1}{4} & \frac{1}{2} \end{bmatrix}.$$

本节关键词

分块矩阵　分块矩阵的运算　准对角矩阵

习题 1.6

1. 用分块矩阵的乘法计算下列矩阵的乘积 $\boldsymbol{AB}$：

(1) $\boldsymbol{A}=\begin{bmatrix} 1 & 3 & 0 & 0 & 0 \\ 2 & 8 & 0 & 0 & 0 \\ 0 & 0 & 1 & 0 & 1 \\ 0 & 0 & 2 & 3 & 2 \\ 0 & 0 & 3 & 1 & 1 \end{bmatrix}$，$\boldsymbol{B}=\begin{bmatrix} 1 & 3 & 0 & 0 & 0 \\ 2 & 8 & 0 & 0 & 0 \\ 1 & 0 & 1 & 0 & 1 \\ 0 & 1 & 2 & 3 & 2 \\ 2 & 3 & 3 & 1 & 1 \end{bmatrix}$；

(2) $\boldsymbol{A}=\begin{bmatrix} a & 0 & 0 & 0 \\ 0 & a & 0 & 0 \\ 1 & 0 & b & 0 \\ 0 & 1 & 0 & b \end{bmatrix}$，$\boldsymbol{B}=\begin{bmatrix} 1 & 0 & c & 0 \\ 0 & 1 & 0 & c \\ 0 & 0 & d & 0 \\ 0 & 0 & 0 & d \end{bmatrix}$.

2. 设 $\boldsymbol{C}$ 是 4 阶可逆矩阵，$\boldsymbol{D}$ 是 3×4 矩阵 $\boldsymbol{D}=\begin{bmatrix} 1 & 2 & 3 & 3 \\ 0 & 0 & 0 & 0 \\ 0 & 0 & 0 & 0 \end{bmatrix}$，试用分块矩阵的乘法，求一个 4×7 矩阵 $\boldsymbol{A}$，使得 $\boldsymbol{A}\begin{bmatrix} \boldsymbol{C} \\ \boldsymbol{D} \end{bmatrix}=\boldsymbol{I}_4$.

3. 用矩阵分块的方法求矩阵 $\boldsymbol{A}=\begin{bmatrix} 1 & 2 & 0 & 0 & 0 \\ 2 & 5 & 0 & 0 & 0 \\ 0 & 0 & 4 & 0 & 0 \\ 0 & 0 & 0 & -1 & 0 \\ 0 & 0 & 0 & 0 & 3 \end{bmatrix}$ 的逆矩阵 $\boldsymbol{A}^{-1}$.

§1.7 MATLAB 数学实验

1.7.1 MATLAB 软件介绍

MATLAB 是英文 Matrix Laboratory(矩阵实验室)的缩写，是美国 Math Works 公司推出的用于数值计算和图形处理的科学计算软件，它的基本数据结构是矩阵，它提供了一个人机交互的数学系统环境. 目前使用广泛的 MATLAB7.0 版本集中了日常数学处理中的各种功能，包括高效的数值计算、矩阵运算、信号处理和图形生成等功能，用户可以集成地进行程序设计、数值计算、图形绘制、输入输出、文件管理等各项操作. 近年来，MATLAB 对数学教学的重要性日益凸显，国内外特别是欧美发达地区，MATLAB 已经成为数学教学的辅助工具、科学计算和数学建模的最佳软件. 下面简要介绍本书中最常用到的 MATLAB 知识.

1. MATLAB 的启动

双击桌面上的图标 MATLAB，显示如图 1—7—1 所示的界面，其中右边 Command Window 为命令窗口，用于输入操作命令；左下方 Command History 窗口为历史记录窗口，用于记录命令窗口运行过的命令；左下方 Workspace 窗口是工作空间，记录着最终运行结果.

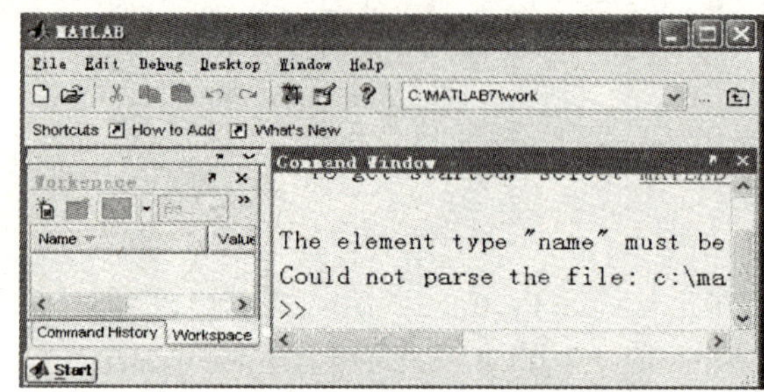

图 1—7—1

2. 常用命令

常用命令及其作用功能如表 1—7—1 所示.

表 1—7—1 **MATLAB 常用命令**

命令	作用功能	命令示例
clear	清除内存中的变量	clear，clear x

3. 算术运算符

算术运算符主要用于进行相关的数学运算，如加、减、乘、除运算(见表 1—7—2).

表 1—7—2 **MATLAB 的算术运算符**

运算符	功能	运算符	功能
+	加	/	除
−	减	\	右除
*	乘	^	乘方

4. 操作符

操作符包括逗号、分号、单引号和方括号，具体作用如表 1—7—3 所示.

表 1—7—3　　MATLAB 的操作符

名称	标点	作用
逗号	,	水平分隔符，分句符
分号	;	垂直分隔符，分句符
单引号	'	表示字符串的开始和结束
方括号	[ ]	矩阵、数组

5. 常用标准函数

MATLAB 内建立了许多数值运算的标准函数，常用标准函数如表 1—7—4 所示.

表 1—7—4　　常用标准函数

函数	功　能
abs(x)	绝对值函数，即 $\|x\|$.
log(x)	以 e=2.718 28…为底的对数函数，即自然对数 $\ln x$.
log10(x)	以 10 为底的对数函数，即常用对数 $\lg x$.
x^a	a 次方的幂函数，即 x^a.
sqrt(x)	x 的开平方根函数，即$\sqrt{x}$.
a^x	以 a 为底的指数函数，即 a^x.
exp(x)	以 e 为底的指数函数，即 e^x.

1.7.2　矩阵运算的范例

1. 矩阵的输入

MATLAB 软件关于矩阵的输入程序格式为

>>矩阵名=[第 1 行；……；第 n 行]

具体规则如下：

(1) 矩阵的元素置于方括号之中；

(2) 行和行之间用分号或回车符分隔；

(3) 同行不同列的元素之间用逗号或空格分隔；

(4) 矩阵按列优先存储.

2. 矩阵运算命令

两个矩阵 $\boldsymbol{A}$，$\boldsymbol{B}$ 运算的命令如表 1—7—5 所示 .

表 1—7—5　　矩阵运算命令

命令格式	功能	命令格式	功能
A+B	表示矩阵的加法	A/B	表示 $\boldsymbol{AB}^{-1}$
A−B	表示矩阵的减法	A\B	表示 $\boldsymbol{A}^{-1}\boldsymbol{B}$
A * B	表示矩阵的乘法	A′	表示 $\boldsymbol{A}$ 的转置
A. * B	表示数组的乘法	inv(A)	表示 $\boldsymbol{A}$ 的逆

3. 矩阵运算范例

例 1 设矩阵 $\boldsymbol{A}=\begin{bmatrix}1 & -1 & 2\\0 & 1 & 3\\1 & 2 & 1\end{bmatrix}$，$\boldsymbol{B}=\begin{bmatrix}4 & -1\\0 & 2\\-3 & 2\end{bmatrix}$，$\boldsymbol{C}=\begin{bmatrix}1 & 1 & 3\\-1 & 0 & 3\\1 & 4 & 1\end{bmatrix}$，求 $\boldsymbol{AB}$，$\boldsymbol{A}^{-1}$以及 $3\boldsymbol{A}-2\boldsymbol{C}$.

计算步骤：

(1) 运行 MATLAB 软件；

(2) 在 Command Window 中输入命令如下命令给矩阵 $\boldsymbol{A}$,$\boldsymbol{B}$ 赋值：

```
>> A=[1 -1 2;0 1 3;1 2 1]; B=[4 -1;0 2;-3 2];
```

(3) 输入 A * B，再按回车键，得到 $\boldsymbol{AB}$ 的结果：

```
>>A * B
ans=
    -2     1
    -9     8
     1     5
```

(4) 调用函数 inv(A)，再按回车键，得到 $\boldsymbol{A}^{-1}$的结果：

```
>>inv(A)
ans=
        0.5000      -0.5000       0.5000
       -0.3000       0.1000       0.3000
        0.1000       0.3000      -0.1000
```

(5) 输入如下命令，按回车键，得到 $3\boldsymbol{A}-2\boldsymbol{C}$ 的结果：

```
>> C=[1 1 3;-1 0 3;1 4 1];
>> 3. * A-2. * C
ans =
     1    -5     0
     2     3     3
     1    -2     1
```

程序说明：

(1) “>>” 为命令输入提示符，输入命令结束后回车，则会在下面显示结果；

(2) MATLAB 软件中所有标点符号必须在英文状态下输入；

(3) “，” 和“；” 虽然都是分句符，但语句后面加“，” 命令窗口显示语句执行结果，而加“；” 则不会显示；

(4) “ans”是系统自动给出的运行结果变量，如果我们直接指定变量，则系统不再提供作为计算结果的变量.

1.7.3 求方阵行列式的范例

1. 命令函数

求方阵行列式的命令函数是 det. 调用格式：d=det(X)，按回车键得到方阵 $\boldsymbol{X}$ 的行列

式的值.

2. 范例

例 2　求行列式 $|\boldsymbol{A}|=\begin{vmatrix}1&2&3\\4&5&6\\7&8&9\end{vmatrix}$.

计算步骤:

(1) 在 Command Window 中输入下面命令,为矩阵 **A** 赋值:

```
>>clear;
>>A=[1 2 3;4 5 6;7 8 9];
```

(2) 调用函数 det( ),按回车键得到行列式的值:

```
>>det(A)
ans=
      0
```

程序说明:

为了避免以前操作的变量影响运算结果,一般在程序前面使用 clear 命令可以清除工作空间所保存的变量.

知识考核点与典型试题举例

一、矩阵定义及运算

1. 矩阵的定义、行矩阵、列矩阵、**O** 矩阵、方阵

2. 矩阵的运算(加法、数乘、乘法、转置)及其性质

例 1　设 $\boldsymbol{A}$, $\boldsymbol{B}$ 均为 n 阶方阵,则 $(\boldsymbol{A}-\boldsymbol{B})^2=$(　　).

A. $(\boldsymbol{B}-\boldsymbol{A})(\boldsymbol{A}-\boldsymbol{B})$　　B. $\boldsymbol{A}^2-2\boldsymbol{AB}+\boldsymbol{B}^2$　　C. $\boldsymbol{A}^2-\boldsymbol{AB}-\boldsymbol{BA}+\boldsymbol{B}^2$　　D. $\boldsymbol{A}^2-\boldsymbol{B}^2$

例 2　设矩阵 $\boldsymbol{A}_{m\times n}$, $\boldsymbol{B}_{s\times n}$,且 m, n, s 均不相同,则下列运算可以进行的是(　　).

A. $\boldsymbol{AB}$　　B. $\boldsymbol{BA}$　　C. $\boldsymbol{AB}'$　　D. $\boldsymbol{A}'\boldsymbol{B}$

例 3　设矩阵 $\boldsymbol{A}=\begin{bmatrix}1&1\\0&1\end{bmatrix}$,则 $\boldsymbol{A}^2+2\boldsymbol{A}-2\boldsymbol{I}=$________.

例 4　设 $\boldsymbol{A}$, $\boldsymbol{B}$, $\boldsymbol{C}$ 为 n 阶矩阵,则下列运算(　　)可以进行.

A. $\boldsymbol{BA}+\boldsymbol{A}^2=\boldsymbol{A}(\boldsymbol{A}+\boldsymbol{B})$　　B. $(\boldsymbol{A}-\boldsymbol{B})(\boldsymbol{A}+\boldsymbol{B})=\boldsymbol{A}^2-\boldsymbol{B}^2$

C. $(\boldsymbol{ABC})'=\boldsymbol{C}'\boldsymbol{B}'\boldsymbol{A}'$　　D. $(\boldsymbol{ABC})^{-1}=\boldsymbol{C}^{-1}\boldsymbol{A}^{-1}\boldsymbol{B}^{-1}$

例 5　设矩阵 $\boldsymbol{A}=\begin{bmatrix}1&2&1\\1&-1&0\end{bmatrix}$, $\boldsymbol{B}=\begin{bmatrix}2&1\\0&2\\1&1\end{bmatrix}$,则 $(\boldsymbol{A}+\boldsymbol{B}')'=$________.

例 6　设矩阵 $\boldsymbol{A}=\begin{bmatrix}2&3&-1\\1&2&0\\-1&2&-2\end{bmatrix}$, $\boldsymbol{B}=\begin{bmatrix}1&1\\2&2\\2&0\end{bmatrix}$, $\boldsymbol{C}=\begin{bmatrix}-1&2&0\\1&0&2\end{bmatrix}$,求:(1) $\boldsymbol{B}'+\boldsymbol{C}$;(2) $\boldsymbol{B}'\boldsymbol{A}$.

例 7 设$\boldsymbol{A}=\begin{bmatrix}1&0&2\\-1&2&4\\3&1&1\end{bmatrix}$，$\boldsymbol{B}=\begin{bmatrix}2&1\\-1&3\\0&3\end{bmatrix}$，求$(2\boldsymbol{I}-\boldsymbol{A}')\boldsymbol{B}$.

二、方阵行列式

1. n 阶行列式定义、余子式、代数余子式

例 8 行列式$\begin{vmatrix}1&3&4&5\\2&6&1&1\\3&4&-1&2\\0&0&2&1\end{vmatrix}$中元素 a_{32} 的代数余子式为________.

例 9 行列式$\begin{vmatrix}2&0&0&1\\0&2&1&0\\0&1&2&0\\1&0&0&2\end{vmatrix}=(\quad)$.

A. 9　　B. 15　　C. 17　　D. -15

2. 行列式的性质

例 10 设$\begin{vmatrix}a_{11}&a_{12}&a_{13}\\a_{21}&a_{22}&a_{23}\\a_{31}&a_{32}&a_{33}\end{vmatrix}=1$，则$\begin{vmatrix}a_{11}&-2a_{21}+a_{31}&a_{21}\\a_{12}&-2a_{22}+a_{32}&a_{22}\\a_{13}&-2a_{23}+a_{33}&a_{23}\end{vmatrix}=(\quad)$.

A. -1　　B. 1　　C. -2　　D. 2

例 11 行列式$\begin{vmatrix}a_{11}&a_{12}&a_{13}\\a_{21}&a_{22}&a_{23}\\a_{31}&a_{32}&a_{33}\end{vmatrix}=1$，$\begin{vmatrix}2a_{11}&a_{13}&a_{12}\\2a_{21}&a_{23}&a_{22}\\2a_{31}&a_{33}&a_{32}\end{vmatrix}=$________.

例 12 设 $\boldsymbol{A}$ 是 5 阶矩阵，且$|\boldsymbol{A}|=10$，则$|-2\boldsymbol{A}|=(\quad)$.

A. 20　　B. -20　　C. $2^5\times10$　　D. $-2^5\times10$

3. 行列式的计算

(1) 数字行列式的计算

例 13 计算行列式$\begin{vmatrix}1&-3&0&1\\2&0&5&0\\-1&-1&2&0\\3&0&0&-1\end{vmatrix}$.

例 14 计算行列式$\begin{vmatrix}2&2&2&3\\2&2&3&2\\2&3&2&2\\3&2&2&2\end{vmatrix}$.

（2）含有参数的行列式的计算

例 15　计算行列式$\begin{vmatrix} \lambda-1 & 3 & -3 \\ -3 & \lambda+5 & -3 \\ -6 & 6 & \lambda-4 \end{vmatrix}$.

例 16　计算行列式$\begin{vmatrix} \lambda-1 & 1 & 2 \\ 1 & \lambda-2 & -1 \\ 2 & -1 & \lambda-1 \end{vmatrix}$.

（3）解行列式方程

例 17　求解行列式方程$\begin{vmatrix} 2-x & 2 & -2 \\ 2 & 5-x & -4 \\ -2 & -4 & 5-x \end{vmatrix}=0$.

例 18　求解行列式方程$\begin{vmatrix} 1 & 1 & x \\ 1 & x & 1 \\ x & 1 & 1 \end{vmatrix}=0$.

4. 方阵乘积行列式定理

例 19　设 $\boldsymbol{A}$，$\boldsymbol{B}$ 均为 n 阶方阵，则下列等式成立的是（　　）.

A. $|\boldsymbol{A}+\boldsymbol{B}|=|\boldsymbol{A}|+|\boldsymbol{B}|$　　B. $|\boldsymbol{A}\boldsymbol{B}'|=|\boldsymbol{A}\boldsymbol{B}|$

C. $\boldsymbol{AB}$　　D. 若 $\boldsymbol{AB}=\boldsymbol{O}$，则 $|\boldsymbol{A}|=\boldsymbol{O}$ 或 $|\boldsymbol{B}|=\boldsymbol{O}$

例 20　设 $\boldsymbol{A}$，$\boldsymbol{B}$ 均为 3 阶方阵，且 $|\boldsymbol{A}|=-2$，$|\boldsymbol{B}|=-3$，则 $|\boldsymbol{A}(2\boldsymbol{B})^{-1}|=$________.

三、特殊矩阵及其性质

例 21　矩阵$\begin{bmatrix} 1 & 0 & 0 & 0 \\ 0 & 1 & 0 & 0 \\ 0 & 0 & 0 & 0 \\ 0 & 0 & 0 & 1 \end{bmatrix}$是（　　）

A. 对角矩阵　　B. 数量矩阵　　C. 单位矩阵　　D. 可逆矩阵

例 22　若 $\boldsymbol{A}$ 是 n 阶对称可逆矩阵，则有（　　）.

A. $\boldsymbol{A}^{-1}=\boldsymbol{A}'$　　B. $\boldsymbol{A}'\boldsymbol{A}^{-1}=\boldsymbol{I}$　　C. $|\boldsymbol{A}|=0$　　D. $\boldsymbol{A}^2=\boldsymbol{I}$

例 23　证明：若 $\boldsymbol{A}$ 是正交矩阵，则 $\boldsymbol{A}^{-1}$ 也是正交矩阵.

例 24　设 $\boldsymbol{A}$ 为上三角矩阵，则 $\boldsymbol{A}$ 可逆的充分必要条件是主对角线上的元素（　　）.

A. 全不为 0　　B. 全为 0　　C. 不全为 0　　D. 全大于 0

例 25　证明：若 $\boldsymbol{A}$，$\boldsymbol{B}$ 均为同阶对称矩阵，且 $\boldsymbol{AB}=\boldsymbol{BA}$，则 $\boldsymbol{AB}$ 也是对称矩阵.

四、可逆矩阵

1. 可逆矩阵的定义、性质及判别

例 26　n 阶矩阵 $\boldsymbol{A}$ 可逆的充分必要条件是________________.

例 27　设 $\boldsymbol{A}$，$\boldsymbol{B}$ 是同阶方阵，若满足条件（　　），则 $\boldsymbol{A}$ 可逆.

A. $\boldsymbol{AB}\neq\boldsymbol{O}$　　B. $\boldsymbol{AB}=\boldsymbol{I}$　　C. $\boldsymbol{AB}=\boldsymbol{BA}$　　D. $\boldsymbol{A}\neq\boldsymbol{O}$

例 28 设 $\boldsymbol{A}$, $\boldsymbol{B}$ 是两个 n 阶可逆矩阵，则有(　　).

A. $(\boldsymbol{A}+\boldsymbol{B})^{-1}=\boldsymbol{A}^{-1}+\boldsymbol{B}^{-1}$　　B. $|\boldsymbol{A}+\boldsymbol{B}|=|\boldsymbol{A}|+|\boldsymbol{B}|$

C. $(\boldsymbol{AB})^{-1}=\boldsymbol{A}^{-1}\boldsymbol{B}^{-1}$　　D. $(\boldsymbol{AB})^{-1}=\boldsymbol{B}^{-1}\boldsymbol{A}^{-1}$

例 29 设 $\boldsymbol{A}$ 是可逆矩阵，则 $|\boldsymbol{A}^{-1}|=$(　　).

A. $|\boldsymbol{A}|$　　B. $\dfrac{1}{|\boldsymbol{A}|}$　　C. $-|\boldsymbol{A}|$　　D. $-\dfrac{1}{|\boldsymbol{A}|}$

2. 伴随矩阵

例 30 设 $\boldsymbol{A}=\begin{bmatrix}1 & 2\\3 & 4\end{bmatrix}$，则 $\boldsymbol{A}^*=$________.

例 31 设 $\boldsymbol{A}$ 可逆，则 $\boldsymbol{A}$ 的伴随矩阵 $\boldsymbol{A}^*$ 也可逆，且 $(\boldsymbol{A}^*)^{-1}=$________.

3. 逆矩阵的求法

(1) 伴随矩阵法

例 32 设 $\boldsymbol{A}=\begin{bmatrix}1 & 3\\2 & 5\end{bmatrix}$，则 $\boldsymbol{A}^{-1}=$________.

例 33 设矩阵 $\boldsymbol{A}=\begin{bmatrix}1 & 3\\1 & 2\end{bmatrix}$，则 $\boldsymbol{A}^{-1}=$(　　).

A. $\begin{bmatrix}2 & 3\\1 & 1\end{bmatrix}$　　B. $\begin{bmatrix}2 & -3\\-1 & 1\end{bmatrix}$　　C. $\begin{bmatrix}-2 & 1\\3 & -1\end{bmatrix}$　　D. $\begin{bmatrix}-2 & 3\\1 & -1\end{bmatrix}$

(2) 初等行变换法(初等行变换，初等矩阵)

例 34 设矩阵 $\boldsymbol{A}=\begin{bmatrix}1 & 0 & 2\\2 & -1 & 3\\4 & 1 & 8\end{bmatrix}$，求 $\boldsymbol{A}^{-1}$.

例 35 设矩阵 $\boldsymbol{A}=\begin{bmatrix}2 & 3 & -1\\1 & 2 & 0\\-1 & 2 & 2\end{bmatrix}$，求 $\boldsymbol{A}^{-1}$.

4. 解矩阵方程

例 36 求解矩阵方程 $\begin{bmatrix}3 & -4\\-2 & 3\end{bmatrix}\boldsymbol{X}=\begin{bmatrix}1 & 2\\-2 & 0\end{bmatrix}$.

5. 有关可逆矩阵的简单证明

例 37 设 n 阶矩阵 $\boldsymbol{A}$ 满足 $\boldsymbol{A}^2-2\boldsymbol{A}-\boldsymbol{I}=\boldsymbol{O}$，试证：矩阵 $\boldsymbol{A}$ 可逆，并求 $\boldsymbol{A}^{-1}$.

例 38 若 $\boldsymbol{A}^2=\boldsymbol{O}$，证明：$(\boldsymbol{I}-\boldsymbol{A})$ 可逆，并求 $(\boldsymbol{I}-\boldsymbol{A})^{-1}$.

例 39 已知矩阵 $\boldsymbol{A}=\dfrac{1}{2}(\boldsymbol{B}+\boldsymbol{I})$，且 $\boldsymbol{A}^2=\boldsymbol{A}$，试证：$\boldsymbol{B}$ 是可逆矩阵.

五、求矩阵的秩

例 40 矩阵 $\begin{bmatrix}1 & -2 & 0 & 1\\-1 & 2 & 1 & 1\\2 & -4 & -1 & 0\end{bmatrix}$ 的秩为________.

例 41　求矩阵$\begin{bmatrix} 1 & 2 & 3 & 1 & 5 \\ 2 & 4 & 0 & -1 & -3 \\ -1 & -2 & 3 & 2 & 8 \\ 1 & 2 & -9 & -5 & -21 \end{bmatrix}$的秩.

六、分块矩阵及其运算

例 42　设$\boldsymbol{A}=\begin{bmatrix} \boldsymbol{O} & \boldsymbol{A}_1 \\ \boldsymbol{A}_2 & \boldsymbol{O} \end{bmatrix}$，其中$\boldsymbol{A}_1,\boldsymbol{A}_2$均可逆，则$\boldsymbol{A}^{-1}=$(　　).

A. $\begin{bmatrix} \boldsymbol{A}_1^{-1} & \boldsymbol{O} \\ \boldsymbol{O} & \boldsymbol{A}_2^{-1} \end{bmatrix}$　　B. $\begin{bmatrix} \boldsymbol{A}_2^{-1} & \boldsymbol{O} \\ \boldsymbol{O} & \boldsymbol{A}_1^{-1} \end{bmatrix}$

C. $\begin{bmatrix} \boldsymbol{O} & \boldsymbol{A}_1^{-1} \\ \boldsymbol{A}_2^{-1} & \boldsymbol{O} \end{bmatrix}$　　D. $\begin{bmatrix} \boldsymbol{O} & \boldsymbol{A}_2^{-1} \\ \boldsymbol{A}_1^{-1} & \boldsymbol{O} \end{bmatrix}$

例 43　设矩阵$\boldsymbol{A}=\begin{bmatrix} 2 & 0 & 0 & 0 \\ 0 & 1 & 2 & 0 \\ 0 & 3 & 4 & 0 \\ 0 & 0 & 0 & 5 \end{bmatrix}$，$\boldsymbol{A}^{-1}=$________.

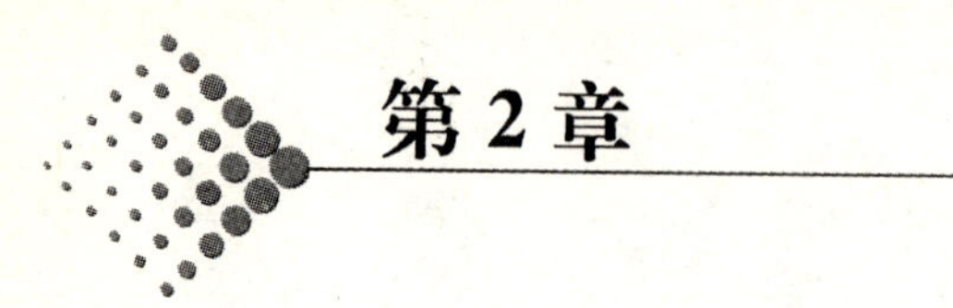

第 2 章

线性方程组

在第 1 章，矩阵的介绍为线性方程组的讨论建立了必要的工具，并对未知量的个数等于方程个数的特殊类型的线性方程组得到了一些结论，即克莱姆法则. 本章将对线性方程组的一般情形——有 n 个未知量、m 个方程的线性方程组

$$\begin{cases} a_{11}x_1+a_{12}x_2+\cdots+a_{1n}x_n=b_1 \\ a_{21}x_1+a_{22}x_2+\cdots+a_{2n}x_n=b_2 \\ \cdots \quad \cdots \quad \cdots \quad \cdots \quad \cdots \\ a_{m1}x_1+a_{m2}x_2+\cdots+a_{mn}x_n=b_m \end{cases} \cdots\cdots\cdots\cdots\cdots\cdots(*)$$

就下面几个问题进行讨论：

(1) 如何判定线性方程组(∗)是否有解?

(2) 在线性方程组(∗)有解的情况下，解是否唯一?

(3) 在解不唯一时，解的结构如何?

(4) 怎样求出线性方程组(∗)的解?

最后介绍数学实验，即应用计算机软件 MATLAB 求解向量组的秩和线性方程组的基本方法和操作程序.

学习要求

1. 理解线性方程组的相容性定理及齐次线性方程组有非零解的充分必要条件，掌握用矩阵的初等行变换判别齐次与非齐次线性方程组解的存在情况.

2. 掌握向量的线性运算，会判别一个向量能否表示成另外一些向量的线性组合，会求组合系数，了解向量组线性相关与线性无关的概念.

3. 会求向量组的极大无关组，了解向量组秩的概念，掌握求向量组秩的方法.

4. 掌握齐次线性方程组基础解系和通解的求法.

5. 了解一般线性方程组解的结构，掌握求非齐次线性方程组通解的方法.

§2.1　高斯消元法

2.1.1　线性方程组及其矩阵表示

对于线性方程组的一般形式(∗)，把所有未知量 $x_j(j=1, 2, \cdots, n)$ 的系数 a_{ij} 排成的矩阵

$$\boldsymbol{A}=[a_{ij}]_{m\times n}=\begin{bmatrix} a_{11} & a_{12} & \cdots & a_{1n} \\ a_{21} & a_{22} & \cdots & a_{2n} \\ \cdots & \cdots & \cdots & \cdots \\ a_{m1} & a_{m2} & \cdots & a_{mn} \end{bmatrix}$$

称为(∗)的**系数矩阵**，称

$$\boldsymbol{B}=\begin{bmatrix} b_1 \\ b_2 \\ \vdots \\ b_n \end{bmatrix}$$

为**右端矩阵**，或**常数项矩阵**；将所有未知量 $x_j(j=1, 2, \cdots, n)$ 排成一列得到

$$\boldsymbol{X}=\begin{bmatrix} x_1 \\ x_2 \\ \vdots \\ x_n \end{bmatrix}$$

称为**未知量矩阵**. 按照矩阵乘法，线性方程组(∗)可以表示为 $\boldsymbol{AX}=\boldsymbol{B}$，此式也称为线性方程组(∗)的**矩阵表达式**. 称

$$\bar{\boldsymbol{A}}=[\boldsymbol{A}\ \boldsymbol{B}]=\begin{bmatrix} a_{11} & a_{12} & \cdots & a_{1n} & b_1 \\ a_{21} & a_{22} & \cdots & a_{2m} & b_2 \\ \cdots & \cdots & \cdots & \cdots & \cdots \\ a_{m1} & a_{m2} & \cdots & a_{mn} & b_m \end{bmatrix}$$

为线性方程组(∗)的**增广矩阵**. 可见用方程组的矩阵表达式或增广矩阵表示方程组(∗)时简单清晰，在本章经常用它们讨论方程组解的情况.

当方程组(∗)的右端项 $b_i(i=1, 2, \cdots, m)$ 不全为 0 时，称(∗)为**非齐次线性方程组**；当 $b_i(i=1, 2, \cdots, m)$ 全为 0 时，即

$$\begin{cases} a_{11}x_1+a_{12}x_2+\cdots+a_{1n}x_n=0 \\ a_{21}x_1+a_{22}x_2+\cdots+a_{2n}x_n=0 \\ \cdots\quad\cdots\quad\cdots\quad\cdots\quad\cdots \\ a_{m1}x_1+a_{m2}x_2+\cdots+a_{mn}x_n=0 \end{cases} \cdots\cdots\cdots\cdots\cdots(**),$$

称(**)为**齐次线性方程组**.

2.1.2 高斯消元法

在中学讲过，线性方程组经过三种初等变换不改变方程组的解. 实际上，通过第1章矩阵的初等行变换的学习就可以知道，线性方程组的初等变换对应于线性方程组的增广矩阵$\overline{\boldsymbol{A}}=[\boldsymbol{A}\ \boldsymbol{B}]$的初等行变换. 对$\overline{\boldsymbol{A}}=[\boldsymbol{A}\ \boldsymbol{B}]$进行初等行变换等同于对$[\boldsymbol{A}\ \boldsymbol{B}]$左乘一个初等矩阵. 由初等矩阵的可逆性，得到下面的定理1.

定理 若将线性方程组(*)的增广矩阵$[\boldsymbol{A}\ \boldsymbol{B}]$用初等行变换化成$[\boldsymbol{U}\ \boldsymbol{V}]$，则$\boldsymbol{AX}=\boldsymbol{B}$与$\boldsymbol{UX}=\boldsymbol{V}$是同解方程组.

根据定理1，为了求方程组(*)的解，应利用初等行变换把增广矩阵$[\boldsymbol{A}\ \boldsymbol{B}]$尽量化简. 由第1章§1.5定理2知，利用初等行变换可把增广矩阵$[\boldsymbol{A}\ \boldsymbol{B}]$化成阶梯阵. 因此，解线性方程组(*)的一般方法是：首先用初等行变换把增广矩阵$[\boldsymbol{A}\ \boldsymbol{B}]$化成阶梯阵，再将阶梯阵所表示的方程组求出解；由于两者为同解方程组，故得到原方程组(*)的解. 这种方法称为**高斯消元法**.

下面举例说明用高斯消元法解一般线性方程组的方法和步骤.

例1 解线性方程组$\begin{cases} 2x_1+5x_2+3x_3-2x_4=3 \\ -3x_1-x_2+2x_3+x_4=-4 \\ -2x_1+3x_2-4x_3-7x_4=-13 \\ x_1+2x_2+4x_3+x_4=4 \end{cases}$ $\cdots\cdots\cdots\cdots(1)$

解 先写出方程组的增广矩阵$\overline{\boldsymbol{A}}=[\boldsymbol{A}\ \boldsymbol{B}]$，用初等行变换将$\overline{\boldsymbol{A}}$化成阶梯阵.

$$\overline{\boldsymbol{A}}=\begin{bmatrix} 2 & 5 & 3 & -2 & 3 \\ -3 & -1 & 2 & 1 & -4 \\ -2 & 3 & -4 & -7 & -13 \\ 1 & 2 & 4 & 1 & 4 \end{bmatrix} \xrightarrow{(①,④)} \begin{bmatrix} 1 & 2 & 4 & 1 & 4 \\ -3 & -1 & 2 & 1 & -4 \\ -2 & 3 & -4 & -7 & -13 \\ 2 & 5 & 3 & -2 & 3 \end{bmatrix}$$

$$\xrightarrow[\substack{③+①\times 2 \\ ④+①\times(-2)}]{②+①\times 3} \begin{bmatrix} 1 & 2 & 4 & 1 & 4 \\ 0 & 5 & 14 & 4 & 8 \\ 0 & 7 & 4 & -5 & -5 \\ 0 & 1 & -5 & -4 & -5 \end{bmatrix} \xrightarrow{(②,④)} \begin{bmatrix} 1 & 2 & 4 & 1 & 4 \\ 0 & 1 & -5 & -4 & -5 \\ 0 & 7 & 4 & -5 & -5 \\ 0 & 5 & 14 & 4 & 8 \end{bmatrix}$$

$$\xrightarrow[④+②\times(-5)]{③+②\times(-7)} \begin{bmatrix} 1 & 2 & 4 & 1 & 4 \\ 0 & 1 & -5 & -4 & -5 \\ 0 & 0 & 39 & 23 & 30 \\ 0 & 0 & 39 & 24 & 33 \end{bmatrix} \xrightarrow{④+③\times(-1)} \begin{bmatrix} 1 & 2 & 4 & 1 & 4 \\ 0 & 1 & -5 & -4 & -5 \\ 0 & 0 & 39 & 23 & 30 \\ 0 & 0 & 0 & 1 & 3 \end{bmatrix},$$

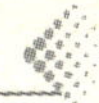

最后一个矩阵是 $\bar{\mathbf{A}}$ 的阶梯阵. 它对应的方程组为阶梯形方程组

$$\begin{cases} x_1+2x_2+4x_3+x_4=4 \\ \qquad x_2-5x_3-4x_4=-5 \\ \qquad\qquad 39x_3+23x_4=30 \\ \qquad\qquad\qquad x_4=3 \end{cases} \cdots\cdots\cdots\cdots\cdots\cdots(2)$$

方程组(1)与(2)是同解方程组. 对于阶梯形方程组(2), 只需由最后一个方程 $x_4=3$ 逐步回代, 得到

$$x_4=3,$$

$$x_3=\frac{1}{39}(30-23x_4)=\frac{1}{39}(30-23\times 3)=-1,$$

$$x_2=-5+5x_3+4x_4=-5+5\times(-1)+4\times 3=2,$$

$$x_1=4-2x_2-4x_3-x_4=4-2\times 2-4\times(-1)-3=1,$$

得到方程组(2)的解 $x_1=1$, $x_2=2$, $x_3=-1$, $x_4=3$, 即

$$\boldsymbol{X}=\begin{bmatrix}1\\2\\-1\\3\end{bmatrix},$$

它也是方程组(1)的解.

例 2　解线性方程组 $\begin{cases} x_1+x_2+x_3+x_4=1 \\ 2x_1+3x_2+x_3+x_4=9 \\ -3x_1+2x_2-8x_3-8x_4=-4 \end{cases}$ $\cdots\cdots\cdots\cdots\cdots\cdots(3)$

解　用初等行变换将增广矩阵 $\bar{\mathbf{A}}$ 化成阶梯阵,

$$\bar{\mathbf{A}}=\begin{bmatrix}1&1&1&1&1\\2&3&1&1&9\\-3&2&-8&-8&-4\end{bmatrix}\xrightarrow[②+①\times(-2)]{③+①\times 3}\begin{bmatrix}1&1&1&1&1\\0&1&-1&-1&7\\0&5&-5&-5&-1\end{bmatrix}$$

$$\xrightarrow{③+②\times(-5)}\begin{bmatrix}1&1&1&1&1\\0&1&-1&-1&7\\0&0&0&0&-36\end{bmatrix},$$

这个阶梯阵对应的方程组为

$$\begin{cases} x_1+x_2+x_3+x_4=1 \\ \quad x_2-x_3-x_4=7 \\ \qquad\qquad 0x_4=-36 \end{cases} \cdots\cdots\cdots\cdots\cdots\cdots\cdots\cdots(4)$$

显然, 无论 x_1, x_2, x_3, x_4 怎样取值, 都不能使方程组(4)中第 3 个方程变成恒等式, 说明方程组(4)无解, 从而方程组(3)也无解.

例 3 解线性方程组 $\begin{cases} x_1-2x_2+x_3+3x_4=5 \\ 2x_1+x_2-x_3+x_4=2 \\ 3x_1+4x_2-3x_3-x_4=-1 \\ x_1+3x_2-2x_4=-1 \end{cases}$ ……………………………(5)

解 将增广矩阵 $\overline{\boldsymbol{A}}$ 作初等行变换化成阶梯阵

$$\overline{\boldsymbol{A}}=\begin{bmatrix} 1 & -2 & 1 & 3 & 5 \\ 2 & 1 & -1 & 1 & 2 \\ 3 & 4 & -3 & -1 & -1 \\ 1 & 3 & 0 & -2 & -1 \end{bmatrix} \xrightarrow[\text{④}+\text{①}\times(-1)]{\substack{\text{②}+\text{①}\times(-2) \\ \text{③}+\text{①}\times(-3)}} \begin{bmatrix} 1 & -2 & 1 & 3 & 5 \\ 0 & 5 & -3 & -5 & -8 \\ 0 & 10 & -6 & -10 & -16 \\ 0 & 5 & -1 & -5 & -6 \end{bmatrix}$$

$$\xrightarrow[\text{④}+\text{②}\times(-1)]{\text{③}+\text{②}\times(-2)} \begin{bmatrix} 1 & -2 & 1 & 3 & 5 \\ 0 & 5 & -3 & -5 & -8 \\ 0 & 0 & 0 & 0 & 0 \\ 0 & 0 & 2 & 0 & 2 \end{bmatrix} \xrightarrow{(\text{③},\text{④})} \begin{bmatrix} 1 & -2 & 1 & 3 & 5 \\ 0 & 5 & -3 & -5 & -8 \\ 0 & 0 & 2 & 0 & 2 \\ 0 & 0 & 0 & 0 & 0 \end{bmatrix},$$

最后一个阶梯阵所对应的方程组为

$$\begin{cases} x_1-2x_2+x_3+3x_4=5 \\ 5x_2-3x_3-5x_4=-8 \\ 2x_3=2 \end{cases} \text{……………………………(6)}$$

(5)与(6)是同解方程组，求(6)的解. 如果将含有 x_4 的项移至等号的右端，得到

$$\begin{cases} x_1-2x_2+x_3=5-3x_4 \\ 5x_2-3x_3=-8+5x_4 \\ 2x_3=2 \end{cases},$$

由最后一个方程得到 $x_3=1$，逐步回代得到

$$x_2=\frac{1}{5}(-8+5x_4+3\times1)=-1+x_4,$$

$$x_1=5-3x_4+2(-1+x_4)-1=2-x_4,$$

即

$$\begin{cases} x_1=2-x_4 \\ x_2=-1+x_4 \\ x_3=1 \end{cases} \text{……………………………(7)}$$

显然，未知量 x_4 任意取定一个值代入方程组(7)，都可以求得相应的 x_1，x_2，x_3 的值，这样得到的 x_1，x_2，x_3，x_4 的一组值就是原方程组(5)的一个解. 由于 x_4 的取值具有任意性，所以方程组(5)有无穷多解.

以后，称可以任意取值的未知量为**自由未知量**(或**自由元**). 用自由未知量表示其他未知量的方程组解的表达式称为该**方程组的一般解**.

通常自由未知量的取法不唯一. 如本例也可以取 x_2 作为自由未知量. 由方程组(6)将

x_2 项移至等号的右端，得到

$$\begin{cases} x_1+3x_4+x_3=5+2x_2 \\ \quad -5x_4-3x_3=-8-5x_2 \\ \qquad\quad 2x_3=2 \end{cases},$$

逐步回代得到

$$\begin{cases} x_1=1-x_2 \\ x_4=1+x_2, \ x_2 \text{ 为自由未知量} \\ x_3=1 \end{cases} \cdots\cdots\cdots\cdots(8)$$

它也是方程组(5)的一般解.

注意　由于自由未知量取得的不同，导致方程组(7)与(8)形式上不同，但本质上是一样的，它们都表示了方程组(5)的所有解.

通过上面三个例子，可以归纳出解线性方程组(＊)所用高斯消元法的一般步骤：

将方程组(＊)的增广矩阵 $\overline{\boldsymbol{A}}$ 经过初等行变换化为下面的阶梯阵

$$\begin{bmatrix} c_{11} & c_{12} & \cdots & c_{1j} & \cdots & c_{1n} & d_1 \\ 0 & c_{22} & \cdots & c_{2j} & \cdots & c_{2n} & d_2 \\ \cdots & \cdots & \cdots & \cdots & \cdots & \cdots & \cdots \\ 0 & 0 & \cdots & c_{rj} & \cdots & c_{rn} & d_r \\ 0 & 0 & \cdots & 0 & \cdots & 0 & d_{r+1} \\ \cdots & \cdots & \cdots & \cdots & \cdots & \cdots & \cdots \\ 0 & 0 & \cdots & 0 & \cdots & 0 & 0 \end{bmatrix} \cdots\cdots\cdots\cdots(9)$$

当 $d_{r+1}\neq 0$ 时，方程组(＊)无解，且称(＊)为**不相容方程组**；

当 $d_{r+1}=0$ 且 $c_{rj}\neq 0$ 时，方程组(＊)有解，称(＊)为**相容方程组**. 此时矩阵(9)就是相容方程组(＊)的阶梯阵，它的每一个非零行的第一个非零元素称为**主元素**(简称**主元**)，主元所在列对应的未知量称为**基本元**，其他未知量称为**自由元**. 因为阶梯阵(9)有 r 个主元，对应的相容方程组就有 r 个基本元，有 $n-r$ 个自由元，这时，求方程组(＊)一般解的方法如下：

把阶梯阵(9)对应的方程组中含有自由元的项移至等号的右端，并用逐个方程回代的方法得到用自由元表达的基本元，就是方程组(＊)的一般解.

注意　用消元法解线性方程组时，"逐个方程回代"的过程也可以用矩阵表示出来，即对阶梯阵继续进行初等行变换化成一种特殊矩阵，由这种矩阵可以直接求出或"读出"方程组的一般解. 下面给出这种矩阵的定义.

定义　若阶梯形矩阵进一步满足如下两个条件：

(1) 主元(非零行的第一个非零元素)都是 1，

(2) 主元所在列的其他元素都是 0，

称该阶梯形矩阵为**行简化的阶梯形矩阵**，简称**行简化的阶梯阵**.

例如，$\begin{bmatrix}1&2&0&8&0&9\\0&0&1&5&0&-8\\0&0&0&0&1&3\end{bmatrix}$，$\begin{bmatrix}1&0&2&5&6&7\\0&1&2&3&3&6\\0&0&0&0&0&0\end{bmatrix}$都是行简化的阶梯阵.

下面通过例 4 说明如何通过行简化的阶梯阵"读出"方程组的一般解.

例 4 求方程组$\begin{cases}x_1-x_2+5x_3-x_4=0\\x_1+x_2-2x_3+3x_4=0\\3x_1-x_2+8x_3+x_4=0\\x_1+3x_2-9x_3+7x_4=0\end{cases}$的一般解.

分析 本题所给方程组为齐次线性方程组，由于常数项全是 0，对它的增广矩阵 $\bar{\boldsymbol{A}}$ 进行初等行变换就等同于对系数矩阵 $\boldsymbol{A}$ 进行初等行变换. 因此，以后对于齐次线性方程组求解时，$\bar{\boldsymbol{A}}$ 的最后一列(全为 0 的常数项)可以省略，只需考虑 $\boldsymbol{A}$ 的行简化阶梯阵.

解 将系数矩阵 $\boldsymbol{A}$ 进行初等行变换化成阶梯阵，然后再化成行简化的阶梯阵.

$$\boldsymbol{A}=\begin{bmatrix}1&-1&5&-1\\1&1&-2&3\\3&-1&8&1\\1&3&-9&7\end{bmatrix}\xrightarrow[\text{④}+\text{①}\times(-1)]{\substack{\text{②}+\text{①}\times(-1)\\\text{③}+\text{①}\times(-3)}}\begin{bmatrix}1&-1&5&-1\\0&2&-7&4\\0&2&-7&4\\0&4&-14&8\end{bmatrix}$$

$$\xrightarrow[\text{④}+\text{②}\times(-2)]{\text{③}+\text{②}\times(-1)}\begin{bmatrix}1&-1&5&-1\\0&2&-7&4\\0&0&0&0\\0&0&0&0\end{bmatrix}\xrightarrow{\text{②}\times\frac{1}{2}}\begin{bmatrix}1&-1&5&-1\\0&1&-\frac{7}{2}&2\\0&0&0&0\\0&0&0&0\end{bmatrix}$$

$$\xrightarrow{\text{①}+\text{②}}\begin{bmatrix}1&0&\frac{3}{2}&1\\0&1&-\frac{7}{2}&2\\0&0&0&0\\0&0&0&0\end{bmatrix},$$

最后一个矩阵是行简化的阶梯阵，所对应的方程组为

$$\begin{cases}x_1+\frac{3}{2}x_3+x_4=0\\x_2-\frac{7}{2}x_3+2x_4=0\end{cases},$$

可取主元对应的未知量 x_1，x_2 为基本元，x_3，x_4 为自由元. 将自由元移至等号的右端，就相当于在最后一个矩阵中将第 3，4 列变号，得到方程组的一般解，即

$$\begin{cases}x_1=-\frac{3}{2}x_3-x_4\\x_2=\frac{7}{2}x_3-2x_4\end{cases}，x_3，x_4 \text{ 为自由元.}$$

2.1.3　线性方程组全部解的矩阵形式

如果将线性方程组一般解中 $n-r$ 个自由元依次设为任意常数 $k_1, k_2, \cdots, k_{n-r}$，对应解得基本元，就可以给出方程组(∗)全部解的矩阵形式.

例 5　将例 3 中方程组(5)的一般解(7)写成全部解的矩阵形式.

解　一般解中只有一个自由元 x_4. 令 $x_4=k$，得到

$$\begin{bmatrix} x_1 \\ x_2 \\ x_3 \\ x_4 \end{bmatrix}=\begin{bmatrix} 2-k \\ -1+k \\ 1 \\ k \end{bmatrix}=\begin{bmatrix} 2 \\ -1 \\ 1 \\ 0 \end{bmatrix}+k\begin{bmatrix} -1 \\ 1 \\ 0 \\ 1 \end{bmatrix}, k \text{ 为任意常数.}$$

这就是方程组(5)全部解的矩阵形式.

思考题　高斯消元法的主要步骤是什么？

本节关键词

齐次线性方程组　非齐次线性方程组　高斯消元法　相容方程组　自由未知量　主元　基本元　方程组的一般解　行简化的阶梯阵　方程组全部解的矩阵形式

习题 2.1

求下列方程组的一般解，并写成所有解的矩阵形式：

1. $\begin{cases} x_1+2x_2+3x_3=4 \\ 3x_1+5x_2+7x_3=9 \\ 5x_1+8x_2+11x_3=14 \end{cases}$；

2. $\begin{cases} x_1-x_2+x_3-x_4=0 \\ 2x_1-x_2+3x_3-2x_4=-1 \\ 3x_1-2x_2-x_3+2x_4=4 \end{cases}$；

3. $\begin{cases} 3x_1-5x_2+x_3-2x_4=0 \\ 2x_1+3x_2-5x_3+x_4=0 \\ -x_1+7x_2-4x_3+3x_4=0 \\ 4x_1+15x_2-7x_3+9x_4=0 \end{cases}$.

§2.2　线性方程组的相容性定理

由上节高斯消元法知，线性方程组(∗)是否有解(相容)的关键在于用初等行变换把增广矩阵 $\overline{\boldsymbol{A}}=[\boldsymbol{A}\ \boldsymbol{B}]$化成阶梯阵后，$d_{r+1}$是否为 0，也就是增广矩阵 $\overline{\boldsymbol{A}}$ 的阶梯阵的非零行的行数与系数矩阵 $\boldsymbol{A}$ 的阶梯阵的非零行的行数是否一致. 由矩阵秩的定义，上述问题也就是 $\mathrm{r}(\boldsymbol{A})$与 $\mathrm{r}(\overline{\boldsymbol{A}})$是否相等的问题. 因此，下面的定理 1 将回答线性方程组(∗)最本质的一个问题，也就是本章开始提出的第 1 个问题.

定理 1(线性方程组的相容性定理)　线性方程组(∗)有解(相容)的充分必要条件是

$$\mathrm{r}(\boldsymbol{A})=\mathrm{r}(\overline{\boldsymbol{A}}).$$

即系数矩阵 $\boldsymbol{A}$ 的秩等于增广矩阵 $\overline{\boldsymbol{A}}$ 的秩.

由上节高斯消元法的归纳可以看到，当 $\mathrm{r}(\mathbf{A})=\mathrm{r}(\overline{\mathbf{A}})=r$ 时，方程组（$*$）有解，且有 r 个基本元，有 $n-r$ 个自由元. 如果自由元任意给定一组值，就可以唯一确定出相应的基本元的一组值，构成方程组（$*$）的一组解. 由此可知，只要有自由元，方程组（$*$）就有无穷多个解，只有当没有自由元时，也即 $r=n$ 时，方程组的解才是唯一的. 为此有下面的定理 2.

定理 2 设对于线性方程组（$*$）有 $\mathrm{r}(\mathbf{A})=\mathrm{r}(\overline{\mathbf{A}})=r$，则当 $r=n$ 时，线性方程组（$*$）有唯一解；当 $r<n$ 时，线性方程组（$*$）有无穷多解.

定理 2 回答了本章开始提出的第 2 个问题.

例 1 设线性方程组 $\begin{cases} x_1+x_2+x_3+x_4+x_5=1 \\ 3x_1+2x_2+x_3+x_4-3x_5=5 \\ x_2+2x_3+2x_4+6x_5=-2 \\ 5x_1+4x_2+3x_3+3x_4-x_5=\lambda \end{cases}$，问 λ 为何值时，方程组无解？λ 为何值时，方程组有解？有解时，是唯一解，还是无穷多解？

解 将方程组的增广矩阵 $\overline{\mathbf{A}}$ 进行初等行变换化成阶梯阵，

$$\overline{\mathbf{A}}=\begin{bmatrix} 1 & 1 & 1 & 1 & 1 & 1 \\ 3 & 2 & 1 & 1 & -3 & 5 \\ 0 & 1 & 2 & 2 & 6 & -2 \\ 5 & 4 & 3 & 3 & -1 & \lambda \end{bmatrix} \xrightarrow[\text{④}+\text{①}\times(-5)]{\text{②}+\text{①}\times(-3)} \begin{bmatrix} 1 & 1 & 1 & 1 & 1 & 1 \\ 0 & -1 & -2 & -2 & -6 & 2 \\ 0 & 1 & 2 & 2 & 6 & -2 \\ 0 & -1 & -2 & -2 & -6 & \lambda-5 \end{bmatrix}$$

$$\xrightarrow[\text{④}+\text{②}\times(-1)]{\text{③}+\text{②}} \begin{bmatrix} 1 & 1 & 1 & 1 & 1 & 1 \\ 0 & -1 & -2 & -2 & -6 & 2 \\ 0 & 0 & 0 & 0 & 0 & 0 \\ 0 & 0 & 0 & 0 & 0 & \lambda-7 \end{bmatrix}$$

$$\xrightarrow{(\text{③},\text{④})} \begin{bmatrix} 1 & 1 & 1 & 1 & 1 & 1 \\ 0 & -1 & -2 & -2 & -6 & 2 \\ 0 & 0 & 0 & 0 & 0 & \lambda-7 \\ 0 & 0 & 0 & 0 & 0 & 0 \end{bmatrix},$$

当 $\lambda-7\neq 0$，即 $\lambda\neq 7$ 时，$\mathrm{r}(\mathbf{A})=2$，$\mathrm{r}(\overline{\mathbf{A}})=3$，$\mathrm{r}(\mathbf{A})\neq\mathrm{r}(\overline{\mathbf{A}})$，方程组无解；

当 $\lambda-7=0$，即 $\lambda=7$ 时，$\mathrm{r}(\mathbf{A})=\mathrm{r}(\overline{\mathbf{A}})=2<5(n=5)$，方程组有解，且有无穷多解.

例 2 当 a，b 为何值时，线性方程组 $\begin{cases} x_1+3x_2+x_3=0 \\ 3x_1+2x_2+2x_3=-1 \\ -x_1+4x_2+ax_3=b \end{cases}$ 无解？若有解，何时有无穷多解？何时有唯一解？

解 将方程组的增广矩阵 $\overline{\mathbf{A}}$ 经过初等行变换化成阶梯阵，

$$\overline{\mathbf{A}}=\begin{bmatrix} 1 & 3 & 1 & 0 \\ 3 & 2 & 2 & -1 \\ -1 & 4 & a & b \end{bmatrix} \xrightarrow[\text{③}+\text{①}]{\text{②}+\text{①}\times(-3)} \begin{bmatrix} 1 & 3 & 1 & 0 \\ 0 & -7 & -1 & -1 \\ 0 & 7 & a+1 & b \end{bmatrix} \xrightarrow{\text{③}+\text{②}} \begin{bmatrix} 1 & 3 & 1 & 0 \\ 0 & -7 & -1 & -1 \\ 0 & 0 & a & b-1 \end{bmatrix},$$

当 $a=0$ 且 $b\neq 1$ 时，$\mathrm{r}(\mathbf{A})=2$，$\mathrm{r}(\overline{\mathbf{A}})=3$，$\mathrm{r}(\mathbf{A})\neq\mathrm{r}(\overline{\mathbf{A}})$，方程组无解；

当 $a\neq 0$ 时，$\mathrm{r}(\mathbf{A})=\mathrm{r}(\overline{\mathbf{A}})=3$，方程组有唯一解；

当 $a=0$ 且 $b=1$ 时，$\mathrm{r}(\boldsymbol{A})=\mathrm{r}(\bar{\boldsymbol{A}})=2<3$，方程组有无穷多解.

对于齐次线性方程组(**)，由于其增广矩阵的最后一列全为 0，所以总满足定理 1 的条件，即齐次线性方程组总有解. 事实上，将所有未知量都取 0 一定满足方程组(**)，这样的解称为**零解**，也称为**平凡解**. 因此，对于齐次线性方程组(**)来说，我们更关心的是方程组(**)何时有非零解？由定理 2 即得下面的推论.

推论　对于齐次线性方程组(**)有非零解的充分必要条件是 $\mathrm{r}(\boldsymbol{A})<n$，即系数矩阵 $\boldsymbol{A}$ 的秩小于未知量的个数.

当 $\boldsymbol{A}$ 是 n 阶方阵时，$\mathrm{r}(\boldsymbol{A})<n \Leftrightarrow |\boldsymbol{A}|=0$. 因此，当 $\boldsymbol{A}$ 是 n 阶方阵时，方程组 $\boldsymbol{AX}=\boldsymbol{O}$ 有非零解的充分必要条件是 $|\boldsymbol{A}|=0$. 这与 § 1.3 克莱姆法则的推论也是一致的.

对于本章开始提出的第 3 和第 4 个问题，由于高斯消元法只能求出方程组(*)的一般解，无穷多解之间的内在联系还没有揭示出来. 为此，还要引进 n 维向量组及其线性相关性等重要概念.

思考题　线性方程组 $\boldsymbol{AX}=\boldsymbol{O}$ 有解时，$\boldsymbol{AX}=\boldsymbol{B}$ 一定有解吗？反过来呢？

本节关键词

线性方程组的相容性定理　系数矩阵的秩　增广矩阵的秩　唯一解　零解　无穷多解

习题 2.2

1. 不解线性方程组，判定线性方程组的相容性及相容时解的个数.

(1) $$\begin{bmatrix}2 & 1 & 1\\ 1 & 3 & 1\\ 1 & 1 & 5\\ 2 & 3 & -3\end{bmatrix}\begin{bmatrix}x_1\\ x_2\\ x_3\end{bmatrix}=\begin{bmatrix}2\\ 5\\ -7\\ 14\end{bmatrix};$$

(2) $$\begin{bmatrix}2 & 1 & -1 & 1\\ 3 & -2 & 2 & -3\\ 5 & 1 & -1 & 2\\ 2 & -1 & 1 & -3\end{bmatrix}\begin{bmatrix}x_1\\ x_2\\ x_3\\ x_4\end{bmatrix}=\begin{bmatrix}1\\ 2\\ -1\\ 4\end{bmatrix}.$$

2. 设有线性方程组 $\begin{bmatrix}\lambda & 1 & 1\\ 1 & \lambda & 1\\ 1 & 1 & \lambda\end{bmatrix}\begin{bmatrix}x_1\\ x_2\\ x_3\end{bmatrix}=\begin{bmatrix}1\\ \lambda\\ \lambda^2\end{bmatrix}$，$\lambda$ 为何值时，方程组有唯一解、无穷多解、无解？

3. 判别下列齐次线性方程组是否有非零解？

(1) $$\begin{bmatrix}3 & 1 & -8 & 2 & 1\\ 2 & -2 & -3 & -7 & 2\\ 1 & 11 & -12 & 34 & -5\\ 1 & -5 & 2 & -16 & 3\end{bmatrix}\begin{bmatrix}x_1\\ x_2\\ x_3\\ x_4\\ x_5\end{bmatrix}=\begin{bmatrix}0\\ 0\\ 0\\ 0\end{bmatrix};$$

(2) $\begin{cases} x_1+2x_2-4x_3+2x_4=0 \\ 3x_1-x_2+2x_3-x_4=0 \\ -2x_1+4x_2-x_3+3x_4=0 \\ 3x_1+9x_2-7x_3+6x_4=0 \end{cases}$.

4. 设齐次线性方程组$\begin{cases} x_1-3x_2+3x_3=0 \\ 2x_1-5x_2+5x_3=0 \\ 3x_1-8x_2+\lambda x_3=0 \end{cases}$，$\lambda$ 为何值时，方程组有非零解？有非零解时，写出方程组的一般解.

5. 设有线性方程组$\begin{bmatrix} 1 & 2 & 3 & -1 \\ -1 & 1 & 0 & 4 \\ 2 & 3 & 5 & a \end{bmatrix}\begin{bmatrix} x_1 \\ x_2 \\ x_3 \\ x_4 \end{bmatrix}=\begin{bmatrix} b \\ 3-b \\ 1 \end{bmatrix}$，当 a，b 为何值时，此方程组相容？

§2.3 n 维向量及线性相关性

2.3.1 n 维向量及线性表出的概念

1. n 维向量

定义 1 把 n 个有序的数 a_1，a_2，…，a_n 排成一列称为一个 **n 维向量**. 通常用小写希腊字母 $\boldsymbol{\alpha}$，$\boldsymbol{\beta}$ 等表示 n 维向量，记作 $\boldsymbol{\alpha}=\begin{bmatrix} a_1 \\ a_2 \\ \vdots \\ a_n \end{bmatrix}$，其中 $a_i(i=1,2,\cdots,n)$称为 n 维向量 $\boldsymbol{\alpha}$ 的**第 i 个分量**.

例如，$\boldsymbol{\alpha}_1=\begin{bmatrix} 1 \\ 2 \\ 3 \end{bmatrix}$，$\boldsymbol{\alpha}_2=\begin{bmatrix} 0 \\ 0 \\ 0 \\ 0 \end{bmatrix}$，$\boldsymbol{\alpha}_3=\begin{bmatrix} 0 \\ 1 \end{bmatrix}$，分别是 3 维、4 维、2 维向量. 矩阵 $\boldsymbol{A}=[a_{ij}]_{m\times n}$ 的每一行是一个 n 维向量的转置，每一列是一个 m 维向量.

又如，线性方程组(*)的未知量和右端常数项分别构成 n 维向量和 m 维向量，即

$$\boldsymbol{X}=\begin{bmatrix} x_1 \\ x_2 \\ \vdots \\ x_n \end{bmatrix}, \boldsymbol{B}=\begin{bmatrix} b_1 \\ b_2 \\ \vdots \\ b_m \end{bmatrix}.$$

实际上，一个 n 维向量就是一个 n 行一列的矩阵. 因此，对应于矩阵相等的概念及矩阵的加法、数乘、转置运算，有相应的 n 维向量相等的概念及 n 维向量的加法、数乘及转置的运算. 如果把线性方程组(*)中每个未知量的系数及常数项都看成一个 m 维向量，令

$$\boldsymbol{\alpha}_1=\begin{bmatrix}a_{11}\\a_{21}\\\vdots\\a_{m1}\end{bmatrix},\boldsymbol{\alpha}_2=\begin{bmatrix}a_{12}\\a_{22}\\\vdots\\a_{m2}\end{bmatrix},\cdots,\boldsymbol{\alpha}_n=\begin{bmatrix}a_{1n}\\a_{2n}\\\vdots\\a_{mn}\end{bmatrix},\boldsymbol{\beta}=\begin{bmatrix}b_1\\b_2\\\vdots\\b_m\end{bmatrix},$$

方程组(＊)就可以写成向量表达式

$$\boldsymbol{\alpha}_1x_1+\boldsymbol{\alpha}_2x_2+\cdots+\boldsymbol{\alpha}_nx_n=\boldsymbol{\beta}\cdots\cdots\cdots\cdots\cdots(1)$$

由(1)式可以看出，常数项向量与 n 个 m 维系数向量之间存在着一种关系.

2. 线性表出

下面讨论一个向量与一组向量之间的关系问题.

定义 2　对于向量 $\boldsymbol{\alpha},\boldsymbol{\alpha}_1,\boldsymbol{\alpha}_2,\cdots,\boldsymbol{\alpha}_s$，如果有一组数 $k_1,k_2,\cdots,k_s$ 使得

$$\boldsymbol{\alpha}=k_1\boldsymbol{\alpha}_1+k_2\boldsymbol{\alpha}_2+\cdots+k_s\boldsymbol{\alpha}_s,$$

则称 $\boldsymbol{\alpha}$ 是 $\boldsymbol{\alpha}_1,\boldsymbol{\alpha}_2,\cdots,\boldsymbol{\alpha}_s$ 的**线性组合**，或者说 $\boldsymbol{\alpha}$ 由 $\boldsymbol{\alpha}_1,\boldsymbol{\alpha}_2,\cdots,\boldsymbol{\alpha}_s$ 线性表出，称 $k_1,k_2,\cdots,k_s$ 为**组合系数**.

例 1　平面上任意 2 维向量 $\begin{bmatrix}x\\y\end{bmatrix}$ 均是向量 $\begin{bmatrix}1\\0\end{bmatrix}$ 和 $\begin{bmatrix}0\\1\end{bmatrix}$ 的线性组合. 事实上，对任意 2 维向量总有

$$\begin{bmatrix}x\\y\end{bmatrix}=x\begin{bmatrix}1\\0\end{bmatrix}+y\begin{bmatrix}0\\1\end{bmatrix}.$$

例 2　向量 $\begin{bmatrix}1\\3\end{bmatrix}$ 不是向量 $\begin{bmatrix}1\\0\end{bmatrix}$ 与 $\begin{bmatrix}2\\0\end{bmatrix}$ 的线性组合. 因为对任一组数 k_1,k_2，

$$k_1\begin{bmatrix}1\\0\end{bmatrix}+k_2\begin{bmatrix}2\\0\end{bmatrix}=\begin{bmatrix}k_1+2k_2\\0\end{bmatrix}\neq\begin{bmatrix}1\\3\end{bmatrix}.$$

几个重要结论：

(1) $\boldsymbol{O}$ 向量是任意向量组 $\boldsymbol{\alpha}_1,\boldsymbol{\alpha}_2,\cdots,\boldsymbol{\alpha}_s$ 的线性组合.

因为，当 $\boldsymbol{\alpha}_1,\boldsymbol{\alpha}_2,\cdots,\boldsymbol{\alpha}_s$ 的所有组合系数都取 0 时，有

$$\boldsymbol{O}=0\boldsymbol{\alpha}_1+0\boldsymbol{\alpha}_2+\cdots+0\boldsymbol{\alpha}_s.$$

(2) 设 $\boldsymbol{\alpha}$ 是一个 n 维向量,则 $\boldsymbol{\alpha}$ 可由包含它自身在内的任意一个 n 维向量组线性表出.

事实上，设 $\boldsymbol{\alpha},\boldsymbol{\alpha}_1,\boldsymbol{\alpha}_2,\cdots,\boldsymbol{\alpha}_s$ 是一个向量组,则 $\boldsymbol{\alpha}=\boldsymbol{\alpha}+0\boldsymbol{\alpha}_1+0\boldsymbol{\alpha}_2+\cdots+0\boldsymbol{\alpha}_s$.

(3) 已知 $\boldsymbol{\alpha}$ 是 $\boldsymbol{\beta}_1,\boldsymbol{\beta}_2,\cdots,\boldsymbol{\beta}_t$ 的线性组合，且每个 $\boldsymbol{\beta}_i$ 是 $\boldsymbol{\gamma}_1,\boldsymbol{\gamma}_2,\cdots,\boldsymbol{\gamma}_s$ 的线性组合，则 $\boldsymbol{\alpha}$ 也是 $\boldsymbol{\gamma}_1,\boldsymbol{\gamma}_2,\cdots,\boldsymbol{\gamma}_s$ 的线性组合. 请读者自己证明.

现在来看一般情形. 设 $\boldsymbol{\beta},\boldsymbol{\alpha}_1,\boldsymbol{\alpha}_2,\cdots,\boldsymbol{\alpha}_n$ 均为 m 维向量，若 $\boldsymbol{\beta}$ 能由 $\boldsymbol{\alpha}_1,\boldsymbol{\alpha}_2,\cdots,\boldsymbol{\alpha}_n$ 线性表出，那么 $\boldsymbol{\beta},\boldsymbol{\alpha}_1,\boldsymbol{\alpha}_2,\cdots,\boldsymbol{\alpha}_n$ 需要满足什么条件？

如果方程组(＊)有解，那么存在一个解 $x_1,x_2,\cdots,x_n$ 使得(1)式成立，可见 $\boldsymbol{\beta}$ 可由 $\boldsymbol{\alpha}_1,\boldsymbol{\alpha}_2,\cdots,\boldsymbol{\alpha}_n$ 线性表出. 反过来，如果 $\boldsymbol{\beta}$ 可以由 $\boldsymbol{\alpha}_1,\boldsymbol{\alpha}_2,\cdots,\boldsymbol{\alpha}_n$ 线性表出，那么存在一组

数 $k_1, k_2, \cdots, k_n$ 使得(1)式成立，$k_1, k_2, \cdots, k_n$ 满足方程组(＊)，从而也是方程组(＊)的一个解. 因此有下面的定理1.

定理1 向量 $\boldsymbol{\beta}$ 可以由向量组 $\boldsymbol{\alpha}_1, \boldsymbol{\alpha}_2, \cdots, \boldsymbol{\alpha}_n$ 线性表出的充分必要条件是：以 $\boldsymbol{\alpha}_1, \boldsymbol{\alpha}_2, \cdots, \boldsymbol{\alpha}_n$ 为系数向量，以 $\boldsymbol{\beta}$ 为常数项向量的线性方程组有解，并且此线性方程组的一个解就是线性组合的一组组合系数.

例3 设 $\boldsymbol{\beta}=\begin{bmatrix}0\\0\\0\\1\end{bmatrix}, \boldsymbol{\alpha}_1=\begin{bmatrix}1\\1\\0\\1\end{bmatrix}, \boldsymbol{\alpha}_2=\begin{bmatrix}2\\1\\3\\1\end{bmatrix}, \boldsymbol{\alpha}_3=\begin{bmatrix}1\\1\\0\\0\end{bmatrix}, \boldsymbol{\alpha}_4=\begin{bmatrix}0\\1\\-1\\1\end{bmatrix}$，判断向量 $\boldsymbol{\beta}$ 能否由向量组 $\boldsymbol{\alpha}_1, \boldsymbol{\alpha}_2, \boldsymbol{\alpha}_3, \boldsymbol{\alpha}_4$ 线性表出，若能，求出一组组合系数.

解 考虑以 $\boldsymbol{\alpha}_1, \boldsymbol{\alpha}_2, \boldsymbol{\alpha}_3, \boldsymbol{\alpha}_4$ 为系数向量，以 $\boldsymbol{\beta}$ 为常数项的线性方程组

$$\begin{cases}x_1+2x_2+x_3=0\\x_1+x_2+x_3+x_4=0\\3x_2-x_4=0\\x_1+x_2+x_4=1\end{cases}.$$

解此线性方程组，将增广矩阵 $\overline{\boldsymbol{A}}$ 化成行简化的阶梯阵，

$$\overline{\boldsymbol{A}}=\begin{bmatrix}1&2&1&0&0\\1&1&1&1&0\\0&3&0&-1&0\\1&1&0&1&1\end{bmatrix}\xrightarrow[④+①\times(-1)]{②+①\times(-1)}\begin{bmatrix}1&2&1&0&0\\0&-1&0&1&0\\0&3&0&-1&0\\0&-1&-1&1&1\end{bmatrix}$$

$$\xrightarrow[\substack{③+②\times3\\①+②\times2}]{④+②\times(-1)}\begin{bmatrix}1&0&1&2&0\\0&-1&0&1&0\\0&0&0&2&0\\0&0&-1&0&1\end{bmatrix}\xrightarrow[\substack{②\times(-1)\\④\times(-1)}]{③\times\frac{1}{2}}\begin{bmatrix}1&0&1&2&0\\0&1&0&-1&0\\0&0&0&1&0\\0&0&1&0&-1\end{bmatrix}$$

$$\xrightarrow{(③,④)}\begin{bmatrix}1&0&1&2&0\\0&1&0&-1&0\\0&0&1&0&-1\\0&0&0&1&0\end{bmatrix}\xrightarrow[②+④]{①+④\times(-2)}\begin{bmatrix}1&0&1&0&0\\0&1&0&0&0\\0&0&1&0&-1\\0&0&0&1&0\end{bmatrix}$$

$$\xrightarrow{①+③\times(-1)}\begin{bmatrix}1&0&0&0&1\\0&1&0&0&0\\0&0&1&0&-1\\0&0&0&1&0\end{bmatrix},$$

$\mathrm{r}(\boldsymbol{A})=\mathrm{r}(\overline{\boldsymbol{A}})=4$，方程组有唯一解，所以 $\boldsymbol{\beta}$ 可以由 $\boldsymbol{\alpha}_1, \boldsymbol{\alpha}_2, \boldsymbol{\alpha}_3, \boldsymbol{\alpha}_4$ 线性表出，且表出方式唯一. 方程组的唯一解易从行简化的阶梯阵中求出 $x_1=1, x_2=0, x_3=-1, x_4=0$，从而，

$$\boldsymbol{\beta}=\boldsymbol{\alpha}_1-\boldsymbol{\alpha}_3.$$

思考题　若例 3 的方程组有无穷多解，那么 $\boldsymbol{\beta}$ 由 $\boldsymbol{\alpha}_1,\boldsymbol{\alpha}_2,\boldsymbol{\alpha}_3,\boldsymbol{\alpha}_4$ 表出方式有无穷多种吗？

2.3.2　向量组的线性相关性

线性相关性是刻画向量之间关系的一个重要概念.

由前面的重要结论可知，对任何一组向量 $\boldsymbol{\alpha}_1,\boldsymbol{\alpha}_2,\cdots,\boldsymbol{\alpha}_s$ 来说，只要组合系数全取 0，$\boldsymbol{O}$ 向量都是它们的线性组合. 那么，是否有向量组，当组合系数取不全为 0 的数时，$\boldsymbol{O}$ 向量也可以表成这组向量的线性组合呢？回答是肯定的.

例如，$\boldsymbol{\alpha}_1=\begin{bmatrix}1\\0\end{bmatrix}$，$\boldsymbol{\alpha}_2=\begin{bmatrix}2\\0\end{bmatrix}$，且 $\boldsymbol{\alpha}_2=2\boldsymbol{\alpha}_1$，所以有 $2\boldsymbol{\alpha}_1-\boldsymbol{\alpha}_2=\boldsymbol{O}$，$\boldsymbol{O}$ 向量表成 $\boldsymbol{\alpha}_1,\boldsymbol{\alpha}_2$ 的另外一种线性组合. 具有这种性质的向量组称为线性相关的向量组. 下面给出定义.

定义 3　对于向量组 $\boldsymbol{\alpha}_1,\boldsymbol{\alpha}_2,\cdots,\boldsymbol{\alpha}_s$，若存在 s 个不全为 0 的数 $k_1,k_2,\cdots,k_s$ 使得

$$k_1\boldsymbol{\alpha}_1+k_2\boldsymbol{\alpha}_2+\cdots+k_s\boldsymbol{\alpha}_s=\boldsymbol{O}\cdots\cdots\cdots\cdots\cdots\cdots(2)$$

则称向量组 $\boldsymbol{\alpha}_1,\boldsymbol{\alpha}_2,\cdots,\boldsymbol{\alpha}_s$ **线性相关**；否则，称向量组 $\boldsymbol{\alpha}_1,\boldsymbol{\alpha}_2,\cdots,\boldsymbol{\alpha}_s$ **线性无关**.

例 4　试证：任一包含 $\boldsymbol{O}$ 向量的向量组都是线性相关的.

证　设 $\boldsymbol{O},\boldsymbol{\alpha}_1,\boldsymbol{\alpha}_2,\cdots,\boldsymbol{\alpha}_s$ 是包含 $\boldsymbol{O}$ 向量的向量组，取 $\boldsymbol{O}$ 向量的组合系数为 1，其余向量的组合系数均为 0，则有

$$\boldsymbol{O}=1\boldsymbol{O}+0\boldsymbol{\alpha}_1+0\boldsymbol{\alpha}_2+\cdots+0\boldsymbol{\alpha}_s,$$

由于组合系数不全为 0，所以 $\boldsymbol{O},\boldsymbol{\alpha}_1,\boldsymbol{\alpha}_2,\cdots,\boldsymbol{\alpha}_s$ 线性相关.

注意　定义 3 常用于判别一个向量组是否线性相关. 如果一个向量组不线性相关，则一定线性无关，而线性无关的向量组的特点是：只有组合系数全为 0 时，才是 $\boldsymbol{O}$ 向量的线性组合. 除此之外，$\boldsymbol{O}$ 向量不再有其他的线性组合. 因此，下面的定义 3′是与定义 3 等价的另一种说法，它在判别一个向量组线性无关性时更有用.

定义 3′　对于向量组 $\boldsymbol{\alpha}_1,\boldsymbol{\alpha}_2,\cdots,\boldsymbol{\alpha}_s$，如果

$$k_1\boldsymbol{\alpha}_1+k_2\boldsymbol{\alpha}_2+\cdots+k_s\boldsymbol{\alpha}_s=\boldsymbol{O},$$

就必有 $k_1=k_2=\cdots=k_s=0$，则称向量组 $\boldsymbol{\alpha}_1,\boldsymbol{\alpha}_2,\cdots,\boldsymbol{\alpha}_s$ **线性无关**；否则，称向量组 $\boldsymbol{\alpha}_1,\boldsymbol{\alpha}_2,\cdots,\boldsymbol{\alpha}_s$ **线性相关**.

思考题　一个向量可以构成向量组吗？一个向量可以考虑它的线性相关性问题吗？两个向量构成的向量组线性相关性如何判别？

例 5　试证向量组 $\boldsymbol{e}_1=\begin{bmatrix}1\\0\\0\\0\end{bmatrix}$，$\boldsymbol{e}_2=\begin{bmatrix}0\\1\\0\\0\end{bmatrix}$，$\boldsymbol{e}_3=\begin{bmatrix}0\\0\\1\\0\end{bmatrix}$，$\boldsymbol{e}_4=\begin{bmatrix}0\\0\\0\\1\end{bmatrix}$是线性无关的.

证　如果存在一组数 k_1,k_2,k_3,k_4 使得 $k_1\boldsymbol{e}_1+k_2\boldsymbol{e}_2+k_3\boldsymbol{e}_3+k_4\boldsymbol{e}_4=\boldsymbol{O}$，即

$$k_1\begin{bmatrix}1\\0\\0\\0\end{bmatrix}+k_2\begin{bmatrix}0\\1\\0\\0\end{bmatrix}+k_3\begin{bmatrix}0\\0\\1\\0\end{bmatrix}+k_4\begin{bmatrix}0\\0\\0\\1\end{bmatrix}=\begin{bmatrix}0\\0\\0\\0\end{bmatrix},$$

由此得到唯一解 $k_1=k_2=k_3=k_4=0$，由定义 3′，e_1，e_2，e_3，e_4 线性无关.

以后总用 e_i 表示第 i 个分量为 1，其余分量为 0 的向量. 显然，n 维向量 $\boldsymbol{e}_1$，$\boldsymbol{e}_2$，…，$\boldsymbol{e}_n$ 线性无关.

例 6 设向量组 $\boldsymbol{\alpha}_1$，$\boldsymbol{\alpha}_2$，$\boldsymbol{\alpha}_3$ 线性无关，证明：向量组 $\boldsymbol{\alpha}_1+\boldsymbol{\alpha}_2$，$\boldsymbol{\alpha}_2+\boldsymbol{\alpha}_3$，$\boldsymbol{\alpha}_3+\boldsymbol{\alpha}_1$ 也线性无关.

证 设存在一组数 k_1，k_2，k_3 使得

$$k_1(\boldsymbol{\alpha}_1+\boldsymbol{\alpha}_2)+k_2(\boldsymbol{\alpha}_2+\boldsymbol{\alpha}_3)+k_3(\boldsymbol{\alpha}_3+\boldsymbol{\alpha}_1)=\boldsymbol{O},$$

即

$$(k_1+k_3)\boldsymbol{\alpha}_1+(k_1+k_2)\boldsymbol{\alpha}_2+(k_2+k_3)\boldsymbol{\alpha}_3=\boldsymbol{O},$$

由于 $\boldsymbol{\alpha}_1$，$\boldsymbol{\alpha}_2$，$\boldsymbol{\alpha}_3$ 线性无关，所以有

$$\begin{cases} k_1+k_3=0 \\ k_1+k_2=0 \\ k_2+k_3=0 \end{cases},$$

易知方程组有唯一零解，$k_1=k_2=k_3=0$，所以 $\boldsymbol{\alpha}_1+\boldsymbol{\alpha}_2$，$\boldsymbol{\alpha}_2+\boldsymbol{\alpha}_3$，$\boldsymbol{\alpha}_3+\boldsymbol{\alpha}_1$ 线性无关.

若把定义 3 中的(2)式视为以 $\boldsymbol{\alpha}_1$，$\boldsymbol{\alpha}_2$，…，$\boldsymbol{\alpha}_s$ 为系数向量、以 k_1，k_2，…，k_s 为未知量的齐次线性方程组，由定义 3 就可以得到下面的定理 2.

定理 2 对于向量组 $\boldsymbol{\alpha}_1$，$\boldsymbol{\alpha}_2$，…，$\boldsymbol{\alpha}_s$，若齐次线性方程组

$$\boldsymbol{\alpha}_1x_1+\boldsymbol{\alpha}_2x_2+\cdots+\boldsymbol{\alpha}_sx_s=\boldsymbol{O} \cdots\cdots\cdots\cdots\cdots\cdots (3)$$

有非零解，则向量组 $\boldsymbol{\alpha}_1$，$\boldsymbol{\alpha}_2$，…，$\boldsymbol{\alpha}_s$ 线性相关；若齐次线性方程组(3)只有零解，则向量组 $\boldsymbol{\alpha}_1$，$\boldsymbol{\alpha}_2$，…，$\boldsymbol{\alpha}_s$ 线性无关.

把定理 2 与 §2.2 的定理 2 的推论(齐次线性方程组有非零解的充分必要条件)结合起来，就得到下面的定理 3.

定理 3 关于向量组 $\boldsymbol{\alpha}_1$，$\boldsymbol{\alpha}_2$，…，$\boldsymbol{\alpha}_s$，设矩阵 $\boldsymbol{A}=[\boldsymbol{\alpha}_1\ \boldsymbol{\alpha}_2 \cdots\ \boldsymbol{\alpha}_s]$. 若 $\mathrm{r}(\boldsymbol{A})=s$，则向量组 $\boldsymbol{\alpha}_1$，$\boldsymbol{\alpha}_2$，…，$\boldsymbol{\alpha}_s$ 线性无关；若 $\mathrm{r}(\boldsymbol{A})<s$，则向量组 $\boldsymbol{\alpha}_1$，$\boldsymbol{\alpha}_2$，…，$\boldsymbol{\alpha}_s$ 线性相关.

注意 定理 3 是通过向量组 $\boldsymbol{\alpha}_1$，$\boldsymbol{\alpha}_2$，…，$\boldsymbol{\alpha}_s$ 组成的矩阵的秩与该向量组中向量个数的比较进行判断的.

由于一个矩阵的秩不会大于矩阵的行数. 因此有下面的重要推论.

推论 向量的个数超过 n 的 n 维向量组一定线性相关.

注意 对给出具体分量的向量组，利用上述定理 2、定理 3 及推论可以判别其线性相关性. 其方法是：将向量组写成矩阵 $\boldsymbol{A}=[\boldsymbol{\alpha}_1\ \boldsymbol{\alpha}_2 \cdots\ \boldsymbol{\alpha}_s]$，利用初等行变换将 $\boldsymbol{A}$ 化成阶梯阵，求出 $\mathrm{r}(\boldsymbol{A})$，从而判别向量组的线性相关性.

例 7 判断下列向量组的线性相关性：

(1) $\boldsymbol{\alpha}_1=\begin{bmatrix}1\\0\\2\\3\end{bmatrix}$，$\boldsymbol{\alpha}_2=\begin{bmatrix}2\\1\\-1\\1\end{bmatrix}$，$\boldsymbol{\alpha}_3=\begin{bmatrix}1\\4\\1\\2\end{bmatrix}$；

(2) $\boldsymbol{\alpha}_1=\begin{bmatrix}2\\3\\1\\4\end{bmatrix}$, $\boldsymbol{\alpha}_2=\begin{bmatrix}1\\2\\0\\-1\end{bmatrix}$, $\boldsymbol{\alpha}_3=\begin{bmatrix}0\\1\\0\\-2\end{bmatrix}$, $\boldsymbol{\alpha}_4=\begin{bmatrix}1\\2\\3\\11\end{bmatrix}$;

(3) $\boldsymbol{\alpha}_1=\begin{bmatrix}1\\-2\\3\\4\end{bmatrix}$, $\boldsymbol{\alpha}_2=[1]$, $\boldsymbol{\alpha}_3=\begin{bmatrix}4\\7\\5\\3\end{bmatrix}$, $\boldsymbol{\alpha}_4=\begin{bmatrix}1\\6\\-7\\8\end{bmatrix}$, $\boldsymbol{\alpha}_5=\begin{bmatrix}-4\\5\\6\\7\end{bmatrix}$.

解　(1) $\boldsymbol{A}=[\boldsymbol{\alpha}_1\boldsymbol{\alpha}_2\boldsymbol{\alpha}_3]=\begin{bmatrix}1&2&1\\0&1&4\\2&-1&1\\3&1&2\end{bmatrix}\xrightarrow[④+①\times(-3)]{③+①\times(-2)}\begin{bmatrix}1&2&1\\0&1&4\\0&-5&-1\\0&-5&-1\end{bmatrix}$

$$\xrightarrow[③+②\times5]{④+②\times5}\begin{bmatrix}1&2&1\\0&1&4\\0&0&19\\0&0&19\end{bmatrix}\xrightarrow{④+③\times(-1)}\begin{bmatrix}1&2&1\\0&1&4\\0&0&19\\0&0&0\end{bmatrix},$$

$\mathrm{r}(\boldsymbol{A})=3=s$，所以，$\boldsymbol{\alpha}_1$，$\boldsymbol{\alpha}_2$，$\boldsymbol{\alpha}_3$ 线性无关.

(2) $\boldsymbol{A}=[\boldsymbol{\alpha}_1\boldsymbol{\alpha}_2\boldsymbol{\alpha}_3\boldsymbol{\alpha}_4]=\begin{bmatrix}2&1&0&1\\3&2&1&2\\1&0&0&3\\4&-1&-2&11\end{bmatrix}\xrightarrow{(①,③)}\begin{bmatrix}1&0&0&3\\3&2&1&2\\2&1&0&1\\4&-1&-2&11\end{bmatrix}$

$$\xrightarrow[\substack{③+①\times(-2)\\④+①\times(-4)}]{②+①\times(-3)}\begin{bmatrix}1&0&0&3\\0&2&1&-7\\0&1&0&-5\\0&-1&-2&-1\end{bmatrix}\xrightarrow{(②,③)}\begin{bmatrix}1&0&0&3\\0&1&0&-5\\0&2&1&-7\\0&-1&-2&-1\end{bmatrix}$$

$$\xrightarrow[③+②\times(-2)]{④+②}\begin{bmatrix}1&0&0&3\\0&1&0&-5\\0&0&1&3\\0&0&-2&-6\end{bmatrix}\xrightarrow{④+③\times2}\begin{bmatrix}1&0&0&3\\0&1&0&-5\\0&0&1&3\\0&0&0&0\end{bmatrix},$$

$\mathrm{r}(\boldsymbol{A})=3$，$s=4$，$\mathrm{r}(\boldsymbol{A})<s$，所以 $\boldsymbol{\alpha}_1$，$\boldsymbol{\alpha}_2$，$\boldsymbol{\alpha}_3$，$\boldsymbol{\alpha}_4$ 线性相关.

(3) $\boldsymbol{\alpha}_1$，$\boldsymbol{\alpha}_2$，$\boldsymbol{\alpha}_3$，$\boldsymbol{\alpha}_4$，$\boldsymbol{\alpha}_5$ 是 5 个 4 维向量，由定理 3 的推论，该向量组一定线性相关.

以上从一个向量组是否有系数不全为 0 的线性组合等于 $\boldsymbol{O}$ 向量这个角度，把向量组分成了线性相关和线性无关两种类型. 下面的定理和推论可以从向量与向量之间的关系进一步揭示两类向量组的区别.

定理 4　向量组 $\boldsymbol{\alpha}_1$，$\boldsymbol{\alpha}_2$，…，$\boldsymbol{\alpha}_s$ $(s\geqslant2)$ 线性相关的充分必要条件是：至少有一个向量可由其余向量线性表出.

证 必要性：已知向量组 $\boldsymbol{\alpha}_1, \boldsymbol{\alpha}_2, \cdots, \boldsymbol{\alpha}_s$ 线性相关，由定义 3 知，有一组不全为 0 的数 $k_1, k_2, \cdots, k_s$ 使得

$$k_1\boldsymbol{\alpha}_1+k_2\boldsymbol{\alpha}_2+\cdots+k_s\boldsymbol{\alpha}_s=\boldsymbol{O} \cdots\cdots\cdots\cdots\cdots\cdots(4)$$

不妨设 $k_i\neq 0$，由(4)式移项得

$$k_i\boldsymbol{\alpha}_i=-k_1\boldsymbol{\alpha}_1-k_2\boldsymbol{\alpha}_2-\cdots-k_{i-1}\boldsymbol{\alpha}_{i-1}-k_{i+1}\boldsymbol{\alpha}_{i+1}-\cdots-k_s\boldsymbol{\alpha}_s,$$

所以，

$$\boldsymbol{\alpha}_i=-\frac{k_1}{k_i}\boldsymbol{\alpha}_1-\frac{k_2}{k_i}\boldsymbol{\alpha}_2-\cdots-\frac{k_{i-1}}{k_i}\boldsymbol{\alpha}_{i-1}-\frac{k_{i+1}}{k_i}\boldsymbol{\alpha}_{i+1}-\cdots-\frac{k_s}{k_i}\boldsymbol{\alpha}_s,$$

这说明 $\boldsymbol{\alpha}_i$ 可以由其余向量线性表出.

充分性：已知向量组 $\boldsymbol{\alpha}_1, \boldsymbol{\alpha}_2, \cdots, \boldsymbol{\alpha}_s (s\geqslant 2)$ 中有一个向量 $\boldsymbol{\alpha}_i$ 可以由其余向量线性表出，即

$$\boldsymbol{\alpha}_i=l_1\boldsymbol{\alpha}_1+l_2\boldsymbol{\alpha}_2+\cdots+l_{i-1}\boldsymbol{\alpha}_{i-1}+l_{i+1}\boldsymbol{\alpha}_{i+1}+\cdots+l_s\boldsymbol{\alpha}_s,$$

移项得

$$l_1\boldsymbol{\alpha}_1+l_2\boldsymbol{\alpha}_2+\cdots+l_{i-1}\boldsymbol{\alpha}_{i-1}-\boldsymbol{\alpha}_i+l_{i+1}\boldsymbol{\alpha}_{i+1}+\cdots+l_s\boldsymbol{\alpha}_s=0,$$

因为系数 $l_1, l_2, \cdots, l_{i-1}, -1, l_{i+1}, \cdots, l_s$ 中至少有一个为 $-1\neq 0$，所以向量组 $\boldsymbol{\alpha}_1, \boldsymbol{\alpha}_2, \cdots, \boldsymbol{\alpha}_s$ 线性相关.

由定理 4 得到下面的推论.

推论 向量组 $\boldsymbol{\alpha}_1, \boldsymbol{\alpha}_2, \cdots, \boldsymbol{\alpha}_s (s\geqslant 2)$ 线性无关的充分必要条件是：其中每一个向量都不能由其余向量线性表出.

注意 为帮助读者理解向量线性相关性的概念，下面再给出几个线性相（无）关的重要结论，有兴趣的读者可以自己证明.

(1)若向量组的某一个部分组线性相关，则整个向量组也线性相关.

(2)线性无关的向量组的任何一个部分组也线性无关.

(3)设向量组 $\boldsymbol{\alpha}_1, \boldsymbol{\alpha}_2, \cdots, \boldsymbol{\alpha}_s$ 线性无关，而向量组 $\boldsymbol{\beta}, \boldsymbol{\alpha}_1, \boldsymbol{\alpha}_2, \cdots, \boldsymbol{\alpha}_s$ 线性相关，则 $\boldsymbol{\beta}$ 一定能表成 $\boldsymbol{\alpha}_1, \boldsymbol{\alpha}_2, \cdots, \boldsymbol{\alpha}_s$ 的线性组合.

(4)若向量组 $\boldsymbol{\alpha}_1, \boldsymbol{\alpha}_2, \cdots, \boldsymbol{\alpha}_s$ 中每个向量都是 $\boldsymbol{\beta}_1, \boldsymbol{\beta}_2, \cdots, \boldsymbol{\beta}_t$ 的线性组合，且 $t<s$，则 $\boldsymbol{\alpha}_1, \boldsymbol{\alpha}_2, \cdots, \boldsymbol{\alpha}_s$ 必线性相关.

(5)若 n 维向量组 $\boldsymbol{\alpha}_1, \boldsymbol{\alpha}_2, \cdots, \boldsymbol{\alpha}_s$ 线性无关，则在每个向量上再添加 m 个分量，得到 $m+n$ 维向量组 $\boldsymbol{\alpha}_1', \boldsymbol{\alpha}_2', \cdots, \boldsymbol{\alpha}_s'$ 也线性无关.

本节关键词

n 维向量　线性组合　线性表出　线性相关　线性无关

习题 2.3

1. 设向量 $\boldsymbol{\alpha}_1=\begin{bmatrix}1\\2\\5\\-1\end{bmatrix}$, $\boldsymbol{\alpha}_2=\begin{bmatrix}0\\4\\-1\\2\end{bmatrix}$, $\boldsymbol{\alpha}_3=\begin{bmatrix}-3\\-10\\0\\5\end{bmatrix}$，求分别以下列各组数为组合系数的 $\boldsymbol{\alpha}_1$，$\boldsymbol{\alpha}_2$，$\boldsymbol{\alpha}_3$ 的线性组合 $k_1\boldsymbol{\alpha}_1+k_2\boldsymbol{\alpha}_2+k_3\boldsymbol{\alpha}_3$：

(1) $k_1=2$, $k_2=-2$, $k_3=1$;　　(2) $k_1=0$, $k_2=0$, $k_3=0$;

(3) $k_1=x_1$, $k_2=x_2$, $k_3=x_3$.

2. 设 $\boldsymbol{\alpha}=\begin{bmatrix}6\\-1\\2\\3\end{bmatrix}$, $\boldsymbol{\beta}=\begin{bmatrix}-3\\4\\2\\1\end{bmatrix}$，求向量 $\boldsymbol{\gamma}$，使得 $2\boldsymbol{\alpha}+\boldsymbol{\gamma}=3\boldsymbol{\beta}$.

3. 判断下列向量 $\boldsymbol{\beta}$ 能否由向量组 $\boldsymbol{\alpha}_1$，$\boldsymbol{\alpha}_2$，$\boldsymbol{\alpha}_3$ 线性表出，若能，写出它的一种表出方式：

(1) $\boldsymbol{\beta}=\begin{bmatrix}8\\3\\-1\\-25\end{bmatrix}$, $\boldsymbol{\alpha}_1=\begin{bmatrix}-1\\3\\0\\-5\end{bmatrix}$, $\boldsymbol{\alpha}_2=\begin{bmatrix}2\\0\\7\\-3\end{bmatrix}$, $\boldsymbol{\alpha}_3=\begin{bmatrix}-4\\1\\-2\\6\end{bmatrix}$;

(2) $\boldsymbol{\beta}=\begin{bmatrix}-8\\-3\\7\\-10\end{bmatrix}$, $\boldsymbol{\alpha}_1=\begin{bmatrix}-2\\7\\1\\3\end{bmatrix}$, $\boldsymbol{\alpha}_2=\begin{bmatrix}3\\-5\\0\\-2\end{bmatrix}$, $\boldsymbol{\alpha}_3=\begin{bmatrix}-5\\-6\\3\\-1\end{bmatrix}$;

(3) $\boldsymbol{\beta}=\begin{bmatrix}2\\-30\\13\\-26\end{bmatrix}$, $\boldsymbol{\alpha}_1=\begin{bmatrix}3\\-5\\2\\-4\end{bmatrix}$, $\boldsymbol{\alpha}_2=\begin{bmatrix}-1\\7\\-3\\6\end{bmatrix}$, $\boldsymbol{\alpha}_3=\begin{bmatrix}3\\11\\-5\\10\end{bmatrix}$.

4. 试证：任一 4 维向量 $\boldsymbol{\beta}=\begin{bmatrix}a_1\\a_2\\a_3\\a_4\end{bmatrix}$ 都可以由向量组 $\boldsymbol{\alpha}_1=\begin{bmatrix}1\\0\\0\\0\end{bmatrix}$, $\boldsymbol{\alpha}_2=\begin{bmatrix}1\\1\\0\\0\end{bmatrix}$, $\boldsymbol{\alpha}_3=\begin{bmatrix}1\\1\\1\\0\end{bmatrix}$, $\boldsymbol{\alpha}_4=\begin{bmatrix}1\\1\\1\\1\end{bmatrix}$ 线性表出，并且表出方式只有一种，写出这种表出方式.

5. 设 $\boldsymbol{\beta}$ 可由 $\boldsymbol{\alpha}_1$，$\boldsymbol{\alpha}_2$，…，$\boldsymbol{\alpha}_s$ 线性表出，但不能由 $\boldsymbol{\alpha}_1$，$\boldsymbol{\alpha}_2$，…，$\boldsymbol{\alpha}_{s-1}$ 线性表出. 证明：$\boldsymbol{\alpha}_s$ 一定可由 $\boldsymbol{\beta}$，$\boldsymbol{\alpha}_1$，$\boldsymbol{\alpha}_2$，…，$\boldsymbol{\alpha}_{s-1}$ 线性表出.

6. 判别下列向量组的线性相关性：

(1) $\boldsymbol{\alpha}_1=\begin{bmatrix}1\\1\\1\end{bmatrix}$，$\boldsymbol{\alpha}_2=\begin{bmatrix}0\\2\\5\end{bmatrix}$，$\boldsymbol{\alpha}_3=\begin{bmatrix}1\\3\\6\end{bmatrix}$；

(2) $\boldsymbol{\alpha}_1=\begin{bmatrix}1\\-2\\4\\-8\end{bmatrix}$，$\boldsymbol{\alpha}_2=\begin{bmatrix}1\\3\\9\\27\end{bmatrix}$，$\boldsymbol{\alpha}_3=\begin{bmatrix}1\\40\\16\\64\end{bmatrix}$，$\boldsymbol{\alpha}_4=\begin{bmatrix}1\\-1\\1\\-1\end{bmatrix}$.

7. 证明：线性无关的向量组的任何部分组也是线性无关的.

8. 下列说法对吗？为什么？

(1) 向量组 $\boldsymbol{\alpha}_1$，$\boldsymbol{\alpha}_2$，…，$\boldsymbol{\alpha}_s$，如果有全为 0 的数 k_1，k_2，…，k_s 使得

$$k_1\boldsymbol{\alpha}_1+k_2\boldsymbol{\alpha}_2+\cdots+k_s\boldsymbol{\alpha}_s=\boldsymbol{O},$$

则 $\boldsymbol{\alpha}_1$，$\boldsymbol{\alpha}_2$，…，$\boldsymbol{\alpha}_s$ 线性无关.

(2) 若有一组不全为 0 的数 k_1，k_2，…，k_s 使得 $k_1\boldsymbol{\alpha}_1+k_2\boldsymbol{\alpha}_2+\cdots+k_s\boldsymbol{\alpha}_s\neq\boldsymbol{O}$，则 $\boldsymbol{\alpha}_1$，$\boldsymbol{\alpha}_2$，…，$\boldsymbol{\alpha}_s$ 线性无关.

(3) 若向量组 $\boldsymbol{\alpha}_1$，$\boldsymbol{\alpha}_2$，…，$\boldsymbol{\alpha}_s$ 线性相关，则其中每一个向量都可以由其余向量线性表出.

9. 若向量组 $\boldsymbol{\alpha}_1+\boldsymbol{\alpha}_2$，$\boldsymbol{\alpha}_2+\boldsymbol{\alpha}_3$，$\boldsymbol{\alpha}_3+\boldsymbol{\alpha}_1$ 线性无关，证明：向量组 $\boldsymbol{\alpha}_1$，$\boldsymbol{\alpha}_2$，$\boldsymbol{\alpha}_3$ 线性无关.

§2.4 极大无关组及向量组的秩

2.4.1 极大无关组及向量组的秩的概念

在日常生活中，每当我们遇到问题比较多的时候，总是希望在众多的问题中找出一部分有代表性的问题进行讨论，揭示问题的内在规律，最终解决所有问题. 我们在讨论某个向量组时，这个向量组中有可能含有很多（甚至可能有无穷多个）向量. 我们是否可以在这个向量组中找出尽可能少的一部分向量，通过这部分向量来反映整个向量组的结构呢？为此，我们需要引进极大无关组的概念.

定义 1 若向量组 $\boldsymbol{S}$ 中的部分向量组$\{\boldsymbol{\alpha}_1，\boldsymbol{\alpha}_2，\cdots，\boldsymbol{\alpha}_s\}$满足：

(1) $\boldsymbol{\alpha}_1$，$\boldsymbol{\alpha}_2$，…，$\boldsymbol{\alpha}_s$ 线性无关；

(2) $\boldsymbol{S}$ 中的每个向量都是 $\boldsymbol{\alpha}_1$，$\boldsymbol{\alpha}_2$，…，$\boldsymbol{\alpha}_s$ 的线性组合，

则称部分向量组$\{\boldsymbol{\alpha}_1，\boldsymbol{\alpha}_2，\cdots，\boldsymbol{\alpha}_s\}$为向量组 $\boldsymbol{S}$ 的一个**极大无关组**.

注意 定义 1 中"$\boldsymbol{\alpha}_1$，$\boldsymbol{\alpha}_2$，…，$\boldsymbol{\alpha}_s$ 线性无关"说明部分向量组$\{\boldsymbol{\alpha}_1，\boldsymbol{\alpha}_2，\cdots，\boldsymbol{\alpha}_s\}$中的向量尽可能地少；"$\boldsymbol{S}$ 中的每个向量都是 $\boldsymbol{\alpha}_1$，$\boldsymbol{\alpha}_2$，…，$\boldsymbol{\alpha}_s$ 的线性组合"说明$\{\boldsymbol{\alpha}_1，\boldsymbol{\alpha}_2，\cdots，\boldsymbol{\alpha}_s\}$确实能"代表"$\boldsymbol{S}$ 中的向量，可以反映 $\boldsymbol{S}$ 中向量的组成结构.

例 1 设向量组 $\boldsymbol{\alpha}_1=\begin{bmatrix}1\\0\end{bmatrix}$，$\boldsymbol{\alpha}_2=\begin{bmatrix}1\\1\end{bmatrix}$，$\boldsymbol{\alpha}_3=\begin{bmatrix}2\\4\end{bmatrix}$，显然 $\boldsymbol{\alpha}_1$，$\boldsymbol{\alpha}_2$ 线性无关，$\boldsymbol{\alpha}_1=1\boldsymbol{\alpha}_1+0\boldsymbol{\alpha}_2$，$\boldsymbol{\alpha}_2=0\boldsymbol{\alpha}_1+1\boldsymbol{\alpha}_2$，$\boldsymbol{\alpha}_3=(-2)\boldsymbol{\alpha}_1+4\boldsymbol{\alpha}_2$，$\boldsymbol{\alpha}_1$，$\boldsymbol{\alpha}_2$，$\boldsymbol{\alpha}_3$ 是 $\boldsymbol{\alpha}_1$，$\boldsymbol{\alpha}_2$ 的线性组合，从而，$\{\boldsymbol{\alpha}_1，\boldsymbol{\alpha}_2\}$是向量组 $\boldsymbol{\alpha}_1$，$\boldsymbol{\alpha}_2$，$\boldsymbol{\alpha}_3$ 的一个极大无关组.

例 2 设向量组 $\boldsymbol{\alpha}_1=\begin{bmatrix}1\\1\\1\\0\end{bmatrix}$，$\boldsymbol{\alpha}_2=\begin{bmatrix}1\\0\\1\\1\end{bmatrix}$，$\boldsymbol{\alpha}_3=\begin{bmatrix}3\\3\\3\\0\end{bmatrix}$，$\boldsymbol{\alpha}_4=\begin{bmatrix}4\\0\\4\\4\end{bmatrix}$，易知$\{\boldsymbol{\alpha}_1，\boldsymbol{\alpha}_2\}$线性无关

且为向量组 $\boldsymbol{\alpha}_1$，$\boldsymbol{\alpha}_2$，$\boldsymbol{\alpha}_3$，$\boldsymbol{\alpha}_4$ 的一个极大无关组，$\{\boldsymbol{\alpha}_1, \boldsymbol{\alpha}_4\}$，$\{\boldsymbol{\alpha}_2, \boldsymbol{\alpha}_3\}$和$\{\boldsymbol{\alpha}_3, \boldsymbol{\alpha}_4\}$也都是它的极大无关组，除此之外其他部分向量组都不是极大无关组. 如$\{\boldsymbol{\alpha}_1\}$，$\boldsymbol{\alpha}_1$ 线性无关，但 $\boldsymbol{\alpha}_2$ 不能由 $\boldsymbol{\alpha}_1$ 线性表出；$\boldsymbol{\alpha}_1$ 与 $\boldsymbol{\alpha}_3$ 线性相关，所以$\{\boldsymbol{\alpha}_1, \boldsymbol{\alpha}_3\}$及$\{\boldsymbol{\alpha}_1, \boldsymbol{\alpha}_2, \boldsymbol{\alpha}_3\}$都不能成为向量组 $\boldsymbol{\alpha}_1$，$\boldsymbol{\alpha}_2$，$\boldsymbol{\alpha}_3$，$\boldsymbol{\alpha}_4$ 的极大无关组.

通过上面两个例子可以注意到，一个向量组可以有多个极大无关组，但极大无关组中所含向量的个数却是相同的，这是一个规律. 有下面的定理 1.

定理 1 对于一个向量组，它所有极大无关组中所含向量的个数都是相同的.

由于个数超过 n 的 n 维向量组一定线性相关，所以任一极大无关组中所含向量的个数不会超过它的维数. 因此给出下面的定义.

定义 2 对于向量组 $\boldsymbol{S}$，其极大无关组中所含向量的个数称为**向量组的秩**.

向量组的秩是从该向量组中最多能找出线性无关向量的个数，它是反映向量组本质的概念之一.

2.4.2 向量组的秩及极大无关组的求法

对于给定的一个 n 维向量组 $\boldsymbol{\alpha}_1$，$\boldsymbol{\alpha}_2$，…，$\boldsymbol{\alpha}_s$，如何求出它的秩和极大无关组呢？

将 s 个 n 维向量 $\boldsymbol{\alpha}_1$，$\boldsymbol{\alpha}_2$，…，$\boldsymbol{\alpha}_s$ 排成一个 $n\times s$ 矩阵 $\boldsymbol{A}$，

$$\boldsymbol{A}=[\boldsymbol{\alpha}_1\ \boldsymbol{\alpha}_2 \cdots \boldsymbol{\alpha}_s].$$

对 $\boldsymbol{A}$ 进行初等行变换化成阶梯阵，阶梯阵主元所对应的矩阵 $\boldsymbol{A}$ 的列向量就构成向量组 $\boldsymbol{\alpha}_1$，$\boldsymbol{\alpha}_2$，…，$\boldsymbol{\alpha}_s$ 的一个极大无关组. 向量组 $\boldsymbol{\alpha}_1$，$\boldsymbol{\alpha}_2$，…，$\boldsymbol{\alpha}_s$ 的秩就等于矩阵 $\boldsymbol{A}$ 的秩，即

$$\mathrm{r}\begin{bmatrix}\boldsymbol{\alpha}_1 & \boldsymbol{\alpha}_2 & \cdots & \boldsymbol{\alpha}_s\end{bmatrix}=\mathrm{r}(\boldsymbol{A}).$$

（证明略）.

下面举例说明向量组的秩及极大无关组的求法.

例 3 设向量组 $\boldsymbol{\alpha}_1=\begin{bmatrix}1\\-1\\0\\0\end{bmatrix}$，$\boldsymbol{\alpha}_2=\begin{bmatrix}-1\\2\\1\\-1\end{bmatrix}$，$\boldsymbol{\alpha}_3=\begin{bmatrix}0\\1\\0\\1\end{bmatrix}$，$\boldsymbol{\alpha}_4=\begin{bmatrix}-1\\3\\3\\1\end{bmatrix}$，$\boldsymbol{\alpha}_5=\begin{bmatrix}-2\\6\\5\\1\end{bmatrix}$，求向量组的秩及一个极大无关组.

解 写出矩阵 $\boldsymbol{A}=[\boldsymbol{\alpha}_1\boldsymbol{\alpha}_2\boldsymbol{\alpha}_3\boldsymbol{\alpha}_4\boldsymbol{\alpha}_5]$，用初等行变换把 $\boldsymbol{A}$ 化成阶梯阵，即

$$\boldsymbol{A}=\begin{bmatrix}1&-1&0&-1&-2\\-1&2&1&3&6\\0&1&0&3&5\\0&-1&1&1&1\end{bmatrix}\xrightarrow{②+①}\begin{bmatrix}1&-1&0&-1&-2\\0&1&1&2&4\\0&1&0&3&5\\0&-1&1&1&1\end{bmatrix}$$

$$\xrightarrow[④+②]{③+②\times(-1)}\begin{bmatrix}1&-1&0&-1&-2\\0&1&1&2&4\\0&0&-1&1&1\\0&0&2&3&5\end{bmatrix}\xrightarrow{④+③\times 2}\begin{bmatrix}1&-1&0&-1&-2\\0&1&1&2&4\\0&0&-1&1&1\\0&0&0&5&7\end{bmatrix},$$

$\boldsymbol{A}$ 的阶梯阵有 4 个主元，分别在第 1，2，3，4 列，$r(\boldsymbol{A})=4$，所以 $r[\boldsymbol{\alpha}_1\boldsymbol{\alpha}_2\boldsymbol{\alpha}_3\boldsymbol{\alpha}_4\boldsymbol{\alpha}_5]=4$，且$\{\boldsymbol{\alpha}_1,\boldsymbol{\alpha}_2,\boldsymbol{\alpha}_3,\boldsymbol{\alpha}_4\}$构成一个极大无关组.

思考题 例 3 中$\{\boldsymbol{\alpha}_1,\boldsymbol{\alpha}_2,\boldsymbol{\alpha}_3,\boldsymbol{\alpha}_5\}$可以构成向量组 $\boldsymbol{\alpha}_1,\boldsymbol{\alpha}_2,\boldsymbol{\alpha}_3,\boldsymbol{\alpha}_4,\boldsymbol{\alpha}_5$ 的一个极大无关组吗？为什么？

例 4 设 $\boldsymbol{A}=[\boldsymbol{\alpha}_1\boldsymbol{\alpha}_2\boldsymbol{\alpha}_3\boldsymbol{\alpha}_4\boldsymbol{\alpha}_5]=\begin{bmatrix}1&1&2&0&1\\0&1&1&0&0\\1&0&1&1&2\\0&0&0&1&1\end{bmatrix}$，求以 $\boldsymbol{A}$ 的列为向量的向量组的一个极大无关组，并求出其余向量由此极大无关组线性表出的表达式.

解 将 $\boldsymbol{A}$ 进行初等行变换化成阶梯阵，

$$\boldsymbol{A}=\begin{bmatrix}1&1&2&0&1\\0&1&1&0&0\\1&0&1&1&2\\0&0&0&1&1\end{bmatrix}\xrightarrow{③+①\times(-1)}\begin{bmatrix}1&1&2&0&1\\0&1&1&0&0\\0&-1&-1&1&1\\0&0&0&1&1\end{bmatrix}$$

$$\xrightarrow{③+②}\begin{bmatrix}1&1&2&0&1\\0&1&1&0&0\\0&0&0&1&1\\0&0&0&1&1\end{bmatrix}\xrightarrow{④+③\times(-1)}\begin{bmatrix}1&1&2&0&1\\0&1&1&0&0\\0&0&0&1&1\\0&0&0&0&0\end{bmatrix},$$

$r(\boldsymbol{A})=3$，所以 $r[\boldsymbol{\alpha}_1\boldsymbol{\alpha}_2\boldsymbol{\alpha}_3\boldsymbol{\alpha}_4\boldsymbol{\alpha}_5]=3$. 主元在第 1，2，4 列上，所以$\{\boldsymbol{\alpha}_1,\boldsymbol{\alpha}_2,\boldsymbol{\alpha}_4\}$构成一个极大无关组. 为求出线性表达式，逐个求解方程组.

设 $l_1\boldsymbol{\alpha}_1+l_2\boldsymbol{\alpha}_2+l_4\boldsymbol{\alpha}_4=\boldsymbol{\alpha}_3$，将增广矩阵 $\overline{\boldsymbol{A}}_1$ 化成行简化的阶梯阵，

$$\overline{\boldsymbol{A}}_1=[\boldsymbol{\alpha}_1\quad\boldsymbol{\alpha}_2\quad\boldsymbol{\alpha}_4\quad\boldsymbol{\alpha}_3]=\begin{bmatrix}1&1&0&2\\0&1&0&1\\1&0&1&1\\0&0&1&0\end{bmatrix}\xrightarrow{③+①\times(-1)}\begin{bmatrix}1&1&0&2\\0&1&0&1\\0&-1&1&-1\\0&0&1&0\end{bmatrix}$$

$$\xrightarrow{③+②}\begin{bmatrix}1&1&0&2\\0&1&0&1\\0&0&1&0\\0&0&1&0\end{bmatrix}\xrightarrow[④+③\times(-1)]{①+②\times(-1)}\begin{bmatrix}1&0&0&1\\0&1&0&1\\0&0&1&0\\0&0&0&0\end{bmatrix},$$

解得 $l_1=l_2=1$，$l_4=0$，从而 $\boldsymbol{\alpha}_3=\boldsymbol{\alpha}_1+\boldsymbol{\alpha}_2$.

设 $k_1\boldsymbol{\alpha}_1+k_2\boldsymbol{\alpha}_2+k_4\boldsymbol{\alpha}_4=\boldsymbol{\alpha}_5$，将增广矩阵 $\overline{\boldsymbol{A}}_2$ 化成行简化的阶梯阵，

$$\overline{\boldsymbol{A}}_2=[\boldsymbol{\alpha}_1\quad\boldsymbol{\alpha}_2\quad\boldsymbol{\alpha}_4\quad\boldsymbol{\alpha}_5]=\begin{bmatrix}1&1&0&1\\0&1&0&0\\1&0&1&2\\0&0&1&1\end{bmatrix}\xrightarrow{③+①\times(-1)}\begin{bmatrix}1&1&0&1\\0&1&0&0\\0&-1&1&1\\0&0&1&1\end{bmatrix}$$

$$\xrightarrow[\text{③}+\text{②}]{\text{①}+\text{②}\times(-1)}\begin{bmatrix}1&0&0&1\\0&1&0&0\\0&0&1&1\\0&0&1&1\end{bmatrix}\xrightarrow{\text{④}+\text{③}\times(-1)}\begin{bmatrix}1&0&0&1\\0&1&0&0\\0&0&1&1\\0&0&0&0\end{bmatrix},$$

解得 $k_1=k_4=1$，$k_2=0$，从而 $\boldsymbol{\alpha}_5=\boldsymbol{\alpha}_1+\boldsymbol{\alpha}_4$.

定理 2　向量组中每一个向量由极大无关组线性表出的表达式是唯一确定的.

证　设$\{\boldsymbol{\alpha}_1,\boldsymbol{\alpha}_2,\cdots,\boldsymbol{\alpha}_s\}$为 $\boldsymbol{S}$ 的一个极大无关组，$\boldsymbol{\alpha}$ 为 $\boldsymbol{S}$ 中任一向量，假设

$$\boldsymbol{\alpha}=k_1\boldsymbol{\alpha}_1+k_2\boldsymbol{\alpha}_2+\cdots+k_s\boldsymbol{\alpha}_s$$

和

$$\boldsymbol{\alpha}=l_1\boldsymbol{\alpha}_1+l_2\boldsymbol{\alpha}_2+\cdots+l_s\boldsymbol{\alpha}_s,$$

两式相减，得到

$$\boldsymbol{O}=(k_1-l_1)\boldsymbol{\alpha}_1+(k_2-l_2)\boldsymbol{\alpha}_2+\cdots+(k_s-l_s)\boldsymbol{\alpha}_s.$$

由于$\{\boldsymbol{\alpha}_1,\boldsymbol{\alpha}_2,\cdots,\boldsymbol{\alpha}_s\}$线性无关，必有 $l_1-k_1=0$，$l_2-k_2=0$，…，$l_s-k_s=0$，即 $l_1=k_1$，$l_2=k_2$，…，$l_s=k_s$.

本节关键词

极大无关组　向量组的秩　向量组的秩及极大无关组的求法

习题 2.4

1. 求下列向量组的秩及一个极大无关组，并将其余向量用极大无关组线性表出：

(1) $\boldsymbol{\alpha}_1=\begin{bmatrix}6\\4\\1\\9\\2\end{bmatrix}$，$\boldsymbol{\alpha}_2=\begin{bmatrix}1\\0\\2\\3\\-4\end{bmatrix}$，$\boldsymbol{\alpha}_3=\begin{bmatrix}1\\4\\-9\\-6\\22\end{bmatrix}$，$\boldsymbol{\alpha}_4=\begin{bmatrix}7\\1\\0\\-1\\3\end{bmatrix}$；

(2) $\boldsymbol{\alpha}_1=\begin{bmatrix}1\\-1\\2\\4\end{bmatrix}$，$\boldsymbol{\alpha}_2=\begin{bmatrix}0\\3\\1\\2\end{bmatrix}$，$\boldsymbol{\alpha}_3=\begin{bmatrix}3\\0\\7\\14\end{bmatrix}$，$\boldsymbol{\alpha}_4=\begin{bmatrix}2\\1\\5\\6\end{bmatrix}$，$\boldsymbol{\alpha}_5=\begin{bmatrix}1\\-1\\2\\0\end{bmatrix}$；

(3) $\boldsymbol{\alpha}_1=\begin{bmatrix}1\\1\\1\end{bmatrix}$，$\boldsymbol{\alpha}_2=\begin{bmatrix}1\\1\\0\end{bmatrix}$，$\boldsymbol{\alpha}_3=\begin{bmatrix}1\\0\\0\end{bmatrix}$，$\boldsymbol{\alpha}_4=\begin{bmatrix}1\\2\\-3\end{bmatrix}$.

2. 设向量组 $\boldsymbol{\alpha}_1=\begin{bmatrix}1\\-1\\2\\0\end{bmatrix}$，$\boldsymbol{\alpha}_2=\begin{bmatrix}3\\2\\0\\-1\end{bmatrix}$，$\boldsymbol{\alpha}_3=\begin{bmatrix}1\\1\\0\\0\end{bmatrix}$，$\boldsymbol{\alpha}_4=\begin{bmatrix}1\\-1\\2\\0\end{bmatrix}$，$\boldsymbol{\alpha}_5=\begin{bmatrix}2\\5\\-1\\2\end{bmatrix}$，(1) 证

明：$\boldsymbol{\alpha}_1$，$\boldsymbol{\alpha}_5$ 线性无关；(2) 求 $\mathrm{r}(\boldsymbol{\alpha}_1\boldsymbol{\alpha}_2\boldsymbol{\alpha}_3\boldsymbol{\alpha}_4\boldsymbol{\alpha}_5)$；(3) 求包含向量 $\boldsymbol{\alpha}_1$，$\boldsymbol{\alpha}_5$ 的向量组的一个极大无关组.

§2.5 齐次线性方程组解的结构

在前面我们多次讨论过齐次线性方程组(**)即 $\boldsymbol{AX}=\boldsymbol{O}$ 的解的情况，在这一节要讨论 $\boldsymbol{AX}=\boldsymbol{O}$ 解的结构.

2.5.1 齐次线性方程组解的性质

性质 1 若 $\boldsymbol{\eta}_1$，$\boldsymbol{\eta}_2$ 为齐次线性方程组 $\boldsymbol{AX}=\boldsymbol{O}$ 的解，则 $\boldsymbol{\eta}_1+\boldsymbol{\eta}_2$ 仍为 $\boldsymbol{AX}=\boldsymbol{O}$ 的解.

证 由已知 $\boldsymbol{A\eta}_1=\boldsymbol{O}$, $\boldsymbol{A\eta}_2=\boldsymbol{O}$, $\boldsymbol{A}(\boldsymbol{\eta}_1+\boldsymbol{\eta}_2)=\boldsymbol{A\eta}_1+\boldsymbol{A\eta}_2=\boldsymbol{O}$, 所以 $\boldsymbol{\eta}_1+\boldsymbol{\eta}_2$ 是 $\boldsymbol{AX}=\boldsymbol{O}$ 的解.

性质 2 若 $\boldsymbol{\eta}$ 为齐次线性方程组 $\boldsymbol{AX}=\boldsymbol{O}$ 的解，则 $k\boldsymbol{\eta}$(k 为常数)仍为 $\boldsymbol{AX}=\boldsymbol{O}$ 的解.

证 由已知 $\boldsymbol{A\eta}=\boldsymbol{O}$, $\boldsymbol{A}(k\boldsymbol{\eta})=k(\boldsymbol{A\eta})=\boldsymbol{O}$, 所以 $k\boldsymbol{\eta}$ 是 $\boldsymbol{AX}=\boldsymbol{O}$ 的解.

由性质 1，2 可知，齐次线性方程组 $\boldsymbol{AX}=\boldsymbol{O}$ 解的线性组合仍为 $\boldsymbol{AX}=\boldsymbol{O}$ 的解，且所有这些解构成一个解向量组. 当 $\boldsymbol{AX}=\boldsymbol{O}$ 有非零解时，解向量组中有无穷多解.

思考题 是否可以在这无穷多解中找出有限多个解，且其他解都可以由它们线性表出呢?

为解决这个问题，下面给出基础解系的概念.

2.5.2 齐次线性方程组的基础解系及通解

定义 若齐次线性方程组 $\boldsymbol{AX}=\boldsymbol{O}$ 的有限个解向量 $\boldsymbol{\eta}_1$，$\boldsymbol{\eta}_2$，…，$\boldsymbol{\eta}_s$ 满足：

(1) $\boldsymbol{\eta}_1$，$\boldsymbol{\eta}_2$，…，$\boldsymbol{\eta}_s$ 线性无关；

(2) $\boldsymbol{AX}=\boldsymbol{O}$ 的任一解向量 $\boldsymbol{\eta}$ 都可以由 $\boldsymbol{\eta}_1$，$\boldsymbol{\eta}_2$，…，$\boldsymbol{\eta}_s$ 线性表出，

则称 $\boldsymbol{\eta}_1$，$\boldsymbol{\eta}_2$，…，$\boldsymbol{\eta}_s$ 为 $\boldsymbol{AX}=\boldsymbol{O}$ 的一个**基础解系**.

由定义不难看出，基础解系就是解向量组的一个极大无关组，且基础解系不是唯一的. 当 $\mathrm{r}(\boldsymbol{A})=r<n$ (n 为未知量的个数) 时，$\boldsymbol{AX}=\boldsymbol{O}$ 有 r 个基本元，有 $n-r$ 个自由元，$\boldsymbol{AX}=\boldsymbol{O}$ 有无穷多个非零解，也一定存在基础解系. 因此有下面的定理 1.

定理 若齐次线性方程组 $\boldsymbol{A}_{m\times n}\boldsymbol{X}=\boldsymbol{O}$ 的 $\mathrm{r}(\boldsymbol{A})=r<n$ (n 为未知量的个数)，则它一定有基础解系，每个基础解系中包含 $n-r$ 个解向量 (证明略).

如何求 $\boldsymbol{AX}=\boldsymbol{O}$ 的基础解系呢? 下面给出求基础解系的一般步骤：

(1) 把 $\boldsymbol{AX}=\boldsymbol{O}$ 的系数矩阵 $\boldsymbol{A}$ 经过初等行变换化成行简化的阶梯阵；

(2) 把行简化的阶梯阵的主元所对应的未知量确定为基本元，其余未知量为自由元，得到方程组的一般解；

(3) 分别令一个自由元为 1，其余自由元全为 0，依次得到 $n-r$ 个解向量，这 $n-r$ 个解向量就构成 $\boldsymbol{AX}=\boldsymbol{O}$ 的一个基础解系 (证明从略).

例 1 求齐次线性方程组 $\begin{cases} x_1+x_2+x_3+x_4+x_5=0 \\ 3x_1+2x_2+x_3+x_4-3x_5=0 \\ x_2+2x_3+2x_4+6x_5=0 \\ 5x_1+4x_2+2x_3+3x_4-x_5=0 \end{cases}$ 的一个基础解系.

解 (1) 先将系数矩阵 $\boldsymbol{A}$ 化成行简化的阶梯阵，

$$\boldsymbol{A}=\begin{bmatrix}1&1&1&1&1\\3&2&1&1&-3\\0&1&2&2&6\\5&4&2&3&-1\end{bmatrix}\xrightarrow[\text{②}+\text{①}\times(-3)]{\text{④}+\text{①}\times(-5)}\begin{bmatrix}1&1&1&1&1\\0&-1&-2&-2&-6\\0&1&2&2&6\\0&-1&-3&-2&-6\end{bmatrix}$$

$$\xrightarrow[\substack{\text{③}+\text{②}\\\text{④}+\text{②}\times(-1)}]{\text{①}+\text{②}}\begin{bmatrix}1&0&-1&-1&-5\\0&-1&-2&-2&-6\\0&0&0&0&0\\0&0&-1&0&0\end{bmatrix}\xrightarrow[\text{②}\times(-1)]{(\text{④},\text{③})}\begin{bmatrix}1&0&-1&-1&-5\\0&1&2&2&6\\0&0&-1&0&0\\0&0&0&0&0\end{bmatrix}$$

$$\xrightarrow{\text{③}\times(-1)}\begin{bmatrix}1&0&-1&-1&-5\\0&1&2&2&6\\0&0&1&0&0\\0&0&0&0&0\end{bmatrix}\xrightarrow[\text{②}+\text{③}\times(-2)]{\text{①}+\text{③}}\begin{bmatrix}1&0&0&-1&-5\\0&1&0&2&6\\0&0&1&0&0\\0&0&0&0&0\end{bmatrix};$$

(2) 取 x_1，x_2，x_3 为基本元，x_4，x_5 为自由元，得到一般解

$$\begin{cases}x_1=x_4+5x_5\\x_2=-2x_4-6x_5\\x_3=0\end{cases},\quad x_4,\ x_5\ \text{为自由元};$$

(3) 令 $x_4=1$，$x_5=0$，得 $x_1=1$，$x_2=-2$，$x_3=0$，即

$$\boldsymbol{\eta}_1=\begin{bmatrix}1\\-2\\0\\1\\0\end{bmatrix}=\begin{bmatrix}1&-2&0&1&0\end{bmatrix}';$$

再令 $x_4=0$，$x_5=1$，得 $x_1=5$，$x_2=-6$，$x_3=0$，即

$$\boldsymbol{\eta}_2=\begin{bmatrix}5\\-6\\0\\0\\1\end{bmatrix}=\begin{bmatrix}5&-6&0&0&1\end{bmatrix}',$$

这样$\{\boldsymbol{\eta}_1,\boldsymbol{\eta}_2\}$构成一个基础解系.

由本例可以看出，$\mathrm{r}(\boldsymbol{A})=3$，未知量的个数是 5，基础解系中含有解向量的个数是

$$n-\mathrm{r}(\boldsymbol{A})=5-3=2.$$

由基础解系的定义可知，$\boldsymbol{AX}=\boldsymbol{O}$ 的任一解都可以由基础解系中的解向量线性表出. 当组合系数 k_1，k_2，…，k_s 任意取值时，$k_1\boldsymbol{\eta}_1+k_2\boldsymbol{\eta}_2+\cdots+k_s\boldsymbol{\eta}_s$ 就是方程组 $\boldsymbol{AX}=\boldsymbol{O}$ 的**全部解**，也叫**通解**.

例 2 设$\boldsymbol{A}=\begin{bmatrix}1 & 3 & 3 & 2 & -1\\ 2 & 6 & 9 & 5 & 4\\ -1 & -3 & 3 & 1 & 13\\ 0 & 0 & -3 & 1 & -6\end{bmatrix}$，求$\boldsymbol{AX}=\boldsymbol{O}$的通解.

解 将系数矩阵$\boldsymbol{A}$经过初等行变换化成行简化的阶梯阵，

$$\boldsymbol{A}=\begin{bmatrix}1 & 3 & 3 & 2 & -1\\ 2 & 6 & 9 & 5 & 4\\ -1 & -3 & 3 & 1 & 13\\ 0 & 0 & -3 & 1 & -6\end{bmatrix}\xrightarrow[\text{②}+\text{①}\times(-2)]{\text{③}+\text{①}}\begin{bmatrix}1 & 3 & 3 & 2 & -1\\ 0 & 0 & 3 & 1 & 6\\ 0 & 0 & 6 & 3 & 12\\ 0 & 0 & -3 & 1 & -6\end{bmatrix}$$

$$\xrightarrow[\text{③}+\text{②}\times(-2)]{\text{④}+\text{②}}\begin{bmatrix}1 & 3 & 3 & 2 & -1\\ 0 & 0 & 3 & 1 & 6\\ 0 & 0 & 0 & 1 & 0\\ 0 & 0 & 0 & 2 & 0\end{bmatrix}\xrightarrow[\substack{\text{②}+\text{③}\times(-1)\\ \text{①}+\text{③}\times(-2)}]{\text{④}+\text{③}\times(-2)}\begin{bmatrix}1 & 3 & 3 & 0 & -1\\ 0 & 0 & 3 & 0 & 6\\ 0 & 0 & 0 & 1 & 0\\ 0 & 0 & 0 & 0 & 0\end{bmatrix}$$

$$\xrightarrow{\text{①}+\text{②}\times(-1)}\begin{bmatrix}1 & 3 & 0 & 0 & -7\\ 0 & 0 & 3 & 0 & 6\\ 0 & 0 & 0 & 1 & 0\\ 0 & 0 & 0 & 0 & 0\end{bmatrix}\xrightarrow{\text{②}\times\frac{1}{3}}\begin{bmatrix}1 & 3 & 0 & 0 & -7\\ 0 & 0 & 1 & 0 & 2\\ 0 & 0 & 0 & 1 & 0\\ 0 & 0 & 0 & 0 & 0\end{bmatrix},$$

得到一般解为

$$\begin{cases}x_1=-3x_2+7x_5\\ x_3=-2x_5\\ x_4=0\end{cases}，\quad x_2，x_5\text{ 为自由元；}$$

令 $x_2=1$，$x_5=0$，得到 $x_1=-3$，$x_3=0$，$x_4=0$，进而得到

$$\boldsymbol{\eta}_1=\begin{bmatrix}-3\\ 1\\ 0\\ 0\\ 0\end{bmatrix}=\begin{bmatrix}-3 & 1 & 0 & 0 & 0\end{bmatrix}'；$$

再令 $x_2=0$，$x_5=1$，得到 $x_1=7$，$x_3=-2$，$x_4=0$，得到

$$\boldsymbol{\eta}_2=\begin{bmatrix}7\\ 0\\ -2\\ 0\\ 1\end{bmatrix}=\begin{bmatrix}7 & 0 & -2 & 0 & 1\end{bmatrix}',$$

$\{\boldsymbol{\eta}_1，\boldsymbol{\eta}_2\}$为一基础解系. 方程组的通解为

$\boldsymbol{X}=k_1\boldsymbol{\eta}_1+k_2\boldsymbol{\eta}_2$，　其中 k_1，k_2 为任意常数.

2.5.3　关于齐次线性方程组解的有关结论

至此，对齐次线性方程组解的结构及求法已完全清楚，下面将有关结论归纳如下：

(1) 当 $\boldsymbol{A}$ 为 $m\times n$ 矩阵时，$\boldsymbol{AX}=\boldsymbol{O}$ 只有零解的充分必要条件是：$\mathrm{r}(\boldsymbol{A})=n$；

(2) 当 $\boldsymbol{A}$ 为 $m\times n$ 矩阵时，$\boldsymbol{AX}=\boldsymbol{O}$ 有非零解的充分必要条件是：$\mathrm{r}(\boldsymbol{A})<n$；

(3) 当 $\boldsymbol{A}$ 为 n 阶方阵时，$\boldsymbol{AX}=\boldsymbol{O}$ 只有零解的充分必要条件是：$\mathrm{r}(\boldsymbol{A})=n$，也即 $|\boldsymbol{A}|\neq 0$；

(4) 当 $\boldsymbol{A}$ 为 n 阶方阵时，$\boldsymbol{AX}=\boldsymbol{O}$ 有非零解的充分必要条件是：$\mathrm{r}(\boldsymbol{A})<n$，也即 $|\boldsymbol{A}|=0$；

(5) 当 $\mathrm{r}(\boldsymbol{A})=r$ 时，方程组 $\boldsymbol{AX}=\boldsymbol{O}$ 有 r 个基本元，有 $n-r$ 个自由元；

(6) 当 $\boldsymbol{A}$ 为 $m\times n$ 矩阵，$\mathrm{r}(\boldsymbol{A})=r<n$ 时，方程组 $\boldsymbol{AX}=\boldsymbol{O}$ 的基础解系中含有 $n-r$ 个解向量 $\boldsymbol{\eta}_1$，$\boldsymbol{\eta}_2$，…，$\boldsymbol{\eta}_{n-r}$，$\boldsymbol{AX}=\boldsymbol{O}$ 的通解（或全部解）可以表示成它们的线性组合

$k_1\boldsymbol{\eta}_1+k_2\boldsymbol{\eta}_2+\cdots+k_{n-r}\boldsymbol{\eta}_{n-r}$，　其中 k_1，k_2，…，k_{n-r} 为任意常数.

本节关键词

齐次线性方程组解的性质　基础解系　齐次线性方程组的通解

习题 2.5

1. 求下列齐次线性方程组的一个基础解系和通解：

(1) $\begin{cases} x_1-x_2+5x_3-x_4=0 \\ x_1+x_2-2x_3+3x_4=0 \\ 3x_1-x_2+8x_3+x_4=0 \\ x_1+3x_2-9x_3+7x_4=0 \end{cases}$；　　(2) $\begin{cases} 2x_1-5x_2+x_3-3x_4=0 \\ -3x_1+4x_2-2x_3+x_4=0 \\ x_1+2x_2-x_3+3x_4=0 \\ -2x_1+15x_2-6x_3+13x_4=0 \end{cases}$.

2. 设 $\boldsymbol{AX}=\boldsymbol{O}$ 共有三个自由元：x_3，x_4，x_5. 若分别令其中的一个为 a，其余均为 0，所得的三个解向量能否构成基础解系？

§2.6　非齐次线性方程组解的结构

2.6.1　非齐次线性方程组解的性质

性质 1　若 $\boldsymbol{X}_1$，$\boldsymbol{X}_2$ 为非齐次线性方程组（∗）即 $\boldsymbol{AX}=\boldsymbol{B}$ 的解，则 $\boldsymbol{X}_1-\boldsymbol{X}_2$ 为 $\boldsymbol{AX}=\boldsymbol{O}$ 的解.

证　由已知 $\boldsymbol{AX}_1=\boldsymbol{B}$，$\boldsymbol{AX}_2=\boldsymbol{B}$，所以 $\boldsymbol{A}(\boldsymbol{X}_1-\boldsymbol{X}_2)=\boldsymbol{AX}_1-\boldsymbol{AX}_2=\boldsymbol{B}-\boldsymbol{B}=\boldsymbol{O}$，从而 $\boldsymbol{X}_1-\boldsymbol{X}_2$ 是 $\boldsymbol{AX}=\boldsymbol{O}$ 的解.

性质 2　若 $\boldsymbol{X}_0$ 为 $\boldsymbol{AX}=\boldsymbol{B}$ 的解，$\boldsymbol{\eta}$ 是 $\boldsymbol{AX}=\boldsymbol{O}$ 的解，则 $\boldsymbol{X}_0+\boldsymbol{\eta}$ 是 $\boldsymbol{AX}=\boldsymbol{B}$ 的解.

证　由已知 $\boldsymbol{AX}_0=\boldsymbol{B}$，$\boldsymbol{A\eta}=\boldsymbol{O}$，所以，$\boldsymbol{A}(\boldsymbol{X}_0+\boldsymbol{\eta})=\boldsymbol{AX}_0+\boldsymbol{A\eta}=\boldsymbol{B}+\boldsymbol{O}=\boldsymbol{B}$，从而 $\boldsymbol{X}_0+\boldsymbol{\eta}$ 是 $\boldsymbol{AX}=\boldsymbol{B}$ 的解.

注意　对于非齐次线性方程组，其解不像齐次线性方程组的解那样具有两条线性性质. 因为 $\boldsymbol{X}_1$，$\boldsymbol{X}_2$ 为 $\boldsymbol{AX}=\boldsymbol{B}$（$\boldsymbol{B}\neq\boldsymbol{O}$）的解时，

$$\boldsymbol{A}(\boldsymbol{X}_1+\boldsymbol{X}_2)=\boldsymbol{AX}_1+\boldsymbol{AX}_2=\boldsymbol{B}+\boldsymbol{B}=2\boldsymbol{B}\neq\boldsymbol{B}$$

$$\boldsymbol{A}(k\boldsymbol{X})=k(\boldsymbol{AX})=k\boldsymbol{B}\neq\boldsymbol{B}\ (k\neq1).$$

2.6.2 非齐次线性方程组解的结构及通解

由非齐次线性方程组解的性质1和性质2可以得到下面的定理.

定理 设 $\boldsymbol{X}_0$ 是非齐次线性方程组 $\boldsymbol{AX}=\boldsymbol{B}$ 的一个解，则它的任意一个解 $\boldsymbol{X}$ 都可以表示为 $\boldsymbol{X}_0$ 与其相应的齐次线性方程组 $\boldsymbol{AX}=\boldsymbol{O}$ 的某个解 $\boldsymbol{\eta}$ 的和，即

$$\boldsymbol{X}=\boldsymbol{X}_0+\boldsymbol{\eta}.$$

证 把 $\boldsymbol{AX}=\boldsymbol{B}$ 的解 $\boldsymbol{X}$ 表示成 $\boldsymbol{X}=\boldsymbol{X}_0+(\boldsymbol{X}-\boldsymbol{X}_0)$，令 $\boldsymbol{\eta}=\boldsymbol{X}-\boldsymbol{X}_0$. 由性质1，$\boldsymbol{\eta}$ 是 $\boldsymbol{AX}=\boldsymbol{O}$ 的解.

由于齐次线性方程组 $\boldsymbol{AX}=\boldsymbol{O}$ 的解都能表示成它的基础解系 $\boldsymbol{\eta}_1$，$\boldsymbol{\eta}_2$，…，$\boldsymbol{\eta}_{n-r}$ 的线性组合，上面的定理说明非齐次线性方程组 $\boldsymbol{AX}=\boldsymbol{B}$ 的每个解 $\boldsymbol{X}$ 都能表示成为

$$\boldsymbol{X}=\boldsymbol{X}_0+k_1\boldsymbol{\eta}_1+k_2\boldsymbol{\eta}_2+\cdots+k_{n-r}\boldsymbol{\eta}_{n-r},$$

其中 $\boldsymbol{X}_0$ 是 $\boldsymbol{AX}=\boldsymbol{B}$ 的一个任意找出的解，今后称 $\boldsymbol{X}_0$ 为 $\boldsymbol{AX}=\boldsymbol{B}$ 的**特解**. 反之，对于任意一组数 k_1，k_2，…，k_{n-r}，因为 $k_1\boldsymbol{\eta}_1+k_2\boldsymbol{\eta}_2+\cdots+k_{n-r}\boldsymbol{\eta}_{n-r}$ 是 $\boldsymbol{AX}=\boldsymbol{O}$ 的解，所以，由性质2，

$$\boldsymbol{X}=\boldsymbol{X}_0+k_1\boldsymbol{\eta}_1+k_2\boldsymbol{\eta}_2+\cdots+k_{n-r}\boldsymbol{\eta}_{n-r}$$

一定是 $\boldsymbol{AX}=\boldsymbol{B}$ 的解.

综上所述，非齐次线性方程组 $\boldsymbol{AX}=\boldsymbol{B}$ 的解的结构已经清楚了. 非齐次线性方程组的通解等于非齐次线性方程组的一个特解加上相应的齐次线性方程组 $\boldsymbol{AX}=\boldsymbol{O}$ 的通解.

下面将求非齐次线性方程组 $\boldsymbol{AX}=\boldsymbol{B}$ 通解的一般步骤归纳如下：

(1) 将增广矩阵 $\bar{\boldsymbol{A}}=\begin{bmatrix}\boldsymbol{A} & \boldsymbol{B}\end{bmatrix}$ 通过初等行变换化为行简化的阶梯阵.

(2) 当 $\mathrm{r}(\boldsymbol{A})=\mathrm{r}(\bar{\boldsymbol{A}})=r<n$ 时，把行简化的阶梯阵的主元所对应的未知量确定为基本元，其他未知量为自由元，得到方程组 $\boldsymbol{AX}=\boldsymbol{B}$ 的一般解.

(3) 令所有自由元为0，求得 $\boldsymbol{AX}=\boldsymbol{B}$ 的一个特解 $\boldsymbol{X}_0$.

(4) 将 $\boldsymbol{AX}=\boldsymbol{B}$ 一般解中的常数项去掉，得到 $\boldsymbol{AX}=\boldsymbol{O}$ 的一般解. 分别令一个自由元为1，其余自由元为0，得到相应于 $\boldsymbol{AX}=\boldsymbol{B}$ 的齐次线性方程组 $\boldsymbol{AX}=\boldsymbol{O}$ 的基础解系 $\boldsymbol{\eta}_1$，$\boldsymbol{\eta}_2$，…，$\boldsymbol{\eta}_{n-r}$.

(5) $\boldsymbol{AX}=\boldsymbol{B}$ 的特解 $\boldsymbol{X}_0$ 与 $\boldsymbol{AX}=\boldsymbol{O}$ 通解 $k_1\boldsymbol{\eta}_1+k_2\boldsymbol{\eta}_2+\cdots+k_{n-r}\boldsymbol{\eta}_{n-r}$ 之和，即

$$\boldsymbol{X}_0+k_1\boldsymbol{\eta}_1+k_2\boldsymbol{\eta}_2+\cdots+k_{n-r}\boldsymbol{\eta}_{n-r},\quad \text{其中 } k_1,\ k_2,\ \cdots,\ k_{n-r} \text{ 为任意常数}$$

为 $\boldsymbol{AX}=\boldsymbol{B}$ 的通解.

例1 求方程组 $\begin{cases}x_1+3x_2-x_3+2x_4-x_5=-4\\-3x_1+x_2+2x_3-5x_4-4x_5=-1\\2x_1-3x_2-x_3-x_4+x_5=4\\-4x_1+16x_2+x_3+3x_4-9x_5=-21\end{cases}$ 的通解.

解 将增广矩阵 $\bar{\boldsymbol{A}}$ 经过初等行变换化成行简化的阶梯阵，

$$\overline{\boldsymbol{A}}=\begin{bmatrix}1&3&-1&2&-1&-4\\-3&1&2&-5&-4&-1\\2&-3&-1&-1&1&4\\-4&16&1&3&-9&-21\end{bmatrix}$$

$$\xrightarrow[\text{④}+\text{①}\times 4]{\substack{\text{②}+\text{①}\times 3\\ \text{③}+\text{①}\times(-2)}}\begin{bmatrix}1&3&-1&2&-1&-4\\0&10&-1&1&-7&-13\\0&-9&1&-5&3&12\\0&28&-3&11&-13&-37\end{bmatrix}$$

$$\xrightarrow[\text{④}+\text{③}\times 3]{\text{②}+\text{③}}\begin{bmatrix}1&3&-1&2&-1&-4\\0&1&0&-4&-4&-1\\0&-9&1&-5&3&12\\0&1&0&-4&-4&-1\end{bmatrix}$$

$$\xrightarrow[\text{④}+\text{②}\times(-1)]{\text{③}+\text{②}\times 9}\begin{bmatrix}1&3&-1&2&-1&-4\\0&1&0&-4&-4&-1\\0&0&1&-41&-33&3\\0&0&0&0&0&0\end{bmatrix}$$

$$\xrightarrow{\text{①}+\text{③}}\begin{bmatrix}1&3&0&-39&-34&-1\\0&1&0&-4&-4&-1\\0&0&1&-41&-33&3\\0&0&0&0&0&0\end{bmatrix}$$

$$\xrightarrow{\text{①}+\text{②}\times(-3)}\begin{bmatrix}1&0&0&-27&-22&2\\0&1&0&-4&-4&-1\\0&0&1&-41&-33&3\\0&0&0&0&0&0\end{bmatrix},$$

$r(\overline{\boldsymbol{A}})=r(\boldsymbol{A})=3<5$，方程组有无穷多解．非齐次线性方程组的一般解为

$$\begin{cases}x_1=2+27x_4+22x_5\\x_2=-1+4x_4+4x_5\\x_3=3+41x_4+33x_5\end{cases}，\quad x_4，x_5\text{ 为自由元}．$$

令 $x_4=0$，$x_5=0$，得到 $x_1=2, x_2=-1$，$x_3=3$，进而得到非齐次线性方程组的一个特解

$$\boldsymbol{X}_0=\begin{bmatrix}2&-1&3&0&0\end{bmatrix}'.$$

再求相应的齐次线性方程组的基础解系．先将非齐次线性方程组的一般解中常数项去掉，得到齐次线性方程组的一般解为

$$\begin{cases}x_1=27x_4+22x_5\\x_2=4x_4+4x_5\\x_3=41x_4+33x_5\end{cases}，\quad \text{其中 } x_4，x_5\text{ 为自由元}．$$

令 $x_4=1$，$x_5=0$，得到 $x_1=27$，$x_2=4$，$x_3=41$，即 $\boldsymbol{\eta}_1=\begin{bmatrix}27 & 4 & 41 & 1 & 0\end{bmatrix}'$；再令 $x_4=0$，$x_5=1$，得到 $x_1=22$，$x_2=4$，$x_3=33$，即 $\boldsymbol{\eta}_2=\begin{bmatrix}22 & 4 & 33 & 0 & 1\end{bmatrix}'$. 于是所求方程组通解为

$$\boldsymbol{X}_0+k_1\boldsymbol{\eta}_1+k_2\boldsymbol{\eta}_2,\quad \text{其中 } k_1,\ k_2 \text{ 为任意常数.}$$

2.6.3 关于非齐次线性方程组解的有关结论

现将线性方程组(＊)即 $\boldsymbol{AX}=\boldsymbol{B}$ 有关解的所有结论归纳如下（设 $\bar{\boldsymbol{A}}=[\boldsymbol{A}\ \boldsymbol{B}]$）：

(1)$\boldsymbol{AX}=\boldsymbol{B}$ 有解的充分必要条件是 $\mathrm{r}(\boldsymbol{A})=\mathrm{r}(\bar{\boldsymbol{A}})=\mathrm{r}[\boldsymbol{A}\ \boldsymbol{B}]$.

(2)当 $\boldsymbol{A}$ 为 $m\times n$ 矩阵且 $\mathrm{r}(\boldsymbol{A})=\mathrm{r}(\bar{\boldsymbol{A}})=n$ 时，$\boldsymbol{AX}=\boldsymbol{B}$ 有唯一解.

(3) 当 $\boldsymbol{A}$ 为 $m\times n$ 矩阵且 $\mathrm{r}(\boldsymbol{A})=\mathrm{r}(\bar{\boldsymbol{A}})=r<n$ 时，$\boldsymbol{AX}=\boldsymbol{B}$ 有 $n-r$ 个自由元，因而有无穷多解.

(4) 当 $\boldsymbol{A}$ 为 n 阶方阵且 $\mathrm{r}(\boldsymbol{A})=n$，即 $|\boldsymbol{A}|\neq 0$ 时，$\boldsymbol{AX}=\boldsymbol{B}$ 有唯一解且 $x_j=\dfrac{|\boldsymbol{A}_j|}{|\boldsymbol{A}|}$ $(j=1,2,\cdots,n)$.

(5) 当 $\mathrm{r}(\boldsymbol{A})=\mathrm{r}(\bar{\boldsymbol{A}})=r<n$ 时，若 $\boldsymbol{X}_0$ 为 $\boldsymbol{AX}=\boldsymbol{B}$ 的一个特解，$\boldsymbol{\eta}_1$，$\boldsymbol{\eta}_2$，…，$\boldsymbol{\eta}_{n-r}$ 为相应的齐次线性方程组 $\boldsymbol{AX}=\boldsymbol{O}$ 的一个基础解系，则方程组 $\boldsymbol{AX}=\boldsymbol{B}$ 的全部解（也称为通解）为

$$\boldsymbol{X}_0+k_1\boldsymbol{\eta}_1+k_2\boldsymbol{\eta}_2+\cdots+k_{n-r}\boldsymbol{\eta}_{n-r},\quad \text{其中 } k_1,\ k_2,\ \cdots,\ k_{n-r} \text{ 为任意常数.}$$

本节关键词

非齐次线性方程组解的性质　非齐次线性方程组的通解

习题 2.6

1. 求下列线性方程组的通解：

(1) $\begin{cases}2x_1+7x_2+3x_3+x_4=6\\3x_1+5x_2+2x_3+2x_4=4\\9x_1+4x_2+x_3+7x_4=2\end{cases}$；　(2) $\begin{cases}4x_1+2x_2-x_3=2\\3x_1-x_2+2x_3=10\\11x_1+3x_2=8\end{cases}$；

(3) $\begin{cases}x_1+x_2+x_3+x_4+x_5=7\\3x_1+2x_2+x_3+x_4-3x_5=-2\\x_2+2x_3+2x_4+6x_5=23\\5x_1+4x_2+3x_3+3x_4-x_5=12\end{cases}$；　(4) $\begin{cases}2x+3y+z=4\\x-2y+4z=-5\\3x+8y-2z=13\\4x-y+9z=-6\end{cases}$.

2. 讨论 p，q 为何值时方程组 $\begin{cases}x_1+x_2+x_3+x_4+x_5=7\\3x_1+2x_2+x_3+x_4-3x_5=p\\x_2+2x_3+2x_4+6x_5=3\\5x_1+4x_2+3x_3+3x_4-x_5=q\end{cases}$ 有解、无解？有解时求其通解.

§2.7　MATLAB 数学实验

2.7.1　求矩阵的秩和向量组的秩

1. 命令函数

MATLAB 计算矩阵的秩和向量组的秩的函数是 rank( )，调用格式为：k=rank(A)，返回矩阵 $\boldsymbol{A}$ 的行（或列）向量中线性无关个数.

2. 范例

例 1　求矩阵 $\boldsymbol{A}=\begin{bmatrix} 0 & 16 & -7 & -5 & 5 \\ 1 & -5 & 2 & 1 & -1 \\ -1 & -11 & 5 & 4 & -4 \\ 2 & 6 & -3 & -3 & 7 \end{bmatrix}$的秩.

计算步骤：

(1) 在 Command Window 中输入下面命令，给矩阵 $\boldsymbol{A}$ 赋值：

```
>>A=[0 16 -7 -5 5; 1 -5 2 1 -1; -1 -11 5 4 -4; 2 6 -3 -3 7];
```

(2) 调用函数 k=rank( )，按回车键得到矩阵 $\boldsymbol{A}$ 的秩：

```
>>k=rank(A)
k =
        3
```

例 2　求向量组 $\boldsymbol{\alpha}_1=(1\ -2\ 2\ 3)$，$\boldsymbol{\alpha}_2=(-2\ 4\ -1\ 3)$，$\boldsymbol{\alpha}_3=(-1\ 2\ 0\ 3)$，$\boldsymbol{\alpha}_4=(0\ 6\ 2\ 3)$，$\boldsymbol{\alpha}_5=(2\ -6\ 3\ 4)$的秩.

计算步骤：

(1) 在 Command Window 中输入下面命令，给向量组对应的矩阵赋值：

```
>>A=[1 -2 2 3; -2 4 -1 3; -1 2 0 3; 0 6 2 3; 2 -6 3 4];
```

(2) 调用函数 k=rank( )，按回车键得到向量组的秩：

```
>> k=rank(A)
k=
        3
```

2.7.2　求线性方程组的解

1. 命令函数

线性方程组 $\boldsymbol{AX}=\boldsymbol{B}$ 在 MATLAB 软件中可用增广矩阵$[\boldsymbol{A}\ \boldsymbol{B}]$表示. 通过对增广矩阵用 rref( )命令函数进行初等行变换，就可以得到行简化阶梯形矩阵，由该行简化阶梯形矩阵就可写出线性方程组的解.

2. 范例

例 3　求解线性方程组$\begin{cases} x_1+x_2+x_3+2x_4=3 \\ 2x_1-x_2+3x_3+8x_4=8 \\ -3x_1+2x_2-x_3-9x_4=-5 \\ x_2-2x_3-3x_4=-4 \end{cases}$.

计算步骤：

(1) 在 Command Window 中输入下面命令，给增广矩阵赋值：

```
>>D=[1 1 1 2 3; 2 -1 3 8 8; -3 2 -1 -9 -5; 0 1 -2 -3 -4];
```

(2) 调用函数 rref( )，将增广矩阵化为与原方程组同解的行简化阶梯形矩阵：

```
>>rref(D)
ans=
    1  0  0   2  1
    0  1  0  -1  0
    0  0  1   1  2
    0  0  0   0  0
```

(3) 由得到的行简化阶梯形矩阵可以写出对应的方程组：

$$\begin{cases} x_1+2x_4=1 \\ x_2-x_4=0 \\ x_3+x_4=2 \end{cases},$$

将自由未知量移到等号的右边就可得到方程组的一般解：

$$\begin{cases} x_1=-2x_4+1 \\ x_2=x_4 \\ x_3+=-x_4+2 \end{cases}, x_4 \text{ 为自由未知量}.$$

例 4 求解齐次线性方程组 $\begin{cases} x_1+x_2+2x_3+x_4=0 \\ 2x_1+x_2-2x_3-2x_4=0. \\ x_1-x_2-4x_3-x_4=0 \end{cases}$

计算步骤：

(1) 在 Command Window 中输入下面命令：

```
>>A=[1 1 2 1 0; 2 1 -2 -2 0; 1 -1 -4 -1 0];
```

(2) 调用函数 rref(　)，按回车键，得到行简化阶梯形矩阵：

```
ans=
    1  0  0   1  0
    0  1  0  -2  0
    0  0  1   1  0
```

(3) 由行简化阶梯形矩阵写出对应的方程组：

$$\begin{cases} x_1+x_4=0 \\ x_2-2x_4=0 \\ x_3+x_4=0 \end{cases},$$

将自由未知量移到等号的右边，得到方程组的一般解：

$$\begin{cases} x_1=-x_4 \\ x_2=2x_4 \\ x_3=-x_4 \end{cases}.$$

现在回答本编“引子”中提出的问题.

例 5　一个城市有三个重要的企业：一座煤矿，一座发电厂和一条地方铁路. 开采 1 元钱的煤，煤矿必须支付铁路 0.20 元的运输费，支付发电厂 0.25 元的电费；而生产 1 元钱的电力，发电厂需支付煤矿 0.55 元的燃料费，自己还需要支付 0.05 元的电费来驱动辅助设备及支付铁路 0.15 元的运输费；地方铁路获得 1 元钱的运输费，需支付煤矿 0.40 元的燃料费，支付发电厂 0.30 元的电费来驱动其他的辅助设备. 某个星期内，煤矿从外面接到 50 000元煤的订货，发电厂从外面接到 25 000 元的电力订货，外界对地方铁路没有要求. 问这三个企业在这个星期内的生产总产值各为多少时才能精确地满足它们本身的需求和外界的要求？

解　各企业产出 1 元钱的产品所需要的费用如表 2—7—1 所示.

表 2—7—1

企业 / 产品费用	煤矿	发电厂	铁路
煤燃料费(元)	0	0.55	0.40
电力费(元)	0.25	0.05	0.30
运输费(元)	0.20	0.15	0

对于一个星期的周期，设 x_1 为煤矿总产值，x_2 为发电厂总产值，x_3 为铁路总产值，则有

煤的总消耗为 $0x_1+0.55x_2+0.40x_3$，

电力的总消耗为 $0.25x_1+0.05x_2+0.30x_3$，

运输的总消耗为 $0.20x_1+0.15x_2+0x_3$，

所以，

$$x_1-(0x_1+0.55x_2+0.40x_3)=50\,000,$$

$$x_2-(0.25x_1+0.05x_2+0.30x_3)=25\,000,$$

$$x_3-(0.20x_1+0.15x_2+0x_3)=0,$$

整理后得到方程组

$$\begin{cases} x_1-0.55x_2-0.40x_3=50\,000 \\ -0.25x_1+0.95x_2-0.30x_3=25\,000, \\ -0.20x_1-0.15x_2+x_3=0 \end{cases}$$

下面应用 MATLAB 计算出结果：

```
>>clear;
>>format short e;
>>A=[1 -0.55 -0.40 50000; -0.25 0.95 -0.30 25000; -0.20 -0.15 1 0];
>>rref(A)
ans=
    1.0000e+000             0             0    9.4017e+004
              0    1.0000e+000            0    5.9829e+004
              0             0    1.0000e+000   2.7778e+004
```

程序说明：

"format short e"表示5位科学计数法.

结果得到

$$\begin{cases}x_1=94\ 017\\x_2=59\ 829,\\x_3=27\ 778\end{cases}$$

即煤矿总产值为94 017元，发电厂总产值为59 829元，铁路总产值为27 778元.

知识考核点与典型试题举例

一、*n*维向量及线性相关性

1. n维向量的定义、线性组合、线性相关、线性无关的定义

例1 若n维向量组$\boldsymbol{\alpha}_1$，$\boldsymbol{\alpha}_2$，…，$\boldsymbol{\alpha}_s$是线性相关的，则存在一组(　　)的数k_1，k_2，…，k_s使得$k_1\boldsymbol{\alpha}_1+k_2\boldsymbol{\alpha}_2+\cdots+k_s\boldsymbol{\alpha}_s=\boldsymbol{O}$成立.

A. 全不为0　　B. 全部为0　　C. 不全为0　　D. 全大于0

2. 线性相关性的判别

例2 设向量组$\boldsymbol{\alpha}_1=\begin{bmatrix}1\\1\\1\end{bmatrix}$，$\boldsymbol{\alpha}_2=\begin{bmatrix}0\\1\\1\end{bmatrix}$，$\boldsymbol{\alpha}_3=\begin{bmatrix}1\\2\\k\end{bmatrix}$线性无关，则$k$________.

例3 设向量组$\begin{bmatrix}1\\1\\1\end{bmatrix}$，$\begin{bmatrix}1\\2\\3\end{bmatrix}$，$\begin{bmatrix}1\\0\\k\end{bmatrix}$线性相关，则$k=$________.

例4 设$\boldsymbol{\alpha}_i(i=1,2,\cdots,m(m>n))$是$n$维向量，向量组$\boldsymbol{\alpha}_1$，$\boldsymbol{\alpha}_2$，…，$\boldsymbol{\alpha}_n$，$\boldsymbol{\alpha}_{n+1}$是________(就相关性回答问题).

例5 下列命题正确的是(　　).

A. 向量组$\boldsymbol{\alpha}_1$，$\boldsymbol{\alpha}_2$，…，$\boldsymbol{\alpha}_s$是线性相关的充分必要条件是存在一组数k_1，k_2，…，k_s，使得$k_1\boldsymbol{\alpha}_1+k_2\boldsymbol{\alpha}_2+\cdots+k_s\boldsymbol{\alpha}_s=\boldsymbol{O}$成立.

B. 含有$\boldsymbol{O}$向量的向量组一定线性相关.

C. 单个向量一定线性相关.

D. 若向量组$\boldsymbol{\alpha}_1$，$\boldsymbol{\alpha}_2$，…，$\boldsymbol{\alpha}_s$是线性相关的，则齐次线性方程组$k_1\boldsymbol{\alpha}_1+k_2\boldsymbol{\alpha}_2+\cdots+k_s\boldsymbol{\alpha}_s=\boldsymbol{O}$只有零解.

例6 设有向量组$\boldsymbol{\alpha}_1$，$\boldsymbol{\alpha}_2$，…，$\boldsymbol{\alpha}_m$，如果$\boldsymbol{\alpha}_1$，$\boldsymbol{\alpha}_2$，…，$\boldsymbol{\alpha}_s(s<m)$线性相关，证明$\boldsymbol{\alpha}_1$，$\boldsymbol{\alpha}_2$，…，$\boldsymbol{\alpha}_m$必线性相关.

例7 试证：任一4维向量$\boldsymbol{\beta}=\begin{bmatrix}a_1\\a_2\\a_3\\a_4\end{bmatrix}$都可以由向量组$\boldsymbol{\alpha}_1=\begin{bmatrix}1\\0\\0\\0\end{bmatrix}$，$\boldsymbol{\alpha}_2=\begin{bmatrix}1\\1\\0\\0\end{bmatrix}$，$\boldsymbol{\alpha}_3=$

$\begin{bmatrix}1\\1\\1\\0\end{bmatrix}$，$\boldsymbol{\alpha}_4=\begin{bmatrix}1\\1\\1\\1\end{bmatrix}$线性表出，且表出方式唯一，写出这种表出方式.

二、向量组的秩及极大无关组

1. 向量组的秩

例 8　向量组 $\boldsymbol{\alpha}_1=\begin{bmatrix}1\\2\\3\end{bmatrix}$，$\boldsymbol{\alpha}_2=\begin{bmatrix}1\\1\\1\end{bmatrix}$，$\boldsymbol{\alpha}_3\begin{bmatrix}1\\0\\0\end{bmatrix}$，$\boldsymbol{\alpha}_4=\begin{bmatrix}0\\0\\1\end{bmatrix}$的秩为________.

2. 极大无关组

例 9　向量组 $\boldsymbol{\alpha}_1=\begin{bmatrix}1 & 2 & 3\end{bmatrix}'$，$\boldsymbol{\alpha}_2=\begin{bmatrix}1 & 1 & 2\end{bmatrix}'$，$\boldsymbol{\alpha}_3=\begin{bmatrix}0 & 1 & 1\end{bmatrix}'$，$\boldsymbol{\alpha}_4=\begin{bmatrix}2 & 5 & 7\end{bmatrix}'$的一个极大无关组可以取为(　　).

A. $\boldsymbol{\alpha}_1$　　B. $\boldsymbol{\alpha}_1$，$\boldsymbol{\alpha}_2$　　C. $\boldsymbol{\alpha}_1$，$\boldsymbol{\alpha}_2$，$\boldsymbol{\alpha}_3$　　D. $\boldsymbol{\alpha}_1$，$\boldsymbol{\alpha}_2$，$\boldsymbol{\alpha}_3$，$\boldsymbol{\alpha}_4$

例 10　设向量组 $\boldsymbol{\alpha}_1=\begin{bmatrix}1\\0\\1\\-1\end{bmatrix}$，$\boldsymbol{\alpha}_2=\begin{bmatrix}-1\\2\\1\\-1\end{bmatrix}$，$\boldsymbol{\alpha}_3=\begin{bmatrix}0\\1\\1\\-1\end{bmatrix}$，$\boldsymbol{\alpha}_4=\begin{bmatrix}-1\\3\\-2\\-2\end{bmatrix}$，求其一个极大无关组.

例 11　求向量组 $\boldsymbol{\alpha}_1=\begin{bmatrix}3\\1\\2\\5\\0\end{bmatrix}$，$\boldsymbol{\alpha}_2=\begin{bmatrix}1\\1\\1\\2\\-1\end{bmatrix}$，$\boldsymbol{\alpha}_3=\begin{bmatrix}2\\0\\1\\3\\0\end{bmatrix}$，$\boldsymbol{\alpha}_4=\begin{bmatrix}1\\-1\\0\\1\\2\end{bmatrix}$的秩及一个极大无关组.

三、线性方程组及其一般解

例 12　用消元法解得方程组$\begin{cases}x_1+2x_2-4x_3=1\\x_2+x_3=0\\-x_3=2\end{cases}$的解为(　　).

A. $[1，0，-2]'$　　B. $[-7，2，-2]'$

C. $[-11，2，-2]'$　　D. $[-11，-2，-2]'$

例 13　齐次线性方程组 $\boldsymbol{AX}=\boldsymbol{O}$ 的系数矩阵 $\boldsymbol{A}$ 经过初等行变换后得

$$\boldsymbol{A}\longrightarrow\begin{bmatrix}1 & 0 & 0 & 1\\0 & 1 & 2 & 3\\0 & 0 & 0 & k+1\end{bmatrix},$$

当 k ________时，方程组 $\boldsymbol{AX}=\boldsymbol{O}$ 的一般解只有一个自由元.

例 14　线性方程组 $\boldsymbol{AX}=\boldsymbol{B}$ 中，未知量的个数为 5，$\mathrm{r}(\boldsymbol{A})=\mathrm{r}[\boldsymbol{A}\ \boldsymbol{B}]=3$，则方程组的一般解中自由未知量的个数为________.

例 15 齐次线性方程组$\begin{cases} x_1-3x_2+3x_3=0 \\ 2x_1-5x_2+5x_3=0 \\ 3x_1-8x_2+\lambda x_3=0 \end{cases}$，$\lambda$ 为何值时，方程组有非零解？有非零解时，求出一般解.

例 16 设线性方程组$\begin{cases} 2x_1-x_2+x_3+x_4=1 \\ x_1+2x_2-x_3+4x_4=2 \\ x_1+7x_2-4x_3+11x_4=\lambda \end{cases}$，试问 λ 为何值时，方程组有解？有解时，求出一般解.

四、线性方程组相容性定理及解的情况讨论

1. 相容性定理

例 17 $\boldsymbol{A}$ 与 $\bar{\boldsymbol{A}}$ 分别代表一个线性方程组的系数矩阵和增广矩阵，若这个方程组有解，则(　　).

A. 秩($\boldsymbol{A}$)=秩($\bar{\boldsymbol{A}}$)　　B. 秩($\boldsymbol{A}$)<秩($\bar{\boldsymbol{A}}$)

C. 秩($\boldsymbol{A}$)>秩($\bar{\boldsymbol{A}}$)　　D. 秩($\boldsymbol{A}$)=秩($\bar{\boldsymbol{A}}$)−1

例 18 若某个线性方程组相应的齐次线性方程组只有零解，则该方程组(　　).

A. 可能无解　　B. 有唯一解

C. 有无穷多解　　D. 无解

2. 齐次线性方程组

例 19 齐次线性方程组 $\boldsymbol{A}_{n\times n}\boldsymbol{X}=\boldsymbol{O}$ 有非零解的充分必要条件是系数行列式$|\boldsymbol{A}|$ ________.

例 20 含有 n 个方程、n 个未知量的齐次线性方程组 $\boldsymbol{AX}=\boldsymbol{O}$ 只有零解的充分必要条件是________.

3. 非齐次线性方程组

例 21 线性方程组$\begin{cases} x_1+x_2-x_3=2 \\ x_1-x_2+x_3=2 \\ -x_1+x_2-x_3=0 \end{cases}$(　　).

A. 有唯一解　　B. 有一特解(1 1 0)′

C. 有无穷多解　　D. 无解

例 22 线性方程组 $\boldsymbol{A}_{m\times n}\boldsymbol{X}=\boldsymbol{B}$ ($m\geqslant n$) 有唯一解的充分必要条件是________.

例 23 设线性方程组$\begin{cases} 2x_1-x_2+3x_3=2 \\ x_1-3x_2+4x_3=1 \\ -x_1+2x_2+\lambda x_3=-3 \end{cases}$，当 λ 为何值时，该方程组有解？

例 24 若线性方程组 $\boldsymbol{AX}=\boldsymbol{B}$ 有唯一解，则相应的齐次线性方程组 $\boldsymbol{AX}=\boldsymbol{O}$ ________解.

五、线性方程组解的结构

1. 齐次线性方程组解的性质、基础解系、通解的结构及求法

例 25 设 $\boldsymbol{\eta}_1, \boldsymbol{\eta}_2, \cdots, \boldsymbol{\eta}_s$ 是线性方程组 $\boldsymbol{AX}=\boldsymbol{O}$ 的一个基础解系，则(　　).

A. $\boldsymbol{\eta}_1+\boldsymbol{\eta}_2+\cdots+\boldsymbol{\eta}_s$ 是 $\boldsymbol{AX}=\boldsymbol{O}$ 的通解

B. $\boldsymbol{\eta}_1+\boldsymbol{\eta}_2+\cdots+\boldsymbol{\eta}_s$ 只是 $\boldsymbol{AX}=\boldsymbol{O}$ 的一个解

C. $\boldsymbol{\eta}_1$，$\boldsymbol{\eta}_2$，…，$\boldsymbol{\eta}_s$ 中的任一向量均可用其余向量线性表出

D. $\boldsymbol{\eta}_1$，$\boldsymbol{\eta}_2$，…，$\boldsymbol{\eta}_s$ 中的某一个向量可以被其余向量线性表出

例 26　齐次线性方程组 $\boldsymbol{A}_{3\times5}\boldsymbol{X}_{5\times1}=\boldsymbol{O}$ 有非零解，且 $\mathrm{r}(\boldsymbol{A})=2$，则方程组的任一基础解系中所含向量的个数为________.

例 27　求齐次线性方程组 $\begin{cases} x_1-x_2+2x_3+3x_4-x_5=0 \\ 2x_1-x_2+4x_3+8x_4-7x_5=0 \\ 3x_1-x_2+6x_3+13x_4-13x_5=0 \\ x_1+2x_3+5x_4-6x_5=0 \end{cases}$ 的一个基础解系.

2. 非齐次线性方程组解的性质、特解、解的结构、通解

例 28　设 $\boldsymbol{X}_1$，$\boldsymbol{X}_2$ 都是线性方程组 $\boldsymbol{AX}=\boldsymbol{B}$ 的解，则(　　)仍是 $\boldsymbol{AX}=\boldsymbol{B}$ 的解.

A. $\boldsymbol{X}_1-\boldsymbol{X}_2$　　B. $\boldsymbol{X}_1+\boldsymbol{X}_2$　　C. $\frac{1}{2}\boldsymbol{X}_1+\frac{3}{2}\boldsymbol{X}_2$　　D. $\frac{3}{2}\boldsymbol{X}_2-\frac{1}{2}\boldsymbol{X}_1$

例 29　设线性方程组 $\boldsymbol{AX}=\boldsymbol{B}$ 的增广矩阵经过初等行变换后为

$$[\boldsymbol{A}\ \boldsymbol{B}]\longrightarrow\begin{bmatrix} 1 & -2 & 1 & 0 & 3 \\ 0 & 1 & 1 & 2 & 1 \\ 0 & 0 & 0 & 0 & 2\lambda+1 \end{bmatrix},$$

试问 λ 为何值时方程组有解？有解时，求出一个特解.

例 30　已知线性方程组 $\boldsymbol{AX}=\boldsymbol{B}$ 的增广矩阵经过初等行变换后

$$[\boldsymbol{A}\ \boldsymbol{B}]\longrightarrow\begin{bmatrix} 1 & 1 & 1 & 1 & 1 & 1 \\ 0 & -1 & 2 & 0 & 3 & -1 \\ 0 & 0 & 0 & 0 & 0 & 0 \\ 0 & 0 & 0 & 0 & 0 & 0 \end{bmatrix},$$

求方程组的通解.

例 31　设方程组 $\boldsymbol{AX}=\boldsymbol{B}$ 的一般解为 $\begin{cases} x_1=2x_2-3x_4+1 \\ x_3=x_4 \end{cases}$，其中 x_2，x_4 为自由元，求 $\boldsymbol{AX}=\boldsymbol{B}$ 的全部解.

例 32　求解线性方程组 $\begin{cases} x_1+2x_2+3x_3-x_4=0 \\ 2x_1+4x_2+5x_3-3x_4=-1 \\ -x_1-2x_2-3x_3+3x_4=8 \end{cases}$.

第二编　概率论

引　子

本编为概率论的内容. 与我们前面学习过的微积分和线性代数相比，概率论不仅是重要的数学分支，而且与我们的日常生活和现实工作密切相关. 著名数学家拉普拉斯说："生活中最重要的问题，其中绝大多数在实质上只是概率问题. " 概率论是"生活真正的领路人，如果没有对概率的某种估计，我们将寸步难移，无所作为 ".

在人类的社会生产、生活中，人们观察到的自然现象或社会现象大体可以分为两类：一类现象是事先可预言的自然现象或社会现象，在一定条件下它必然发生(或必然不发生). 例如，在标准大气压下，水加热到 100 ℃必然沸腾；同性电荷相斥，异性电荷相吸；三条直线满足一定条件必可以围成一个三角形，并且这个三角形有确定的面积可以求出；一个计算机网络上有信息和广告等，这类现象称为**必然现象**或**确定性现象**. 前面学过的一元函数微积分和线性代数等都是研究必然现象的数学工具. 另一类现象是事先不能预言的自然现象或社会现象. 在一定条件下，它可能发生这样的结果，也可能发生那样的结果，其结果呈现出偶然性. 这类现象在日常生活中非常多见. 例如，掷一枚均匀的硬币，掷前我们并不能断定它一定出现数字一面(以后称为正面)，还是出现国徽一面(以后称为反面)；每当我们走出学校大门到达第一个十字路口时，遇到的可能是红灯，也可能是绿灯，事先我们也不能确定；同一门大炮向同一目标发射炮弹，尽管经过瞄准，弹着点仍是在目标附近的各个位置上；计算机网络上某网站被访问的次数，某类产品的社会供求数量，某地区环境污染对该地区流行病的影响程度，购买彩票是否能够中奖，天气预报等，这类现象称为**随机现象**或**偶然现象**. 从表面上看，随机现象在个别试验或观察中似乎是不可捉摸的，呈现出不确定性. 但人们通过长期的观察和实践发现，随机现象在大量的试验中或重复观察下却呈现出一种特定的规律. 例如，多次重复掷一枚均匀的硬币就会发现"正面"出现的频率"接近" $\frac{1}{2}$，而且随着试验次数的增加，这种"接近"的精度会更高. 通常称这种规律为**随机现象的统计规律性**.

概率论产生于 17 世纪，本来是由保险事业的发展而产生的，但是来自赌博者的请求，却是数学家们思考概率论的一些特殊问题的源泉. 早在 1654 年，有一个赌徒梅累向当时的数学家帕斯卡提出一个使他苦恼了很久的问题："两个赌徒相约赌若干局，谁先赢 m 局就算获胜，全部赌本就归胜者. 但是，当其中一个人赢了 a ($a<m$) 局，另一个人赢了 b ($b<m$) 局的时候，赌博被迫终止. 问赌本应当如何分才合理?" 三年后，也就是 1657 年，荷兰著名的天文、物理兼数学家惠更斯企图自己解决这一问题，结果写成了《论机会游戏的计

算》一书，这就是最早的概率论著作.

近几十年来，概率论已经成为从数量方面研究和揭示随机现象统计规律性的一门数学学科. 数学工作者已经证明：客观世界中的许多随机现象各自服从着不同的概率模型，反映其特征的只是一些重要参数不同而已. 随着科技的蓬勃发展，概率论理论和方法的应用几乎遍及所有科学技术领域、工农业生产、国民经济的各个部门，也与我们的日常生活息息相关. 例如，各种彩票的发售，商场、超市的抽奖促销活动，天气预报，可靠性工程，自动控制等，许多兴起的应用数学，如信息论、对策论、排队论、控制论等，都是以概率论作为基础的. 通过本编的学习，我们可以揭示随机现象的内在统计规律性.

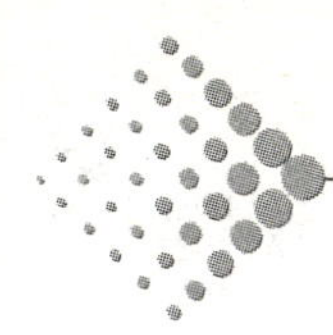

第3章

随机事件与概率

本章主要介绍随机事件及其概率，概率的性质及运算法则，古典概型，贝努里试验与二项概型等内容．由于我们研究的对象已由必然现象转变为随机现象，其思维方式和解决问题的方法也随之发生了一定的变化．因此，要求我们在学习上也应当尽快适应这种变化．

学习要求

1. 了解随机事件、频率、概率等概念，掌握随机事件间的关系与运算.
2. 了解概率的统计定义，掌握概率的基本性质.
3. 了解古典概型的条件，会求解较简单的古典概型问题.
4. 熟练掌握概率的加法公式和乘法公式，掌握条件概率和全概公式.
5. 理解事件独立性的概念，了解贝努里试验，掌握二项概型.

§3.1 随机事件

3.1.1 随机试验与随机事件

1. 随机试验

我们要研究随机现象，就需要对“随机现象”进行观测，这种观测过程称为**随机试验**，简称**试验**.

例如，掷一枚均匀的硬币，观察其出现正面、反面的情况；一名射击手进行射击，直到击中目标为止，观察其射击情况，它可能需要射击 1 次，2 次，…；记录某地一昼夜的最高温度（℃）和最低温度（℃）；等等，都是随机试验.

随机试验有以下特点：

(1) 试验可以在相同条件下重复进行 .

(2) 每次试验的结果不止一个，而且可以实现能明确的所有可能结果；这些结果可以是有限个，或可列无穷多个，或任意无穷多个 .

(3) 每次试验的结果都是事先不能确定的.

我们通过随机试验来观察随机现象，所关心的是在随机试验中某些试验结果是否出现和出现的可能性的大小. 这将在下面分别予以讨论.

2. 随机事件

在一定条件下，随机试验可能发生也可能不发生的每一个随机试验的结果称为**随机事件**，简称**事件**. 事件通常用大写英文字母 A，B，C，…来表示，所描述的含义通常用大括号表出.

在一个随机试验中，它的每一个可能出现的“单一”结果都是一个随机事件，它们是这个随机试验的最简单的随机事件，称为**基本事件**. 由一些“单一”结果组成的随机事件称为**复合事件**. 在一次试验中，如果出现的“单一”结果在某事件 A 中，则称**事件 A 在该次试验中发生了**，简称 **A 发生**；如果“单一”结果不在 A 中，称 **A 没有发生**.

例 1 掷一颗骰子，出现 1 点记为 A_1，出现 2 点记为 A_2，出现 i 点记为 A_i，即

$A_i=\{$出现 i 点$\}$，$i=1，2，3，4，5，6$，

$A=\{$出现偶数点$\}$，$B=\{$出现奇数点$\}$，$C=\{$出现的点数小于 4$\}$

都是在一次试验中可能发生也可能不发生的试验结果，因此，都是随机事件，且 $A_i(i=1，2，3，4，5，6)$ 都是基本事件，A，B，C 都不是基本事件，而是复合事件.

例 2 抛掷两枚硬币. 如果一枚硬币{出现正面朝上}记为 H，{出现反面朝上}记为 T. 那么，做一次试验可能出现下列事件之一：

$A=\{H\,H\}$，$B=\{H\,T\}$，$C=\{T\,T\}$，

由于没有考虑出现正（反）面的次序，$B=\{H\,T\}=\{T\,H\}$，所以 A，B，C 都是随机事件，且都是基本事件.

例 3 假设公共汽车的始发站每 5 分钟发出一辆汽车，乘客随机去沿线某一汽车站乘车，用 t（分钟）表示乘客到达车站后等候汽车的时间，记

$A=\{0\leqslant t\leqslant 2\}$，$B=\{0\leqslant t\leqslant 1.5\}$，$C=\{t=0\}$.

因为沿线上每一汽车站每 5 分钟就有一辆汽车通过，但乘客到达车站的时间不确定，所以等候的时间在 0～5 分钟之内都有可能发生，因此 A，B，C 都是随机事件.

有两个特殊事件：在一定条件下必然发生的事件称为**必然事件**，用 U 表示；在一定条件下不可能发生的事件称为**不可能事件**，用 $\varnothing$ 表示. 例如，在例 1 中，$D=\{$出现点数$\leqslant 6\}$ 就是必然事件；$E=\{$出现点数$>6\}$ 就是不可能事件. 又如：在一个袋子中，有形状、大小相同的 5 个球，其中 3 个白球，2 个红球，从中任取 3 个，$A=\{$有白球$\}$ 是必然事件，$B=\{$有黑球$\}$ 是不可能事件. 我们把必然事件和不可能事件都作为特殊的随机事件.

3.1.2 事件间的关系与运算

研究随机现象往往涉及多个随机事件，有比较简单的，也有比较复杂的. 运用事件间的关系和运算，可以用较简单的随机事件来研究较复杂的随机事件的规律性. 在中学我们

学过集合，事件与集合有相同的内涵，用集合的理论和方法，特别是借助于集合的文氏图进行直观说明，为掌握事件间的关系和运算提供了很多方便.

1. 事件的包含与相等

定义 1　如果事件 A 发生必导致事件 B 发生，那么称**事件 A 包含于事件 B**，或称**事件 B 包含事件 A**，记作 $A\subset B$.

若 $A\subset B$，则事件 A 发生，必有事件 B 发生，如图 3—1—1 所示.

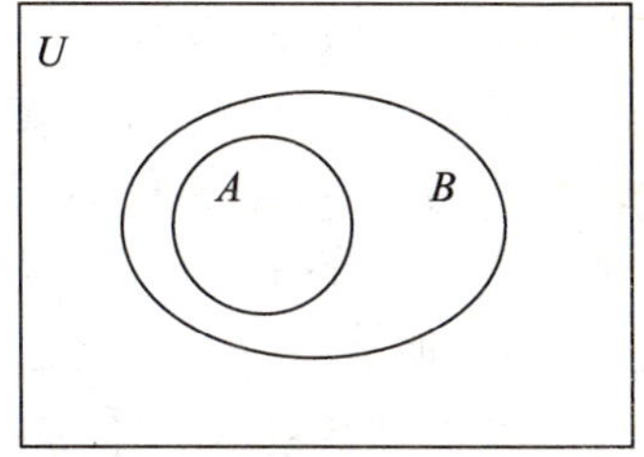

图 3—1—1

若事件 A 包含于事件 B，同时事件 B 又包含于事件 A，则称**事件 A 与 B 相等**(或称**等价**)，记作 $A=B$.

例 4　掷一颗骰子，记 $A=\{$出现 1 点$\}$，$B=\{$出现点数不超过 3$\}$，$C=\{$出现点数大于 6$\}$，$D=\{$出现偶数点$\}$，指出这些事件之间的关系.

解　由题设可知，若事件 A 发生，即出现 1 点，显然点数不超过 3，所以事件 B 必发生，即 $A\subset B$；由于一颗骰子只有 6 个点，且点数不大于 6，所以 $C=\varnothing$；事件 D 可以写成 $D=\{2, 4, 6\}$，显然 $D\not\subset A$，$A\not\subset D$.

A，B，C，D 四个事件有关系式 $C\subset A\subset B$，$C\subset D$.

思考题　某种电子元件出厂后，使用寿命为 T(年). 设 $A=\{T\leqslant 20\}$，$B=\{T\leqslant 35\}$，问 A 与 B 的关系如何?

2. 事件的和

定义 2　事件“A 或 B”称为**事件 A 与事件 B 的和**，记作 $A+B$ 或者 $A\cup B$.

若 $A+B$ 发生，即 A 或 B 发生，意味着 A，B 至少有一个发生，如图 3—1—2 阴影部分所示.

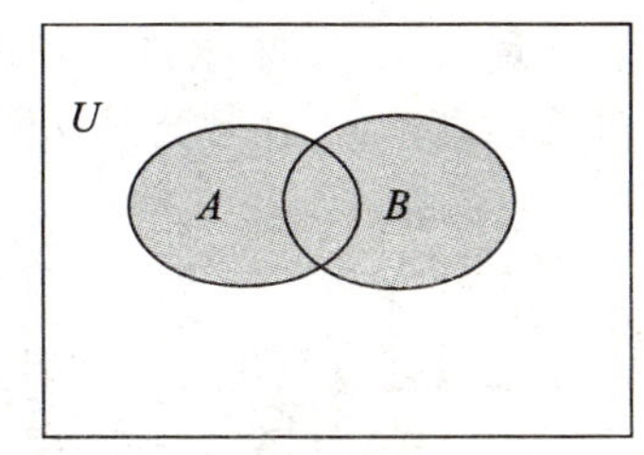

图 3—1—2

例 5　若袋中有大小、形状相同的 2 个白球，3 个红球，随机取出 2 个，设 $A=\{$有 1 个白球$\}$，$B=\{$有 2 个白球$\}$，$A+B=\{$有 1 个白球或有 2 个白球$\}$，因为只取 2 个球，且只有 2 个白球，所以 $A+B=\{$至少有 1 个白球$\}$.

思考题　以直径和长度两项指标衡量某零件是否合格，设 $A=\{$零件直径不合格$\}$，$B=\{$零件长度不合格$\}$，$E=\{$零件不合格$\}$. 若规定零件的直径或长度之一不合格就是不合格零件，如何用事件 A，B 表示事件 E？

3. 事件的积

定义 3　事件“A 且 B”称为**事件 A 与事件 B 的积**，记作 AB 或 $A\cap B$.

“A 且 B”发生意味着事件 A 和 B 都发生，如图 3—1—3 阴影部分所示.

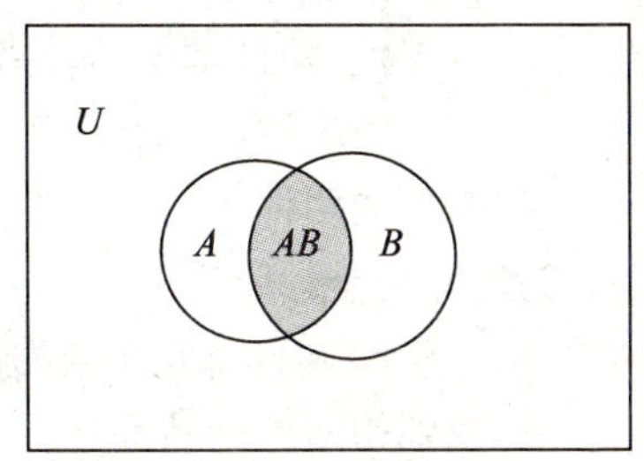

图 3—1—3

例 6　在一个盒子中，有大小、形状相同的 8 个球，每次随机取出一个球，设 $A=\{$第 1 次取到白球$\}$，$B=\{$第 2 次取到白球$\}$，$C=\{$两次都取到白球$\}$，试用 A，B 表示 C.

解　两次都取到白球意味着第 1 次、第 2 次取到的都是白球，所以 $C=AB$.

注意 事件的和与事件的积的概念可以推广到有限个或无穷多个事件的情形.

4. 互不相容事件

定义 4 如果事件 A 与 B 不能都发生，那么称**事件 A 与 B 互不相容，或称事件 A 与 B 互斥.**

事件 A 与 B 互不相容意味着：若事件 A 发生，则事件 B 不会发生；若事件 B 发生，则事件 A 不会发生，即事件 A 与 B 的积事件是不可能事件，即 $AB=\varnothing$，如图 3—1—4 所示.

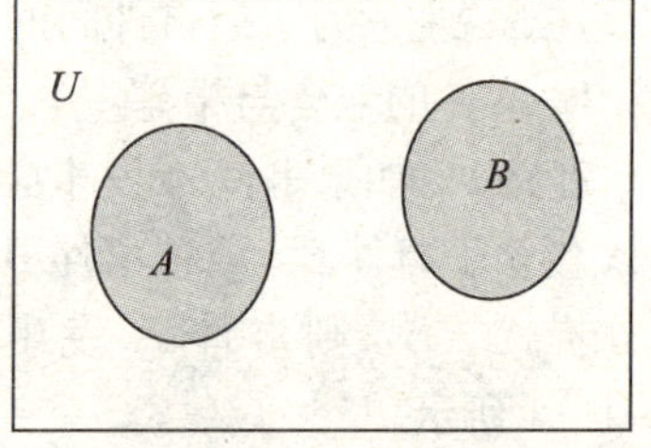

图 3—1—4

例 7 观察某寻呼台在 1 分钟内被呼叫的次数，记 $A=\{1$ 分钟内被呼叫 2 次$\}$，$B=\{1$ 分钟内被呼叫 5 次$\}$，试问事件 A 与 B 是否互不相容？

解 在确定的时间内，被呼叫的次数只能是唯一的一个数值. 事件 A 出现，即在 1 分钟内被呼叫 2 次，当然就不可能被呼叫 5 次，即事件 A 出现，事件 B 不出现.

同理，事件 B 出现，事件 A 不出现，故事件 A 与 B 互不相容.

注意 对于两个以上事件 $A_1, A_2, \cdots, A_n$，通常我们考虑这 n 个事件间两两事件互不相容的情况，即

$$A_iA_j=\varnothing,\quad i\neq j,\ i,\ j=1,2,\cdots,n.$$

5. 对立事件

定义 5 如果事件 A，B 满足 $AB=\varnothing$，且 $A+B=U$，那么称**事件 A，B 互为对立事件**. 通常用 $\overline{A}$ 表示 A 的对立事件，也称**非 A**.

事件 A 与 $\overline{A}$ 互为对立事件意味着事件 A 与 $\overline{A}$ 二者必有一个且只有一个发生，所以事件 A 与 $\overline{A}$ 满足：

$$A\overline{A}=\varnothing,\ A+\overline{A}=U,$$

显然 $\overline{\overline{A}}=A$，如图 3—1—5 所示.

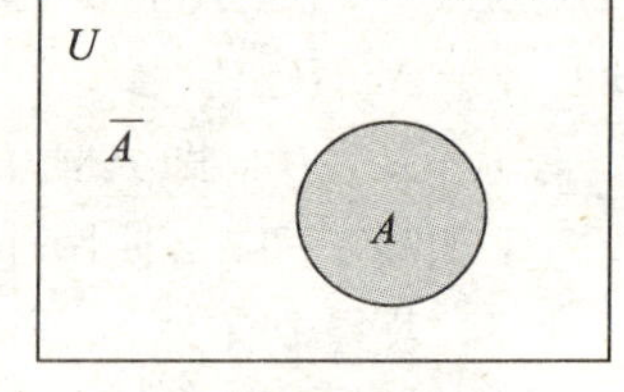

图 3—1—5

例 8 从一批产品中随机抽取两件产品进行检验，记 $A=\{$两件都是合格品$\}$，$B=\{$一件合格品，一件不合格品$\}$，$C=\{$两件都是不合格品$\}$，试分别表述事件 A，B，C 的对立事件，并且确定 A，B，C 的对应关系.

解 抽取到的两件产品都是合格品的否定是：两件产品都是不合格品或者两件产品中一件是合格品、一件不是合格品，所以，

$$\overline{A}=\{\text{两件都是不合格品或者一件合格品、一件不合格品}\}$$
$$=B+C=\{\text{至少有一件不合格品}\};$$

抽取到的两件产品中一件是合格品、一件不是合格品的否定是：两件产品都是不合格品或者都是合格品，所以，

$$\overline{B}=\{\text{两件都是不合格品或者都是合格品}\}=A+C;$$

抽取到的两件产品都是不合格品的否定是：两件产品都是合格品或者两件产品中一件是合格品、一件不是合格品，所以，

$$\overline{C}=\{\text{两件都是合格品或者一件合格品、一件不合格品}\}$$
$$=A+B=\{\text{至少有一个合格品}\}.$$

注意　两个事件 A，B 相互对立与互不相容是两个不同的概念，前者要求两个等式 $AB=\varnothing$，$A+B=U$ 都成立，后者只要求一个等式 $AB=\varnothing$ 成立. 所以，相互对立的事件一定互不相容，而互不相容的事件不一定对立. 由例 8 可以看到，事件 A 与 B 互不相容，但 $\overline{A}=B+C\neq B$，B 不是 A 的对立事件.

思考题　请读者再举出一例说明：事件 A 与 B 互不相容，但不是相互对立的事件.

6. 事件的差

定义 6　若事件 A 发生而事件 B 不发生，称这一事件为**事件 A 与 B 的差**，记作 $A-B$ 或 $A\overline{B}$，如图 3—1—6 阴影部分所示.

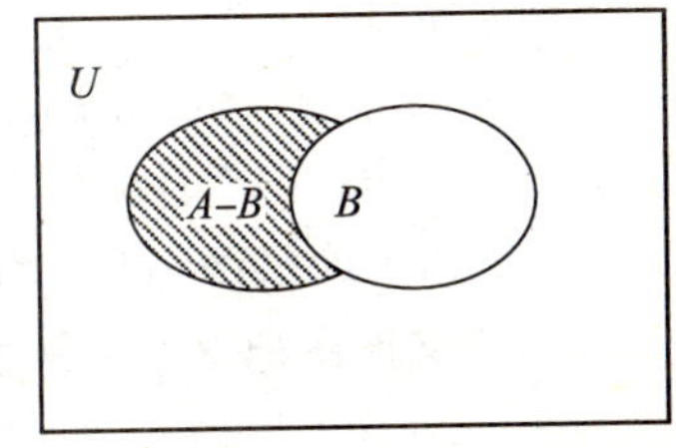

图 3—1—6

例 9　从一批电视机中任取一台测试它的寿命，定义 $A=\{50\leqslant t\leqslant 200\}$，$B=\{t>150\}$，求 AB，$A-B$.

解　$AB=\{50\leqslant t\leqslant 200\}\{t>150\}=\{150<t\leqslant 200\}$，

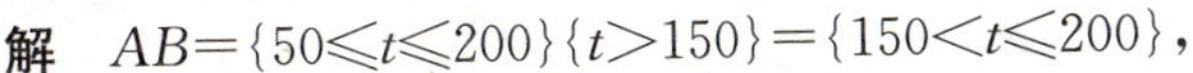

$A-B=A\overline{B}=\{50\leqslant t\leqslant 200\}\{t\leqslant 150\}=\{50\leqslant t\leqslant 150\}$.

从上面的讨论可以看到，事件间的关系和运算与集合间的关系和运算是一致的. 列出表 3—1—1 便于对照.

表 3—1—1　　**事件与集合**

符　号	事　件	集　　合
U	必然事件	全集合
$\varnothing$	不可能事件	空集
A	事件	集合
$\overline{A}$	A 的对立事件	A 的补集
$A\subset B$	事件 A 包含于事件 B	A 为 B 的子集
$A=B$	事件 A 与 B 相等	集合 A 与 B 相等
$A+B$	A 与 B 的和事件	A 与 B 的并集
AB	A 与 B 的积事件	A 与 B 的交集
$A-B$	A 与 B 的差事件	A 与 B 的差集
$AB=\varnothing$	A 与 B 互不相容	A 与 B 不相交

事件与集合具有相同的算律，如表 3—1—2 所示.

表 3—1—2　　**事件运算律**

运算律＼运算	求　和	求　积
交换律	$A+B=B+A$	$AB=BA$
结合律	$A+(B+C)=(A+B)+C$	$(AB)C=A(BC)$
分配律	$A(B+C)=AB+AC$	$A+BC=(A+B)(A+C)$
包含律	$A+B\supset A$，$A+B\supset B$	$AB\subset A$，$AB\subset B$
重叠律	$A+A=A$	$AA=A$
吸收律	$A+U=U$，$A+\varnothing=A$	$AU=A$，$A\varnothing=\varnothing$
对立律	$A+\overline{A}=U$	$A\overline{A}=\varnothing$
摩根律	$\overline{A+B}=\overline{A}\overline{B}$	$\overline{AB}=\overline{A}+\overline{B}$

由事件间的关系及运算规律归纳出以后常用且重要的一些事件的表达式：

(1) 事件 A, B 至少有一个发生:$A+B$;
(2) 事件 A, B 都发生:AB;
(3) 事件 A, B 恰有一个发生:$A\overline{B}+\overline{A}B$;
(4) 事件 A, B 都不发生:$\overline{A}\overline{B}=\overline{A+B}$;
(5) 事件 A, B 最多有一个发生:$\overline{A}\overline{B}+A\overline{B}+\overline{A}B=\overline{B}+\overline{A}B=\overline{A}+A\overline{B}$;
(6) 事件 A, B 至少有一个不发生:$\overline{A}+\overline{B}=\overline{AB}$;
(7) 把事件 A 分成两个互不相容的事件之和:$A=AB+A\overline{B}$;
(8) 把事件 $A+B$ 分解成几部分两两互不相容事件之和:

$$A+B=A+\overline{A}B=B+A\overline{B}=AB+A\overline{B}+\overline{A}B.$$

请读者用文氏图把以上事件表示出来.

本节关键词

随机事件　事件间的包含　事件的和　事件的积　互不相容事件　对立事件

习题 3.1

1. 指出下列事件中，哪些是随机事件，哪些不是随机事件，哪些是必然事件，哪些是不可能事件.

(1) {明年 10 月 1 日到北京旅游的有 250 万人};
(2) {从一副扑克牌中挑出一张红桃 A};
(3) {下月某电器公司生产的彩电都是合格品};
(4) {某汽车站恰有 5 人等候汽车};
(5) {在 1 分钟内，某寻呼台被呼叫 20 次};
(6) {本学期期末，王平应用数学基础的考试成绩在 90 分以上}.

2. 对含有一定数量的元器件进行质量抽检，随机抽检 5 件，设 A={至少有 1 件次品}，B={全为正品}. 试问：(1) 事件 $A+B$；(2) 事件 AB 各表示什么？

3. 随机点落在区间$[a, b]$这一事件记为 $\{x|a\leqslant x\leqslant b\}$, $U=\{x|-\infty<x<+\infty\}$, $A=\{x|0\leqslant x\leqslant 2\}$, $B=\{x|0\leqslant x<3\}$，试用区间表示下列事件:

(1) $A+B$;　(2) AB;　(3) $\overline{A}$;　(4) $A\overline{B}$.

4. 设 A, B, C 为三事件，试用 A, B, C 的运算表示下列事件:

(1) 仅 A 发生;　(2) A, B 至少有一个发生且 C 不发生;
(3) A, B, C 都不发生;　(4) A, B, C 中不多于一个发生;
(5) A, B, C 至少有一个发生;　(6) A, B, C 至少有两个发生.

5. 对某一目标连续射击两次，每次发射一枚炮弹. 设 A_1={第一次射击击中目标}，A_2={第二次射击击中目标}，试用事件 A_1, A_2 以及它们的对立事件表示以下事件:

B={两弹都击中目标}, C={两弹都没击中目标},
D={恰有一弹击中目标}, E={至少有一弹击中目标},

并指出事件 B, C, D, E 哪两个是互不相容的,哪两个事件是相互对立事件.

§3.2　随机事件的概率与古典概型

3.2.1　随机事件的概率及其性质

1. 概率的统计定义

随机事件在一次试验中可能发生也可能不发生，就有发生可能性大小的问题. 概率就是用来度量随机事件发生可能性大小的一个数量指标. 也就是说，事件 A 发生的可能性大小就是事件 A 的概率，记作 $P(A)$.

下面给出概率的统计定义，对精确的数学(公理化)定义本课程不作叙述.

定义 1　如果在一组不变的条件下(即同一试验)重复进行 n 次试验，记录到随机事件 A 发生的次数 n_A，称 n_A 为**事件 A 发生的频数**，称$\frac{n_A}{n}$为**事件 A 的频率**. 当试验次数 n 很大时，如果事件 A 发生的频率$\frac{n_A}{n}$稳定地在某一常数 p 附近摆动，并且一般说来，这种摆动的幅度会随着试验次数的增加而逐渐减小，则称数值 p 为**随机事件 A 的概率**，记作 $P(A)=p$.

定义 1 可以简单地说成：随机事件的频率具有稳定性，该频率的稳定值称为随机事件的概率.

以掷硬币的试验为例. 在“选取一枚均匀的硬币，上抛后落在具有一定弹性的桌面上”的条件下，重复进行 n 次试验，观察并记录下“正面朝上”(记为事件 A)出现的次数，即为 A 的频数 n_A，而$\frac{n_A}{n}$就是“正面朝上”的频率. 历史上几位著名的统计学家做过成千上万次投掷硬币的试验，表 3—2—1 列出了他们的试验记录 .

表 3—2—1　　**几位统计学家掷硬币试验记录**

实验者	投掷次数(n)	出现“正面朝上”的频数 n_A	频率$\frac{n_A}{n}$
DeMorgan	2 048	1 061	0.518 0
Buffon	4 040	2 048	0.506 9
Pearson	12 000	6 019	0.501 6
Pearson	24 000	12 012	0.500 5

从表 3—2—1 中容易看出，“正面朝上” 出现的频率总在$\frac{1}{2}$附近摆动，且抛掷次数越多，一般说来，频率值$\frac{n_A}{n}$越接近$\frac{1}{2}$，$\frac{1}{2}$就是“正面朝上”的概率.

注意　需要指出的是，概率和频率是两个不同的观念. 概率是伴随着随机事件客观存在着的，它不以人的意志为转移，只要有一个随机事件存在，这个随机事件的概率就一定存在；而频率是通过试验得到的，它随着试验的变化而变化，不同的试验得到的频率可以是不一样的. 但是，当试验的重复次数充分大后，频率在概率值附近摆动. 所以说，概率是频率稳定值的依据，是随机事件规律性的一个体现.

2. 随机事件概率的性质

从直观上讲，必然事件U发生的可能性是100%，所以它的概率应为1；不可能事件$\varnothing$发生的可能性是0，所以它的概率应为0，因此，有下面的性质1.

性质1 对于必然事件U及不可能事件$\varnothing$，有$P(U)=1, P(\varnothing)=0$.

对任一事件A发生的可能性既不会小于0，也不会大于100%，所以事件A的概率应介于0与1之间. 因此，有下面的性质2.

性质2 对任意随机事件A，总有$0\leqslant P(A)\leqslant 1$.

例1 某商场的促销广告宣称：周末活动的中奖率为100%，其中一等奖的中奖率为10%. 如果设$A=\{$中奖$\}$，$B=\{$中一等奖$\}$，$C=\{$不中奖$\}$，那么商场的促销广告告诉我们：A是必然事件，$P(A)=1$；C是不可能事件，$P(C)=0$；B发生的可能性只有10%，即$P(B)=0.1$.

由事件的包含关系，若$A\subset B$，则A发生一定有B发生，所以B发生的概率一定不小于A发生的概率. 因此，有下面的性质3.

性质3 如果事件A，B满足$A\subset B$，那么有$P(A)\leqslant P(B)$.

例2 考察某地男子的寿命，任取一人，记$A=\{$活到60岁$\}$，$B=\{$活到90岁$\}$，试讨论事件A与B的概率关系.

解 若事件B发生，该男子活到90岁，他一定是从60岁过来的，所以A一定发生，即$B\subset A$，因此，$P(B)\leqslant P(A)$.

这与现实生活中活过90岁的可能性不会超过活过60岁的可能性是完全一致的.

3.2.2 古典概型

古典概型是概率论发展初期研究最早的概率模型. 它讨论的是一类比较简单的随机现象，其特点是：

(1) 试验可能出现的结果即基本事件只有有限个；

(2) 每个基本事件的发生都是等可能的，即它们发生的概率都是相同的，也称**等概性**.

这类随机现象称为**古典概型**.

古典概型在概率论中占有重要的地位，特别是其概率的计算在实际问题中有着很普遍的应用. 下面给出古典概率的定义.

定义2 如果试验只有n个等概率的基本事件，其中事件A由k个基本事件复合而成(A包含k个基本事件)，则事件A发生的概率为

$$P(A)=\frac{A\text{所含基本事件数}}{\text{基本事件总数}}=\frac{k}{n}.$$

此定义也称为**概率的古典定义**.

注意 由定义2可以看出，求解古典概型问题的关键是：

(1) 找到等概率的基本事件组；

(2) 弄清基本事件总数和事件A所包含的基本事件数.

这样，古典概型求概率的问题就可以转化为计数问题.

例3 抛掷一枚均匀的硬币只有两种可能的结果，即有两个等概率基本事件：$\{$出现正面$\}$，$\{$出现反面$\}$，$n=2$；设$A=\{$出现正面$\}$，只包含一个基本事件，$k=1$，所以$P(A)=\frac{1}{2}$.

同理，设 $B=\{$出现反面$\}$，$P(B)=\dfrac{1}{2}$.

注意　古典概型中基本事件的等概率性十分重要. 例如，掷两枚均匀的硬币，事件{都出现正面}，{都出现反面}，{出现一个正面，一个反面}能构成古典概型吗？答案是否定的. 因为{出现一个正面，一个反面}包含事件{第一次出现正面且第二次出现反面}和事件{第一次出现反面且第二次出现正面}，它与{都出现正面}和{都出现反面}两事件不是等概率的，所以{都出现正面}，{都出现反面}，{出现一个正面，一个反面}不能构成古典概型.

例 4　掷一颗均匀的骰子，1，2，3，4，5，6 点都是等可能出现的，所以基本事件总数 $n=6$. 设 $A_i=\{$出现 i 点$\}$，$i=1$，2，3，4，5，6，每个 A_i 只含有一个基本事件，$k=1$，所以

$$P(A_i)=\frac{1}{6},i=1,2,3,4,5,6.$$

设 $B=\{$出现偶数点$\}$，B 含有 3 个基本事件：{出现 2 点}，{出现 4 点}，{出现 6 点}，$k=3$，所以，$P(B)=\dfrac{3}{6}=\dfrac{1}{2}$.

思考题　掷两颗骰子，点数之和小于 7 的概率如何计算？

例 5　设一袋中有 10 个大小形状相同的球，其中有 7 个白球，3 个红球. 从袋中任取 3 个，求：(1) 取到 2 个白球、1 个红球的概率；(2) 取到都是白球的概率.

解　从 10 个球中任取 3 个球，取到哪 3 个球都是等可能的，共有 C_{10}^3 种取法，每一种取法就对应一个基本事件，共有 $n=C_{10}^3$ 个基本事件.

(1) 设 $A=\{$取到 2 个白球、1 个红球$\}$，从 7 个白球中取 2 个有 C_7^2 种取法，再从 3 个红球中取 1 个有 C_3^1 种取法，由乘法原理，共有 $C_7^2C_3^1$ 种取法，A 包含 $k_1=C_7^2C_3^1$ 个基本事件，所以，

$$P(A)=\frac{C_7^2C_3^1}{C_{10}^3}=\frac{\dfrac{7!}{2!5!}\dfrac{3!}{2!1!}}{\dfrac{10!}{3!7!}}=\frac{21}{40};$$

(2) $B=\{$取到 3 个都是白球$\}$，共有 $C_7^3C_3^0$ 取法，B 包含 $k_2=C_7^3C_3^0$ 个基本事件，所以，

$$P(B)=\frac{C_7^3C_3^0}{C_{10}^3}=\frac{\dfrac{7!}{3!4!}\cdot 1}{\dfrac{10!}{7!3!}}=\frac{7}{24}.$$

思考题　条件同例 5，求：(1) 取到的 3 个球都是红球的概率；(2) 取到 1 个白球、2 个红球的概率.

可以将例 5 推广到一般情形.

例 6　设一批产品有 N 件，其中有 M 件次品. 从这批产品中任取 n 件产品，求恰有 m 件次品的概率. 这里 $N\geqslant M$，$N\geqslant n$，$M\geqslant m$，$n\geqslant m$.

解　基本事件总数为 C_N^n，$A=\{n$ 件产品中恰有 m 件次品$\}$，A 包含有基本事件数为 $C_M^mC_{N-M}^{n-m}$，故所求事件 A 的概率为

$$P(A)=\frac{C_M^mC_{N-M}^{n-m}}{C_N^n}.$$

例 7 一个袋里有 5 个号码：1，2，3，4，5（分别写在小纸条上）. 现在从袋中任取 3 个，并把它们任意排成自左向右的次序，求所得三位数字是偶数的概率.

解 下面给出两种解法.

解法 1 从所给的 5 个数字中任取 3 个数排成自左向右的次序，共有 $n=5\times4\times3$ 个基本事件. 设 $A=\{$所得三位数是偶数$\}$. 如果 A 发生，所得到的三位数的个位一定是 2 或 4，只有两种取法，而它的十位和百位共有 4×3 种取法，所以 A 含有基本事件数为 $k=4\times3\times2$，从而

$$P(A)=\frac{4\times3\times2}{5\times4\times3}=\frac{2}{5}.$$

解法 2 设 $A_i=\{$组成的三位数末位号码为 $i\}$，$i=1$，2，3，4，5. A_1,A_2,A_3,A_4,A_5 为等概率基本事件组，$A=\{$三位数是偶数$\}=A_2+A_4$，$n=5,k=2$，因此，

$$P(A)=\frac{2}{5}.$$

思考题 若例 7 中的 5 个号码分别是 0，1，2，3，4，任取 3 个，所得的三位数是偶数的概率是多少？

最后，对我国发售的彩票进行简单的分析. 近些年来，我国各种彩票的销售受到了许多人的关注，彩票形式也不断增多，也经常听到有中大奖的报道，各种彩票中奖率到底有多少也是人们经常议论的话题.

一般彩票都是按组销售的，人们根据自己的意愿自行选号，有时所摇出的中奖号码有多人选择. 不同的彩票具体的奖金发放的方法、额度是不一样的. 其实，彩票中奖率的数学模型就是古典概型.

$$\text{彩票中奖的概率}=\frac{\text{中奖个数}}{\text{彩票总数}}.$$

下面以 3D 福利彩票为例进行中奖率分析，有关收益情况分析将在下一章再进行讨论.

例 8 3D 福利彩票中奖率分析 3D 福利彩票的玩法是：购买者从 000 到 999 这 1 000 个 3 位数中自主选择其中的一个，每注是 2 元，求某人只买一张 3D 福利彩票（称为投 1 注）就中奖的概率.

解 3D 福利彩票有 3 种奖项，彩民在购买时只能选择下列三种奖项之一：

(1) 直选奖：若投注号码与当期摇出的中奖号码 3 位数按位数全部相同，即中得直选奖，奖金 1 000 元. 例如，开奖号是 123，谁的投注号码是 123，谁就中了直选奖. 由于1 000 个号码中只有 1 个号码中奖，所以，

$$\text{直选奖的中奖率}=\frac{1}{1\,000}=0.001.$$

(2) 组选 3 奖：当期摇出的中奖号码 3 位数中有任意两位数字是相同的. 若投注号码与中奖号码的数字相同，顺序不限，即中得组选 3 奖，奖金 320 元. 例如，开奖号是 122，凡是投注号为 212，221，122 都中了组选 3 奖. 由于 1 000 个号码中有 3 个号码，所以，

$$\text{组选 3 奖的中奖率}=\frac{3}{1\,000}=0.003.$$

(3) 组选 6 奖：当期摇出的中奖号码中 3 位数各不相同. 若投注号码的 3 个数字与当期

中奖号码相同，顺序不限，即中得组选 6 奖，奖金 160 元. 例如，开奖号为 123，凡投注号为 123，321，132，213，231 或 312 均中得组选 6 奖. 由于 1 000 个号码中有 6 个号码中奖，所以，

$$组选6奖的中奖率=\frac{6}{1\ 000}=0.006.$$

注意　为什么 3D 福利彩票中有“组选 3”和“组选 6”的奖项呢?

3 位数中有 2 位数字相同，例如三个数字 2，2，3 可以产生 3 种不同的排列：223，232，322. 这就是“组选 3”的意思.

3 位数中每位数字互不相同，例如三个数字 2，3，5 可以产生 6 种不同的排列：235，253，325，352，523，532. 这就是“组选 6”的意思.

除了上述两种情形外，3 位数的三个数字可以全相同，例如，999 或 222. 但是无论如何改变它的数字顺序，还是同一个数，所以只能归入直选类.

由于“组选 3”和“组选 6”与“直选”相比，增加了中奖的机会，因而每注中奖金额也就下降了，中奖机会越大奖金数额越小. 设立这两种奖项的目的是使彩票的玩法更加丰富多彩，可以提高彩民投注的积极性.

本节关键词

随机事件的概率　概率的性质　古典概型

习题 3.2

1. 从 1～9 九个数字中任取 1 个，求所得的数字是 2 或 3 的倍数的概率.

2. 从 0，1，…，9 十个数字中任取两个，求这两个数字的和等于 5 的概率.

3. 从 5 个球（其中 3 个白球、2 个红球）中任取两个球，求：(1) 两球都是红球的概率；(2) 两球都是白球的概率；(3) 恰有 1 个白球、1 个红球的概率.

4. 某人有一串钥匙共 8 把，其中只有一把能打开门锁，现从这串钥匙中随意取出 3 把去开门，求能把门打开的概率.

5. 甲、乙、丙三人随意去住三间房子，求：(1) 每间恰有 1 人的概率是多少？(2) 恰好空一间的概率是多少？

6. 从一副扑克（去掉大小王）的 52 张牌中任意取出两张，问两张都是红桃的概率是多少？

7. 假设有 10 个人分别佩戴 1～10 号徽章，从中任选 3 人，求所佩戴徽章最大号码为 5 的概率.

8. 某电视台游戏节目想利用若干大小、形状相同的小球设计一个摸球的抽奖游戏，游戏者要连过两关才能赢得大奖. 第一关：在一个放有 3 个红球和 7 个白球的暗箱中，一次摸取 3 个球，若摸出的球中有红球，就可过关；第二关：在与第一关相同的暗箱中，一次摸取 3 个球，若摸出的 3 个球恰好同色，就可过关. 求：(1) 第一关过关的概率；(2) 赢得大奖的概率.

§3.3 概率的加法公式

概率的加法公式在随机事件的概率计算中起着重要的作用.

3.3.1 互斥事件的概率加法公式

定理1 若事件 A, B 互不相容，即 $AB=\varnothing$，则

$$P(A+B)=P(A)+P(B) \cdots\cdots\cdots\cdots (*)$$

(*)式称为**互斥事件的概率加法公式**. 定理1从§3.1图3—1—4直观上不难理解. 若 $P(A)$ 表示 A 的面积，$P(B)$ 表示 B 的面积，那么 $P(A+B)$ 就是 $A+B$ 的面积，它等于 $P(A)+P(B)$.

例1 某射手射击，规定击中9环或10环为优秀. 已知他击中10环的概率为0.24，击中9环的概率为0.32，求该射手取得优秀成绩的概率.

解 设 $A=\{$击中10环$\}$，$B=\{$击中9环$\}$. 显然，A，B 互不相容. 由题设 $P(A)=0.24$，$P(B)=0.32$，{射手取得优秀成绩}意味着射手{击中10环}或{击中9环}$=A+B$，所以，由定理1可得

$$P(A+B)=P(A)+P(B)=0.24+0.32=0.56.$$

注意 利用加法公式计算概率时，关键是先将题设条件和所求问题用事件或事件的概率表述出来，明确已知事件和所求事件间的关系后再计算概率.

因为对任意事件 A 及 $\overline{A}$ 有 $A\overline{A}=\varnothing$，$A+\overline{A}=U$，且 $P(U)=1$，由定理1可以得到下面的重要推论1.

推论1 对任意事件 A 都有

$$P(\overline{A})=1-P(A).$$

注意 在某些实际问题中，事件 A 的概率 $P(A)$ 不易直接求出，但可以通过某种方法先求出它的对立事件的概率 $P(\overline{A})$，再利用推论1得到 $P(A)$.

例2 若一年按365天计算，求 k 个人中至少有两个人是同一天生日的概率.

解 每个人生日在365天的任何一天都是等可能的，所以这是一个古典概型问题.

k 个人生日所有可能的(可重复)排列方法有 365^k 种，所以基本事件总数 $n=365^k$. 令 $A=\{k$ 个人中至少有两个人同生日$\}$，于是 $\overline{A}=\{k$ 个人生日都不相同$\}$，所有 k 个人生日都不相同有 P_{365}^k 种排列方法，$\overline{A}$ 包含 P_{365}^k 个基本事件数，因此，

$$P(\overline{A})=\frac{P_{365}^k}{(365)^k},$$

从而

$$P(A)=1-\frac{P_{365}^k}{(365)^k}.$$

对于不同的 k 值都可以计算出 $P(A)$ 的值. 当 $k=23$ 时，$P(A)>\frac{1}{2}$. 由此可见，多于23人的群体中至少有两个人同一天过生日的可能性是比较大的.

思考题 若一个班有40名学生，生日都不相同的概率是多少？至少有两个人是同一天生日的概率是多少？

当事件 $A\supset B$ 时，$A=B+A\overline{B}$，且 B 与 $A\overline{B}$ 互不相容，由定理 1，

$$P(A)=P(B+A\overline{B})=P(B)+P(A\overline{B}),$$

所以，

$$P(A-B)=P(A\overline{B})=P(A)-P(B).$$

因此有下面的推论 2.

推论 2　若事件 A，B 满足 $A\supset B$，则有

$$P(A-B)=P(A\overline{B})=P(A)-P(B).$$

定理 1 可以推广到有限个事件.

推论 3　若事件 A_1，A_2，…，A_n 两两互不相容，则得到多个互斥事件的加法公式：

$$P(A_1+A_2+\cdots+A_n)=P(A_1)+P(A_2)+\cdots+P(A_n).$$

例 3　已知某台纺纱机在 1 小时内发生 0 次断头、1 次断头、2 次断头的概率依次为 0.8、0.12、0.05，求这台纺纱机在 1 小时内：(1) 断头次数不超过 2 次的概率；(2) 断头次数超过 2 次的概率.

解　设 A_i＝{断头 i 次}，$i=0，1，2$，显然 A_0，A_1，A_2 互不相容，由题设 $P(A_0)=0.8$，$P(A_1)=0.12$，$P(A_2)=0.05$.

又设 B＝{断头次数不超过 2 次}$=A_0+A_1+A_2$，且 $\overline{B}$＝{断头次数超过 2 次}，所以由推论 3 及推论 1 得

$$P(B)=P(A_0+A_1+A_2)=P(A_0)+P(A_1)+P(A_2)=0.8+0.12+0.05=0.97,$$

$$P(\overline{B})=1-P(B)=1-0.97=0.03.$$

例 4　一袋中装有 6 个乒乓球，其中 4 个白球，2 个红球. 从袋中随机取两次球，每次取一个，考虑两种情况：

(a) 第一次取出一球观察其颜色后放回袋中，第二次再取一球，这种抽样叫做**有放回抽样**；

(b) 第一次取出一球不放回袋中，第二次再取一球，这种抽样叫做**无放回抽样**.

试分别就两种抽样情况求：(1) 取到两个球都是白球的概率；(2) 取到两个球颜色相同的概率；(3) 取到两个球中至少有一个是白球的概率.

解　设 A＝{取到两个球都是白球}，B＝{取到两个球都是红球}，C＝{取到两个球至少一个是白球}. 显然 $AB=\varnothing$，{取到两个球颜色相同}$=A+B$，$C=\overline{B}$.

(a) 有放回抽样：

第一次和第二次分别都有 6 个球等可能的供抽取，这是一个古典概型问题. 等可能的基本事件总数为 6×6，又由于第一次和第二次分别都有 4 个白球和 2 个红球可供抽取，事件 A 中包含的基本事件数为 4×4，事件 B 中包含的基本事件数为 2×2，所以，

$$P(A)=\frac{4\times4}{6\times6}\approx0.444,\ P(B)=\frac{2\times2}{6\times6}\approx0.111,$$

因为事件 A，B 互不相容，由概率的加法公式（$*$）有

$$P(A+B)=P(A)+P(B)\approx0.444+0.111=0.555,$$

$$P(C)=P(\overline{B})=1-P(B)\approx1-0.111=0.889.$$

(b) 无放回抽样：

第一次有 6 个球可供抽取，由于第一次取出一球后不放回，第二次取球时只能在剩下的 5 个球中抽取，所以这也是一个古典概型问题. 等可能基本事件总数为 6×5，事件 A 与事件 B 中包含的基本事件数分别为 4×3 和 2×1，于是

$$P(A)=\frac{4\times3}{6\times5}=0.4,\ P(B)=\frac{2\times1}{6\times5}\approx0.067,$$

因为事件 A，B 互不相容，由概率的加法公式（$*$）有

$$P(A+B)=P(A)+P(B)\approx0.4+0.067=0.467,$$

$$P(C)=P(\bar{B})=1-P(B)\approx1-0.067=0.933.$$

请读者比较例 4 中有放回和无放回两种抽样情况下各事件概率的计算结果.

3.3.2 概率加法公式的一般形式

定理 2 设 A，B 为二事件，则

$$P(A+B)=P(A)+P(B)-P(AB)\ \cdots\cdots\cdots\cdots(**)$$

证 将 $A+B$ 分解成两个互不相容事件之和 $A+B=A+\bar{A}B$，又因为 $\bar{A}B=B-AB$，$B\supset AB$，由定理 1 及其推论 2 得

$$P(A+B)=P(A+\bar{A}B)=P(A)+P(\bar{A}B)=P(A)+P(B)-P(AB).$$

$(**)$式是概率加法公式的一般形式，也称**概率的加法公式**. 定理 2 从 §3.1 图 3—1—3 不难理解，若 $P(A+B)$表示阴影部分 $A+B$ 的面积，它应等于 A 的面积 $P(A)$与 B 的面积 $P(B)$之和 $P(A)+P(B)$减去一个重复计算 AB 的面积 $P(AB)$.

例 5 某大学的男生中有 60%的人爱好踢足球，50%的人爱好打篮球，30%的人两项运动都爱好，求该校男生中 (1) 踢足球或打篮球至少爱好一项运动的概率有多大？(2) 不爱踢足球也不爱好打篮球的概率有多大？

解 根据题意，设 A=\{爱好踢足球\}，B=\{爱好打篮球\}，那么 $P(A)=0.6$，$P(B)=0.5$，$P(AB)=0.3$.

(1) \{踢足球或打篮球至少爱好一项运动\}$=A+B$，由加法公式$(**)$得

$$P(A+B)=P(A)+P(B)-P(AB)=0.6+0.5-0.3=0.8;$$

(2) \{既不爱好踢足球也不爱好打篮球\}$=\bar{A}\bar{B}$，由摩根定律 $\bar{A}\bar{B}=\overline{A+B}$，所以

$$P(\bar{A}\bar{B})=P(\overline{A+B})=1-P(A+B)=1-0.8=0.2.$$

例 6 掷两颗均匀的骰子，设 A=\{第一颗骰子出现奇数点\}，B=\{第二颗骰子出现偶数点\}，求 $P(A+B)$.

解 掷两颗骰子出现的点数分布如表 3—3—1 所示.

表 3—3—1

第 2 颗骰子出现点数 / 第 1 颗骰子出现点数	1	2	3	4	5	6
1	(1, 1)	(1, 2)	(1, 3)	(1, 4)	(1, 5)	(1, 6)
2	(2, 1)	(2, 2)	(2, 3)	(2, 4)	(2, 5)	(2, 6)
3	(3, 1)	(3, 2)	(3, 3)	(3, 4)	(3, 5)	(3, 6)
4	(4, 1)	(4, 2)	(4, 3)	(4, 4)	(4, 5)	(4, 6)
5	(5, 1)	(5, 2)	(5, 3)	(5, 4)	(5, 5)	(5, 6)
6	(6, 1)	(6, 2)	(6, 3)	(6, 4)	(6, 5)	(6, 6)

所有可能出现的点数有 36 种情况且都是等可能的，所以这是一个古典概型问题.

基本事件总数有 $6\times6=36$ 个. 由题设，第一颗骰子出现奇数点是表 3—3—1 中的第 1，3，5 行，事件 A 包含了 $3\times6=18$ 个基本事件；第二颗骰子出现偶数点是表 3—3—1 中的第 2，4，6 列，事件 B 也包含了 $3\times6=18$ 个基本事件，事件 $AB=\{$第一颗骰子出现奇数点且第二颗骰子出现偶数点$\}$是表 3－3－1 中的第 1，3，5 行与第 2，4，6 列交叉的数字组合，包含基本事件数为 $3\times3=9$. 所以

$$P(A)=\frac{18}{36}=\frac{1}{2},\ P(B)=\frac{18}{36}=\frac{1}{2},\ P(AB)=\frac{9}{36}=\frac{1}{4},$$

从而

$$P(A+B)=P(A)+P(B)-P(AB)=\frac{1}{2}+\frac{1}{2}-\frac{1}{4}=\frac{3}{4}.$$

思考题　请问例 6 中，事件 $A+B$ 表示什么样的事件？

定理 2 也可以推广到有限个事件之和的概率加法公式. 请读者推导出三个事件 A，B，C 之和的概率加法公式，即求 $P(A+B+C)$.

思考题　设 A，B 为任意二事件，且 $P(A)$，$P(B)$，$P(AB)$均已知，以下事件的概率如何计算？

(1) $\overline{A}\overline{B}$；　(2) $\overline{AB}$；　(3) $\overline{A}+B$；　(4) $\overline{A}B$；　(5) $A+\overline{A}B$.

本节关键词

互斥事件的概率加法公式　概率加法公式的一般形式

习题 3.3

1. 从装有 7 个球(4 个白球，3 个黑球)的袋中任取 3 个，求：(1) 至少取出 2 个白球的概率是多少？(2) 能取到白球的概率是多少？

2. 某射手连续射击 2 枪，已知至少有 1 枪中靶的概率是 0.8，第 1 枪不中靶的概率是 0.3，第 2 枪不中靶的概率是 0.4，求：(1) 2 枪均未中靶的概率；(2) 第 1 枪中靶、第 2 枪未中靶的概率.

3. 在某房间有 500 人，问至少有一个人生日是 1 月 1 日的概率是多少？

4. 设 A，B 是两个随机事件，已知 A 与 B 至少有一个发生的概率是$\frac{1}{3}$，A 发生且 B 不发生的概率是$\frac{1}{9}$，求 B 发生的概率.

5. 推导出三个事件 A，B，C 之和的概率加法公式 $P(A+B+C)$.

6. 设 A，B，C 为三个事件，已知 $P(A)=P(B)=P(C)=\frac{1}{4}$，$P(AB)=P(BC)=0$，$P(AC)=\frac{1}{8}$，求 A，B，C 至少有一个发生的概率.

7. 某单位订阅甲、乙、丙三种报纸. 据调查，职工中 40%读甲报，20%读乙报，24%读丙报，8%兼读甲、乙报，5%兼读甲、丙报，4%兼读乙、丙报，2%兼读甲、乙、丙报. 现从

职工中随机抽查一人，问该职工至少读一种报纸的概率是多少？不读报纸的概率是多少？

§3.4 概率的乘法公式与全概公式

3.4.1 条件概率

在前面两节讨论的事件 A 发生的概率 $P(A)$ 都是相对某组确定的条件而言的. 在实际问题中，有时除了这组确定的条件之外，还需附加一些其他信息或条件，即在"事件 B 已发生"的前提条件下，计算事件 A 发生的概率. 例如，掷一颗均匀的骰子，出现 2 点的概率是 $\frac{1}{6}$，若已知出现的点数是偶数，那么这时出现 2 点的概率就是 $\frac{1}{3}$. 这里"出现的点数是偶数"就是附加的信息条件——事件 B. 事件 B 发生与否，对事件 A 的发生一般是有影响的. "在事件 B 发生的前提条件下，考虑事件 A 发生的概率"就是条件概率问题. 下面通过具体例子说明.

例 1 一个袋子中混装有一等品和二等品乒乓球共 20 个，且各种球有白、黄两种颜色，其分配如表 3—4—1 所示. 从中随机取出一个球，(1) 求它是白球的概率；(2) 已知该球是黄球，求它是一等品的概率.

表 3—4—1

	总数	白球	黄球
一等品	9	2	7
二等品	11	3	8
共计	20	5	15

解 设 $A=\{$抽取到一等品$\}$，$B=\{$抽取到白球$\}$.

(1) 因为共有 20 个球，随机抽取一个，抽取到哪个球的概率都是 $\frac{1}{20}$，这是一个古典概型问题. 基本事件总数 $n_1=20$，B 所包含的基本事件数 $k_1=5$，所以

$$P(B)=\frac{5}{20}=\frac{1}{4}.$$

(2) 因为所有球只有白、黄两种颜色，$\{$抽取到黄球$\}=\overline{B}$. 所求问题是：在抽取到黄球的前提条件下，它又是一等品的概率，先记作 $P(A|\overline{B})$.

由于附加了新的条件，所求问题转化成在黄球中抽到哪个球都是等可能的，这也是古典概型问题. 只是此时等概率基本事件组与问题 (1) 有所不同，基本事件总数 $n_2=\overline{B}$ 包含的基本事件数=黄球总数=15，此时的 A 所包含的基本事件应都包含在 $\overline{B}$ 中，基本事件数 $k_2=A\overline{B}$ 包含的基本事件数=黄球中一等品的个数=7，所以，

$$P(A|\overline{B})=\frac{7}{15}=\frac{\frac{7}{20}}{\frac{15}{20}}=\frac{P(A\overline{B})}{P(\overline{B})}.$$

同理可以求出 $P(A|B)=\frac{2}{5}=\frac{P(AB)}{P(B)}$.

定义 如果 A，B 是条件 S 下的两个随机事件，$P(B)\neq0$，称"在事件 B 发生的前提下事件 A 发生的概率"为**条件概率**，记为 $P(A|B)$，或者说**事件 A 关于事件 B 的条件概率**.

值得注意的是，虽然例 1 的两种情况都属于古典概型，但其结果可以推广到一般情况. 因此，**条件概率的一般计算公式**为：

$$P(A|B)=\frac{P(AB)}{P(B)} \quad (P(B)\neq 0) \cdots\cdots\cdots\cdots(*)$$

这个式子很重要，它刻画了带有条件的概率 $P(A|B)$ 与普通概率 $P(B)$ 及 $P(AB)$ 之间的关系.

由例 1 的解题分析过程可以看到，计算 $P(A|B)$ 有两种方法：一种是以 B 中基本事件个数作为分母，AB 中基本事件个数作为分子，按照§3.2 的定义 2，求得 $P(A|B)$；另一种是先计算 $P(B)$ 及 $P(AB)$，然后代入公式（$*$）求得 $P(A|B)$. 在具体问题中，采用哪种方法简便，应进行具体分析.

思考题　条件同例 1，(1) 抽取到二等品的概率是多少？(2) 已知抽取到的是二等品，问该球是白球的概率是多少？

例 2　在一副扑克牌(去掉大小王)的 52 张牌中依次任取两张，每次取一张不放回，问 (1) 在第一张取到红桃的情况下，第二张也取到红桃的概率是多少？(2) 在第一张取到红桃的情况下，第二张取到黑桃或梅花的概率是多少？

解　设 $A_1=\{$第一张取到红桃$\}$，$A_2=\{$第二张取到红桃$\}$，$B=\{$第二张取到黑桃或梅花$\}$.

(1) 在第一张取到红桃的情况下，第二张也取到红桃只能是在剩下的 51 张扑克牌的 12 张红桃中任取一张，所以

$$P(A_2|A_1)=\frac{12}{51}=\frac{4}{17};$$

(2) 在第一张取到红桃的情况下，第二张取到黑桃或梅花是在剩下的 51 张牌的 13 张黑桃+13 张梅花=26 张牌中任取一张，所以

$$P(B|A_1)=\frac{26}{51}.$$

例 3　设某种动物出生后能够活到 20 年的概率为 0.8，活到 25 年的概率为 0.4，问现今活到 20 年的这种动物能够活到 25 年的概率是多少？

解　设 $A=\{$这种动物活到 25 年$\}$，$B=\{$这种动物活到 20 年$\}$. 由题设 $P(A)=0.4$，$P(B)=0.8$，所求问题是 $P(A|B)$.

因为 $B\supset A$，$AB=A$，由条件概率公式（$*$）有

$$P(A|B)=\frac{P(AB)}{P(B)}=\frac{P(A)}{P(B)}=\frac{0.4}{0.8}=0.5.$$

思考题　若事件 A，$B(P(B)>0)$ 具有以下关系：(1) A，B 互不相容；(2) $B\subset A$，分别求出 $P(A|B)$.

3.4.2　概率的乘法公式

将条件概率的计算公式（$*$）进行恒等变形得到

$$P(AB)=P(B)P(A|B) \quad (P(B)\neq 0),$$

将（$*$）式中 A，B 位置互换，得到

$$P(B|A)=\frac{P(AB)}{P(A)} \quad (P(A)\neq 0),$$

再将此式恒等变形得到

$$P(AB)=P(A)P(B|A) \quad (P(A)\neq 0).$$

因此得到乘积事件的概率公式，即概率的乘法公式.

定理 1 对任意事件 A，B 有概率的**乘法公式**：

$$P(AB)=P(B)P(A|B) \quad (P(B)\neq 0),$$

或 $$P(AB)=P(A)P(B|A) \quad (P(A)\neq 0).$$

在实际问题中，可根据已知题设条件，选择合适的公式进行概率计算.

例 4 条件同例 1，问所取到的球既是白球又是一等品的概率是多少？

解 由例 1，$P(B)=\frac{1}{4}$，$P(A|B)=\frac{2}{5}$，所以，

$$P(AB)=P(B)P(A|B)=\frac{1}{4}\times\frac{2}{5}=\frac{1}{10}.$$

例 5 在空战中，甲机先向乙机开火且击中乙机的概率是 0.2，若乙机未被击落，则乙机将进行反击，此时乙机能击落甲机的概率是 0.3，求甲机被击落的概率.

解 设 $A_1=\{$在第一个回合中，甲机击落乙机$\}$，$A_2=\{$在第二个回合中，乙机击落甲机$\}$. $B=\{$甲机被击落$\}$. 根据题设 $P(A_1)=0.2$，$P(A_2|\overline{A}_1)=0.3$，所求问题是 $P(B)$.

由概率的乘法公式

$$P(B)=P(\overline{A}_1A_2)=P(\overline{A}_1)P(A_2|\overline{A}_1)=(1-0.2)\times 0.3=0.24.$$

例 6 设箱中有 40 件产品，其中有 5 件次品. 从中依次任取两件产品，每次取一件不放回. 试求两件产品都是正品的概率.

解 设 $A_1=\{$第一次取到正品$\}$，$A_2=\{$第二次取到正品$\}$，那么所求概率为 $P(A_1A_2)$. 因为

$$P(A_1)=\frac{35}{40},\ P(A_2|A_1)=\frac{34}{39},$$

由概率的乘法公式

$$P(A_1A_2)=P(A_1)P(A_2|A_1)=\frac{35}{40}\times\frac{34}{39}\approx 0.7628.$$

注意 例 6 是否可以用古典概型的方法求解呢？因为在 40 件产品中任取两件，虽然是"每次取一件"，但"不放回"，而且事件{两件都是正品}没有涉及抽取顺序问题，所以可以用古典概型的方法求解. 易知

$$P(A_1A_2)=\frac{C_{35}^2}{C_{40}^2}=\frac{35\times 34}{40\times 39}\approx 0.7628.$$

两种计算结果是一致的.

例 7 条件同例 6，求任取的两件产品一件是正品、一件是次品的概率.

解 设 $B=\{$抽取到一件正品，一件次品$\}=A_1\overline{A}_2+\overline{A}_1A_2$. 显然事件 $A_1\overline{A}_2$ 与事件 $\overline{A}_1A_2$ 互不相容，由概率的加法公式

$$P(B)=P(A_1\overline{A}_2+\overline{A}_1A_2)=P(A_1\overline{A}_2)+P(\overline{A}_1A_2),$$

又由概率的乘法公式

$$P(A_1\overline{A}_2)=P(A_1)P(\overline{A}_2|A_1),\ P(\overline{A}_1A_2)=P(\overline{A}_1)P(A_2|\overline{A}_1),$$

因为 $P(A_1)=\frac{35}{40}$，$P(\overline{A}_1)=\frac{5}{40}$，$P(\overline{A}_2|A_1)=\frac{5}{39}$，$P(A_2|\overline{A}_1)=\frac{35}{39}$，所以

$$P(B)=P(A_1)P(\overline{A}_2|A_1)+P(\overline{A}_1)P(A_2|\overline{A}_1)=\frac{35}{40}\times\frac{5}{39}+\frac{5}{40}\times\frac{35}{39}\approx 0.2244.$$

注意　例 7 的求解过程是将概率的加法公式和乘法公式进行综合应用.

思考题　如果例 7 用古典概型的方法计算是否更简单些?

概率的乘法公式可以推广到任意有限个事件乘积的情形. 特别是当 $n=3$ 时，有

$$P(A_1A_2A_3)=P(A_1)P(A_2|A_1)P(A_3|A_1A_2)\ ,\ P(A_1A_2)>0.$$

例 8　设有一批产品共有 100 件，次品率为 10%，每次从中任取一件产品不放回，求第 3 次才取到合格品的概率.

解　设 $A_i=\{$第 i 次取到合格品$\}$，$i=1, 2, 3$. 根据题意，第 3 次才取到合格品意味着第 1 次、第 2 次取到的都是次品，所求问题是 $P(\overline{A}_1\overline{A}_2A_3)$. 因为

$$P(\overline{A}_1)=\frac{10}{100},\ P(\overline{A}_2|\overline{A}_1)=\frac{9}{99},\ P(A_3|\overline{A}_1\overline{A}_2)=\frac{90}{98},$$

由 $n=3$ 时的乘法公式

$$P(\overline{A}_1\overline{A}_2A_3)=P(\overline{A}_1)P(\overline{A}_2|\overline{A}_1)P(A_3|\overline{A}_1\overline{A}_2)=\frac{10}{100}\times\frac{9}{99}\times\frac{90}{98}\approx 0.0083.$$

3.4.3　概率的全概公式

定理 2　设有 n 个事件 $A_1, A_2, \cdots, A_n$ 两两互不相容，$P(A_i)>0$，$i=1, 2, \cdots, n$，事件 B 满足 $B\subset A_1+A_2+\cdots+A_n$，则有

$$P(B)=\sum_{i=1}^{n}P(A_i)P(B\mid A_i).$$

这个公式称为**全概率公式**，简称**全概公式**.

实际上，全概公式就是概率的加法公式和乘法公式的综合应用，因为

$$B=B(A_1+A_2+\cdots+A_n)=BA_1+BA_2+\cdots+BA_n,$$

且 $BA_1, BA_2, \cdots, BA_n$ 两两互不相容，由加法公式

$$P(B)=P(BA_1)+P(BA_2)+\cdots+P(BA_n),$$

再由乘法公式

$$P(BA_i)=P(A_i)P(B|A_i)\quad i=1, 2, \cdots, n,$$

从而

$$P(B)=\sum_{i=1}^{n}P(A_i)P(B\mid A_i).$$

***例 9　抓阄公平性分析**　有 5 个阄，其中有 2 个阄上写着“有”，3 个阄上写着“无”，5 个人依次去抓，每人只抓一个，问第 2 个人抓到“有”的概率是多少? 先抓好还是后抓好?

解　设 $A_i=\{$第 i 个人抓到“有”$\}$，$i=1, 2, 3, 4, 5$. 显然 $P(A_1)=\frac{2}{5}$，$P(\overline{A}_1)=\frac{3}{5}$.

由于有两个阄上写着“有”，第 2 个人抓到“有”意味着第 1 个人抓完后第 2 个人才去抓，那么，有两种情况:第 1 个人抓到“有”或第 1 个人抓到“无”，即

$$A_1+\overline{A}_1=U\supset A_2,$$

$$A_2=A_2(A_1+\overline{A}_1)=A_2A_1+A_2\overline{A}_1,$$

由全概公式

$$P(A_2)=P(A_1)P(A_2|A_1)+P(\overline{A}_1)P(A_2|\overline{A}_1),$$

因为 $P(A_2|A_1)=\frac{1}{4}$，$P(A_2|\overline{A}_1)=\frac{2}{4}$，所以

$$P(A_2)=\frac{2}{5}\times\frac{1}{4}+\frac{3}{5}\times\frac{2}{4}=\frac{2}{5}.$$

可见第 1 个人与第 2 个人抓到“有”的概率是一样的.

现在考虑第 3 个人抓到“有”的概率. 若第 3 个人抓到“有”，意味着第 1 个人和第 2 个人至多抓到一个“有”，即 $A_1\overline{A}_2+\overline{A}_1A_2+\overline{A}_1\overline{A}_2=\overline{A}_1+\overline{A}_2\supset A_3$，所以

$$A_3=A_3(A_1\overline{A}_2+\overline{A}_1A_2+\overline{A}_1\overline{A}_2)=A_3A_1\overline{A}_2+A_3\overline{A}_1A_2+A_3\overline{A}_1\overline{A}_2,$$

由全概公式

$$P(A_3)=P(A_1\overline{A}_2)P(A_3|A_1\overline{A}_2)+P(\overline{A}_1A_2)P(A_3|\overline{A}_1A_2)+P(\overline{A}_1\overline{A}_2)P(A_3|\overline{A}_1\overline{A}_2),$$

因为

$$P(A_1\overline{A}_2)=P(A_1)P(\overline{A}_2|A_1)=\frac{2}{5}\times\frac{3}{4}=\frac{3}{10},$$

$$P(\overline{A}_1A_2)=P(\overline{A}_1)P(A_2|\overline{A}_1)=\frac{3}{5}\times\frac{2}{4}=\frac{3}{10},$$

$$P(\overline{A}_1\overline{A}_2)=P(\overline{A}_1)P(\overline{A}_2|\overline{A}_1)=\frac{3}{5}\times\frac{2}{4}=\frac{3}{10},$$

$$P(A_3|A_1\overline{A}_2)=\frac{1}{3},\ P(A_3|\overline{A}_1A_2)=\frac{1}{3},\ P(A_3|\overline{A}_1\overline{A}_2)=\frac{2}{3},$$

从而

$$P(A_3)=\frac{3}{10}\times\frac{1}{3}+\frac{3}{10}\times\frac{1}{3}+\frac{3}{10}\times\frac{2}{3}=\frac{12}{30}=\frac{2}{5}.$$

用类似的方法可以计算出 $P(A_4)=P(A_5)=\frac{2}{5}$. 因此无论是先抓还是后抓，抓到“有”的概率都是一样的. 这说明了抓阄的公平性.

为什么总是有人认为先抓的人沾光，而后抓的人会吃亏呢？这是因为这些人只想到了先抓的人抓到“有”的可能性的一面，而忽视了先抓的人抓不到“有”的一面. 正确的分析应该是:既要考虑到先抓的人抓到“有”的可能性，也要考虑到先抓的人抓不到“有”，即抓到“无”的可能性. 事实上，当先抓的人抓到“有”的时候，后抓的人抓到“有”的可能性是减小了，可是当先抓的人抓到“无”的时候，后抓的人抓到“有”的可能性反而增大了. 所以，将所有问题都综合考虑到了，也就无所谓吃亏、沾光的问题了.

思考题 抓阄与摸奖有何异同?

例 10 两台机床加工同样的零件. 第一台的废品率是 3%，第二台的废品率是 2%. 若把加工的零件放在一起，已知第一台机床加工的零件比第二台机床多一倍. 求：(1) 任取一个零件是合格品的概率；(2) 如果任取一个零件是废品，则它是第二台机床加工的概率.

解 设 B={任取一个零件是废品}，A_i={任取一个零件是由第 i 台机床加工的}，$i=1, 2$. 依题设，$P(A_1)=\frac{2}{3}$，$P(A_2)=\frac{1}{3}$，$P(B|A_1)=0.03$，$P(B|A_2)=0.02$.

因为 $B\subset A_1+A_2$，由全概公式知，

$$P(B)=P(A_1)P(B|A_1)+P(A_2)P(B|A_2)=\frac{2}{3}\times 0.03+\frac{1}{3}\times 0.02=\frac{0.08}{3}.$$

(1) $P(\overline{B})=1-P(B)=1-\dfrac{0.08}{3}\approx 0.9733$;

(2) $P(A_2|B)=\dfrac{P(A_2B)}{P(B)}=\dfrac{P(A_2)P(B|A_2)}{P(B)}=\dfrac{1}{3}\times 0.02\times\dfrac{3}{0.08}=0.25$,

所以，零件的合格品率是 97.33%，若任取一个是废品，则它是由第二台机床加工的概率是 0.25.

注意　利用概率的乘法公式和全概公式解题的关键是：弄清题设条件，用字母恰当地表示出事件，并依事件的含意写出这些事件相应的概率，根据具体问题选择适当的概率公式进行计算.

本节在条件概率概念的基础上，给出了概率的乘法公式和全概公式. 所谓条件概率是在事件 B 发生的前提下考虑 A 发生的概率，即 $P(A|B)$. 对应的抽样模型是无放回抽样，一般情况下 $P(A|B)\neq P(A)$，像本节例 2，例 6 等. 还有一类抽样模型是有放回抽样，将在下节讨论.

本节关键词

条件概率　概率的乘法公式　全概公式

习题 3.4

1. 考察某省甲、乙两个城市 6 月份下雨情况，以 A，B 分别表示甲、乙两城市出现雨天这一事件. 根据以往气象记录知 $P(A)=P(B)=0.4$，$P(AB)=0.28$，求 (1) $P(A|B)$；(2) $P(B|A)$；(3) $P(A+B)$.

2. 已知 $P(A)=0.3$，$P(B)=0.4$，$P(A|B)=0.5$，求 $P(A+B)$.

3. 一批种子发芽率为 0.9，出芽后的幼苗成活率为 0.8，在这批种子中随机取一粒，求这粒种子能成长为幼苗的概率.

4. 某厂产品的合格率为 96%，合格品中一级品率为 75%，从产品中任取一件，求它为一级品的概率.

5. 设 A，B 是两个随机事件，已知 $P(A)=P(B)=\dfrac{1}{3}$，$P(A|B)=\dfrac{1}{6}$，求 $P(\overline{A}|\overline{B})$.

6. 某人提出一个问题，甲先回答，甲能回答对的概率是 0.4. 若甲回答不对，则由乙回答，此时乙能回答对的概率是 0.5，求该问题由乙回答对的概率.

7. 袋中有 10 个球，其中 1 个红球，9 个白球，10 个人依次从袋中任取一个不放回，问第 1 个人，第 2 个人，…，最后一个人取到红球的概率各是多少？

8. 设 1 000 个男人中有 5 个色盲者，而 10 000 个女人中只有 25 个色盲者. 如果检查色盲的人中有 3 000 个男人，2 000 个女人，现在随机检查一人，求此人是色盲的概率.

9. 某工厂有甲、乙、丙三个车间生产同一种产品，每个车间的产量分别占全厂产量的 25%，35%，40%，各车间的次品率分别是 5%，4%，2%，求全厂产品的次品率.

§3.5 事件的独立性与二项概型

3.5.1 事件的独立性

在上节，我们讨论事件 A，B 的概率时，一般是在 B 发生的前提下考虑事件 A 发生的概率，它对应的抽样模型是无放回抽样模型，即第一次抽样后不放回，它的结果对第二次抽样产生一定的影响. 本节将讨论另一类抽样模型——有放回抽样，即前一次与后一次抽样是在相同条件下进行的，且前一次抽样的结果对后一次抽样不产生影响，我们说两次抽样结果是相互独立的. 换句话说，若事件 B 发生对事件 A 发生没有影响，由条件概率公式

$$P(A|B)=P(A)=\frac{P(AB)}{P(B)},$$

因此，对事件 A，B 一定有 $P(AB)=P(A)P(B)$.

定义 1 如果事件 A，B 满足条件

$$P(AB)=P(A)P(B),$$

则称**事件 A，B 相互独立**.

由概率的乘法公式及事件独立性的定义可以得到，事件 A，B 是相互独立的充分必要条件是 $P(A|B)=P(A)$ 且 $P(B|A)=P(B)$. 这里

$$P(AB)=P(A)P(B)\Leftrightarrow P(A|B)=P(A)\Leftrightarrow P(B|A)=P(B).$$

注意 (1) 事件的独立性往往是根据实际问题判断或题设给出的，很少是用定义或公式来判断的.

(2) 若事件 A，B 是相互独立的，则 A 与 $\overline{B}$，$\overline{A}$ 与 B，$\overline{A}$ 与 $\overline{B}$ 也相互独立.

下面给出 A 与 $\overline{B}$ 是相互独立的证明. $\overline{A}$ 与 B，$\overline{A}$ 与 $\overline{B}$ 独立性的证明由读者完成.

证 因为事件 A，B 独立，有 $P(AB)=P(A)P(B)$. 又因为

$$P(A)=P(AB+A\overline{B})=P(AB)+P(A\overline{B}),$$

所以

$$\begin{aligned}P(A\overline{B})&=P(A)-P(AB)=P(A)-P(A)P(B)\\&=P(A)(1-P(B))=P(A)P(\overline{B}),\end{aligned}$$

由定义 1，A 与 $\overline{B}$ 独立.

(3) 独立性的概念可以推广到任意 n 个事件. 若事件 A_1，A_2，…，A_n 满足

$$\begin{aligned}&P(A)=P(A_iA_j)=P(A_i)P(A_j),\quad i\neq j,\\&P(A_iA_jA_k)=P(A_i)P(A_j)P(A_k),\quad i\neq j,\ j\neq k,\ k\neq i,\\&\qquad\cdots\cdots\\&P(A_1A_2\cdots A_n)=P(A_1)P(A_2)\cdots P(A_n),\end{aligned}$$

则称**事件 A_1，A_2，…，A_n 相互独立**.

当 $n=3$ 时，若 A_1，A_2，A_3 相互独立，一定有 $P(A_1A_2A_3)=P(A_1)P(A_2)P(A_3)$ 成立.

例 1 有两批零件，其合格率分别是 0.8 和 0.7. 今从两批零件中各随机取出一个，求 (1) 这两个零件中只有一个是合格品的概率；(2) 这两个零件中至少有一个是合格品的

概率.

解　设 $A_i=\{$从第 i 批零件中任取一个是合格品$\}$，$i=1, 2$. 依题设，$P(A_1)=0.8$，$P(A_2)=0.7$，且 A_1，A_2 相互独立，所以 A_1 与 $\overline{A}_2$，$\overline{A}_1$ 与 A_2 也相互独立.

(1) 因为{两个零件中只有一个合格品}={两个零件中恰有一个合格品}$=A_1\overline{A}_2+\overline{A}_1A_2$，且 $A_1\overline{A}_2$ 与 $\overline{A}_1A_2$ 互不相容，由概率的加法公式及事件的独立性定义，有

$$P(A_1\overline{A}_2+\overline{A}_1A_2)=P(A_1\overline{A}_2)+P(\overline{A}_1A_2)=P(A_1)P(\overline{A}_2)+P(\overline{A}_1)P(A_2)$$
$$=0.8\times(1-0.7)+(1-0.8)\times0.7=0.38;$$

(2) 因为{两个零件中至少有一个是合格品}$=A_1+A_2$，所以，

$$P(A_1+A_2)=P(A_1)+P(A_2)-P(A_1A_2)=P(A_1)+P(A_2)-P(A_1)P(A_2)$$
$$=0.8+0.7-0.8\times0.7=0.94.$$

注意　例 1 的解题过程中用到了两点：

(1) 事件 A_1，A_2 只有一个发生；

(2) 事件 A_1，A_2 相互独立时的概率加法公式的推广形式.

你注意到了吗?

思考题　条件同例 1，问事件{两个零件都是合格品}及事件{两个零件中最多有一个合格品}的概率如何计算?

例 2　某超市有甲、乙、丙三台收银机独立工作. 甲机工作的概率为 0.8，乙机工作的概率为 0.7，丙机工作的概率为 0.9，求至少有一台机器工作的概率.

解　设 $A_1=\{$甲机工作$\}$，$A_2=\{$乙机工作$\}$，$A_3=\{$丙机工作$\}$. 依题设，$P(A_1)=0.8$，$P(A_2)=0.7$，$P(A_3)=0.9$，且 A_1，A_2，A_3 相互独立，所以 $\overline{A}_1$，$\overline{A}_2$，$\overline{A}_3$ 也相互独立.

记 $B=\{$至少有一台机器工作$\}=A_1+A_2+A_3$.

解法 1　用三个事件和的概率加法公式及事件独立性定义，有

$$\begin{aligned}P(A_1+A_2+A_3)&=P(A_1)+P(A_2)+P(A_3)-P(A_1A_2)-P(A_1A_3)-P(A_2A_3)\\&\quad+P(A_1A_2A_3)\\&=P(A_1)+P(A_2)+P(A_3)-P(A_1)P(A_2)-P(A_1)P(A_3)\\&\quad-P(A_2)P(A_3)+P(A_1)P(A_2)P(A_3)\\&=0.8+0.7+0.9-0.8\times0.7-0.8\times0.9-0.7\times0.9+0.8\times0.7\\&\quad\times0.9\\&=0.994.\end{aligned}$$

解法 2　因为{至少有一台机器工作}的对立事件是{三台机器都不工作}，由摩根律

$$\overline{B}=\overline{A_1+A_2+A_3}=\overline{A}_1\overline{A}_2\overline{A}_3,$$

所以，

$$P(B)=1-P(\overline{A}_1\overline{A}_2\overline{A}_3)=1-P(\overline{A}_1)P(\overline{A}_2)P(\overline{A}_3)$$
$$=1-(1-0.8)(1-0.7)(1-0.9)=0.994.$$

注意　比较例 2 中的两种解法. 显然解法 2 较为简单，它巧妙地选用了对立事件的概率计算公式，并利用摩根律把求 3 个独立事件和的概率转化成求 3 个独立事件乘积的概率，而相互独立的事件乘积的概率等于各事件概率的乘积. 当 $n\geqslant3$ 时，这种解法的优越性更为明显.

由此可以得到关于n个相互独立事件相加情形下概率加法公式的推广形式：

设A_1，A_2，…，A_n是n个相互独立的事件，则有

$$P(A_1+A_2+\cdots+A_n)=1-P(\overline{A}_1)P(\overline{A}_2)\cdots P(\overline{A}_n)$$

思考题 条件同例2，问三台机器中最多有一台机器工作的概率怎样计算较为简单些？

例3 在一定条件下，一个元件能正常工作的概率称为该**元件的可靠度**．由若干个元件组成的系统正常工作的概率称为**系统的可靠度**．设构成系统的每个元件的可靠度均为0.9，且各元件能否正常工作是相互独立的．试求：(1) 由n个元件组成的串联系统（见图3—5—1）的可靠度；(2) 由n个元件组成的并联系统（见图3—5—2）的可靠度．

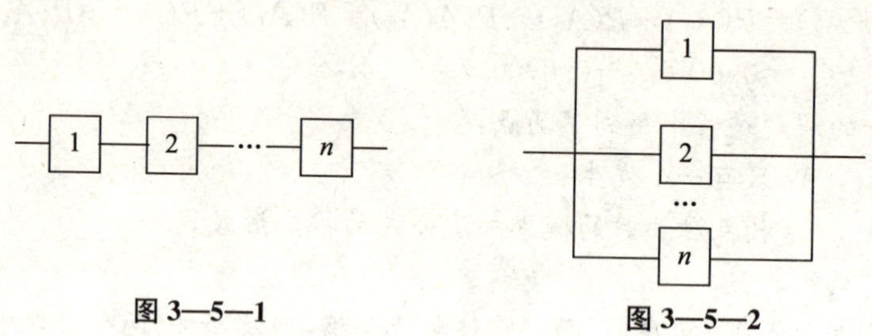

图3—5—1　　图3—5—2

解 设B=｛整个系统正常工作｝，A_i=｛第i个元件正常工作｝，$i=1,2,\cdots,n$．依题设，A_1，A_2，…，A_n相互独立，且$P(A_i)=0.9$，$i=1,2,\cdots,n$．

(1) 串联系统：整个系统正常工作当且仅当每个元件正常工作，即$B=A_1A_2\cdots A_n$，所以

$$P(B)=P(A_1A_2\cdots A_n)=P(A_1)P(A_2)\cdots P(A_n)=0.9^n;$$

(2) 并联系统：整个系统正常工作当且仅当至少有一个元件正常工作，即$B=A_1+A_2+\cdots+A_n$，所以

$$\begin{aligned}P(B)&=1-P(\overline{B})=1-P(\overline{A}_1)P(\overline{A}_2)\cdots P(\overline{A}_n)\\&=1-(1-P(A_1))(1-P(A_2))\cdots(1-P(A_n))\\&=1-(1-0.9)^n=1-0.1^n.\end{aligned}$$

由上述结果可见，串联系统的可靠度随串联元件增多而减小，并联系统的可靠度随并联元件增多而增大．

3.5.2 贝努里试验与二项概型

在许多实际问题中常遇到这样的试验：

(1) 试验可以在相同的条件下重复进行(每次试验是独立且可重复的)；

(2) 每次试验只有两个基本事件：事件A和它的对立事件$\overline{A}$发生的概率分别是

$$P(A)=p,\ P(\overline{A})=1-p=q.$$

将该试验独立地重复进行n次，这一系列独立重复的试验称为**n重贝努里试验**，简称**贝努里试验**．

n重贝努里试验对应一种较为简单且应用极为广泛的概率模型．

例如，某人射击，中靶的概率为p，不中靶的概率为$q(q=1-p)$．该人连续射击5发子弹，可以看作是在相同的条件下重复射击，这是一个5重贝努里试验．在这个试验中，我们最关心的是5发子弹中靶的各种发数的概率．如何求出呢？

设 $A_i=\{$第 i 发子弹中靶$\}$，$i=1, 2, 3, 4, 5$. 显然 A_1，A_2，A_3，A_4，A_5 相互独立，$P(A_i)=p$，$i=1, 2, 3, 4, 5$. 5 发子弹中靶的子弹发数 $k=0, 1, 2, 3, 4, 5$.

以 $k=2$ 为例. 5 发子弹中靶 2 发，其余 3 发均未命中靶，所以有下列 $C_5^2=\frac{5!}{2!(5-2)!}=10$ 个事件可能发生：

$$A_1A_2\overline{A}_3\overline{A}_4\overline{A}_5, A_1\overline{A}_2A_3\overline{A}_4\overline{A}_5, A_1\overline{A}_2\overline{A}_3A_4\overline{A}_5, A_1\overline{A}_2\overline{A}_3\overline{A}_4A_5, \overline{A}_1A_2A_3\overline{A}_4\overline{A}_5,$$
$$\overline{A}_1A_2\overline{A}_3A_4\overline{A}_5, \overline{A}_1A_2\overline{A}_3\overline{A}_4A_5, \overline{A}_1\overline{A}_2A_3A_4\overline{A}_5, \overline{A}_1\overline{A}_2A_3\overline{A}_4A_5, \overline{A}_1\overline{A}_2\overline{A}_3A_4A_5,$$

这 10 个事件两两互不相容，每个事件发生的概率都是一样的，

$$P(A_1A_2\overline{A}_3\overline{A}_4\overline{A}_5)=P(A_1\overline{A}_2A_3\overline{A}_4\overline{A}_5)=\cdots=P(\overline{A}_1\overline{A}_2\overline{A}_3A_4A_5)=p^2q^{5-2}=p^2q^3.$$

若事件$\{$5 发子弹恰有 2 发中靶$\}$发生，则上述 10 个事件有且只有一个发生，所以由互斥事件的加法公式

$$P(5\text{ 发子弹恰有 2 发中靶})=C_5^2p^2q^{5-2}=C_5^2p^2q^3,$$

由此不难得到下面的定理.

定理　在单次试验中，若事件 A 发生的概率为 p $(0<p<1)$，则在 n 重贝努里试验中，事件 A 发生 k $(0\leqslant k\leqslant n)$ 次的概率为

$$P_n(k)=C_n^kp^kq^{n-k}\cdots\cdots\cdots\cdots(1)$$

其中 $p+q=1$.

由于 $C_n^kp^kq^{n-k}$ 恰好是二项式 $(p+q)^n$ 的展开式第 $k+1$ 项，因此，将 n 重贝努里试验所对应的概率模型称为**二项概型**，(1) 式叫作**二项概率公式**. 又因为 $p+q=1$，所以，

$$\sum_{k=0}^{n}C_n^kp^kq^{n-k}=(p+q)^n=1.$$

例 4　超市抽奖促销分析　某超市“十一”搞抽奖促销活动. 抽奖规则是：每买满 100 元可以在一个装有 9 个白球和 1 个红球的箱子中随机摸出一球，记下球的颜色，摸到一个红球中三等奖，摸到两个红球中二等奖，摸到三个红球中一等奖. 王先生买了 300 元的商品，他获得 3 次摸球的机会，问王先生能够中一等奖、二等奖、三等奖的概率分别是多少？他不中奖的概率是多少？

解　设 $A=\{$一次摸球摸到红球$\}$，$P(A)=0.1$，$n=3$. 3 次摸球可以看成 3 重贝努里试验，所有可能摸到的红球数为 0，1，2，3. 由上面的定理，

$$P(\text{中三等奖})=P(\text{三次摸球摸到 1 个红球})=C_3^1\times0.1^1\times(1-0.1)^2=0.243,$$
$$P(\text{中二等奖})=P(\text{三次摸球摸到 2 个红球})=C_3^2\times0.1^2\times(1-0.1)^1=0.027,$$
$$P(\text{中一等奖})=P(\text{三次摸球摸到 3 个红球})=C_3^3\times0.1^3\times(1-0.1)^0=0.001,$$
$$P(\text{中奖})=P(\text{三次摸球至少摸到 1 个红球})=0.243+0.027+0.001=0.271,$$
$$P(\text{不中奖})=1-P(\text{中奖})=1-0.271=0.729,$$

所以，王先生能够中一等奖的概率是 0.001，中二等奖的概率是 0.027，中三等奖的概率是 0.243，王先生不中奖的概率是 0.729.

思考题　*在例 4 中，若设 X 表示 3 次摸球恰好摸到的红球数，上述概率如何表示？*

例 5　某汽车公司一次购买同品牌、同型号的汽车 10 辆. 已知该款汽车使用一年后出故障的概率为 5%，求使用一年后这 10 辆汽车中至少有两辆汽车出故障的概率.

解 设$A=\{$汽车使用一年后出故障$\}$，$P(A)=0.05$. 由于10辆汽车是同品牌、同型号的，所以，使用一年可以看成是10重贝努里试验. 令X表示10辆汽车使用一年后出故障的辆数，则$X=0, 1, 2, \cdots, 10$.

$$P(X=i)=C_{10}^{i}(0.05)^{i}(1-0.05)^{10-i} \quad i=0, 1, 2, \cdots, 10,$$

$$\{\text{使用一年后10辆汽车中至少有两辆出故障}\}$$
$$=\{X=2\}+\{X=3\}+\cdots+\{X=10\}=\{X\geqslant 2\},$$

事件$\overline{\{X\geqslant 2\}}=\{X<2\}=\{X=0\}+\{X=1\}$，

事件$\{X=0\}$与$\{X=1\}$互不相容，由概率的加法公式

$$P(X\geqslant 2)=1-P(X<2)=1-P(X=0)-P(X=1)$$
$$=1-C_{10}^{0}(0.05)^{0}(1-0.05)^{10}-C_{10}^{1}(0.05)^{1}(1-0.05)^{9}$$
$$\approx 1-0.5987-0.3151=1-0.9138=0.0862,$$

所以10辆汽车使用一年后至少有两辆出故障的概率约为0.0862.

思考题 条件同例5，问10辆汽车使用一年后最多有两辆出故障的概率是多少?

例6 单项选择题猜题分析 设某考卷上有10道选择题，每道选择题有4个可供选择的答案，其中有且只有一个正确答案. 今有一名考生仅会做5道题，有5道题不会做，于是随意填写，试问该考生在这5题中仅凭猜测选对m ($m=0, 1, 2, 3, 4, 5$) 题的概率.

解 5道题中能凭猜测选对m道题，可以看成5重贝努里试验. 猜对1道题的概率是$\frac{1}{4}$，猜错的概率是$\frac{3}{4}$. 设B_m表示5道题中猜对m道题这一事实，则

$$P(B_m)=C_5^m\left(\frac{1}{4}\right)^m\left(\frac{3}{4}\right)^{4-m} \quad (m=0, 1, 2, 3, 4, 5)$$

经计算，得到

猜对0道题的概率 $P(B_0)=C_5^0\left(\frac{1}{4}\right)^0\left(\frac{3}{4}\right)^{5-0}\approx 0.237$,

猜对1道题的概率 $P(B_1)=C_5^1\left(\frac{1}{4}\right)^1\left(\frac{3}{4}\right)^{5-1}\approx 0.396$,

猜对2道题的概率 $P(B_2)=C_5^2\left(\frac{1}{4}\right)^2\left(\frac{3}{4}\right)^{5-2}\approx 0.264$,

猜对3道题的概率 $P(B_3)=C_5^3\left(\frac{1}{4}\right)^3\left(\frac{3}{4}\right)^{5-3}\approx 0.088$,

猜对4道题的概率 $P(B_4)=C_5^4\left(\frac{1}{4}\right)^4\left(\frac{3}{4}\right)^{5-4}\approx 0.015$,

猜对5道题的概率 $P(B_5)=C_5^5\left(\frac{1}{4}\right)^5\left(\frac{3}{4}\right)^{5-5}\approx 0.001$.

思考题 例6的结果说明什么? 如果每道题10分，60分为及格，请问此人及格的概率是多少? 由此得到什么启示?

本节关键词

事件的独立性　n重贝努力试验　二项概型

习题 3.5

1. 有一个问题由两个学生分别独立解决. 如果每个学生各自能够解决该问题的概率都是$\frac{1}{3}$，求此问题能被解决的概率.

2. 甲、乙两批种子的发芽率分别是 0.8 和 0.7. 在两批种子中各随机取一粒，求：(1) 两粒都发芽的概率；(2) 至少有一粒发芽的概率；(3) 甲种子发芽，乙种子不发芽的概率；(4) 两粒种子中恰有一粒发芽的概率.

3. 一个自动报警器由雷达和计算机两部分组成. 两部分有任何一部分失灵，这个警报器就失灵. 若使用 100 小时后，雷达失灵的概率为 0.1，计算机失灵的概率为 0.3，且两部分失灵与否是相互独立的，求这个警报器使用 100 小时后不失灵的概率.

4. 设事件 A，B 独立，证明：$\overline{A}$ 与 B，$\overline{A}$ 与 $\overline{B}$ 独立.

5. 某单位招工时需要通过三项独立的考核，三项考核的通过率分别是 0.6，0.8，0.7. 求该单位招工时的淘汰率.

6. 某电路由电池 A 与两个并联的电池 B 和 C 串联组成. 设电池 A，B，C 损坏的概率分别为 0.3，0.2，0.2，求电路发生断电的概率.

7. 设有一系统由 4 个元件组成(见图 3—5—3). 已知每个元件的可靠性均为 0.9，且各个元件能否正常工作是相互独立的，问该系统的可靠性有多大?

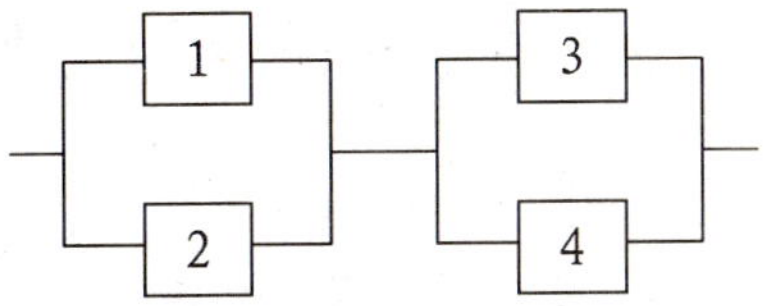

1　2　3　4

图 3—5—3

8. 一个工人看管 3 台机床，在 1 小时内不需要工人照管的概率：第一台为 0.9，第二台为 0.8，第三台为 0.7，求在一小时内：(1) 3 台机床都不需要工人照管的概率；(2) 3 台机床中至多有 1 台需要工人照管的概率.

9. 制造一种零件可采用两种工艺. 第一种工艺有三道工序，每道工序的废品率分别为 0.1，0.2，0.3；第二种工艺有两道工序，每道工序的废品率都是 0.3. 如果用第一种工艺，在合格零件中，一等品率为 0.9；用第二道工艺，合格品中一等品率只有 0.8，试问哪一种工艺保证一等品的概率更大?

10. 袋中有 3 个白球，2 个黑球. 每次有放回地从中任取 1 球，直到取到白球为止. 试求取出的黑球数恰好是 5 的概率.

11. 在一批有 20%次品的产品中进行 5 次重复抽样检查，共取得 5 个样品，求：(1) 次品数分别为 0，1，2，3，4，5 的概率；(2) 至少有一个次品的概率.

12. 电灯泡使用时数在 1 000 小时以上的概率为 0.2，求三个灯泡在使用 1 000 小时以后，最多有一个坏了的概率.

13. 一门大炮发射一发炮弹命中目标的概率是 0.6，至少有两发炮弹命中可将目标摧毁. 今连续发射 4 发，求目标被摧毁的概率.

14. 甲、乙两个篮球队员投篮命中率分别为 0.7 和 0.6，每人各投 3 次，求二人进球数相等的概率.

知识考核点与典型试题举例

一、随机事件与概率

1. 随机事件的概念、关系(包含、相等、对立、互不相容)与运算(和、积、差)

例 1 跳伞运动员朝地面上三个半径分别为 1 米、2 米、3 米的同心圆降落；以 $A_i(i=1, 2, 3)$ 记“降落地点在半径为 i 米的圆内”的事件，则“降落在半径为 1 米与 2 米的两个圆周围成的圆环内”的事件为________.

例 2 设 A，B，C 表示三个事件，则“A，B，C 中至少有两个发生”的事件是(　　).

A. $AB+AC+BC$　　B. $A+B+C$

C. $AB\bar{C}+A\bar{B}C+\bar{A}BC$　　D. $\bar{A}+\bar{B}+\bar{C}$

例 3 三个工人各装配一台仪器，它们或是正品，或是次品. 设 $A_i=\{$第 i 位工人装配的仪器是正品$\}$，$i=1, 2, 3$，则事件{三台只有一台仪器是次品}为____________.

例 4 若事件 A 与 B 之积为不可能事件，则称事件 A 与 B(　　).

A. 相互独立　　B. 对立

C. 互不相容　　D. 构成等概率基本事件组

例 5 设 A，B 为二事件，下列等式成立的是(　　).

A. $\overline{A+B}=\bar{A}+\bar{B}$　　B. $\overline{AB}=\bar{A}\bar{B}$

C. $A+B=B+A\bar{B}$　　D. $A+B=B+\bar{A}B$

2. 概率的定义及性质

例 6 若事件 A，B 满足 $A\supset B$，则 $P(A-B)=$________.

例 7 若 A，B 是两个随机事件，则(　　)正确.

A. $P(A+B)\leqslant P(A)$　　B. $P(AB)\leqslant P(A)$

C. $P(AB)=P(A)P(B)$　　D. $P(A+B)=P(A)+P(B)$

3. 古典概型及简单计算

例 8 10 个考签中有 3 个难签，甲、乙、丙三人依次进行抽签，求：(1) 甲抽到难签的概率；(2) 乙抽到难签的概率；(3) 甲、乙、丙都抽到难签的概率.

二、概率的加法公式、条件概率、乘法公式、全概公式

1. 加法公式

例 9 若事件 A，B 满足 $P(A)+P(B)>1$，则 A 与 B 一定(　　).

A. 不相互独立　　B. 相互独立　　C. 互不相容　　D. 不互斥

例 10 设 A 与 B 是两个随机事件，已知 A 与 B 至少有一个发生的概率是 $\frac{1}{4}$，B 发生且 A 不发生的概率是 $\frac{1}{10}$，求 A 发生的概率.

例 11 甲、乙两射手独立地向同一目标射击，甲射手的命中率为 0.7，乙射手的命中率是 0.6，今甲、乙两射手各射一发子弹，求：(1) 目标被击中的概率；(2) 两发子弹中只有一发击中目标的概率.

例 12　设 A, B, C 为三个事件，已知 $P(A)=P(B)=P(C)=\frac{1}{4}$，$P(AC)=P(BC)=\frac{1}{16}$，$P(AB)=0$，求事件 A, B, C 全不发生的概率.

2. 条件概率

例 13　已知 $P(B)=0.6$，$P(\overline{A}B)=0.4$，求 $P(A|B)$.

例 14　设 A, B 为两个事件互斥，且 $0<P(B)<1$，试证明：$P(A|\overline{B})=\frac{P(A)}{1-P(B)}$.

例 15　三个球分别标有号码 1，2，3 置于一袋中，每次从袋中任取一球记下号码再放回袋中，取 3 次. 已知所取号码之和为 6，求 3 次都取出 2 号球的概率.

3. 乘法公式

例 16　若 $P(A)\neq 0$，下列等式(　　)成立.

A. $P(AB)=P(A)P(B)$　　B. $P(AB)=P(A)P(B|A)$

C. $P(AB)=P(B)P(A|B)$　　D. $P(A+B)=P(A)+P(B)$

4. 全概公式

例 17　盒中装有 4 个白球，6 个黑球. 无放回地每次抽取一个，第二次取到白球的概率是(　　).

A. $\frac{2}{5}$　　B. $\frac{3}{10}$　　C. $\frac{4}{9}$　　D. $\frac{3}{9}$

例 18　人们为了了解一只股票未来一定时期内价格的变化，往往会去分析影响股票价格的基本因素，比如利率的变化. 现假设经分析利率下调的概率为 60%，利率不变的概率为 40%. 根据经验，人们估计，在利率下调的情况下，该只股票价格上涨的概率为 80%，而利率不变的情况下，其价格上涨的概率为 40%，求该只股票将上涨的概率.

三、事件的独立性与二项概型

1. 事件的独立性

例 19　若(　　)，则有 $P(\overline{A+B})=[1-P(A)][1-P(B)]$.

A. A 与 B 互斥　　B. $A\supset B$

C. $\overline{A}$ 与 $\overline{B}$ 互不相容　　D. A 与 B 独立

例 20　设 A, B 是两个事件，下列结论中(　　)是不正确的.

A. 若 $P(AB)=P(A)P(B)$，则 A, B 相互独立

B. $P(AB)=P(B)P(A|B)$，$P(B)\neq 0$

C. 若 $P(AB)=P(A)P(B)$，则 A, B 互不相容

D. $P(AB)=P(A)P(B|A)$，$P(A)\neq 0$

例 21　若事件 A 与 B 相互独立，且 $P(B)\neq 0$，则(　　)成立.

A. A 与 B 互斥　　B. $P(A)=P(A|B)$

C. $P(A)=P(B|A)$　　D. $P(A)P(B)=0$

例 22　设 A, B 是相互独立的事件，已知 $P(A)=\frac{1}{2}$，$P(B)=\frac{1}{3}$，则 $P(AB)=$(　　).

A. $\frac{1}{2}$　　B. $\frac{5}{6}$　　C. $\frac{1}{6}$　　D. $\frac{1}{3}$

例 23 设事件 A 与 B 独立，两个事件只有 A 发生的概率与只有 B 发生的概率都是$\frac{1}{4}$，求 $P(A)$与 $P(B)$.

例 24 某产品经甲、乙两道工序加工而得，已知甲、乙两道工序的次品率分别为 0.05 和 0.03，求该产品的次品率.

例 25 一个学生想借某本书，决定到 3 个图书馆去借，每个图书馆有无此书是等可能的. 如有，是否借出也是等可能的，求此学生借到此书的概率.

例 26 已知一个电路由 A，B 两个电池串联后再与一个电池 C 并联而成，A，B，C 损坏的概率分别是 0.15，0.1 和 0.2，求电路发生间断的概率.

2. 二项概型

例 27 某人打靶命中率为 0.8，若独立地射击 5 次，则 5 次中有 2 次射中的概率为(　　).

A. $0.8^2\times0.2^3$　　B. 0.8^2　　C. $\frac{2}{5}\times0.8^2$　　D. $C_5^2\times0.8^2\times0.2^3$

例 28 某射手一次射击命中靶心的概率为 0.8，该射手射击 4 次，求命中靶心不少于 3 次的概率.

例 29 一个人的血型为 O，A，B，AB 型的概率分别为 0.46，0.40，0.11，0.03. 现在随机地挑选 5 人，求 2 人为 O 型，其他 3 人分别为 A，B，AB 型的概率.

例 30 某种子公司通过多次试验得知，某批西瓜种子的发芽率为 95%. 出售时将 10 粒种子装成一包，并保证至少有 9 粒能够发芽，否则退赔. 试计算出售的任意一包需要退赔的概率.

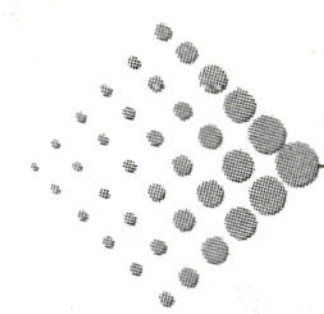

第 4 章

随机变量及其数字特征

在第 3 章，我们介绍了随机事件及事件间的关系与运算，随机事件的概率及其运算法则，并对比较简单的随机现象的概率情况进行了讨论. 为了使我们的研究和讨论进一步深入，在研究随机现象时，需要引入随机变量的概念，把随机事件与实数对应起来，将随机事件量化，并借助微积分的数学工具，可以比较全面和深刻地揭示随机现象发生的内在统计规律性. 因此，本章要研究反映随机现象的变量——随机变量，主要包括：随机变量的概念及其分布，两类随机变量，随机变量的数字特征，几种常见的随机变量及其分布，最后介绍数学实验，应用 MATLAB 软件计算几种常见分布的概率及其数字特征.

学习要求

1. 理解随机变量的概率分布、概率密度概念，了解分布函数的概念，掌握有关随机变量的概率计算.

2. 了解期望、方差与标准差等概念，掌握求期望、方差与标准差的方法.

3. 熟练掌握几种常用的离散型和连续型随机变量的分布以及它们的期望与方差，会查正态分布表计算一般正态分布的有关概率.

4. 了解随机变量独立性的概念.

§4.1　随机变量及其分布

4.1.1　随机变量的概念

对于每个随机试验都有多个可能发生也可能不发生的随机试验结果，如果我们引进一个变量，它具有以下两个特点：

(1) 对不同的随机试验结果它取不同的值，但在试验前只知道它取值的范围，并不能确定它取什么值；

(2) 当它取定某个值或某个范围内的值时，就得到一个随机事件，因而有确定的概率.

我们把这种取值带有随机性且具有概率规律的变量称为**随机变量**. 通常用大写字母 X，Y，Z，…表示随机变量，而随机变量的取值用小写英文字母 x，y，z，…表示.

在第 3 章，我们介绍过的一些随机试验都可以用随机变量表示出来.

例 1 掷一枚均匀的硬币，如果设

$$X=\begin{cases}1, & \text{出现正面} \\ 0, & \text{出现反面}\end{cases},$$

X 可能取到的值是 1，0，事先不能确定取到哪一个；$\{X=1\}$就是事件{出现正面}，$\{X=0\}$就是事件{出现反面}，已知 $P(X=0)=P(X=1)=\frac{1}{2}$，所以 X 是一个随机变量.

例 2 掷一颗均匀的骰子，设

$$X=\text{出现的点数},$$

X 可能取到的值是 1，2，…，6，$\{X=i\}$就是事件{出现 i 点}，$P(X=i)=\frac{1}{6}$，$i=1, 2, \cdots, 6$，所以，X 也是一个随机变量.

例 3 一位射手连续对某一目标射击，直到命中为止. 已知他每发命中的概率为 p，设

$$X=\text{需要射击的发数},$$

X 可能取到的值是 1，2，…，所以 X 是一个随机变量. 事件$\{X=k\}$，$k=1, 2, \cdots$意味着前 $k-1$ 发均未命中，第 k 发命中. 为求 $P(X=k)$，设 $A_k=\{\text{第 } k \text{ 发命中}\}$，$k=1, 2, \cdots$. 显然事件 A_1，A_2，…，A_k，…相互独立，$P(A_k)=p$，$k=1, 2, \cdots$. 于是，

$$P(X=1)=P(A_1)=p,$$

$$P(X=2)=P(\overline{A}_1A_2)=P(\overline{A}_1)P(A_2)=(1-p)p,$$

$$P(X=3)=P(\overline{A}_1\overline{A}_2A_3)=P(\overline{A}_1)P(\overline{A}_2)P(A_3)=(1-p)^2p,$$

…………

所以，$P(X=k)=(1-p)^{k-1}p$，$k=1, 2, \cdots$.

例 4 如果公共汽车始发站每 5 分钟发出一辆汽车，乘客到沿线某汽车站候车. 用 Y 表示乘客到达车站候车的时间(单位:分钟). 由于乘客是随机地到达某车站候车，他究竟等多长时间难以预先确定，但候车时间间隔越长，能乘上汽车的概率就越大，所以 Y 是一个随机变量. 事件$\{0<Y\leqslant 2\}=\{$乘客候车时间不超过 2 分钟$\}$. 因此，候车时间 t 不超过 5 分钟$(0\leqslant t\leqslant 5)$能乘上车的概率则是$\frac{t}{5}$，即

$$P(0\leqslant Y\leqslant t)=\frac{t}{5}, 0\leqslant t\leqslant 5.$$

例 5　一门大炮在一定的条件下向某个地面目标瞄准射击，用 ρ 表示弹着点与目标之间的距离(见图 4—1—1)，则 ρ 是一个随机变量. 若在地面上取直角坐标系:原点在目标处，将大炮所在地点与目标地点连线的方向定为 y 轴方向，与之垂直的方向定为 x 轴方向，则弹着点 $M(X, Y)$ 两个分量 X, Y 也都是随机变量.

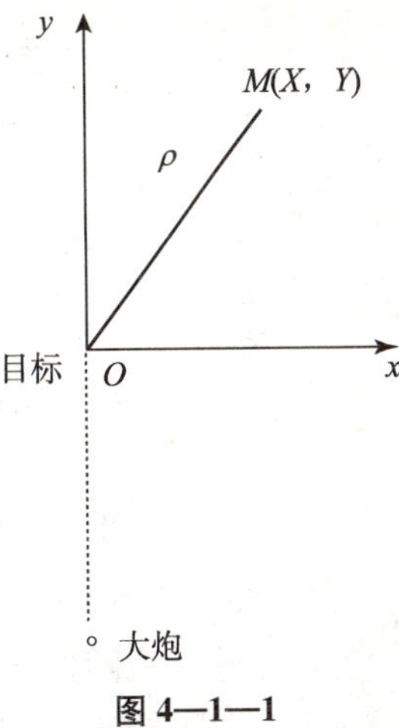

图 4—1—1

在引进了随机变量的概念后，随机试验中的各种事件就可以通过随机变量的关系与运算表示出来. 对随机现象的统计规律性的研究就由对事件和事件的概率的研究转化为对随机变量取值的概率的研究.

我们注意到，例 1，例 2，例 3 所给出的随机变量 X 是离散地取有限个值或可列有限个值；例 4，例 5 所给出的随机变量是在某个区间或某个区域上取值. 对于随机变量，通常分成两类进行讨论. 如果随机变量 X 所有可能取的值能够一一列举出来，则称 X 为离散型随机变量；如果随机变量 X 所有可能取的值不能一一列出，则称 X 是非离散型的. 其中在实际工作中经常遇到的是连续型随机变量.

4.1.2　离散型随机变量及其概率分布

定义 1　设随机变量 X 所有可能的取值为 $x_1, x_2, \cdots, x_k, \cdots$，且取这些值的概率为

$$P(X=x_k)=p_k, \quad k=1,2,\cdots,$$

则称 X 为**离散型随机变量**，称 $P(X=x_k)=p_k$，$k=1, 2, \cdots$ 为离散型随机变量 X 的**概率分布或分布列**，或**概率函数**. 也称 X **服从（或遵从）**$P(X=x_k)=p_k$，记为 $X \sim P(X=x_k)=p_k$.

有时也用两行多列的矩阵表示离散型随机变量的概率分布，即:第 1 行为随机变量的取值，第 2 行为对应随机变量取值的概率值，如

$$X \sim \begin{bmatrix} x_1 & x_2 & \cdots & x_k & \cdots \\ p_1 & p_2 & \cdots & p_k & \cdots \end{bmatrix} \text{ 或 } X \sim \begin{pmatrix} x_1 & x_2 & \cdots & x_k & \cdots \\ p_1 & p_2 & \cdots & p_k & \cdots \end{pmatrix}.$$

根据概率的性质及加法公式，离散型随机变量 X 的概率分布 $P(X=x_k)=p_k$ 具有以下性质:

性质 1　$p_k \geqslant 0$, $k=1, 2, \cdots$.

性质 2　$\sum\limits_{k=1}^{\infty} p_k = 1$.

显然，例 1，例 2，例 3 中的随机变量 X 都是离散型随机变量，且它们的概率分布都具有性质 1 及性质 2.

例 6　设离散型随机变量 X 的概率分布为 $\begin{bmatrix} 0 & 1 & 2 & 3 & 4 \\ \frac{1}{2} & \frac{1}{4} & \frac{1}{8} & \frac{1}{16} & a \end{bmatrix}$，求:(1) 常数 a；(2) $P(1<X\leqslant 3)$ 及 $P(X>0)$.

解 (1) 根据概率分布的性质 2，$\frac{1}{2}+\frac{1}{4}+\frac{1}{8}+\frac{1}{16}+a=1$，所以

$$a=1-\frac{1}{2}-\frac{1}{4}-\frac{1}{8}-\frac{1}{16}=\frac{1}{16};$$

(2) 因为事件$\{1<X\leqslant 3\}=\{X=2\}+\{X=3\}$，$\{X>0\}=\overline{\{X\leqslant 0\}}$，由概率的加法公式有

$$P(1<X\leqslant 3)=P(X=2)+P(X=3)=\frac{1}{8}+\frac{1}{16}=\frac{3}{16},$$

$$P(X>0)=1-P(X\leqslant 0)=1-P(X=0)=1-\frac{1}{2}=\frac{1}{2}.$$

4.1.3 连续型随机变量及其概率密度

由于连续型随机变量是在某个区间或某个区域内连续地取值，我们不可能把它的取值一一列出，所以也就不能像离散型随机变量那样逐点给出它的概率. 对于这类随机变量我们关注的是它在某个范围内取值的概率. 下面给出连续型随机变量的定义.

定义 2 设 X 为一随机变量，如果存在非负可积函数 $f(x)$，$-\infty<x<+\infty$，使得对任意实数 $a<b$，都有

$$P(a<X\leqslant b)=\int_a^b f(x)\mathrm{d}x,$$

则称 X 为**连续型随机变量**，函数 $f(x)$称为连续型随机变量 X 的**概率密度函数**，简称**概率密度或密度函数**，也称 **X 服从(或遵从)概率密度为 $f(x)$ 的分布**，记作 $X\sim f(x)$.

根据概率的性质和积分的性质，连续型随机变量的概率密度函数具有以下两条性质：

性质 1 $f(x)\geqslant 0$，$-\infty<x<+\infty$.

性质 2 $\int_{-\infty}^{+\infty}f(x)\mathrm{d}x=1$.

注意 (1) 离散型随机变量的概率分布所具有的两条性质与连续型随机变量的概率密度函数所具有的两条性质有何异同?

对于性质 1，离散型随机变量的概率分布是随机变量取值的概率，所以 $0\leqslant p_k\leqslant 1$；而连续型随机变量的概率密度函数是一个定义在 $(-\infty,+\infty)$ 上的可积实函数，它本身不是概率，所以没有要求 $f(x)\leqslant 1$，但在任意区间$[a,b]$上的积分值$\int_a^b f(x)\mathrm{d}x$是随机变量X在该区间上取值的概率值，故必有 $f(x)\geqslant 0$.

性质 2 表明，随机变量在 $(-\infty,+\infty)$ 内取值是一必然事件，它的概率等于 1，二者是一致的.

需要指出的是，对于满足性质 1 和性质 2 的任何一组数 x_1，x_2，…，x_k，… 或定义在 $(-\infty,+\infty)$ 上的函数 $f(x)$ 都可以成为某一随机变量的概率分布或概率密度函数.

(2) 由概率密度函数的定义，$P(a<X\leqslant a)=\int_a^a f(x)\mathrm{d}x=0$，所以连续型随机变量 X 在任一点取值的概率都是 0，由此还可以说明连续型随机变量 X 在一点的取值不影响它在一个区间上取值的概率，因此，有 $P(a<X\leqslant b)=P(a\leqslant X\leqslant b)=P(a\leqslant X<b)$.

思考题 概率等于 0 的事件一定是不可能事件吗?

例 7　设随机变量 X 的概率密度函数为

$$f(x)=\begin{cases}Ax^2, & 0\leqslant x\leqslant 1\\ 0, & \text{其他}\end{cases},$$

试求：(1) 常数 A；(2) $P\left(-1<X<\frac{1}{2}\right)$；(3) $P\left(\frac{1}{3}<X\leqslant 1\right)$.

解　(1) 由概率密度函数的性质 2，

$$1=\int_{-\infty}^{+\infty}f(x)\mathrm{d}x=\int_0^1 Ax^2\mathrm{d}x=\frac{1}{3}A,$$

所以，$A=3$；

(2) $P\left(-1<X<\frac{1}{2}\right)=\int_{-1}^{\frac{1}{2}}f(x)\mathrm{d}x=\int_0^{\frac{1}{2}}3x^2\mathrm{d}x=x^3\Big|_0^{\frac{1}{2}}=\frac{1}{8}$；

(3) $P\left(\frac{1}{3}<X\leqslant 1\right)=\int_{\frac{1}{3}}^1 3x^2\mathrm{d}x=x^3\Big|_{\frac{1}{3}}^1=1-\frac{1}{27}=\frac{26}{27}$.

4.1.4　随机变量的分布函数

前面我们分别给出了离散型随机变量及其概率分布和连续型随机变量及其概率密度函数的定义，无论是离散型还是连续型随机变量 X，对任何 $x\in(-\infty,+\infty)$，事件$\{X\leqslant x\}$的概率是随 x 变化而变化的数值，它是 x 的函数.

1. 分布函数的定义及性质

定义 3　设 X 是一随机变量，称

$$F(x)=P(X\leqslant x),\quad -\infty<x<+\infty$$

为 X 的**分布函数**.

分布函数将离散型随机变量和连续型随机变量做了统一描述. 由分布函数的定义，从直观上不难得到分布函数 $F(x)$具有以下性质：

性质 1　$0\leqslant F(x)\leqslant 1$，$-\infty<x<+\infty$.

性质 2　$F(x)$是 x 的不减函数.

性质 3　$\lim\limits_{x\to-\infty}F(x)=0$；$\lim\limits_{x\to+\infty}F(x)=1$.

性质 4　$F(x)$至多有可列个间断点，而在间断点上是右连续的.

注意　凡具有性质 1～性质 4 的函数必是某个随机变量 X 的分布函数. 今后在很多场合，仅写出分布函数 $F(x)$ 而不写出随机变量 X.

2. 分布函数的计算

(1) 若 X 是离散型随机变量，其概率分布为 $P(X=x_k)=p_k$，$k=1, 2, \cdots$，则

$$F(x)=P(X\leqslant x)=\sum_{x_k\leqslant x}p_k;$$

(2) 若 X 是连续型随机变量，其概率密度函数为 $f(x)$，则

$$F(x)=P(X\leqslant x)=\int_{-\infty}^{x}f(t)\mathrm{d}t.$$

即分布函数 $F(x)$是密度函数 $f(x)$的可变上限的定积分. 由微积分基本定理，$F(x)$是 $f(x)$的一个原函数，对任意给定的 x_0，$F(x_0)$等于图 4—1—2 所示阴影部分的面积值. 在 $f(x)$的连续点上有

$$f(x)=F'(x),$$

即概率密度函数 $f(x)$ 是分布函数 $F(x)$ 的导数.

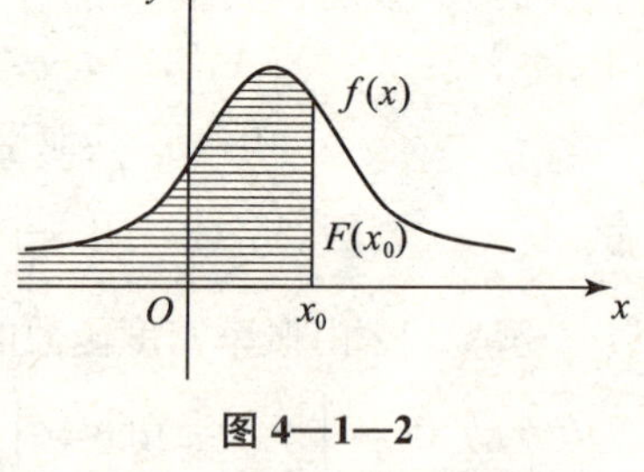

图 4—1—2

对于任何实数 $a,b(a<b)$，有

$$P(a<X\leqslant b)=\int_a^b f(x)\mathrm{d}x=F(b)-F(a).$$

注意 利用分布函数计算随机变量在某区间上取值的概率就等于分布函数在该区间两端点值的差.

例 8 设随机变量 X 具有概率分布为 $\begin{bmatrix} 0 & 1 & 2 \\ \frac{1}{10} & \frac{6}{10} & \frac{3}{10} \end{bmatrix}$，求 X 的分布函数 $F(x)$.

解 由于随机变量 X 是离散型的，由分布函数的定义 $F(x)=\sum\limits_{x_k\leqslant x}P(X=x_k)$，

当 $x<0$ 时，事件 $\{X\leqslant x\}=\varnothing$，$F(x)=0$；

当 $0\leqslant x<1$ 时，$F(x)=P(X\leqslant x)=P(X=0)=\frac{1}{10}$；

当 $1\leqslant x<2$ 时，$F(x)=P(X\leqslant x)=P(X=0)+P(X=1)=\frac{1}{10}+\frac{1}{6}=\frac{7}{10}$；

当 $2\leqslant x$ 时，$F(x)=P(X\leqslant x)=P(X=0)+P(X=1)+P(X=2)=1$.

从而

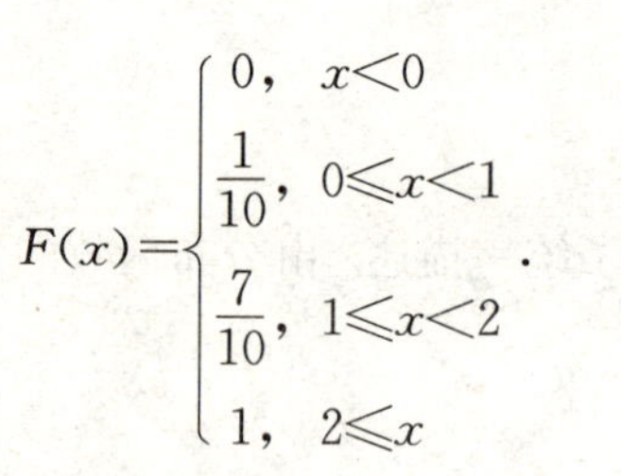

$$F(x)=\begin{cases} 0, & x<0 \\ \frac{1}{10}, & 0\leqslant x<1 \\ \frac{7}{10}, & 1\leqslant x<2 \\ 1, & 2\leqslant x \end{cases}.$$

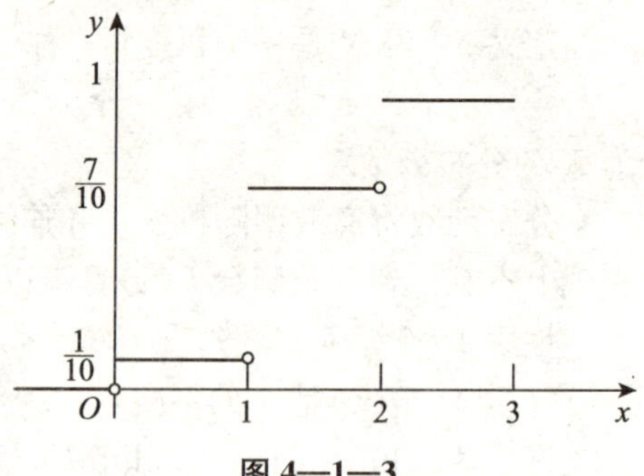

图 4—1—3

注意 例 8 的分布函数的图形(见图 4—1—3)是一个阶梯形状，在 $x=0, 1, 2$ 处具有跳跃，其跳跃度分别是 $P(X=0)=\frac{1}{10}$，$P(X=1)=\frac{6}{10}$，$P(X=2)=\frac{3}{10}$. 由此可以看出，离散型随机变量的分布函数的图形是阶梯状的，在分段点处有跳跃，其跳跃的幅度是随机变量在该点的概率.

例 9 设随机变量 X 的密度函数为 $f(x)=\begin{cases} \frac{1}{b-a}, & a\leqslant x<b \\ 0, & \text{其他} \end{cases}$，求 X 的分布函数 $F(x)$.

解 因为 X 是连续型随机变量，由分布函数的定义 $F(x)=\int_{-\infty}^x f(t)\mathrm{d}t$，

当 $x<a$ 时，

$$f(x)=0,\ F(x)=0;$$

当 $a\leqslant x<b$ 时，

$$f(x)=\frac{1}{b-a},\ F(x)=\int_{-\infty}^x f(t)\mathrm{d}t=\int_a^x \frac{1}{b-a}\mathrm{d}t=\frac{x-a}{b-a};$$

当 $b\leqslant x$ 时，

$$f(x)=0,\ F(x)=\int_{-\infty}^{x}f(t)\,\mathrm{d}t=\int_{-\infty}^{a}0\,\mathrm{d}t+\int_{a}^{b}\frac{1}{b-a}\,\mathrm{d}t+\int_{b}^{x}0\,\mathrm{d}t=1,$$

从而

$$F(x)=\begin{cases}0, & x<a\\ \dfrac{x-a}{b-a}, & a\leqslant x<b\\ 1, & b\leqslant x\end{cases}.$$

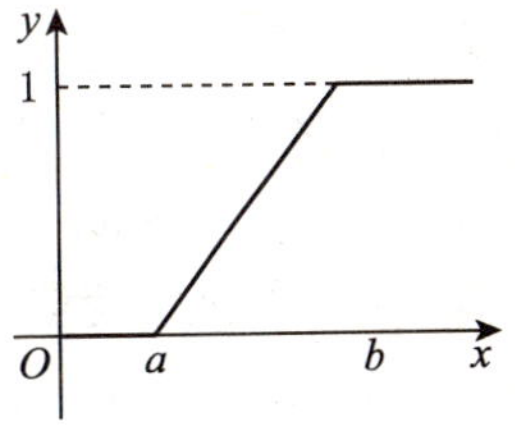

$F(x)$的图形如图 4—1—4 所示.

图 4—1—4

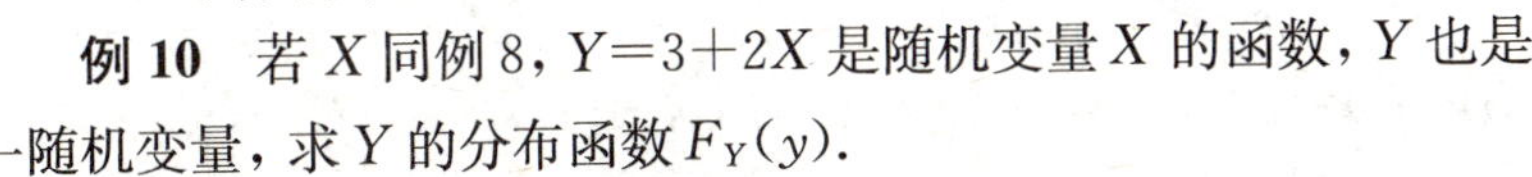

例 10　若 X 同例 8，$Y=3+2X$ 是随机变量 X 的函数，Y 也是一随机变量，求 Y 的分布函数 $F_Y(y)$.

解　由分布函数的定义和事件的等价性

$$F_Y(y)=P(Y\leqslant y)=P(2X+3\leqslant y)=P\left(X\leqslant\frac{y-3}{2}\right)$$

$$=F\left(\frac{y-3}{2}\right)=\begin{cases}0, & y<3\\ \dfrac{1}{10}, & 3\leqslant y<5\\ \dfrac{7}{10}, & 5\leqslant y<7\\ 1, & 7\leqslant y\end{cases}.$$

思考题　例 10 中 $F_Y(y)$的图形是什么？

以后，把满足方程 $F(x)=\alpha$ 的 x 称为分布函数 $F(x)$的 **α 分位点**，把满足方程 $F(x)=1-\alpha$ 的 x 称为分布函数 $F(x)$的 **$1-\alpha$ 分位点**. 在后面的第 5 章将常用到分位点的概念.

4.1.5　多维随机变量及其独立性

1. n 维随机变量

以上我们讨论了一个随机变量的分布. 在很多随机现象中，往往涉及两个甚至更多个随机变量. 例如，本节例 5，如果用两个随机变量——弹着点的横坐标 X 与纵坐标 Y 来描述弹着点相对于目标的位置就比用一个随机变量描述弹着点与目标距离 ρ 更准确和全面些. 又如炼钢厂炼出的每炉钢其质量可以由钢的硬度 X、含碳量 Y、含硫量 Z 等多个方面来考察，那么 X, Y, Z 等都是随机变量.

值得注意的是，这些随机变量之间一般来说都有着某种联系，因而需要把这些随机变量作为一个整体来研究. 我们称 n 个随机变量 X_1，X_2，…，X_n 的整体（X_1，X_2，…，X_n）为 n 维随机变量. 例如，弹着点的位置（X, Y）是一个二维随机变量，炼钢的基本指标（X, Y, Z）是一个三维随机变量. 如果从一大批螺丝钉中随机地取 5 个，那么它们的直径 X_1，X_2，X_3，X_4，X_5 是 5 个随机变量，也可以把（X_1，X_2，X_3，X_4，X_5）看做一个 5 维随机变量. 实际上，一维随机变量就是一个随机变量.

2. 随机变量的独立性

设（X, Y）是一个二维随机变量. 对任何实数 $x\in(-\infty,+\infty)$ 及对任何实数 $y\in(-\infty,+\infty)$，有事件$\{X\leqslant x,Y\leqslant y\}=\{X\leqslant x\}\{Y\leqslant y\}$. 如果事件$\{X\leqslant x\}$与事件$\{Y\leqslant$

$y\}$相互独立，那么一定有

$$P(X\leqslant x,Y\leqslant y)=P(X\leqslant x)P(Y\leqslant y)$$

成立. 我们可以利用随机变量所描述的随机事件独立性的定义来讨论随机变量的独立性，为此给出下面的定义 4.

定义 4 设 X, Y 是两个随机变量，若对任意实数 x, y, 有

$$P(X\leqslant x,\ Y\leqslant y)=P(X\leqslant x)P(Y\leqslant y) \cdots\cdots\cdots\cdots\cdots\cdots(*)$$

成立，则称**随机变量 X 与 Y 相互独立**.

类似地，若 n 维随机变量 X_1, X_2, X_3, …, X_n, 对任意实数 x_1, x_2, x_3, …, x_n 满足

$$P(X_i\leqslant x_i,\ X_j\leqslant x_j)=P(X_i\leqslant x_i)P(X_{2j}\leqslant x_j),\quad i\neq j,$$

$$P(X_i\leqslant x_i,X_j\leqslant x_j,X_k\leqslant x_k)=P(X_i\leqslant x_i)P(X_j\leqslant x_j)P(X_k\leqslant x_k),\quad i\neq j,\ j\neq k,\ k\neq i,$$

$$\cdots\cdots\cdots\cdots$$

$$P(X_1\leqslant x_1,\ X_2\leqslant x_2,\ \cdots,\ X\leqslant x_n)=P(X_1\leqslant x_1)P(X_2\leqslant x_2)\cdots P(X\leqslant x_n),$$

则称 **n 维随机变量** X_1, X_2, …, X_n **相互独立**.

注意 与随机事件的独立性一样，随机变量的独立性一般靠主观判断，而不是靠验证（$*$）式来判断. 例如，上面所说，如果从一大批螺丝钉中随机地取 5 个，那么它们的直径（X_1, X_2, X_3, X_4, X_5）构成一个 5 维随机变量，且这 5 个随机变量依概率取值彼此独立，所以这个 5 维随机变量是相互独立的.

本节关键词

随机变量 离散型随机变量 概率分布 连续型随机变量 概率密度函数 分布函数 随机变量的独立性

习题 4.1

1. 一袋中有 3 个白球、5 个红球，从中任取 2 个球，求取到白球个数 X 的概率分布.

2. 判断以下两表对应值能否作为离散型随机变量的概率分布：

(1) $\begin{bmatrix} -1 & 0 & 1 \\ \frac{1}{2} & \frac{1}{3} & \frac{1}{6} \end{bmatrix}$； (2) $\begin{bmatrix} 1 & 2 & 3 & 4 \\ \frac{1}{2} & \frac{1}{4} & \frac{1}{8} & \frac{1}{16} \end{bmatrix}$.

3. 某车间有 6 台车床，每台车床由于装卸加工零件等原因时常停车. 设各台车床停车或开车是相互独立的，每台车床在任一时刻处于停车状态的概率是 0.3，求车间内在任一时刻：(1) 停车台数 X 的概率分布；(2) 有 3 台车床停车的概率；(3) 车床全部工作的概率.

4. 如果随机变量 X 可在下列区间内取值：(1) $\left[0,\ \frac{\pi}{2}\right]$；(2) $[0,\ \pi]$；(3) $\left[0,\ \frac{3}{2}\pi\right]$，问在哪个区间上，$f(x)=\sin x$ 可以作为 X 的概率密度函数？为什么？

5. 设随机变量 X 具有概率密度函数 $f(x)=\begin{cases} Ax, & 0\leqslant x\leqslant 1 \\ 0, & 其他 \end{cases}$，求：(1) A；(2) $P(X\leqslant 0.5)$；(3) $P(0.3<X<2)$；(4) X 的分布函数 $F(x)$.

6. 设随机变量 X 的分布函数为 $F(x)=\begin{cases}0, & x\leqslant 0\\ x^2, & 0<x\leqslant 1\\ 1, & x>1\end{cases}$，试求：(1) X 取值在区间 $(0.3, 0.7)$ 的概率；(2) X 的概率密度.

7. 设随机变量 X 的分布函数是 $F(x)=A+B\arctan x$，求：(1) 常数 A，B；(2) X 取值在 $(-1, 1)$ 区间内的概率；(3) X 的概率密度.

§4.2　随机变量的数字特征

在§4.1，通过随机变量的概率分布或概率密度及分布函数对随机变量进行了比较完整的描述. 在理论研究和实际应用中，常常需要用一些简单明了的数值来刻画随机变量的某些特征. 例如，一个电器公司生产某种型号的电子元件的寿命是一个随机变量. 为了衡量这种元件的质量，需要考虑这种元件寿命的平均数值及各个元件寿命相对这个平均数值的分散程度. 像这样一些与随机变量的分布密切相关并且能反映它的某些特征的数值，通常称为随机变量的数字特征，这一节将介绍常用的三种数字特征，即数学期望、方差、矩.

4.2.1　数学期望

1. 数学期望的定义

为给出随机变量的数学期望的概念，先看下面两个例子.

例 1　一组数有 6 个，其中有三个 1，两个 2，一个 3，求这组数的平均值.

解　当已知这组数有具体个数时，由算术平均值易得

$$平均值=\frac{1\times 3+2\times 2+3\times 1}{6}=\frac{5}{3},$$

这个式子很容易写成

$$1\times\frac{3}{6}+2\times\frac{2}{6}+3\times\frac{1}{6}=\frac{5}{3},$$

其中$\frac{3}{6}$，$\frac{2}{6}$，$\frac{1}{6}$分别是 1，2，3 这三个数在这组数中所占的比例或出现的概率.

当仅知道不同的数在这组数中所占的比例为 p_1，p_2，p_3 $(p_1+p_2+p_3=1)$ 时，这组数的平均值为：

$$平均值=1\times p_1+2\times p_2+3\times p_3,$$

其中 p_1，p_2，p_3 称为**权数或权重**，平均值就是 1，2，3 这三个数在这组权数为 p_1，p_2，p_3 下的**加权平均数**. 当这组权数发生变化时，其平均值也将发生变化. 如取 $p_1=\frac{1}{6}$，$p_2=\frac{1}{3}$，$p_3=\frac{1}{2}$，得到：

$$平均值=1\times\frac{1}{6}+2\times\frac{1}{3}+3\times\frac{1}{2}=\frac{7}{3}.$$

例 2　在一批产品中，一级品占 50%，每件产品的利润是 2 元；二级品占 40%，每件产品的利润是 1 元；次品占 10%，每件产品的利润是 −1 元(即赔 1 元). 问这批产品的平均利润是多少?

解 设 $X=\{$一件产品的利润$\}$(元)，X 是一随机变量，$X=1$，2，-1. 事件$\{X=1\}$即利润是1元，意味着产品是二级品；事件$\{X=2\}$即利润是2元，意味着产品是一级品；事件$\{X=-1\}$利润是-1元，意味着产品是次品. 由题设 $P(X=2)=0.5$，$P(X=1)=0.4$，$P(X=-1)=0.1$. 所求问题是平均每件产品的利润，即 X 在上述概率意义下的平均值.

$$X\text{ 的平均值}=2\times P(X=2)+1\times P(X=1)+(-1)\times P(X=-1)$$
$$=2\times 0.5+1\times 0.4+(-1)\times 0.1=1.3,$$

即平均每件产品的利润是1.3元.

注意 上式也可以写成

$$X\text{ 的平均值}=x_1P(X=x_1)+x_2P(X=x_2)+x_3P(X=x_3),$$

即随机变量 X 的平均值就是其依概率 $P(X=x_k)$，$k=1$，2，3 取值的加权平均值. 这个平均值就称为离散型随机变量的数学期望. 下面给出严格定义.

定义1 设离散型随机变量 X 的概率分布为 $P(X=x_k)=p_k$，$k=1,2,\cdots$，如果级数 $\sum\limits_{k=1}^{\infty}x_kp_k$ 绝对收敛，则称级数 $\sum\limits_{k=1}^{\infty}x_kp_k$ 为 X 的**数学期望**，简称**期望**或**均值**，记作 $E(X)$. 即

$$E(X)=\sum_{k=1}^{\infty}x_kp_k.$$

对于连续型随机变量，如果它的概率密度为 $f(x)$，注意到 $f(x)\mathrm{d}x$ 的作用与离散型随机变量中的 p_k 相类似，因而有下面的定义.

定义2 设连续型随机变量 X 的概率密度为 $f(x)$. 如果积分 $\int_{-\infty}^{+\infty}xf(x)\mathrm{d}x$ 绝对收敛，则称积分 $\int_{-\infty}^{+\infty}xf(x)\mathrm{d}x$ 为 X **的数学期望**，简称**期望**或**均值**，记作 $E(X)$. 即

$$E(X)=\int_{-\infty}^{+\infty}xf(x)\mathrm{d}x.$$

注意 数学期望是对某一随机变量而言的，它是随机变量依概率取值的平均值. 由于它由随机变量的分布唯一确定，所以有时也称它为某个分布的数学期望.

思考题 随机变量 X 的期望是一个变量、随机变量，还是常数？

例3 设随机变量 X 的概率分布为 $\begin{bmatrix}0 & 1 & 2 & 3\\ \frac{1}{4} & \frac{1}{8} & \frac{1}{16} & \frac{9}{16}\end{bmatrix}$，求 $E(X)$.

解 由离散型随机变量的期望定义，

$$E(X)=\sum_{k=1}^{4}x_kp_k=0\times\frac{1}{4}+1\times\frac{1}{8}+2\times\frac{1}{16}+3\times\frac{9}{16}=\frac{31}{16}.$$

例4 设连续型随机变量 X 的概率密度为 $f(x)=\begin{cases}\frac{3}{2}x^2, & -1\leqslant x\leqslant 1\\ 0, & \text{其他}\end{cases}$，求 $E(X)$.

解 由连续型随机变量的期望定义，

$$E(X)=\int_{-\infty}^{+\infty}xf(x)\mathrm{d}x=\int_{-1}^{1}x\,\frac{3}{2}x^2\mathrm{d}x=\int_{-1}^{1}\frac{3}{2}x^3\mathrm{d}x=0.$$

 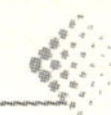

例 5　3D 福利彩票的收益分析　§3.2 例 7 已经分别计算出购买一张 3D 福利彩票三种奖项的中奖率，假定每期只投 1 注，而且长期坚持选择同一奖项(玩法). 问选择哪一种奖项最合算?

解　所谓“最合算”，应该是每期投 1 注（支付 2 元）平均收益最大者. 为了计算方便，将各种奖项（玩法）的中奖率、中奖收益、不中奖率、不中奖的收益及平均收益列成表 4—2—1.

表 4—2—1　　**3D 福利彩票的投 1 注的平均收益分析**

奖项	中奖率	中奖金额(元)	中奖收益(净赚元)	不中奖率	不中奖收益(元)	平均收益(元)
直选	0.001	1 000	998	0.999	−2(净赔 2 元)	−1
组选 3	0.003	320	318	0.997	−2(净赔 2 元)	−1.04
组选 6	0.006	160	158	0.994	−2(净赔 2 元)	−1.04

设直选、组选 3、组选 6 收益的随机变量分别为 X_1，X_2，X_3，概率分布分别为

$$X_1 \sim \begin{bmatrix} 998 & -2 \\ 0.001 & 0.999 \end{bmatrix},\ X_2 \sim \begin{bmatrix} 318 & -2 \\ 0.003 & 0.997 \end{bmatrix},\ X_3 \sim \begin{bmatrix} 158 & -2 \\ 0.006 & 0.994 \end{bmatrix}.$$

表 4—2—1 最后一列，三种奖项平均收益计算如下：

(1) 直选：平均收益为 $E(X_1)=998\times 0.001+(-2)\times 0.999=-1$(元)，即平均每次投 1 注亏损 1 元.

(2) 组选 3：平均收益为 $E(X_2)=318\times 0.003+(-2)\times 0.997=-1.04$(元)，即平均每次投 1 注亏损 1.04 元.

(3) 组选 6：平均收益为 $E(X_3)=158\times 0.006+(-2)\times 0.994=-1.04$(元)，即平均每次投 1 注亏损 1.04 元.

由此可见，选择直选亏损最少，购买直选相对来说最合算.

注意　(1)“平均每次投 1 注亏损 1 元”是什么意思?

由于每期都存在中奖与不中奖两种可能，所以当您长期坚持直选投注后，您会发现，平均每期投入 1 注，即 2 元，赚回 1 元，净赔 1 元.

(2) 如果把 1 000 个号码都买下来，收益如何呢?

如果全买直选，恰有 1 个号码中奖，投入 2 000 元，得奖金 1 000 元，净赔 1 000 元；

如果全买“组选 3”，有 3 张中奖，投入 2 000 元，得奖金 3×320 元=960 元，净赔 1 040 元；

如果全买“组选 6”，有 6 张中奖，投入 2 000 元，得奖金 6×160 元=960 元，净赔 1 040 元.

由此可见，如果全买下来能赚钱的话，福彩中心早就关门了.

***例 6　求职决策问题**　有三家公司接受了李先生的求职申请，愿为其提供面试机会. 按面试时间由公司 1、公司 2 到公司 3 的先后顺序，每家公司都可能提供极好、好和一般三种职位，每家公司将根据面试情况决定给予何种职位或拒绝提供职位. 规定求职双方在面

试后需立即决策且不许毁约. 职介专家在为李先生的学业成绩和综合素质进行评估后认为，他获得极好、好、一般职位的可能性分别为 0.2，0.3，0.5，三家公司的工资数据如表 4—4—2 所示.

如果把工资数尽量大作为首要条件，那么李先生应如何决策?

表 4—4—2　　各公司提供的工资数据

公司 \ 工资(元) 职位	极好(0.2)	好(0.3)	一般(0.5)
1	3 500	3 000	2 200
2	3 900	2 950	2 500
3	4 000	3 000	2 500

解　设李先生接受公司 1、公司 2、公司 3 的工资数分别为 X_1，X_2，X_3，则其概率分布为

$$X_1 \sim \begin{bmatrix} 0.2 & 0.3 & 0.5 \\ 3\,500 & 3\,000 & 2\,200 \end{bmatrix},$$

$$X_2 \sim \begin{bmatrix} 0.2 & 0.3 & 0.5 \\ 3\,900 & 2\,950 & 2\,500 \end{bmatrix},$$

$$X_3 \sim \begin{bmatrix} 0.2 & 0.3 & 0.5 \\ 4\,000 & 3\,000 & 2\,500 \end{bmatrix},$$

依李先生的情况，获得三个公司的工资均值分别为

$$E(X_1)=2\,700,\ E(X_2)=2\,915,\ E(X_3)=2\,950.$$

由于面试有先后顺序，使得李先生在公司 1、公司 2 面试决策时，还会考虑到公司 3 的情况. 因为 $E(X_3)=2\,950$，而 $E(X_1)=2\,700$，李先生是一个很谨慎的人，除非公司 1 提供极好职位，否则放弃公司 1 的可能性是非常大的.

注意到公司 2、公司 3 相应于好和极好职位的工资水平分别都差不多，因此，除非公司 2 提供极好职位，否则，李先生肯定还是会选择去公司 3 面试.

综上所述，李先生的总决策如下：先去公司 1 面试，若公司 1 提供极好职位，李先生选择公司 1. 否则，去公司 2 面试，若公司 2 提供极好职位，选择公司 2. 否则，去公司 3 面试，接受公司 3 提供的任一可能的职位.

2. 数学期望的性质

性质 1　$E(c)=c$，其中 c 是一个常数.

性质 2　$E(kX)=kE(X)$，其中 k 为常数.

由期望的定义容易得到这两条性质的证明. 通常将性质 1 和性质 2 合二为一，称为期望的**线性性质**，即 $E(kX+c)=kE(X)+c$.

更一般地，若 X 是一随机变量，$Y=f(X)$是 X 的函数，也是一个随机变量. 下面给出一个计算随机变量函数的数学期望的一个较为简便的定理（证明略）.

定理　设 $Y=g(X)$是随机变量 X 的函数，

(1) 当 X 是离散型随机变量且概率分布为 $P(X=x_k)=p_k$，$k=1,2,\cdots$ 时，如果级数 $\sum\limits_{k=1}^{\infty}g(x_k)p_k$ 绝对收敛，则有

$$E(Y)=E[g(X)]=\sum_{k=1}^{\infty}g(x_k)p_k;$$

(2) 当 X 是连续型随机变量且概率密度为 $f(x)$ 时，如果积分 $\int_{-\infty}^{+\infty}g(x)f(x)\mathrm{d}x$ 绝对收敛，则有

$$E(Y)=E[g(X)]=\int_{-\infty}^{+\infty}g(x)f(x)\mathrm{d}x.$$

注意　这个定理的作用在于：求 $E(Y)$ 时不需要知道或先求出 Y 的分布，只要知道 X 的概率分布(密度)函数，利用上述公式就可以求出 $E(Y)$.

例 7　设随机变量 X 的密度函数为 $f(x)=\begin{cases}2(1-x), & 0\leqslant x\leqslant 1\\ 0, & \text{其他}\end{cases}$，求：(1) $E(X)$；(2) $E(2X-3)$；(3) $E(X^2)$.

解　(1) $E(X)=\int_{-\infty}^{+\infty}xf(x)\mathrm{d}x=\int_0^1 x2(1-x)\mathrm{d}x=\left(x^2-\frac{2}{3}x^3\right)\Big|_0^1=1-\frac{2}{3}=\frac{1}{3}$；

(2) 由期望的线性性质，

$$E(2X-3)=2E(X)-3=2\times\frac{1}{3}-3=-\frac{7}{3};$$

(3) 由上面的定理

$$E(X^2)=\int_{-\infty}^{+\infty}x^2f(x)\mathrm{d}x=\int_0^1 x^2 2(1-x)\mathrm{d}x$$
$$=2\int_0^1(x^2-x^3)\mathrm{d}x=\left(\frac{2}{3}x^3-\frac{1}{2}x^4\right)\Big|_0^1=\frac{1}{6}.$$

注意　对于多维随机变量的期望有两条重要的性质，其证明涉及更深的数学知识，这里只给出结论，证明从略.

性质 3　随机变量 X，Y 之和的期望有 $E(X+Y)=E(X)+E(Y)$.

此结论可以推广到有限个随机变量和的期望公式. 即设 X_1，X_2，…，X_n 为 n 个随机变量，那么 $E(X_1+X_2+\cdots+X_n)=E(X_1)+E(X_2)+\cdots+E(X_n)=\sum\limits_{i=1}^{n}E(X_i)$.

更一般地，$E\sum\limits_{i=1}^{n}(k_iX_i)=\sum\limits_{i=1}^{n}E(k_iX_i)=\sum\limits_{i=1}^{n}k_iE(X_i)$，其中 k_1，k_2，…，k_n 均为常数.

性质 4　当随机变量 X，Y 相互独立时，有 $E(XY)=E(X)E(Y)$.

4.2.2　方差

1. 方差的概念

在许多实际问题中，仅考虑随机变量的均值是不够的，还要考虑随机变量与其均值的偏离程度. 比如检查一批棉花的质量时，不仅要注意纤维的平均长度，而且还要注意纤维长度与平均长度的偏离程度，如果偏离程度小，表示质量均匀；偏离程度大，表示质量不均匀. 引进怎样的量来衡量随机变量取值的分散程度？考虑到绝对值 $|X-E(X)|$，虽然它能

将所有偏差都考虑进去，但绝对值计算麻烦. 为此，需要引进方差的概念，它不仅能如实地反映出随机变量取值的偏离程度，而且运用也比较简单、方便.

定义 3 设 X 是一个随机变量，如果 $E[X-E(X)]^2$ 存在，则称 $E[X-E(X)]^2$ 为 X 的**方差**，记作 $D(X)$，即 $D(X)=E[X-E(X)]^2$. 称 $\sqrt{D(X)}$ 为**均方差或标准差**.

注意 方差的意义在于描述随机变量稳定与波动、集中与分散的状况；标准差体现的是随机变量的取值与期望值的平均偏差. 标准差 $\sqrt{D(X)}$ 与 X 的量纲(或单位)是一致的，因此在许多时候应用更直观、方便.

当 X 是离散型随机变量且概率分布为 $P(X=x_k)=p_k, k=1,2,\cdots$ 时，有

$$D(X)=\sum_{k=1}^{\infty}[x_k-E(X)]^2 p_k;$$

当 X 是连续型随机变量且概率密度为 $f(x)$ 时，有

$$D(X)=\int_{-\infty}^{+\infty}[x-E(X)]^2 f(x)\mathrm{d}x.$$

由于随机变量 X 的方差实际上是随机变量 $[X-E(X)]^2$ 的期望，由期望的性质，

$$\begin{aligned}D(X)&=E[X-E(X)]^2=E\{X^2-2XE(X)+[E(X)]^2\}\\&=E(X^2)-2E(X)E(X)+[E(X)]^2=E(X^2)-[E(X)]^2.\end{aligned}$$

因此，得到**方差的重要公式**：

$$D(X)=E(X^2)-[E(X)]^2.$$

利用此公式在计算方差时，有时可以简化计算.

例 8 条件同例 3，求 $D(X)$.

解 由例 3 已求出 $E(X)=\frac{31}{16}$，求 $D(X)$ 有两种方法.

解法 1 利用方差的定义，

$$\begin{aligned}D(X)&=\sum_{k=1}^{4}[x_k-E(X)]^2 p_k\\&=\left(0-\frac{31}{16}\right)^2\times\frac{1}{4}+\left(1-\frac{31}{16}\right)^2\times\frac{1}{8}+\left(2-\frac{31}{16}\right)^2\times\frac{1}{16}+\left(3-\frac{31}{16}\right)^2\times\frac{9}{16}\\&=\frac{431}{256}\approx1.68.\end{aligned}$$

解法 2 利用方差的重要公式，

$$\begin{aligned}D(X)&=E(X^2)-[E(X)]^2=\sum_{k=1}^{4}x_k^2 p_k-\left(\frac{31}{16}\right)^2\\&=1^2\times\frac{1}{8}+2^2\times\frac{1}{16}+3^2\times\frac{9}{16}-\left(\frac{31}{16}\right)^2=\frac{431}{256}\approx1.68.\end{aligned}$$

注意 比较例 8 的两种解法，解法 2 利用了方差的重要公式，使得计算较为简便.

例 9 条件同例 7，求 $D(X)$.

解 由例 7，$E(X)=\frac{1}{3}$，$E(X^2)=\frac{1}{6}$，

$$D(X)=E(X^2)-[E(X)]^2=\frac{1}{6}-\left(\frac{1}{3}\right)^2=\frac{1}{18}.$$

2. 方差的性质

性质 1　$D(c)=0$，c 是常数.

性质 2　$D(kX+c)=k^2D(X)$，k，c 均为常数.

请读者自己证明上面两个性质. 由方差的定义和期望的性质不难得到下面的性质 3.

性质 3　当随机变量 X，Y 相互独立时，随机变量 X，Y 之和的方差

$$D(X+Y)=D(X)+D(Y).$$

证明　由随机变量和的方差定义，

$$\begin{aligned}D(X+Y)&=E[(X+Y)-E(X+Y)]^2=E\{[X-E(X)]+[Y-E(Y)]\}^2\\&=E[X-E(X)]^2+E[Y-E(Y)]^2+2E[X-E(X)][Y-E(Y)]\\&=D(X)+D(Y)+2E[X-E(X)][Y-E(Y)].\end{aligned}$$

$E[X-E(X)][Y-E(Y)]$是随机变量 X，Y 的函数$[X-E(X)][Y-E(Y)]$的期望，因为 X，Y 相互独立，由期望的性质 4 有

$$\begin{aligned}E[X-E(X)][Y-E(Y)]&=E[XY-XE(Y)-YE(X)+E(X)E(Y)]\\&=E(XY)-E(X)E(Y)=0,\end{aligned}$$

所以，$D(X+Y)=D(X)+D(Y)$.

性质 3 也可以推广到有限个相互独立的随机变量和的方差公式. 即设 X_1，X_2，…，X_n 为 n 个相互独立的随机变量，则有

$$D(X_1+X_2+\cdots+X_n)=D(X_1)+D(X_2)+\cdots+D(X_n)=\sum_{i=1}^{n}D(X_i),$$

$$D(k_1X_1+k_2X_2+\cdots+k_nX_n)=\sum_{i=1}^{n}D(k_iX_i)=\sum_{i=1}^{n}k_i^2D(X_i),$$

其中 k_1，k_2，…，k_n 均为常数.

当 X_1，X_2，…，X_n 为 n 个独立且同分布的随机变量时，则有

$$D(X_1+X_2+\cdots+X_n)=nD(X_1).$$

思考题　*方差的性质 3 与期望的性质 3、性质 4 有何不同？$D(X-Y)=D(X)+D(Y)$ 对不对？为什么？*

例 10　投资决策问题　某人有 10 万元可以在一年内投资使用，有两种投资方案：一是存入银行获取利息. 如果存入银行，假设年利率为 3.5%，到期即可得到利息 3 500 元. 二是购买股票，买股票的收益取决于经济形势，假设分三种状态：形势好、形势中等、形势不好(即经济衰退). 若形势好可以获利 4 万元；若形势中等可以获利 1 万元；若形势不好将会损失 3 万元. 又设经济形势好、中等、差的概率分别为 20%，45%，35%. 试问选择哪一种投资方案可使投资的效益较大？

解　设 X 为购买股票的收益，则 $X\sim\begin{bmatrix}4 & 1 & -3\\0.20 & 0.45 & 0.35\end{bmatrix}$，从而平均收益为

$$E(X)=4\times0.20+1\times0.45-3\times0.35=0.20(万元),$$

为了计算平均收益的平均偏差，即标准差 $\sqrt{D(X)}$，需要计算

$$E(X^2)=4^2\times0.20+1^2\times0.45+(-3)^2\times0.35=6.8(\text{万元})^2,$$

$$D(X)=E(X^2)-[E(X)]^2=6.8-0.20^2=6.76(\text{万元})^2,$$

从而，投资风险为

$$\sqrt{D(X)}=2.6(\text{万元}).$$

因为 X 的平均收益 $E(X)=2\ 000$ 元小于银行总利息额，并且投资风险 2.6 万元，相对于收益来说过大，因此，为了规避风险应将钱存入银行.

4.2.3 矩的概念

在许多实际问题中，有时还要用到随机变量的一些其他数字特征. 下面给出一些矩的概念，它是期望和方差概念的推广.

定义 4 设 X 是随机变量，称 $E(X^k)$ 为 X 的 **k 阶原点矩**，称 $E(|X|^k)$ 为 X 的 **k 阶绝对原点矩**；称 $E[X-E(X)]^k$ 为 X 的 **k 阶中心矩**；称 $E|X-E(X)|^k$ 为 X 的 **k 阶绝对中心矩**.

由定义 4 可知，随机变量 X 的数学期望是 X 的 1 阶原点矩；而方差是 X 的 2 阶中心矩. 这些概念将在第 5 章用到.

*4.2.4 协方差与相关系数

在前面，我们就随机现象中涉及的某些随机变量 X，Y 相互独立的情况下给出了一些结论. 对于一般随机变量 X，Y 来说，数学期望 $E(X)$，$E(Y)$ 只反映了随机变量 X 与 Y 各自的平均值；方差 $D(X)$，$D(Y)$ 只反映了 X 与 Y 各自离均值的偏差程度. 然而，这两个数字特征对 X 与 Y 之间的相互联系不提供任何信息. 我们希望有一个数字特征能够在一定程度上反映两个随机变量之间的相互联系.

由方差性质 3 的证明不难看到，当 $E[X-E(X)][Y-E(Y)]\neq0$ 时，X 与 Y 肯定不独立，从而也可以说明 $E[X-E(X)][Y-E(Y)]$ 的数值在一定程度上反映了 X 与 Y 相互间的联系. 因而给出下述定义 5.

定义 5 设 X 与 Y 是两个随机变量，称 $E[X-E(X)][Y-E(Y)]$ 为 X 与 Y 的**协方差**，记作 $COV(X, Y)$，即

$$COV(X, Y)=E[X-E(X)][Y-E(Y)].$$

由协方差的定义易知，随机变量 X 与 Y 的协方差具有下述性质：

(1) $COV(X, Y)=COV(Y, X)$；

(2) 对任意两个常数 a，b，有 $COV(aX, bY)=abCOV(X, Y)$；

(3) $COV(X_1+X_2, Y)=COV(X_1, Y)+COV(X_2, Y)$.

若随机变量 X，Y 满足 $COV(X, Y)=0$，则称 **X 与 Y 不相关**. 当 X 与 Y 相互独立时，一定有 X 与 Y 不相关.

协方差的数值在一定程度上反映了 X 与 Y 相互间的联系，但它还受 X 与 Y 本身数值大小的影响. 例如，当 X 与 Y 各自扩大 k 倍后，kX 与 kY 之间的关系应和 X 与 Y 之间的关系是一样的，但它们的协方差

$$COV(kX, kY)=k^2COV(X, Y).$$

若在计算协方差前先将 X 和 Y “标准化”，即

$$\frac{X-E(X)}{\sqrt{D(X)}}, \frac{Y-E(Y)}{\sqrt{D(Y)}},$$

则可以有效地解决这一问题，因此给出另一个反映两个随机变量 X 与 Y 之间相互关系的数字特征.

定义 6　若 X，Y 是两个随机变量，称

$$E\left[\frac{X-E(X)}{\sqrt{D(X)}}\frac{Y-E(Y)}{\sqrt{D(Y)}}\right]=\frac{COV(X, Y)}{\sqrt{D(X)D(Y)}}$$

为 **X 与 Y 的相关系数**，记作 ρ_{xy} 或 ρ.

注意　相关系数 ρ 是无量纲(或无单位)的，相关系数 ρ 满足 $|\rho|\leqslant 1$.

相关系数刻画了 X，Y 之间线性关系的近似程度，$|\rho|$ 越接近 1，X 与 Y 越近似地有线性关系.

本节关键词

数学期望　数学期望的性质　方差　标准差　方差的性质　矩的概念　协方差　相关系数

习题 4.2

1. 已知随机变量 X 的概率分布为 $P(X=k)=\frac{1}{10}$，$k=2, 4, 6, \cdots, 18, 20$，求 $E(X)$.

2. 设 $X\sim f(x)=\begin{cases}2x, & 0\leqslant x\leqslant 1\\ 0, & \text{其他}\end{cases}$，求 $E(X)$，$D(X)$.

3. 设甲、乙两台机床每天生产的废品数分别为 X，Y，概率分布分别如下：

$$X\sim\begin{bmatrix}0 & 1 & 2 & 3\\ 0.3 & 0.3 & 0.2 & 0.2\end{bmatrix}, Y\sim\begin{bmatrix}0 & 1 & 2 & 3\\ 0.2 & 0.5 & 0.25 & 0.05\end{bmatrix},$$

问哪台机床的生产情况较好？

4. 设随机变量 X 的密度函数为 $f(x)=\begin{cases}\frac{3x^2}{\theta^3}, & 0<x<\theta\\ 0, & \text{其他}\end{cases}$，若 $P(X>1)=\frac{7}{8}$，求：(1) θ 的值；(2) X 的期望与方差.

5. 设连续型随机变量 X 的密度函数为 $f(x)=\begin{cases}A(1-x)+B, & 0<x<1\\ 0, & \text{其他}\end{cases}$，且 $E(X)=\frac{1}{3}$，求：(1) 常数 A，B；(2) $P(-0.5<X<0.5)$；(3) 方差 $D(X)$.

6. 设随机变量 X 的分布律为 $\begin{bmatrix}-2 & 0 & 2\\ 0.4 & 0.3 & 0.3\end{bmatrix}$，求：(1) $E(X)$；(2) $E(X^2)$；(3) $E(X^2+5)$.

7. 设随机变量 X 的概率密度为 $f(x)=\begin{cases}e^{-x}, & x>0\\ 0, & x\leqslant 0\end{cases}$，求：(1) $Y=2X$；(2) $Y=e^{-2X}$ 的

数学期望.

8. 已知随机变量 X 的数学期望 $E(X)=-2$，方差 $D(X)=5$，求：(1) 数学期望 $E(5X-2)$；(2) 方差 $D(-2X+5)$.

§4.3 几个常见随机变量

本节介绍几个常见的随机变量及其数字特征.

4.3.1 二点分布

如果随机变量 X 只取两个值 0，1，且有概率分布为

$$P(X=1)=p,\ P(X=0)=1-p=q,$$

则称 X 服从**二点分布**.

日常生活中很多现象，只要能视为只出现两种可能结果的——如掷一枚均匀的硬币“出现正面”或“出现反面”；射击打靶“中”与“不中”；抽检一件产品“合格”与“不合格”等都可归结为服从二点分布.

例 1 在 200 件产品中，有 196 件是正品，4 件是次品，今从中随机抽取一件，若规定

$$X=\begin{cases}1，取到正品\\0，取到次品\end{cases},$$

则 $P(X=1)=\frac{196}{200}=0.98,\ P(X=0)=\frac{4}{200}=0.02.$

易知，二点分布的期望和方差分别为

$$E(X)=1\times P(X=1)+0\times P(X=0)=p,$$

$$D(X)=E(X^2)-[E(X)]^2=1^2\times P(X=1)+0^2P(X=0)-p^2=p(1-p).$$

4.3.2 二项分布

如果随机变量 X 的可能取值为 0，1，2，…，n，且具有概率分布为

$$P(X=k)=C_n^k p^k(1-p)^{n-k},\quad k=0,1,2,\cdots,n,$$

其中 $0<p<1$，则称 X 服从**二项分布**，记作 $X\sim B(n,p)$.

注意 在§3.5 讨论过的二项概型对应的随机变量 $X=n$ 次重复试验中事件 A 出现的次数的概率分布就是二项分布. 它由两个参数确定：一个是贝努里试验的重数 n，另一个是一次试验中事件 A 发生的概率 p.

例 2 顾问决策分析 某厂长有 7 名顾问，假定每名顾问贡献正确意见的概率为 0.6，且顾问与顾问之间是否贡献正确意见相互独立. 现就某事可行与否分别征求各顾问的意见，并按多数顾问的意见作出决策，试求作出正确决策的概率.

解 设 X 表示事件“7 名顾问中贡献正确意见的人数”，X 可能取值为 0，1，2，…，7，$X\sim B(7,0.6)$. 因此 X 的分布律为

$$P(X=k)=C_7^k 0.6^k 0.4^{7-k},\quad k=0,1,2,\cdots,7,$$

$$P(X\geqslant 4)=P(X=4)+P(X=5)+P(x=6)+P(X=7)$$

$$= \sum_{k=4}^{7} C_7^k (0.6)^k (0.4)^{7-k} \approx 0.710\,2,$$

所以作出正确决策的概率近似为 0.710 2.

例 3　人力资源配置分析　设有 80 台同类型设备，各台工作是相互独立的，发生故障的概率都是 0.01，且一台设备的故障能由一个人处理. 现考虑两种配备维修工人的方法：一是由 4 人维护，每人负责 20 台；二是由 3 人共同维护 80 台. 试比较这两种方法在设备发生故障时不能及时维修的概率大小.

解　按第一种配备维修工人方法：

以 X 记"第 1 人维护的 20 台设备中同一时刻发生故障的台数"，$X \sim B(20, 0.01)$. 在这 20 台设备中，如果有两台或两台以上设备发生故障，该人将不能及时维护，即 $\{X \geqslant 2\}$.

以 $A_i (i=1, 2, 3, 4)$ 表示事件"第 i 人维护的 20 台设备中发生故障不能及时维修"，则知

$$\{80\text{台设备中发生故障而不能及时维修}\} = A_1 + A_2 + A_3 + A_4 \supset A_1,$$

因而相应的概率有

$$P(A_1 + A_2 + A_3 + A_4) \geqslant P(A_1) = P(X \geqslant 2),$$

故有

$$\begin{aligned} P(X \geqslant 2) &= 1 - P(X=0) - P(X=1) \\ &= 1 - C_{20}^0 (0.01)^0 (0.99)^{20} - C_{20}^1 (0.01)^1 (0.99)^{20-1} \approx 0.016\,9, \end{aligned}$$

即有

$$P(A_1 + A_2 + A_3 + A_4) \geqslant 0.016\,9.$$

按第二种方法：

以 Y 记 80 台设备中同一时刻发生故障的台数，此时，$Y \sim B(80, 0.01)$，故 80 台设备中发生故障而不能及时维修的概率为

$$P(Y \geqslant 4) = 1 - \sum_{k=0}^{3} C_{80}^k (0.01)^k (0.99)^{80-k} \approx 0.008\,7.$$

思考题　比较两种配备维修工人的方法发现，尽管第二种方法比第一种方法任务增加了(每人平均维护约 27 台)，"不能及时维修"的概率不仅没有增加，反而降低了，说明工人的工作效率不仅没有降低，反而提高了. 这是为什么？这对我们实际工作有什么指导意义？

例 4　产品验收分析　假设在一批产品中有 $\frac{3}{4}$ 是合格品．验收这批产品时规定，先从中任取 1 件产品，若它为合格品就放回去，然后再取一件产品，若仍为合格品，则接收这批产品，否则拒收. 求：(1) 检验这批产品被拒收的概率；(2) 检验三批这样的产品中至少有一批被拒收的概率.

解　(1) 设 $A_1 = \{$检验第 1 件产品为合格品$\}$，$A_2 = \{$检验第 2 件产品为合格品$\}$，依题意知，$P(A_1) = \frac{3}{4}$，$P(A_2) = \frac{3}{4}$；因为是有放回抽取，所以 A_1 与 A_2 相互独立.

再设 $B = \{$这批产品被接收$\}$，意味着检验第 1 件产品和第 2 件产品都为合格品，$B = A_1 A_2$，$\overline{B} = \{$这批产品被拒收$\}$，所以

$$P(B)=P(A_1A_2)=P(A_1)P(A_2)=\frac{3}{4}\times\frac{3}{4}=\frac{9}{16},$$

$$P(\bar{B})=1-P(B)=1-\frac{9}{16}=\frac{7}{16},$$

即检验这批产品被拒收的概率为$\frac{7}{16}$.

(2) 设 X = 检验三批产品中被拒收的批数，$X\sim B\left(3,\frac{7}{16}\right)$. 检验三批产品至少有一批产品被拒收的事件为$\{X\geqslant 1\}=\overline{\{X=0\}}$,所以

$$P(X\geqslant 1)=1-P(X=0)=1-C_3^0\left(\frac{7}{16}\right)^0\left(\frac{9}{16}\right)^3\approx 0.18,$$

所以检验三批产品中至少有一批被拒收的概率为 0.18.

二项分布与二点分布有密切的联系. 当 $n=1$ 时，二项分布化为二点分布. 若记 X_i 为第 i 次试验中事件 A 发生的次数，即

$$X_i=\begin{cases}1, & 第\ i\ 次试验中事件\ A\ 发生\\ 0, & 第\ i\ 次试验中事件\ A\ 不发生\end{cases},\quad i=1,\ 2,\ \cdots,\ n,$$

X_i 服从二点分布，即 $X_i\sim B(1,\ p)$. 若 X_1, X_2, $\cdots$, X_n 相互独立且同分布，则有

$$X=X_1+X_2+\cdots+X_n=n\ 次重复试验中事件\ A\ 出现的次数,$$

所以，$X\sim B(n,p)$.

例 5 设 $X\sim B(n,\ p)$，求 $E(X)$, $D(X)$.

解 因为 $X=X_1+X_2+\cdots+X_n$, X_1, X_2, $\cdots$, X_n 相互独立且同分布，$X_i\sim B(1,p)$. 由期望的性质 3 和二点分布的期望 $E(X_1)=p$，有

$$\begin{aligned}E(X)&=E(X_1+X_2+\cdots+X_n)=E(X_1)+E(X_2)+\cdots+E(X_n)\\&=nE(X_1)=np.\end{aligned}$$

由方差的性质 3 和二点分布的方差 $D(X_1)=p(1-p)$，有

$$\begin{aligned}D(X)&=D(X_1+X_2+\cdots+X_n)=D(X_1)+D(X_2)+\cdots+D(X_n)\\&=nD(X_1)=np(1-p).\end{aligned}$$

注意 二项分布的期望 $E(X)$ 与方差 $D(X)$ 由它的两个参数 n, p 所决定. 反过来，如果二项分布的期望与方差确定了，那么两个参数也就确定了. 例如，若 $E(X)=4.8$, $D(X)=0.96$，那么，$X\sim B(6,\ 0.8)$. 想一想，为什么?

思考题 在射击比赛中，每人射击 5 次，每次 1 发，约定每射中 1 发得 20 分. 某人每次射击命中率为 0.5，问他命中几发的概率最大? 他得分的期望值是多少?

4.3.3 泊松分布

如果随机变量 X 的概率分布为

$$P(X=k)=\frac{\lambda^k}{k!}e^{-\lambda},\quad k=0,\ 1,\ 2,\ \cdots,$$

其中 $\lambda>0$，则称 X 服从参数为 λ 的**泊松分布**，记作 $X\sim\pi(\lambda)$.

历史上泊松分布是作为二项分布的近似，于 1837 年由法国数学家泊松引入的，近数十年来，泊松分布日益显示出其重要性，成为概率论中最重要的几个分布之一.

在实际应用中，许多随机现象服从或近似服从泊松分布，这种情况特别集中在两个领

域中:一是社会生活对服务的各种要求,诸如电话交换台中听到的呼叫次数,在确定的某时间段内通过某交通路口的小轿车的辆数,某容器内的细菌数,放射性物质在某段时间内放射出的粒子数,一天中进入某商场的人数,公共汽车站来到的乘客人数等都服从或近似服从泊松分布.因此,在运筹学及管理科学中泊松分布占有很突出的地位.另一领域是物理学,放射性分裂落到某区域的质点数,热电子的发射,显微镜下落在某区域中的血球或微生物的数目等都服从泊松分布.

例 6 某城市每天发生火灾的次数 X 服从参数 $\lambda=0.8$ 的泊松分布,求该城市一天内发生 3 次或 3 次以上火灾的概率.

解 由概率的性质

$$P(X\geqslant 3)=1-P(X=0)-P(X=1)-P(X=2)$$
$$=1-e^{-0.8}\left(\frac{0.8^0}{0!}+\frac{0.8^1}{1!}+\frac{0.8^2}{2!}\right)\approx 0.0474.$$

说明该城市一天发生 3 次或 3 次以上火灾的概率不超过 5%.

***例 7** 设 $X\sim\pi(\lambda)$,求 $E(X)$,$D(X)$.

解 因为 X 的概率分布为

$$P(X=k)=\frac{\lambda^k}{k!}e^{-\lambda},\quad k=0,1,2,\cdots,\lambda>0,$$

且 $\sum\limits_{k=0}^{\infty}\frac{\lambda^k}{k!}=e^{\lambda}$,所以,

$$E(X)=\sum_{k=0}^{\infty}k\frac{\lambda^k}{k!}e^{-\lambda}=e^{-\lambda}\sum_{k=1}^{\infty}\frac{\lambda^k}{(k-1)!}=\lambda e^{-\lambda}\sum_{k=1}^{\infty}\frac{\lambda^{k-1}}{(k-1)!}=\lambda e^{-\lambda}e^{\lambda}=\lambda,$$

$$E(X^2)=\sum_{k=0}^{\infty}k^2\frac{\lambda^k}{k!}e^{-\lambda}=e^{-\lambda}\sum_{k=1}^{\infty}(k-1+1)\frac{\lambda^k}{(k-1)!}$$
$$=e^{-\lambda}\sum_{k=2}^{\infty}\frac{\lambda^k}{(k-2)!}+e^{-\lambda}\sum_{k=1}^{\infty}\frac{\lambda^k}{(k-1)!}$$
$$=\lambda^2e^{-\lambda}\sum_{k=2}^{\infty}\frac{\lambda^{k-2}}{(k-2)!}+\lambda e^{-\lambda}\sum_{k=1}^{\infty}\frac{\lambda^{k-1}}{(k-1)!}$$
$$=\lambda^2e^{-\lambda}e^{\lambda}+\lambda e^{-\lambda}e^{\lambda}=\lambda^2+\lambda,$$

从而,$D(X)=E(X^2)-[E(X)]^2=\lambda^2+\lambda-\lambda^2=\lambda$.

由此可见,泊松分布中的参数 λ 既是数学期望,又是方差.

注意 对于二项分布,当 n 很大,p 很小时,二项分布的概率

$$P(X=k)=C_n^kp^k(1-p)^{n-k},\quad k=0,1,2,\cdots$$

直接计算是很麻烦的.下面的泊松定理能较好地解决这个问题.

泊松定理 设 λ 是一个正常数,$p_n=\dfrac{\lambda}{n}$,则有

$$\lim_{n\to\infty}C_n^kp_n^k(1-p_n)^{n-k}=e^{-\lambda}\frac{\lambda^k}{k!},\quad k=0,1,2,\cdots.$$

证明从略.

注意 泊松定理的条件 $np_n=\lambda$(常数)意味着当 n 很大,p 很小时有以下近似公式:

$$C_n^k p^k (1-p)^{n-k} \approx \frac{\lambda^k}{k!} e^{-\lambda},$$

其中 $\lambda = np$.

例 8 在一个繁忙的交通路口，单独一辆汽车发生意外事故的概率是很小的，设 $p=0.000\,1$. 如果某段时间内有 1 000 辆汽车通过这个路口，问在该段时间内，该路口至少发生 1 起意外事故的概率是多少？

解 假设每辆汽车是否发生事故与其他汽车无关. 设 X=通过该路口的 1 000 辆汽车中发生事故的起数，$X \sim B(1\,000, 0.000\,1)$. 由于 n 很大，p 很小，$np=0.1$，由泊松定理，X 近似服从参数为 $\lambda=0.1$ 的泊松分布

$$P(X=k) \approx e^{-0.1} \frac{(0.1)^k}{k!}, \quad k=0, 1, 2, \cdots,$$

所以，

$$\begin{aligned} P(X \geqslant 1) &= 1 - P(X < 1) = 1 - P(X=0) \\ &= 1 - e^{-0.1} \approx 1 - 0.904\,8 = 0.095\,2. \end{aligned}$$

说明在该段时间内，该路口发生 1 起以上事故的概率约为 0.095 2，它是比较小的.

以上介绍的三种分布都是离散型的，还有一些比较常见的离散型随机变量，如 §4.1 的例 3 中的随机变量 X 服从的分布是**几何分布**；又如 §3.2 的例 6，若设 X=恰好取到的次品数，那么 X 服从的分布是**超几何分布**

$$P(X=m) = \frac{C_M^m C_{N-M}^{n-m}}{C_N^n}, \quad m=0, 1, \cdots, l,$$

其中 $l = \min(M, n)$.

下面介绍两个常见的连续型随机变量.

4.3.4 均匀分布

如果随机变量 X 的概率密度为

$$f(x) = \begin{cases} \dfrac{1}{b-a}, & a<x<b \\ 0, & \text{其他} \end{cases},$$

则称 X 服从在区间 (a, b) 上的**均匀分布**，记作 $X \sim U(a, b)$. 当 $a=0$，$b=1$ 时，$U(0, 1)$ 称为**标准均匀分布**.

注意 区间 (a, b) 可以是开区间，也可以是闭区间，也可以是半开半闭区间.

若 $X \sim U(a, b)$，对任何 $a \leqslant c < d \leqslant b$，由密度函数的定义，有

$$P(c < X < d) = \int_c^d f(x) dx = \int_c^d \frac{1}{b-a} dx = \frac{d-c}{b-a}.$$

此式表明均匀分布的概率意义是：X 落在 (a, b) 内任一小区间 (c, d) 内的概率与该小区间的长度 $d-c$ 成正比，而与该小区间的位置无关. 它常用于描述区间 (a, b) 内任一点处出现的可能性都相等的问题.

再来看 §4.1 中的例 4，Y=乘客到达车站候车的时间. 由于乘客在 $(0, 5)$ 内任何一个时间乘上汽车的可能性是一样的. 所以，$Y \sim U(0, 5)$，Y 的密度函数为

$$f(t)=\begin{cases}\dfrac{1}{5}, & 0<t<5\\ 0, & \text{其他}\end{cases}.$$

乘客候车时间不超过 3 分钟的概率为

$$P(0<Y\leqslant 3)=\int_0^3\frac{1}{5}\mathrm{d}t=\frac{3}{5}.$$

例 9　设 $X\sim U(a,b)$，求 $E(X)$，$D(X)$.

解　$E(X)=\int_{-\infty}^{+\infty}xf(x)\mathrm{d}x=\int_a^b\frac{x}{b-a}\mathrm{d}x=\frac{1}{b-a}\int_a^b x\mathrm{d}x=\frac{1}{2(b-a)}x^2\Big|_a^b=\frac{a+b}{2}$，

可见均匀分布的期望是区间的中点.

$$E(X^2)=\int_{-\infty}^{+\infty}x^2f(x)\mathrm{d}x=\int_a^b\frac{x^2}{b-a}\mathrm{d}x=\frac{1}{b-a}\int_a^b x^2\mathrm{d}x=\frac{1}{3(b-a)}x^3\Big|_a^b$$

$$=\frac{b^3-a^3}{3(b-a)}=\frac{a^2+ab+b^2}{3};$$

$$D(X)=E(X^2)-[E(X)]^2=\frac{a^2+ab+b^2}{3}-\left(\frac{a+b}{2}\right)^2=\frac{(b-a)^2}{12}.$$

注意　应用例 9 的结果，再来看上面随机变量“Y＝乘客到达车站候车的时间”的例子，$Y\sim U(0,5)$，Y 期望 $E(Y)=2.5$，方差 $D(Y)=\frac{5^2}{12}\approx 2.08$，标准差 $\sqrt{D(Y)}=\sqrt{2.08}\approx 1.42$，说明乘客在汽车站平均等候汽车的时间约为 2.5 分钟，上下一般不超过约 1.4 分钟.

4.3.5　指数分布

如果随机变量 X 的概率密度为

$$f(x)=\begin{cases}\lambda\mathrm{e}^{-\lambda x}, & x\geqslant 0\\ 0, & x<0\end{cases},$$

其中 $\lambda>0$ 为常数，则称 X 服从参数为 λ 的**指数分布**，记作 $X\sim E(\lambda)$.

指数分布比较重要，常用来做各种“寿命”分布的近似. 例如，无线电元件的寿命，动物的寿命，电话问题中的通话时间等都常假定服从指数分布.

例 10　某电子元件的寿命 X(年) 服从参数为 3 的指数分布，(1) 求该电子元件寿命超过 2 年的概率；(2) 已知该电子元件已使用了 1.5 年，求它还能使用 2 年的概率.

解　X 的概率密度为

$$f(x)=\begin{cases}3\mathrm{e}^{-3x}, & x\geqslant 0\\ 0, & x<0\end{cases},$$

(1) $P(X>2)=\int_2^{+\infty}3\mathrm{e}^{-3x}\mathrm{d}x=\mathrm{e}^{-6}\approx 0.002\,5$；

(2) 电子元件在已经使用 1.5 年的基础上，再使用 2 年，即使用 3.5 年的概率为

$$P(X>3.5\,|\,X>1.5)=\frac{P(X>3.5,\,X>1.5)}{P(X>1.5)}=\frac{\int_{3.5}^{+\infty}3\mathrm{e}^{-3x}\mathrm{d}x}{\int_{1.5}^{+\infty}3\mathrm{e}^{-3x}\mathrm{d}x}=\mathrm{e}^{-6}\approx 0.002\,5.$$

***例 11**　设 X 服从参数为 λ 的指数分布，求 $E(X)$，$D(X)$.

解　依题设，$X\sim f(x)=\lambda\mathrm{e}^{-\lambda x}$，$x\geqslant 0$，所以，

$$E(X)=\int_{-\infty}^{+\infty}xf(x)\mathrm{d}x=\int_{0}^{+\infty}x\lambda \mathrm{e}^{-\lambda x}\mathrm{d}x=\frac{1}{\lambda}\int_{0}^{+\infty}x\lambda \mathrm{e}^{-\lambda x}\mathrm{d}(\lambda x)$$

$$\xlongequal{令\lambda x=t}\frac{1}{\lambda}\int_{0}^{+\infty}t\mathrm{e}^{-t}\mathrm{d}t=-\frac{1}{\lambda}\int_{0}^{+\infty}t\mathrm{d}\mathrm{e}^{-t}=-\frac{1}{\lambda}t\mathrm{e}^{-t}\Big|_{0}^{+\infty}+\frac{1}{\lambda}\int_{0}^{+\infty}\mathrm{e}^{-t}\mathrm{d}t=\frac{1}{\lambda},$$

$$\begin{aligned}E(X^2)&=\int_{-\infty}^{+\infty}x^2f(x)\mathrm{d}x=\int_{0}^{+\infty}x^2\lambda \mathrm{e}^{-\lambda x}\mathrm{d}x\\&=\frac{1}{\lambda^2}\int_{0}^{+\infty}(\lambda x)^2\mathrm{e}^{-\lambda x}\mathrm{d}(\lambda x)=\frac{1}{\lambda^2}\int_{0}^{+\infty}t^2\mathrm{e}^{-t}\mathrm{d}t\\&=-\frac{1}{\lambda^2}t^2\mathrm{e}^{-t}\Big|_{0}^{+\infty}+\frac{1}{\lambda^2}\int_{0}^{+\infty}2t\mathrm{e}^{-t}\mathrm{d}t=\frac{2}{\lambda^2},\end{aligned}$$

$$D(X)=E(X^2)-[E(X)]^2=\frac{2}{\lambda^2}-\left(\frac{1}{\lambda}\right)^2=\frac{1}{\lambda^2}.$$

思考题 利用例 11 的结果，计算例 10 中随机变量 X 的期望与方差，并解释其计算结果说明什么．

以上介绍了五个常见的分布，还有一个常见分布是正态分布，它非常重要且有丰富的内容，在下一节将对它进行专门讨论.

本节关键词

二点分布　二项分布　泊松分布　均匀分布　指数分布

习题 4.3

1. 据市场调查，市场上假冒的某名牌香烟的市场份额为 15%，某人每年买 20 条该品牌的香烟，求他至少买到 1 条假烟的概率.

2. 一张考卷上有 5 道题目，每题列出 4 个备选答案，其中只有一个正确答案. 求某学生凭猜测能答对至少 4 道题的概率．

3. 有甲、乙两种味道和颜色都极为相似的名酒各 4 杯，如果从中挑 4 杯，能将甲种酒全部挑出来，算是成功一次.

(1) 某人随机去猜，问他试验成功一次的概率是多少？

(2) 某人声称他通过品尝能区分两种酒. 他连续试验 10 次，成功 3 次，试推断他是猜对的还是具有区分能力（设各次试验相互独立).

4. 二进制定点补码运算中截断误差 εT 的概率密度为均匀分布，即

$$\varepsilon T\sim f(x)=\begin{cases}\frac{1}{q}, & -q\leqslant x<0\\0, & 其他\end{cases},$$

求 εT 的期望值 $E(\varepsilon T)$ 和方差 $D(\varepsilon T)$.

5. 若 $Y\sim U(0,5)$，求方程 $4x^2+4Yx+Y+2=0$ 的两个根都是实根的概率.

6. 已知离散型随机变量 X 的概率分布为

$$P(X=k)=\frac{2^k}{k!}a,\quad k=0,1,2,\cdots,$$

其中 a 为正常数，求 a.

7. 已知随机变量 X 的分布函数为 $F(x)=\begin{cases}1-e^{-x}, & x\geqslant 0\\ 0, & x<0\end{cases}$，求：(1) $P(X\leqslant 2)$；(2) $P(X>3)$.

8. 设随机变量 X 表示一种电子元件的使用寿命，其分布密度为

$$f(x)=\begin{cases}\frac{1}{100}e^{-\frac{x}{100}}, & x\geqslant 0\\ 0, & x<0\end{cases},$$

求该种电子元件使用超过 100 小时的概率.

9. 设书籍上每页的印刷错误的个数 X 服从泊松分布，经统计发现在某本书上，有一个印刷错误和两个印刷错误的页数相同，求任意检验 4 页，每页都有印刷错误的概率.

10. 已知某种疾病的患病率为 $\frac{1}{1\,000}$，某单位共有 5 000 人，问该单位患有这种疾病的人数超过 5 的概率有多大?

§4.4　正态分布

正态分布是概率论中最重要的一种分布. 在自然现象和社会现象中，大量的随机变量，如测量某零件的误差，炮弹弹着点的分布，纤维的纤度和强力，某地区成年男子的身高、体重，农作物的产量，小麦的穗长、株高，某班某门课程学生的考试成绩等都服从或近似服从正态分布. 在概率论和数理统计的理论研究和应用中，正态分布也起着十分重要的作用.

4.4.1　一般正态分布

如果随机变量 X 的概率密度函数为

$$f(x)=\frac{1}{\sigma\sqrt{2\pi}}e^{-\frac{(x-\mu)^2}{2\sigma^2}},\quad -\infty<x<+\infty,$$

其中 $-\infty<\mu<+\infty$，$\sigma>0$，则称 X 服从参数为 μ 和 σ 的**正态分布**，记作 $X\sim N(\mu,\sigma^2)$.

正态分布的密度函数 $f(x)$ 的图形具有以下性质:

性质 1　$f(x)$ 的图形关于直线 $x=\mu$ 对称，且 $x=\mu$ 时，$f(x)$ 达到最大值，即

$$f(\mu)=\frac{1}{\sigma\sqrt{2\pi}}.$$

性质 2　曲线在 $x=\mu\pm\sigma$ 处有两个拐点 $\left(\mu-\sigma,\frac{1}{\sigma\sqrt{2\pi}}e^{-\frac{1}{2}}\right)$，$\left(\mu+\sigma,\frac{1}{\sigma\sqrt{2\pi}}e^{-\frac{1}{2}}\right)$，如图 4—4—1 所示.

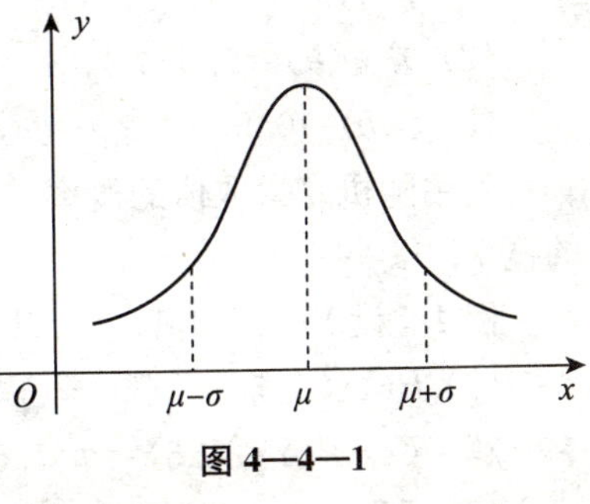

图 4—4—1

性质 3　当 $x\to\pm\infty$ 时，$f(x)\to 0$，曲线 $f(x)$ 以 Ox 轴为渐近线.

性质 4　如果固定 σ 改变 μ 的值，$f(x)$ 的图形沿着 Ox 轴平行移动，不改变其形状，如图 4—4—2 所示. 正态分布的概率密度 $y=f(x)$ 的位置完全由参数 μ 所确定. 如果固定 μ

改变σ，由于最大值为$f(\mu)=\dfrac{1}{\sigma\sqrt{2\pi}}$，当$\sigma$越小，图形变得越尖；当$\sigma$越大，图形变得越扁平(见图 4—4—3)，因而$X$落在$\mu$附近的概率越小.

性质 5 X的分布函数为

$$F(x)=\frac{1}{\sigma\sqrt{2\pi}}\int_{-\infty}^{x}\mathrm{e}^{-\frac{(t-\mu)^2}{2\sigma^2}}\mathrm{d}t,$$

它的图形如图 4—4—4 所示.

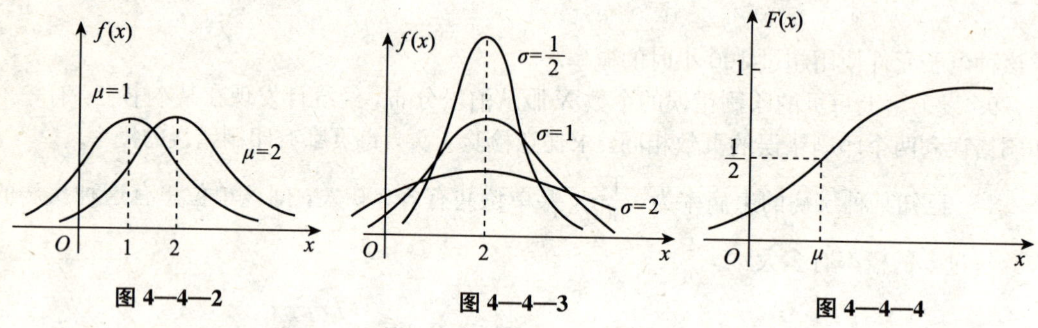

图 4—4—2　　图 4—4—3　　图 4—4—4

4.4.2 标准正态分布

参数$\mu=0$，$\sigma=1$时的正态分布称为**标准正态分布**，记作$N(0,1)$. 它的密度函数为

$$\varphi(x)=\frac{1}{\sqrt{2\pi}}\mathrm{e}^{-\frac{x^2}{2}},\quad -\infty<x<+\infty.$$

它的分布函数为

$$\Phi(x)=\int_{-\infty}^{x}\varphi(t)\mathrm{d}t=\int_{-\infty}^{x}\frac{1}{\sqrt{2\pi}}\mathrm{e}^{-\frac{t^2}{2}}\mathrm{d}t,\quad -\infty<x<+\infty.$$

对于标准正态分布，数学工作者已经编制了分布函数$\Phi(x)$的数值表，见附录 1 的标准正态分布数值表. 由标准正态分布的密度函数$\varphi(x)$关于y轴的对称性，对任何$x<0$，有

$$\Phi(x)=1-\Phi(-x).$$

思考题 由标准正态分布数值表，查

(1) $\Phi(1)=?$　$\Phi(2)=?$　$\Phi(-1.96)=?$

(2) 若$\Phi(a)=0.954\,4$，$a=?$

(3) $\Phi(b)=0.5$，$b=?$　$\Phi(c)=0.3$，$c=?$

利用随机变量取值的概率与分布函数的关系，可以通过查表的方法计算标准正态分布的概率.

例 1 设$Y\sim N(0,1)$，求以下概率：

(1) $P(Y<1.5)$； (2) $P(Y>2)$； (3) $P(-1<Y\leqslant 3)$； (4) $P(|Y|\leqslant 2)$.

解 (1) $P(Y<1.5)=\Phi(1.5)=0.933\,19$；

(2) $P(Y>2)=1-P(Y\leqslant 2)=1-\Phi(2)=1-0.977\,25=0.022\,75$；

(3) $P(-1<Y\leqslant 3)=\Phi(3)-\Phi(-1)=\Phi(3)-[1-\Phi(1)]$
$=\Phi(3)+\Phi(1)-1=0.998\,65+0.841\,3-1=0.839\,95$；

(4) $P(|Y|\leqslant 2)=P(-2\leqslant Y\leqslant 2)=\Phi(2)-\Phi(-2)=\Phi(2)-1+\Phi(2)$

$$=2\Phi(2)-1=2\times0.97725-1=0.9545.$$

注意　一般地，若 $Y\sim N(0,1)$，则有

$P(a<Y<b)=\Phi(b)-\Phi(a)$；

$P(Y>a)=1-P(Y\leqslant a)=1-\Phi(a)$；

$P(|Y|\leqslant a)=\Phi(a)-\Phi(-a)=2\Phi(a)-1$；

$\Phi(-a)=1-\Phi(a)$.

例 2　设 $Y\sim N(0,1)$，(1) 若 $P(a<Y<2)=0.8770$，求 a；(2) 若 $P(|Y|<b)=0.397$，求 b.

解　(1) $P(a<Y<2)=\Phi(2)-\Phi(a)=0.8770$，

$\Phi(a)=\Phi(2)-0.8770=0.97725-0.8770=0.10025$，

$\Phi(-a)=1-\Phi(a)=0.89975$，所以，$a\approx-1.28$；

(2) $P(|Y|<b)=2\Phi(b)-1=0.397$，$\Phi(b)=\dfrac{1+0.397}{2}=0.6985$，所以，$b=0.52$.

4.4.3　一般正态分布与标准正态分布的关系

定理 1　(1) 若 $X\sim N(\mu,\sigma^2)$，则 $Y=\dfrac{X-\mu}{\sigma}\sim N(0,1)$；

(2) 若 $Y\sim N(0,1)$，则 $X=\sigma Y+\mu\sim N(\mu,\sigma^2)$.

这里只证(1)，将(2)的证明留给读者自己完成.

证　对任意实数 $a<b$，

$$P(a<Y<b)=P\left(a<\frac{X-\mu}{\sigma}<b\right)=P(\mu+\sigma a<X<\mu+\sigma b)$$

$$=\int_{\mu+\sigma a}^{\mu+\sigma b}\frac{1}{\sigma\sqrt{2\pi}}e^{-\frac{1}{2\sigma^2}(x-\mu)^2}dx\xlongequal{\text{令 } t=\frac{x-\mu}{\sigma}}\int_a^b\frac{1}{\sqrt{2\pi}}e^{-\frac{t^2}{2}}dt,$$

所以，$Y\sim N(0,1)$.

注意　对于一般正态分布 $N(\mu,\sigma^2)$ 的概率计算，可由下式得到

$$P(a<X<b)=P\left(\frac{a-\mu}{\sigma}<\frac{X-\mu}{\sigma}<\frac{b-\mu}{\sigma}\right)=\Phi\left(\frac{b-\mu}{\sigma}\right)-\Phi\left(\frac{a-\mu}{\sigma}\right).$$

由此可以看出，标准正态分布的重要性不仅在于任何一个一般正态分布都可以通过线性变换与标准正态分布相互转化，而且还可以简化一般正态分布的概率计算.

例 3　设 $X\sim N(5,3^2)$，求以下概率：

(1) $P(X\leqslant10)$；　(2) $P(2<X<11)$；　(3) $P(X\geqslant2)$.

解　(1) $P(X\leqslant10)=P\left(\dfrac{X-5}{3}\leqslant\dfrac{10-5}{3}\right)=P\left(\dfrac{X-5}{3}\leqslant1.67\right)=\Phi(1.67)=0.95254$；

(2) $P(2<X<11)=P\left(\dfrac{2-5}{3}<\dfrac{X-5}{3}<\dfrac{11-5}{3}\right)=P\left(-1<\dfrac{X-5}{3}<2\right)$

$$=\Phi(2)-\Phi(-1)=\Phi(2)-1+\Phi(1)$$

$$=0.97725+0.8413-1=0.81855;$$

(3) $P(X\geqslant2)=1-P(X<2)=1-P\left(\dfrac{X-5}{3}<\dfrac{2-5}{3}\right)=1-\Phi(-1)=\Phi(1)=0.8413$.

4.4.4 正态分布的数字特征

对于$Y\sim N(0,1)$，由期望与方差的定义可以得到

$$E(Y)=\int_{-\infty}^{+\infty} y\varphi(y)\mathrm{d}y=\int_{-\infty}^{+\infty}\frac{y}{\sqrt{2\pi}}\mathrm{e}^{-\frac{y^2}{2}}\mathrm{d}y=0,$$

$$D(Y)=E(Y^2)-[E(Y)]^2=\int_{-\infty}^{+\infty}\frac{y^2}{\sqrt{2\pi}}\mathrm{e}^{-\frac{y^2}{2}}\mathrm{d}y=-\int_{-\infty}^{+\infty}\frac{y}{\sqrt{2\pi}}\mathrm{d}\mathrm{e}^{-\frac{y^2}{2}}$$

$$=-\left[\frac{1}{\sqrt{2\pi}}y\mathrm{e}^{-\frac{y^2}{2}}\right]\Bigg|_{-\infty}^{+\infty}+\int_{-\infty}^{+\infty}\frac{1}{\sqrt{2\pi}}\mathrm{e}^{-\frac{y^2}{2}}\mathrm{d}y=1.$$

当$X\sim N(\mu,\sigma^2)$时，由定理1及期望、方差的性质可知，$X=\sigma Y+\mu$，有

$$E(X)=E(\sigma Y+\mu)=\sigma E(Y)+\mu=\mu,$$

$$D(X)=D(\sigma Y+\mu)=\sigma^2 D(Y)=\sigma^2.$$

由此可见，正态分布$N(\mu,\sigma^2)$的两个参数μ，σ^2正是它的两个重要的数字特征:期望和方差. 因此，正态分布的两个参数有明确的概率意义.

例4 设一批零件的长度X(厘米)服从正态分布$N(20,0.2^2)$，现从这批零件中任取一件，问：(1) 误差不超过0.3厘米的概率是多大？(2) 能以0.95的概率保证零件的误差不超过多少厘米？

解 所指误差是指零件的长度X与其均值$\mu=20$之差，即$|X-20|$. 依题设$X\sim N(20,0.2^2)$，所以$\frac{X-20}{0.2}\sim N(0,1)$.

(1) $P(|X-20|\leqslant 0.3)=P\left(\left|\frac{X-20}{0.2}\right|\leqslant\frac{0.3}{0.2}\right)=P\left(\left|\frac{X-20}{0.2}\right|\leqslant 1.5\right)$

$$=2\Phi(1.5)-1=2\times 0.93319-1=0.86638,$$

即误差不超过0.3厘米的概率为0.866 38.

(2) 依题意，求ε，使$P(|X-20|\leqslant\varepsilon)=0.95$. 因为

$$P(|X-20|\leqslant\varepsilon)=P\left(\left|\frac{X-20}{0.2}\right|\leqslant\frac{\varepsilon}{0.2}\right)=2\Phi\left(\frac{\varepsilon}{0.2}\right)-1=0.95,$$

所以，$\Phi\left(\frac{\varepsilon}{0.2}\right)=0.975$，查标准正态分布数值表，$\frac{\varepsilon}{0.2}=1.96$，得$\varepsilon=0.392$. 即能以0.95的概率保证误差不超过0.392厘米.

例5 某校高等数学统考成绩X(分)是一个离散型随机变量，由于人数较多，可以近似认为是连续型随机变量，且服从正态分布$N(\mu,\sigma^2)$. 规定试卷成绩达到或超过60分为及格，若平均成绩为74分，及格率为89.44%，求：(1) 参数μ的值；(2) 参数σ的值；(3) 任取1份高等数学试卷成绩超过80分的概率；(4) 任取4份高等数学试卷中至少有一份试卷成绩超过80分的概率.

解 (1) 由于高等数学统考成绩平均为74分，说明离散型随机变量X的数学期望$E(X)=74$，又由于X近似服从正态分布$N(\mu,\sigma^2)$，因而数学期望$E(X)=\mu$，所以参数$\mu=74$.

(2) 事件$\{X\geqslant 60\}$表示任取1份高等数学试卷成绩达到或超过60分，由于X近似服从$N(74,\sigma^2)$，根据正态分布的概率计算公式

$$P(X \geqslant 60)=1-P(X<60)=1-\Phi\left(\frac{60-74}{\sigma}\right)$$
$$=1-\Phi\left(-\frac{14}{\sigma}\right)=\Phi\left(\frac{14}{\sigma}\right)=0.8944,$$

查标准正态分布数值表，得到$\frac{14}{\sigma}=1.25$，解得参数 $\sigma=11.2$.

(3) 由(1)，(2)，X 近似服从 $N(74, 11.2^2)$，根据概率计算公式，

$$P(X \geqslant 80)=1-P(X<80)=1-\Phi\left(\frac{80-74}{11.2}\right)$$
$$\approx 1-\Phi(0.54)=1-0.7054=0.2946;$$

说明任取 1 份高等数学试卷，成绩在 80 分以上的概率为 0.294 6.

(4) 设 Y=任取 4 份高等数学试卷中成绩超过 80 分的试卷数，Y 是一个服从二项分布 $B(4, 0.2946)$ 的随机变量，事件$\{Y \geqslant 1\}$表示任取 4 份试卷至少有一份成绩超过 80 分，所以，

$$P(Y \geqslant 1)=1-P(Y=0)=1-C_4^0(1-0.2946)^4$$
$$=1-0.7054^4 \approx 1-0.2476=0.7524,$$

所以任取 4 份试卷中至少有 1 份成绩超过 80 分的概率为 0.752 4.

例 6　若 $N(\mu, \sigma^2)$，求 $P(|X-\mu|<\sigma)$，$P(|X-\mu|<2\sigma)$，$P(|X-\mu|<3\sigma)$.

解　$P(|X-\mu|<\sigma)=P\left(\left|\frac{X-\mu}{\sigma}\right|<1\right)=2\Phi(1)-1=0.6826,$

$$P(|X-\mu|<2\sigma)=P\left(\left|\frac{X-\mu}{\sigma}\right|<2\right)=2\Phi(2)-1=0.9545,$$

$$P(|X-\mu|<3\sigma)=P\left(\left|\frac{X-\mu}{\sigma}\right|<3\right)=2\Phi(3)-1=0.9973.$$

注意　此例说明 X 的取值几乎全部集中在$[\mu-3\sigma, \mu+3\sigma]$的区间内，超出这个范围的可能性不超过 3‰，这个在统计学上称为 **“3σ” 准则**. 其意义在于，当我们对某一现象进行观察时，如果出现了“3σ”（即落在区间$[\mu-3\sigma, \mu+3\sigma]$）以外的值，可以认为它是异常值，应予以剔除.

4.4.5　二项分布的正态近似

定理 2（DeMoivre - Laplace 定理）　设随机变量 $X_n(n=1, 2, \cdots)$ 服从参数为 n，p $(0<p<1)$ 的二项分布，对任意的 x 有

$$\lim_{n\to\infty}P\left(\frac{X_n-np}{\sqrt{np(1-p)}} \leqslant x\right)=\int_{-\infty}^{x}\frac{1}{\sqrt{2\pi}}e^{-\frac{t^2}{2}}dt.$$

定理 2 表明，当 n 很大，而 $0<p<1$ 是一个定值时，$\frac{X_n-np}{\sqrt{np(1-p)}}$近似地服从标准正态分布 $N(0, 1)$，或者说，二项分布随机变量 X_n 近似服从正态分布 $N(np, np(1-p))$. 因此，

$$P(x_1<X_n<x_2)=\sum_{k=x_1}^{x_2}C_n^k p^k(1-p)^{n-k} \approx \int_a^b \frac{1}{\sqrt{2\pi}}e^{-\frac{t^2}{2}}dt=\Phi(b)-\Phi(a),$$

其中 $a=\frac{x_1-np}{\sqrt{np(1-p)}}$，$b=\frac{x_2-np}{\sqrt{np(1-p)}}$.

注意 二项分布的正态近似的重要性在于它提供了一种计算二项概率的实用且简单的方法，在实际工作中经常用到.

例7 保险公司的收益分析 有10 000人参加一家保险公司的人身寿命保险. 每人每年需支付100元的保险费，而在一年内一个人死亡的概率是0.006. 死亡时，其家属可以从保险公司领取赔偿金10 000元. 试求：(1) 保险公司亏本的概率是多少？(2) 保险公司一年的利润不少于300 000元的概率是多少？

解 一年内，一个人死亡的概率是0.006. 设 X＝一年内死亡人数，可知 $X\sim B(10\,000,\ 0.006)$. 于是，$np=60$，$np(1-p)=59.64$.

(1) 公司每年收入 $100\times 10\,000=1\,000\,000$(元)，死亡1人支出10 000元，死亡100人时收支平衡. 当 $X>100$ 时，公司就会亏本. 由定理2，

$$P(X>100)=P\left(\frac{X-60}{\sqrt{59.64}}>\frac{100-60}{\sqrt{59.64}}\right)\approx 1-\Phi(5.18)\approx 0,$$

即公司基本不会亏本.

(2) 利润不少于300 000元，即支出要少于 $1\,000\,000-300\,000=700\,000$(元). 因此，死亡人数就不能多于 $\frac{700\,000}{10\,000}=70$(人). 于是有

$$P(X<70)=P\left(\frac{X-60}{\sqrt{59.64}}<\frac{70-60}{\sqrt{59.64}}\right)\approx P\left(\frac{X-60}{\sqrt{59.64}}<1.3\right)=\Phi(1.3)=0.903\,2,$$

即公司获得300 000元利润的概率是90.32%.

本节关键词

一般正态分布　标准正态分布　正态分布的数字特征　二项分布的正态近似

习题 4.4

1. 设 $X\sim N(0,\ 1)$，已知 $\Phi(1.96)=0.975$，求下列各式中的 x：

(1) $P(X<x)=0.975$；　　(2) $P(X<x)=0.025$；

(3) $P(X\geqslant x)=0.025$；　　(4) $P(|X|\geqslant x)=0.050$.

2. 设 $X\sim N(20,\ 3^2)$，求解以下问题：

(1) 求 $P(X<14.12)$，$P(11.9<X<27.5)$；

(2) 求常数 b，使得 $P(X>b)=0.025$；

(3) 求常数 c，使得 $P(|X-c|>c)=0.008\,2$.

3. 某种电池的寿命 X 服从正态分布 $N(\mu,\ \sigma^2)$，依统计电池的平均寿命为300小时，标准差为35小时，(1) 求电池寿命在265小时以上的概率；(2) 若使用寿命在230小时以内者为次品，求该电池的次品率.

4. 测量某距离的误差 $X\sim N(0,\ 20^2)$（单位：米），试求一次测量误差的绝对值不超过30米的概率.

5. 某车间生产零件的长度 $X\sim N(20,\ 3^2)$. 按规定，长度在[15.8, 24.2]范围内属于合格品，今从生产的零件中任取5件，问恰好有3件合格品的概率是多少？

6. 某校应用数学基础统考成绩 X(分)是一个离散型随机变量，近似服从 $N(58, 10^2)$. 规定试卷成绩达到或超过 60 分为合格，求：(1) 任取 1 份应用数学基础试卷成绩合格的概率；(2) 任取 3 份应用数学基础试卷中恰好有 2 份试卷成绩合格的概率.

7. 某厂装备车间准备实行计件超产奖，为此需要对生产定额作出规定. 根据以往的记录，各位工人每月装备产品数服从 $N(4\,000, 3\,600)$，假定车间主任希望 10%的个人获超产奖，求工人每月需完成多少件产品才能获奖?

8. 某单位计划招聘 260 名员工，按考试成绩录用. 有 526 人报考，已知考试成绩服从正态分布 $N(\mu, \sigma^2)$，已知 90 分以上有 12 人，60 分以下有 83 人. 如果从高分到低分录取，某人成绩为 78 分，问此人是否能够被录取?

9. 设轮船横向摇摆的随机振幅 X 的概率密度为

$$f(x)=Axe^{-\frac{x^2}{2\sigma^2}},\quad (x>0)$$

求：(1) A；(2) 遇到横向摇摆的振幅大于其振幅均值的概率是多少?

10. 某商店供应一地区 1 000 人的商品. 若某种商品在一段时间内每人需要一件的概率是 0.6，问该商店需要准备多少件这种商品，才能以 99.7%的概率保证不会脱销(假设每个人是否购买该商品是彼此独立的)?

*§4.5　大数定律与中心极限定理

在客观实际中，有许多随机变量是由大量的随机因素综合影响而形成的，虽然其中每一个别因素在总和的影响中所起的作用是微小的，但总和起来确有显著影响. 例如，测量某种零件的误差是一个随机变量，它是由许多对误差产生微小影响而且相互独立的各种各样的因素即随机变量加总而成的. 我们关心的是这个总和的随机变量的分布是怎样的. 人们经过多年的实践观察，最终经理论研究证实：诸多独立的随机变量和的极限分布是正态分布. 这也是在实际生活中，许多现象都服从或近似服从正态分布的原因. 该长达两个世纪的概率论研究的中心课题，被人们称为**中心极限定理**.

本节(不加证明地)给出概率论中几个简单而且重要的结论，它们在理论上从不同的方面揭示了由随机变量所描述的随机现象的内在的统计规律性.

4.5.1　切比谢夫(Chebyshev)不等式

定理 1(切比谢夫不等式)　设随机变量 X 有期望 $E(X)$ 和方差 $D(X)=\sigma^2$，则对任意给定的 $\varepsilon>0$，有 $P(|X-E(X)|\geqslant\varepsilon)\leqslant\frac{\sigma^2}{\varepsilon^2}$.

注意　切比谢夫不等式的另一种形式为 $P(|X-E(X)|<\varepsilon)>1-\frac{\sigma^2}{\varepsilon^2}$. 由切比谢夫不等式可以直接看到下面两点：

(1) 方差 σ^2 愈小，事件 $\{|X-E(X)|\geqslant\varepsilon\}$ 的概率愈小，随机变量 X 取值集中在期望 $E(X)$ 附近的可能性愈大，由此进一步表明方差 $D(X)$ 作为刻画随机变量取值分散程度的量的概率意义.

(2) 在 X 分布未知的情况下，对任给 $\varepsilon=k\sigma$，利用切比谢夫不等式可以估计出 X 落在

区间 $(E(X)-k\sigma, E(X)+k\sigma)$ 以外的概率不大于$\frac{1}{k^2}$，当 $k=3$ 时，

$$P(|X-E(X)|\geqslant 3\sigma)\leqslant\frac{1}{9}\approx 0.111.$$

由此可见，对任给分布，只要期望 $E(X)$ 和方差 σ^2 存在，随机变量的取值偏离 $E(X)$ 超过 3σ 的概率小于 0.111，它是很小的.

切比谢夫不等式只利用期望及方差就描述了随机变量的变化情况，因此，它在理论研究及实用中很有价值.

例 1 已知某一类成人每毫升血液中的白细胞数平均是 7 300，方差是 4 900，估计白细胞数在 5 200～9 400 之间的概率是多少.

解 设 X=该类成人每毫升血液中的白细胞数，由切比谢夫不等式可得

$$\begin{aligned}P(5\,200<X<9\,400)&=P(5\,200-7\,300<X-7\,300<9\,400-7\,300)\\&=P(|X-7\,300|<2\,100)\geqslant 1-\frac{4\,900}{2\,100^2}=\frac{899}{900}\approx 0.999,\end{aligned}$$

即该类成人每毫升血液中白细胞数在 5 200～9 400 之间的概率不小于 0.999.

应用切比谢夫不等式可以得到下面的弱大数定律和强大数定律(证明略).

4.5.2 大数定律

定理 2(弱大数定律) 设 $X_1, X_2, \cdots$ 是独立同分布的随机变量序列，且 $E(X_i)=\mu$，$D(X_i)=\sigma^2$，对任给 $\varepsilon>0$，有$\lim\limits_{n\to\infty}P\left(\left|\frac{1}{n}\sum\limits_{i=1}^{n}X_i-\mu\right|\geqslant\varepsilon\right)=0$.

注意 定理 2 的极限式也等价于$\lim\limits_{n\to\infty}P\left(\left|\frac{1}{n}\sum\limits_{i=1}^{n}X_i-\mu\right|<\varepsilon\right)=1$.

这表明，当 n 充分大时，n 个随机变量的算术平均值$\frac{1}{n}\sum\limits_{i=1}^{n}X_i$ 以很大的概率接近其数学期望，或者也称$\frac{1}{n}\sum\limits_{i=1}^{n}X_i$ 依概率收敛于 μ.

如果将定理 2 的极限式的符号$\lim\limits_{n\to\infty}$ 放在括号里面，就得到下面的强大数定律.

定理 3(强大数定律) 设 $X_1, X_2, \cdots$ 是独立同分布的随机变量序列，且 $E(X_i)=\mu$，$D(X_i)=\sigma^2$，则有 $P\left(\lim\limits_{n\to\infty}\frac{1}{n}\sum\limits_{i=1}^{n}X_i=\mu\right)=1$.

作为大数定律的特殊情况，设 X_i = 在第 i 次贝努里试验中事件 A 发生的次数，即

$$X_i=\begin{cases}1, & \text{第 } i \text{ 次试验事件 } A \text{ 发生}\\0, & \text{第 } i \text{ 次试验事件 } A \text{ 不发生}\end{cases},$$

记 $S_n=\sum\limits_{i=1}^{n}X_i$，于是得到下面的贝努里大数定律.

定理 4(贝努里大数定律) 设 S_n 是 n 重贝努里试验中事件 A 发生的次数，p 是在每次试验中事件 A 发生的概率，则对任意 $\varepsilon>0$，有

$$\lim_{n\to\infty}P\left(\left|\frac{S_n}{n}-p\right|\geqslant\varepsilon\right)=0 \text{ 或 } \lim_{n\to\infty}P\left(\left|\frac{S_n}{n}-p\right|<\varepsilon\right)=1.$$

贝努里大数定律表明，事件 A 发生的频率依概率收敛于概率 p，即当重复试验次数 n 充分大时，事件 A 发生的频率 $\frac{S_n}{n}$ 与事件 A 发生的概率 p 有较大偏差的概率很小.

贝努里大数定律提供了通过试验来确定事件概率的方法：既然频率 $\frac{S_n}{n}$ 与概率 p 有较大偏差的可能性很小，由实际推断原理，当试验次数很大时，可以用试验中事件 A 发生的频率来代替事件 A 发生的概率.

4.5.3 中心极限定理

这里给出中心极限定理的一种简单形式.

定理 5(中心极限定理) 设 $X_1, X_2, \cdots$ 是独立同分布的随机变量序列，且对 $i=1, 2, \cdots$，有 $E(X_i)=\mu$，$D(X_i)=\sigma^2$，则

$$\lim_{n\to\infty}P\left\{\frac{\frac{1}{n}\sum_{i=1}^{n}X_i-\mu}{\frac{\sigma}{\sqrt{n}}}\leqslant x\right\}=\lim_{n\to\infty}P\left\{\frac{\sum_{i=1}^{n}X_i-n\mu}{\sigma\sqrt{n}}\leqslant x\right\}=\int_{-\infty}^{x}\frac{1}{\sqrt{2\pi}}e^{-\frac{t^2}{2}}dt.$$

定理 5 表明，当 n 充分大时，n 个具有期望和方差的独立同分布的随机变量之和近似服从正态分布.

注意 §4.4 中的定理 2(二项分布的正态近似)是定理 5 的特例.

例 2 测量某种物体的长度时，由于存在测量误差，每次测得的长度值只能是近似值. 现进行多次测量，然后取这些测量值的平均值作为实际长度的估计值. 假定 n 个测量值 $X_1, X_2, \cdots, X_n$ 是独立同分布的随机变量，具有共同的期望 μ(即实际长度) 及方差 $\sigma^2=1$. 试问：若以 95%的把握可以确信其估计值精确到 ± 0.2 以内，必须测量多少次?

解 本题即求 n，使得

$$P\left(\left|\frac{1}{n}\sum_{i=1}^{n}X_i-\mu\right|\leqslant 0.2\right)\geqslant 0.95.$$

由定理 5，

$$P\left(\left|\frac{1}{n}\sum_{i=1}^{n}X_i-\mu\right|\leqslant 0.2\right)=P\left(\left|\frac{\frac{1}{n}\sum_{i=1}^{n}X_i-\mu}{\frac{\sigma}{\sqrt{n}}}\right|\leqslant 0.2\frac{\sqrt{n}}{\sigma}\right)$$

$$=2\Phi\left(\frac{0.2\sqrt{n}}{\sigma}\right)-1\geqslant 0.95,$$

所以，$\Phi\left(\frac{0.2\sqrt{n}}{\sigma}\right)\geqslant 0.975$，查标准正态分布数值表，得 $\frac{0.2\sqrt{n}}{\sigma}>1.96$，代入 $\sigma=1$，解得

$$n\geqslant\frac{1.96^2}{0.04}=96.04,$$

即需要测量 96 次以上就可以有 95%的把握确信估计值与真值之差小于 0.2.

思考题 条件同例 2，若测量 100 次，问能有 90%的把握确信估计值与真值之差小于多少?

本节关键词

切比谢夫不等式　大数定律　中心极限定理

习题 4.5

1. 在每次试验中，事件 A 发生的概率都是$\frac{1}{2}$，利用切比谢夫不等式估计在 1 000 次试验中，事件 A 发生的次数在 400～600 之间的概率.

2. 某个单位设置一电话总机，共有 200 部电话分机. 设每部电话分机有 5%的时间要使用外线通话. 假定每部分机是否使用外线通话是相互独立的，问总机要多少条外线才能以 90%的概率保证每部分机要使用外线时可供使用?

3. 一个复杂的系统，由 n 个相互独立起作用的元件所组成. 每个元件的可靠性(即元件工作的概率)为 0.90，且必须至少有 80%的元件工作才能使系统工作，问 n 至少为多少时才能使系统的可靠性为 0.95?

4. 有一罐装有从 0～9 编号的 10 个形状相同的球，从罐中有放回抽取若干次，每次都记下号码.

(1) 设 $X_k=\begin{cases}1, & \text{第 } k \text{ 次取到号码 } 0\\ 0, & \text{其他}\end{cases}$，$k=1, 2, \cdots$，问对序列$\{X_k\}$能否使用大数定律?

(2) 至少应取球多少次才能使“0”出现的频率在 0.09～0.11 之间的概率是 0.95?

(3) 用中心极限定理计算在 100 次抽取中，号码“0”出现次数在 7 和 13 之间的概率.

§4.6　MATLAB 数学实验

4.6.1　常见分布的 MATLAB 名称

前面介绍了几种常见的分布，其中离散型变量有二项分布、泊松分布，连续型变量有均匀分布、指数分布和正态分布. 在 MATLAB 中，每一个分布都有一个名称（即“name”），常见分布名称具体如表 4—6—1 所示。

表 4—6—1　　常见分布的 MATLAB 名称

分布名称	MATLAB 名称(name)
二项分布	bino
泊松分布	poiss
均匀分布	unif
指数分布	exp
正态分布	norm

分布名称取自英文单词的前几个字母.

4.6.2　期望和方差的计算

常见分布的期望和方差的调用函数如表 4—6—2 所示 .

表 4—6—2　　**MATLAB 中常见分布的期望和方差的调用函数**

分布	函数名	调用格式	注释
二项分布	binostat	$[M, V]=\mathrm{binostat}(n,p)$	n，p 为二项分布的两个参数
泊松分布	poisstat	$[M, V]=\mathrm{poisstat}(\lambda)$	λ 为泊松分布的参数
均匀分布	unifstat	$[M, V]=\mathrm{unifstat}(a,b)$	a，b 为均匀分布的参数
指数分布	expstat	$[M, V]=\mathrm{expstat}(\lambda)$	λ 为指数分布的参数
正态分布	normstat	$[M, V]=\mathrm{normstat}(\mu,\sigma)$	μ,σ 为正态分布的两个参数

1. 二项分布期望和方差的计算

函数 binostat 用于求二项分布的期望和方差，调用格式为：$[M, V]=\mathrm{binostat}(n,p)$，其中 n，p 为二项分布的两个参数，可为标量也可为向量或矩阵；返回值 M 为期望，N 为方差.

例 1　设 $X\sim B(5, 0.4)$，求其期望和方差.

计算步骤：

(1) 在 Command Window 中输入如下命令：

```
>> [M,V]=binostat(5,0.4)
```

(2) 按回车键，得到结果：

```
M=
     2
V=
     1.2000
```

即该二项分布的期望为 2，方差为 1.2.

2. 正态分布期望和方差的计算

函数 normstat 用于求正态分布的期望和方差，调用格式为：$[M, V]=\mathrm{normstat}(\mu,\sigma)$，$\mu,\sigma$ 可为标量也可为向量或矩阵.

例 2　设 $X\sim N(20, 3^2)$，求其期望和方差.

计算步骤：

(1) 在 Command Window 中输入如下命令：

```
>>[M,V]=normstat(20,3)
```

(2) 按回车键，得到结果：

```
M=
     20
V=
     9
```

所以此正态分布的期望为 20，方差为 9.

4.6.3　累积概率的计算

计算累积概率值的专用函数如表 4—6—3 所示 .

表 4—6—3　　计算累积概率值的专用函数表

函数名	调用格式	注释
binocdf	binocdf(x,n,p)	参数为 n,p 的二项分布累积分布函数值 $F(x)=P(X\leqslant x)$
poisscdf	poisscdf(x,λ)	参数为 λ 的泊松分布的累积分布函数值 $F(x)=P(X\leqslant x)$
unifcdf	unifcdf(x,a,b)	$[a,b]$上均匀分布累积分布函数值 $F(x)=P(X\leqslant x)$
expcdf	expcdf(x,λ)	参数为 λ 的指数分布累积分布函数值 $F(x)=P(X\leqslant x)$
normcdf	normcdf(x,μ,σ)	参数为 μ,σ 的正态分布累积分布函数值 $F(x)=P(X\leqslant x)$

1. 二项分布的累积概率计算

函数 binocdf 命令用于求二项分布的累积概率值，调用格式为：binocdf(x,n,p)，其中 n 为试验总次数，p 为每次试验事件 A 发生的概率，x 为 n 次试验中事件 A 发生的次数.

例 3　某人定点投篮，每次进球的概率为 0.7，现连续投篮 4 次，求至多 2 次进球的概率.

计算步骤：

(1) 设 $A=\{$一次投篮进球$\}$，根据题意可知，试验次数 $n=4$，每次试验事件 A 发生的概率为 0.7. 用 P 表示至多 2 次进球的概率.

(2) 在 Command Window 中输入如下命令：

```
>>P=binocdf(2,4,0.7)
```

(3) 按回车键，得到结果：

```
P=
0.3483
```

所以至多进球 2 次的概率为 0.348 3.

2. 正态分布的累积概率计算

函数 normcdf 命令用于求正态分布的累积概率值，调用格式为：normcdf(x,μ,σ)，返回 $F(x)=\int_{-\infty}^{x}p(t)\mathrm{d}t$ 的值，μ,σ 为正态分布的两个参数.

例 4　用 *MATLAB* 计算§4.4 例 1.

计算步骤：

(1) 设 $P1=P(Y<1.5)$，$P2=P(Y>2)=1-P(Y\leqslant 2)$，

$P3=P(-1<Y\leqslant 3)=P(Y\leqslant 3)-P(Y\leqslant -1)$，

$P4=P(|Y|\leqslant 2)=P(Y\leqslant 2)-P(Y\leqslant -2)$.

(2) 在 Command Window 中输入如下命令：

```
>> P1=normcdf(1.5,0,1), P2=1-normcdf(2,0,1),
P3=normcdf(3,0,1)-normcdf(-1,0,1),
P4=normcdf(2,0,1)-normcdf(-2,0,1),
```

(3) 按回车键，得到结果：

```
P1=
```

```
    0.9332
P2=
    0.0228
P3=
    0.8400
P4=
    0.9545
```

4.6.4　正态分布的逆累积分布函数

函数 norminv 命令用于求正态分布逆累积分布函数，调用格式为：x=norminv(p,μ,σ)，p 为累积概率值，μ，σ 为正态分布的两个参数，x 为临界值，满足 $p=P(X\leqslant x)$.

例 5　用 MATLAB 计算§4.4 例 2.

计算步骤：

(1) 由题意知，第 1 小题可转化为

$$P(a<Y<2)=P(Y\leqslant 2)-P(Y\leqslant a)=0.8770,$$

即
$$p1=P(Y\leqslant a)=P(Y\leqslant 2)-0.8770.$$

第 2 小题可转化为

$$P(|Y|<b)=2P(Y\leqslant b)-1=0.397,$$

即
$$p2=P(Y\leqslant b)=(0.397+1)\div 2.$$

(2) 在 Command Window 中输入如下命令：

```
>>p1= normcdf(2,0,1)-0.8770;
>> p2=(0.397+1)/2;
>> a=norminv(p1,0,1),b= norminv(p2,0,1)
```

(3) 按回车键，得到结果：

```
a=
  -1.2801
b=
  0.5201
```

例 6　公共汽车车门的高度是按成年男子与车门顶碰头的机会不超过 1%设计的，设男子身高 X(单位：cm) 服从正态分布 $N(175, 36)$，求车门的最低高度.

计算步骤：

(1) 设 h 为车门高度，X 为男子身高，由题意知，$P(X>h)\leqslant 0.01$，即 $P(X\leqslant h)\geqslant 0.99$.

(2) 在 Command Window 中输入如下命令：

```
>> norminv(0.99,175,6)
```

(3) 按回车键，得到结果：

```
h=
  188.9581
```

即公共汽车车门的最低高度为 188.958 1 cm.

知识考核点与典型试题举例

一、随机变量及其分布

1. 随机变量的概念及其分布

例 1 在一定实数范围内，取值带有随机性且又以确定的概率取值的变量称为________.

2. 离散型随机变量及其概率分布

例 2 设离散型随机变量 X 的概率分布为 $\begin{bmatrix} x_1 & x_2 & x_3 & x_4 & x_5 \\ \frac{1}{2} & \frac{1}{4} & p_3 & \frac{1}{16} & \frac{1}{16} \end{bmatrix}$，那么 $p_3=$________.

3. 连续型随机变量及其概率密度函数

例 3 在下列函数中，可以作为概率密度函数的是(　　).

A. $\sin x$，$x\in\left(0, \frac{3}{2}\pi\right)$　　B. $\frac{2}{\pi}\sqrt{1-x^2}$，$x\in(-1,1)$

C. x^2，$x\in(0, 1)$　　D. e^x，$x\in(0, 1)$

例 4 设随机变量 X 的概率密度函数为 $f(x)=\begin{cases} A\sin x, & 0<x<\pi \\ 0, & \text{其他} \end{cases}$，求：(1) A；(2) $P\left(X>\frac{\pi}{2}\right)$.

例 5 设连续型随机变量 $X\sim f(x)$，$-\infty<x<+\infty$，其中 $f(x)$为概率密度函数，对任意 a，$b(a<b)$，有 $P(a<X<b)=$(　　).

A. $\int_{-\infty}^{+\infty}f(x)\mathrm{d}x$　　B. $\int_{-\infty}^{+\infty}xf(x)\mathrm{d}x$　　C. $\int_a^b f(x)\mathrm{d}x$　　D. $\int_a^b xf(x)\mathrm{d}x$

4. 随机变量的分布函数

例 6 设 X 为随机变量，若 $g(x)=P(X\leqslant x)$，则称 $g(x)$为 X 的________.

例 7 设 X 的概率分布列为 $\begin{bmatrix} 0 & 1 & 2 & 3 \\ 0.1 & 0.3 & 0.4 & 0.2 \end{bmatrix}$，$F(x)$为其分布函数，则 $F(2)=$(　　).

A. 0.2　　B. 0.4　　C. 0.8　　D. 1

例 8 设 $F(x)$和 $f(x)$是连续型随机变量 X 的分布函数和概率密度函数，对任意 a，b $(a<b)$，有 $P(a<X<b)=$(　　).

A. $f(b)-f(a)$　　B. $F(b)-F(a)$　　C. $\int_a^b F(x)\mathrm{d}x$　　D. $\int_b^a f(x)\mathrm{d}x$

例 9 设随机变量 X 的概率密度函数为 $f(x)=\begin{cases} x+\frac{1}{2}, & 0\leqslant x<1 \\ 0, & \text{其他} \end{cases}$，求：(1) $F(x)$；(2) $P\left(X>\frac{1}{2}\right)$.

二、随机变量的数字特征

例 10　设随机变量 X 的概率密度函数为 $f(x)=\begin{cases}Ax^2, & 0\leqslant x\leqslant 2\\ 0, & \text{其他}\end{cases}$，求：(1) 常数 A；(2) $P(-5<X<1)$；(3) $E(2X+1)$.

例 11　设随机变量 X 的可能取值为 0，1，2，相应的概率分布为 0.6，0.3，0.1，则 X 的期望 $E(X)=$________.

例 12　随机变量 X 的一个线性变换是 $Y=aX+b(a\neq 0)$，则(　　)是正确的.

A. $E(Y)=aE(X)+b$

B. $E(Y)=aE(X)$

C. $E(Y)=a^2E(X)$

D. $E(Y)=a^2E(X)+b$

例 13　若随机变量 X 的方差 $D(X)=3$，则 $D(3X-2)=$(　　).

A. 7　　B. 27　　C. 9　　D. 25

例 14　设 X 是连续型随机变量，具有概率密度函数为 $f(x)$，又 $y=g(x)$ 连续函数，如果 $Y=g(X)$ 有 $E(Y)$ 存在，则 $E(Y)=$________.

三、几个常见的随机变量及其数字特征

例 15　每张奖券中尾奖的概率为 $\frac{1}{10}$，某人购买了 20 张号码杂乱的奖券，设中尾奖的张数为 X，则 X 服从(　　).

A. 二项分布　　B. 泊松分布　　C. 指数分布　　D. 正态分布

例 16　函数 $f(x)=\begin{cases}\frac{1}{\lambda}e^{-\frac{x}{\lambda}}, & x>0, \lambda>0\\ 0, & \text{其他}\end{cases}$ 是(　　)分布的概率密度.

A. 指数　　B. 均匀　　C. 正态　　D. 泊松

例 17　函数 $f(x)=\begin{cases}\frac{1}{b-a}, & a\leqslant x\leqslant b\\ 0, & \text{其他}\end{cases}$ 是(　　)分布的概率密度.

A. 二项　　B. 泊松　　C. 均匀　　D. 正态

例 18　若 $X\sim U(0, 1)$，则 $D(X)=$________.

例 19　设随机变量 $X\sim B(n, p)$，则 $E(X)=$________.

例 20　若 X 服从参数 $\lambda=\frac{1}{9}$ 的指数分布，$F(x)$ 是 X 的分布函数，则 $P(3<X<9)=$(　　).

A. $F\left(\frac{9}{9}\right)-F\left(\frac{3}{9}\right)$　　B. $\frac{1}{9}\left(\frac{1}{\sqrt[3]{e}}-\frac{1}{e}\right)$

C. $\frac{1}{\sqrt[3]{e}}-\frac{1}{e}$　　D. $\int_3^9 e^{-\frac{x}{3}}dx$

例 21　设随机变量 X 服从泊松分布，已知 $P(X=1)=P(X=2)$，求 $E(X)$ 和 $D(X)$.

例 22　若 X_1 服从 $\lambda=\frac{1}{2}$ 的指数分布，X_2 的概率密度 $f(x)=\begin{cases}cxe^{-\frac{x}{2}}, & x\geqslant 0\\ 0, & x<0\end{cases}$，求出 E

(X_1)和$D(X_1)$的值，并通过$E(X_1)$和$D(X_1)$计算c和$E(X_2)$.

例 23 设随机变量X服从$\left[-\frac{1}{2},\frac{1}{2}\right]$上的均匀分布，求$Y=\sin\pi X$的数学期望$E(Y)$和方差$D(Y)$.

例 24 某一射手一次射击命中靶心的概率为 0.9，该射手射击 2 次，求能命中靶心次数的概率分布.

例 25 在贝努里试验中，每次成功的概率为p，试验进行到出现成功时停止，求试验次数的数学期望.

例 26 设$X_k\sim B(1,p)$，$k=1,2,\cdots,n$相互独立，又$X=\sum_{k=1}^{n}X_k$，$E(X)=2.4$，$D(X)=0.96$，则(n,p)为(　　).

A. 3，0.8　　B. 4，0.6　　C. 6，0.4　　D. 8，0.3

四、正态分布的概率计算及其数字特征

1. 标准正态分布与一般正态分布的关系

例 27 设$Y\sim N(0,1)$，则$X=($　　$)\sim N(\mu,\sigma^2)$.

A. $\frac{X-\mu}{\sigma^2}$　　B. $\frac{X-\mu}{\sigma}$　　C. $\sigma X+\mu$　　D. $\sigma X-\mu$

例 28 若随机变量$X\sim N(5,3^2)$，则随机变量$Y=($　　$)\sim N(0,1)$.

A. $\frac{X-5}{3}$　　B. $\frac{X-5}{9}$　　C. $\frac{X-3}{5}$　　D. $\frac{X-9}{5}$

2. 概率计算

例 29 设随机变量$X\sim N(-3,2^2)$，求：(1) $P(|X|<1)$；(2) $P(X>0)$；(3) $E(X^2)$.

例 30 设随机变量$X\sim N(8,4)$，求$P(|X-8|<1)$和$P(X\leqslant 12)$.

例 31 某批螺栓直径X cm 是一个连续型随机变量，它服从均值为 0.8 cm，方差为 0.000 4 cm^2 的正态分布，现随机抽取 1 个螺栓，求这个螺栓直径小于 0.81 cm 的概率.

例 32 某批袋装大米重量X kg 是一个连续型随机变量，它服从参数$\mu=10$ kg，$\sigma=0.1$ kg 的正态分布，从中任选一袋大米，求这袋大米重量在 9.9 kg～10.2 kg 的概率.

例 33 某人去火车站乘车，有两条路线可以走，第 1 条路程较短，但交通拥挤，所需时间（单位：分钟）服从正态分布$N(40,10^2)$；第 2 条路程长，但意外阻塞较少，所需时间（单位：分钟）服从正态分布$N(50,5^2)$，求：

(1) 若动身时离开车只有 60 分钟，应走哪条路线？

(2) 若动身时离开车只有 45 分钟，应走哪条路线？

3. 数字特征及其他

例 34 设$X\sim N(\mu,\sigma^2)$，且概率密度函数为$f(x)=\frac{1}{\sqrt{6\pi}}e^{-\frac{x^2-4x+4}{6}}$，$-\infty<x<+\infty$，求：

(1) μ，σ^2；

(2) 若已知$\int_c^{+\infty}f(x)\mathrm{d}x=\int_{-\infty}^{c}f(x)\mathrm{d}x$，求常数$c$.

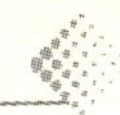

例 35　设 $X_1 \sim N(\mu_1, \sigma_1^2)$，$X_2 \sim N(\mu_2, \sigma_2^2)$，如右图所示，则有(　　)成立.

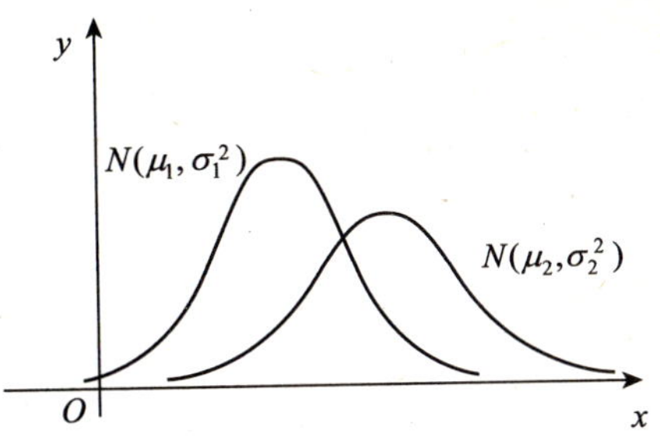

A. $\mu_1 < \mu_2$，$\sigma_1^2 < \sigma_2^2$

B. $\mu_1 < \mu_2$，$\sigma_1^2 > \sigma_2^2$

C. $\mu_1 > \mu_2$，$\sigma_1^2 < \sigma_2^2$

D. $\mu_1 > \mu_2$，$\sigma_1^2 > \sigma_2^2$

例 36　设 X_1，X_2，…，X_n 为独立同分布的随机变量，每一个都具有均值 μ，方差 σ^2. 令 $\overline{X} = \frac{1}{n}\sum_{i=1}^{n} x_i$，则 $D(\overline{X}) =$ (　　).

A. σ^2　　B. $n\sigma^2$　　C. $\frac{\sigma^2}{n}$　　D. $\frac{\sigma^2}{n^2}$

第三编 数理统计基础

引 子

通过上一编内容的学习，我们知道概率论是研究随机现象统计规律性的一个数学分支．它基本上都是从已知随机变量 X 的分布出发来讨论 X 的性质．但是，在实际问题中，随机变量 X 的分布往往是未知的，要弄清一个随机变量就必须知道它的分布，或者至少要知道它的数字特征．比如，某电器公司生产的某种电子元件，由于种种原因，生产出的各个元件的寿命是不同的，如果以寿命这个指标来衡量元件的质量，并规定寿命不超过 1 000 小时的元件为次品，如何求其次品率？又如，在农作物进行科学管理时，往往需要做出各种预报和估计，如虫情预报，产量的估计．再有，罐装可乐的标准容量为 355（毫升），怎样确定一批产品的容量是否合格呢？等等．解决好这类问题对实际工作和生活是非常重要的．因为许多实际问题不能采用普查的方法，如考察电子元件的寿命，寿命试验本身是一种破坏性试验；还有一些实际问题受人力、财力和时间的限制而不能或不允许逐一检查或测试，等等．

数理统计作为一门学科，诞生于 19 世纪末 20 世纪初，它不仅是研究随机现象规律性的一个数学分支，也是现在具有广泛应用性的一个数学分支．它运用概率论的基础知识，对所要研究的随机现象进行多次观察或试验，研究如何合理地获取资料，如何建立有效的数学方法，并利用所获得的资料对随机变量的数字特征等进行估计、分析和推断．它的思想方法是:从所研究的对象全体中随机抽取一小部分进行观察、分析、研究，然后再对整体进行统计推断．数理统计的内容非常丰富，统计推断是其核心部分，它的体系为：

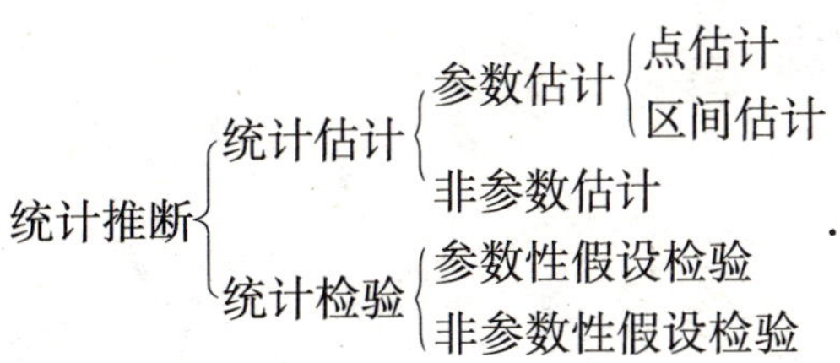

再有，在一元函数微积分中，我们讨论过变量与变量之间的函数关系，这种关系表现为确定性的．例如，圆的面积 S 与圆的半径 r 之间存在着确定性的关系，当给定半径 r 后，就确定了圆的面积值 S．在自然界众多变量之间还有另外一类重要关系．如人的身高与体重之间的关系．一般讲，身高者体重大，但是不完全如此，体重不能完全决定身高，身高也不能完全决定体重，可它们之间又有着联系．这种变量间的关系表现为不确定性．我们称这种关系为**相关关系**．又如，在冶炼某种钢的过程中，钢液的初始含碳量 Q 与冶炼时间 t

两个变量之间也具有这种相关关系. 即使在有确定性关系的变量之间，由于实验误差或观察误差存在，其表现形式也具有某种不确定性.

回归分析方法是数理统计中用于处理多个变量间相关关系的一种数学方法. “回归”名称以及它的思想方法的由来应归功于英国统计学家、生物学家高尔登(F. Galton). 当年高尔登和他的学生、现代统计学的奠基者之一皮尔逊(K. Pearson)在研究父母身高与其子女身高的遗传问题时，观察了 1 078 对夫妇，以每对夫妇的平均身高作为这个家庭的父辈身高 x，而取该家庭中的一个成年儿子的身高作为这个家庭的子辈身高 y，将结果在平面直角坐标系上绘成了散点图，发现这些散点趋势近乎一条直线. 通过计算，得到了一条回归直线方程

$$y=33.73+0.516x.$$

高尔登首次提出“回归”一词. 这个回归直线方程的意义在于:父母平均身高 x 每增加一个单位时，其成年儿子身高 y 也平均增加 0.516 单位. 就一个群体而言，个子较高的父辈，其子辈的身高是比较高的，但一般不会高于其父辈的平均身高；个子较矮的父辈，其子辈的身高也比较矮，但一般不会低于其父辈的平均身高，即子辈的平均身高有向群体平均身高的中心“回归”的倾向. 高尔登由此成为生物统计的奠基人.

100 多年来，回归分析方法得到了比较完善的发展，并得到了深入广泛的应用. 由于回归分析方法不仅提供了建立变量间关系的数学表达式(即回归方程)的一般方法，而且还可以指导我们利用概率统计的基础知识对所建立的数学表达式进行有效性检验，并利用它达到预测、控制的目的. 所以，人们利用回归的思想和方法，在自然科学和社会科学的许多领域，通过建立回归模型，揭示了一个又一个问题的内在规律，从而也推动了科学和社会的进步.

本编我们要在明确数理统计基本概念的基础上，重点进行参数估计和假设检验的讨论，并对一元回归分析的方法进行重点介绍；最后，再通过案例“子女身高对父母身高的再回归分析”，介绍回归分析思想与方法的一个具体应用.

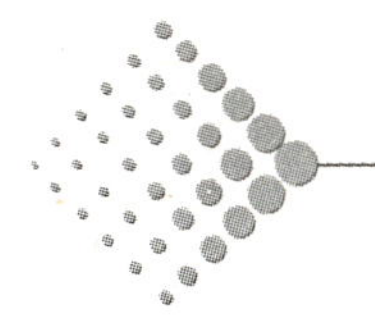

第 5 章

统计推断

本章作为数理统计的基础，主要介绍数理统计的基本概念和抽样分布，统计推断的部分内容：参数的点估计和区间估计的基本方法，参数的假设检验的基本思想和方法，最后介绍数学实验，应用 MATLAB 软件计算正态总体参数估计与假设检验的有关问题.

学习要求

1. 理解总体、样本、统计量、频率直方图的概念，知道 χ^2 分布、t 分布，会查表.
2. 掌握参数的矩估计法，了解估计量的无偏性、有效性的概念.
3. 了解区间估计的概念，熟练掌握求单正态总体期望的置信区间的方法.
4. 知道参数假设检验的基本思想，掌握单正态总体期望的检验方法，会做单正态总体方差的假设检验.

§5.1 数理统计的基本概念

本节介绍数理统计中常见的几个基本术语.

5.1.1 总体与样本

在数理统计中，通常把研究对象的全体称为**总体**. 组成总体的每个成员称为**个体**，从总体中随机抽取的一个个体称为**样品**. 若干个样品构成一个**样本**，一个样本中所含样品的个数称为**样本容量**. 例如，我们要考察一批同型号的电子元件的质量，那么这批电子元件的全体就是一个总体，每个电子元件就是一个个体，随机抽取一个电子元件就是一个样品，随机抽取的若干个电子元件组成一个样本.

由于总体的某一特征是通过有关数量指标来体现的，因此在实际问题中，我们关心的是研究对象总体的某个数量指标 X 的分布情况. 就数量指标来说，每个个体的取值一般是不同的，但从整体上来看，这些个体的取值却有一定的概率分布. 因而，总体的某个数量指标 X 是一个随机变量. 我们总是把总体和数量指标 X 可能取值的全体等同起来. 以后称总体服从某种分布就是指我们所关心的数量指标 X——这个随机变量所遵从的分布，或者可以认为，总体就是一个随机变量，它有一个确定的概率分布，这个确定的概率分布也称为它的**理论分布**. 再来看电子元件的质量问题. 我们关心的是衡量电子元件质量的数量指标——电子元件的寿命 X，它是一个随机变量，它具有概率分布 $F(x)$. X 是一个总体，记作 $X\sim F(x)$. 从这批电子元件的总体中随机抽取一个电子元件是一个样品，由于它的取值随着每次抽样的改变而改变，事先不能确定，因而它也是一个随机变量，记作 X_1. 样品与总体遵从同样的分布，所以，可记作 $X_1\sim F(x)$. 就某一个电子元件的观察结果来说，它的寿命是一个我们可以观察到或得到的确定的数值，把样品的观察值称为**样品值**，对应记作 x_1. 如果从电子元件的总体中随机抽取 n 个电子元件，那么它是一个样本容量为 n 的样本，即一个 n 维随机变量 X_1，X_2，…，X_n，其中 $X_i\sim F(x)$，$i=1, 2, \cdots, n$. 就某一次观察结果而言，这 n 个电子元件有一组确定的寿命数值 x_1，x_2，…，x_n，它是样本 X_1，X_2，…，X_n 的观察值，称为**样本值**.

又如，研究中国人口的年龄构成，每个人的年龄是我们关心的数量指标 X，它的分布

$$F(x)=\text{年龄 } X\leqslant x \text{ 的中国人口占全中国总人口的比例},$$

就是我们关心并研究的具体的总体 $X\sim F(x)$. 若随机地从中抽取 10 个人(没有确定取哪 10 个人)，就得到一个容量为 10 的样本 X_1，X_2，…，X_{10}. 当取定了具体的 10 个人后，就得到 10 个具体的年龄 x_1，x_2，…，x_{10}，它是一个样本值.

注意 在实际问题中，样本和样品是客观存在着的，我们不能直接观察到，我们能够观察到的，或者说能够得到或者看到的只是样本值或样品值. 从数学上看，样本是一个 n 维随机变量，而样本值是样本的一个具体的观察值，是一个 n 维向量.

由于我们从总体中抽取样本的目的是从样本中获得一些信息，对总体进行各种分析与推断，因而所抽样本应尽可能地反映总体 X 的特征，所以要求样本 X_1，X_2，…，X_n 具有以下两条性质：

性质 1 代表性：样本 X_1，X_2，…，X_n 中的每一个 X_i $(i=1, 2, \cdots, n)$ 都与总体有相同的分布.

性质 2 独立性：X_1，X_2，…，X_n 为相互独立的随机变量.

简言之，样本是一组独立的且与总体同分布的随机变量.

注意 总体和样本是数理统计中的两个基本概念. 样本来自总体，自然带有总体的信息，从而可以从这些信息出发去研究总体的某些特征(分布或分布中的参数). 另外，由样本研究总体可以省时省力(特别是破坏性的抽样试验). 我们将通过总体 X 的一个样本 X_1，X_2，…，X_n 对总体 X 的分布进行推断的问题称为**统计推断问题**.

在实际应用中，总体分布一般是未知的，或者虽然知道总体分布所属的类型，但其中含有未知的参数. 统计推断就是利用样本值来对总体的分布类型或未知参数进行估计和推断.

5.1.2　分组数据统计表和频率直方图

在实际问题中，一般通过试验或观察得到的样本值是杂乱无章的，需要对其进行整理才能呈现出一定的统计规律性. 这里介绍两种常用的整理方法.

1. 分组数据表

若样本值较多时，可以将其分成若干组，分组的区间长度一般取成相等，也称为**组距**. 分组的组数与样本容量相适应. 确定分组数或组距所遵循的原则是：(1) 突出分布的特征；(2) 尽量冲淡样本的随机波动性. 分组的区间中所含的样本值个数称为该区间的**组频数**，组频数与样本容量之比称为**组频率**.

2. 频率直方图

频率直方图能直观地描述出组频数的分布，其步骤如下：

设 x_1，x_2，…，x_n 是样本的 n 个观察值.

(1) 求出 x_1，x_2，…，x_n 中的最小者 $x_{(1)}$ 和最大者 $x_{(n)}$；

(2) 选取常数 a(略小于 $x_{(1)}$) 和 b(略大于 $x_{(n)}$)，并将区间$[a, b]$等分成 m 个小区间，(一般取 m 使得$\dfrac{m}{n}$在$\dfrac{1}{10}$左右，且小区间不包含右端点)：

$$[t_i, t_i+\Delta t), \Delta t=\frac{b-a}{m}, i=1, 2, \cdots, m;$$

(3) 求出组频数 n_i，组频率$\dfrac{n_i}{n}=f_i$，以及高 $h_i=\dfrac{f_i}{\Delta t}$，$i=1, 2, \cdots, m$；

(4) 在$[t_i, t_i+\Delta t)$ 上以 h_i 为高，Δt 为宽作小矩形，其面积恰为 f_i，所有小矩形合在一起就构成了频率直方图.

例 1　从某厂生产的某种零件中随机抽取 120 个，测得其质量(单位：g) 如表 5—1—1 所示，列出分组表，并作出频率直方图.

表 5—1—1

100	102	103	108	116	106	122	113	109	119
116	103	97	108	106	109	106	108	102	103
106	113	118	107	108	102	94	103	113	111
93	113	108	108	104	106	104	106	108	109
113	103	106	107	96	101	108	107	113	108
110	108	111	111	114	120	111	103	116	121
111	109	118	114	119	111	108	121	111	118
118	90	119	111	108	99	114	107	107	114
106	117	114	101	112	113	111	112	116	106
110	116	104	121	108	109	114	114	99	104
111	101	116	111	109	108	109	102	111	107
120	105	106	116	113	106	206	107	100	98

解　先从这 120 个样本观察值中找出最小值为 90，最大值为 122，取 $a=89.5$，$b=122.5$，然后将区间[89.5，122.5]等分成 11 个小区间，其组距 $\Delta t=3$，其分组表及频率直

方图分别如表 5—1—2 和图 5—1—1 所示.

表 5—1—2

区间	组频数 n_i	组频率 f_i	高 $h_i=\frac{f_i}{\Delta t}$
89.5～92.5	1	$\frac{1}{120}$	$\frac{1}{360}$
92.5～95.5	2	$\frac{2}{120}$	$\frac{2}{360}$
95.5～98.5	3	$\frac{3}{120}$	$\frac{3}{360}$
98.5～101.5	7	$\frac{7}{120}$	$\frac{7}{360}$
101.5～104.5	14	$\frac{14}{120}$	$\frac{14}{360}$
104.5～107.5	20	$\frac{20}{120}$	$\frac{20}{360}$
107.5～110.5	23	$\frac{23}{120}$	$\frac{23}{360}$
110.5～113.5	22	$\frac{22}{120}$	$\frac{22}{360}$
113.5～116.5	14	$\frac{14}{120}$	$\frac{14}{360}$
116.5～119.5	8	$\frac{8}{120}$	$\frac{8}{360}$
119.5～122.5	6	$\frac{6}{120}$	$\frac{6}{360}$
合计	120	1	

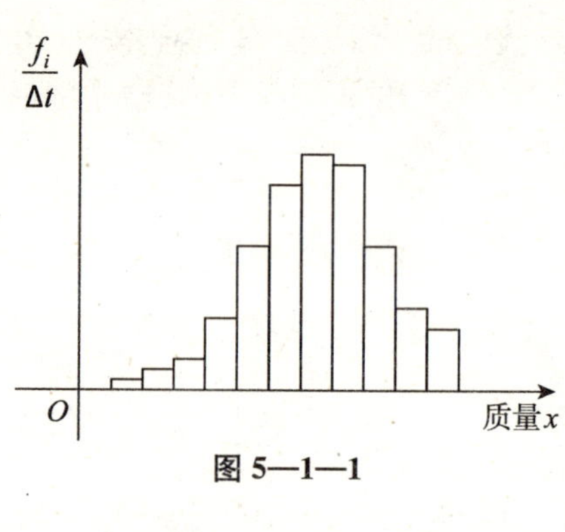

图 5—1—1

从图 5—1—1 中可以看出，频率直方图呈中间高、两头低的“倒钟形”，可以粗略地认为该种零件的质量服从正态分布，其数学期望在 109 附近.

5.1.3 样本数字特征与统计量

与随机变量的数字特征一样，样本的数字特征是反映样本分布的重要特征. 利用样本数字特征可以对总体的数字特征做出一些估计和推断. 下面给出一些常用的样本数字特征的定义.

定义 1 设 $X_1,X_2,\cdots,X_n$ 是来自总体 X 的样本，随机变量

$$\overline{X}=\frac{1}{n}\sum_{i=1}^{n}X_i,\quad S^2=\frac{1}{n-1}\sum_{i=1}^{n}(X_i-\overline{X})^2,\quad S=\sqrt{\frac{1}{n-1}\sum_{i=1}^{n}(X_i-\overline{X})^2}$$

分别称为**样本均值、样本方差、样本标准差**. 随机变量

$$M_k=\frac{1}{n}\sum_{i=1}^{n}X_i^k,\quad M'_k=\frac{1}{n}\sum_{i=1}^{n}(X_i-\overline{X})^k,\quad k=1,2,\cdots$$

分别称为**样本 k 阶原点矩**和**样本 k 阶中心矩**.

若样本 $X_1,X_2,\cdots,X_n$ 的观察值为 $x_1,x_2,\cdots,x_n$，则称

$$\overline{x}=\frac{1}{n}\sum_{i=1}^{n}x_i,\quad s^2=\frac{1}{n-1}\sum_{i=1}^{n}(x_i-\overline{x})^2,\quad s=\sqrt{\frac{1}{n-1}\sum_{i=1}^{n}(x_i-\overline{x})^2}$$

分别为 $\overline{X}$，S^2，S 的**观察值**，称

$$m_k=\frac{1}{n}\sum_{i=1}^{n}x_i^k,\quad m'_k=\frac{1}{n}\sum_{i=1}^{n}(x_i-\overline{x})^k,\quad k=1,2,\cdots$$

分别为 M_k，M'_k 的**观察值**.

上面所给的样本 X_1，X_2，…，X_n 的数字特征都是样本 X_1，X_2，…，X_n 的函数，类似这样的函数有很多. 在数理统计中，统计量是很重要的概念，下面给出定义.

定义 2　设 X_1，X_2，…，X_n 为来自总体 X 的样本，$g(X_1, X_2, \cdots, X_n)$ 为该样本的一个函数，如果 g 中不含有任何未知参数，则称 $g(X_1, X_2, \cdots, X_n)$ 为一个**统计量**.

由定义 2 可知，统计量是不含有任何未知参数的样本函数. 对任一总体 X，样本均值、样本方差、样本标准差、样本 k 阶原点矩和样本 k 阶中心矩都是统计量.

例 2　设总体 $X\sim N(\mu,\sigma^2)$，此处 μ 已知，σ^2 未知. X_1，X_2，…，X_n 是来自总体 X 的一个样本，那么下列样本函数是否为统计量？

(1) $\sum_{i=1}^{n}(X_i-\mu)^2$；　　(2) $\sum_{i=1}^{n}\frac{X_i}{\sigma}$.

解　因为统计量是不含未知参数的样本函数，μ 是已知参数，σ 是一未知参数，所以 $\sum_{i=1}^{n}(X_i-\mu)^2$ 是统计量，而 $\sum_{i=1}^{n}\frac{X_i}{\sigma}$ 不是统计量.

5.1.4　常用统计量的分布

数理统计的一个重要思想方法是利用样本（或样本值）对总体进行估计或推断. 因此，统计量是对总体分布或数字特征进行估计和推断的基础，求统计量的分布就成为数理统计的基本问题. 统计量的分布称为**抽样分布**. 当总体的分布已知时，如果对任一正整数 n，能求出给定统计量 $U=g(X_1, X_2, \cdots, X_n)$ 的分布，则称这个分布为统计量 U 的**精确分布**. 一般地，要确定一个统计量的精确分布是比较困难的. 在实际问题中，用正态随机变量刻画随机现象是比较普遍的. 因此，关于正态总体的统计量在数理统计中占有重要地位. 下面介绍几个关于正态总体的样本均值和样本方差的分布的定理，它在数理统计的基本内容中起着重要的作用（由于证明用到比较深的知识，这里略）.

定理 1　设 X_1，X_2，…，X_n 是来自正态总体 $X\sim N(\mu,\sigma^2)$ 的样本，$\overline{X}=\frac{1}{n}\sum_{i=1}^{n}X_i$ 和 $S^2=\frac{1}{n-1}\sum_{i=1}^{n}(X_i-\overline{X})^2$ 分别为样本均值与样本方差，则有：

(1) $\overline{X}$ 和 S^2 相互独立；

(2) $\overline{X}\sim N\left(\mu,\frac{\sigma^2}{n}\right)$；

(3) $\frac{(n-1)S^2}{\sigma^2}\sim\chi^2(n-1)$.

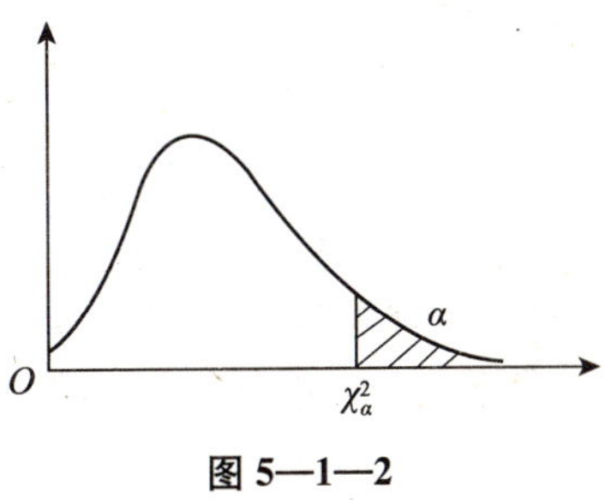

图 5—1—2

注意　(1) 定理 1 中 $\chi^2(n-1)$ 表示自由度为 $n-1$ 的 **χ^2 分布**. 不同的自由度其图形是不一样的. $n=10$ 的 χ^2 分布图形近似为图 5—1—2.

(2) 这里需要说明自由度的含义. 自由度是相对某一变量而言的. 某一变量中所含有

独立变量的个数称为该变量的**自由度**. 由于 $X_1, X_2, \cdots, X_n$ 是来自总体 X 的样本，它是 n 个相互独立的随机变量. 对于统计量

$$\chi^2=\frac{(n-1)S^2}{\sigma^2}=\frac{\sum_{i=1}^{n}(X_i-\overline{X})^2}{\sigma^2}$$

中的 n 个变量 $X_1-\overline{X}, X_2-\overline{X}, \cdots, X_n-\overline{X}$ 来说，它们之间存在着唯一的线性关系（或称线性约束条件）：

$$X_1-\overline{X}+X_2-\overline{X}+\cdots+X_n-\overline{X}=X_1+X_2+\cdots+X_n-n\overline{X}=0,$$

因此，这 n 个变量不是独立的. 事实上，只要已知其中的 $n-1$ 个变量，另一个未知变量就能完全确定，所以这 n 个变量中只有 $n-1$ 个独立变量，故统计量 χ^2 的自由度是 $n-1$. 本书的附录 3 为 χ^2 分布上侧临界值表，利用它可以求出 χ^2 分布具有一定概率 α 的上侧临界值点 x，使得 $P(\chi^2>x)=\alpha$.

例 3 设随机变量 $X\sim\chi^2(5)$，查 χ^2 分布上侧临界值表，求 x_1，x_2 使得：

(1) $P(X\geqslant x_1)=0.95$； (2) $P(X\leqslant x_2)=0.90$.

解 (1) 查表 $n=5$，$\alpha=0.95$，$P(X\geqslant 1.145)=0.95$，所以 $x_1=1.145$；

(2) 查表 $n=5$，$\alpha=1-0.90=0.10$，$P(X>9.236)=0.10$，所以 $x_2=9.236$.

定理 2 设 $X_1, X_2, \cdots, X_n$ 为来自正态总体 $N(\mu, \sigma^2)$ 的样本，则

$$\frac{\overline{X}-\mu}{S}\sqrt{n}\sim t(n-1),$$

其中 $\overline{X}$，S 分别为样本均值和样本标准差.

注意 (1) 定理 2 中的 $t(n-1)$ 为自由度（自由度的意义同上）为 $n-1$ 的 **t 分布**. t 分布的图形如图 5—1—3 所示.

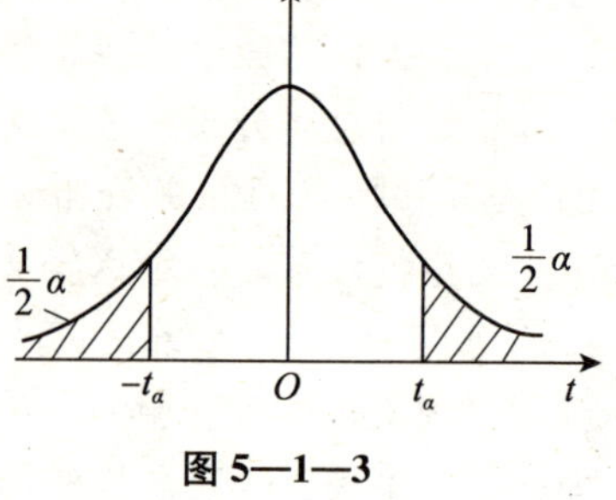

图 5—1—3

(2) 本书的附录 2 为 t 分布的双侧临界值表，利用它可以求出 t 分布具有一定概率的临界值点 x.

例 4 设随机变量 $X\sim t(n)$，查 t 分布表求 x_1, x_2, x_3 分别使得：

(1) $P(|X|>x_1)=0.05$，其中 $n=8$；

(2) $P(|X|\leqslant x_2)=0.9$，其中 $n=12$；

(3) $P(|X|\leqslant x_3)=0.98$，其中 $n=17$.

解 (1) 查表 $n=8$，$\alpha=0.05$，$P(|X|>2.306)=0.05$，所以 $x_1=2.306$；

(2) 因为 $P(|X|\leqslant x_2)=1-P(|X|>x_2)=0.9$，所以 $P(|X|>x_2)=1-0.9=0.1$，查 $n=12$，$\alpha=0.1$，$P(|X|>1.782)=0.1$，故 $x_2=1.782$；

(3) $P(|X|\leqslant x_3)=1-P(|X|>x_3)=0.98$，所以 $P(|X|>x_3)=1-0.98=0.02$，查 $n=17$，$\alpha=0.02$，$P(|X|>2.567)=0.02$，故 $x_3=2.567$.

t 分布和 χ^2 分布在后面的参数估计和假设检验中都要用到.

本节关键词

总体　样本　统计量　抽样分布　χ^2 分布　t 分布

习题 5.1

1. 指出下列问题中的总体、个体、样品、样本、样本容量：

(1) 为了解某城市居民的 2010 年的年消费支出情况，随机调查了 1 000 户居民的年支出费用.

(2) 某盐业公司用自动打包机装食盐，为了解机器的生产是否正常，从一批产品中随机抽取 100 袋食盐进行重量检测.

2. 设总体 $X \sim B(1, p)$，其中 p 未知，X_1，X_2，…，X_n 是来自总体 X 的一个容量为 $n(>5)$ 的样本，指出下列样本函数中哪个是统计量，哪个不是统计量．为什么？

(1) $X_1 + X_2$；　(2) $X_5 + 2p$；　(3) $\min\{X_i\}$；　(4) $(X_5 - X_1)^2$；

(5) $\frac{1}{n}\sum_{i=1}^{n} X_i - \frac{p}{2}$；　(6) $\frac{1}{n}\sum_{i=1}^{n} X_i - E(X)$.

3. 如果从总体 X 中任意抽取一个容量为 5 的样本，其样本的一个观察值为(0, 1, 0, 1, 1)，计算它的样本均值 $\bar{x}$ 和样本方差 s^2.

4. 设 X_1，X_2，…，X_n 是来自总体 X 的一个样本，$\overline{X}$，S^2 分别为样本均值和样本方差，假定 $\mu = E(X)$，$\sigma^2 = D(X)$ 均存在，试求 $E(\overline{X})$，$D(\overline{X})$，$E(S^2)$.

§5.2　参数估计

参数估计是统计推断的基本问题之一．先给出参数估计的概念.

5.2.1　参数估计的概念

在实际问题中，参数估计问题往往来自下面两种情况：(1) 要确定总体的分布，事先已知总体分布的类型，但未知其中的参数，因此需要估计出这些参数；(2) 不必关心总体分布如何，只需对它的某些数字特征（如期望、方差）做出估计．由于随机变量的数字特征与它的分布中的参数有一定的关系，因而数字特征的估计问题也称为参数估计问题．通常采用的方法是用样本的某个适当的函数来估计总体的参数．下面给出定义.

定义 1　设总体的分布函数为 $F(x;\theta)$（或分布密度函数 $f(x;\theta)$），其中 θ 为未知参数，X_1，X_2，…，X_n 为来自总体 X 的样本．今由样本构造出一个统计量 $\hat{\theta}(X_1, X_2, \cdots, X_n)$，如果以这个统计量 $\hat{\theta}$ 去估计参数 θ，则称 $\hat{\theta}$ 为参数 θ 的**估计量**．如果 x_1，x_2，…，x_n 是样本的一个观察值，将它代入 $\hat{\theta} = \hat{\theta}(X_1, X_2, \cdots, X_n)$ 就得到 $\hat{\theta}$ 的具体数值 $\hat{\theta}(x_1, x_2, \cdots, x_n)$，这个数值称为参数 θ 的**估计值**.

注意　θ 可以是一个参数，也可以是含多个参数的向量.

思考题　参数 θ 的估计量和估计值一样吗？有何区别？

参数估计分为两类：

(1) 如果要求构造一个统计量 $\hat{\theta}(X_1, X_2, \cdots, X_n)$ 来作为未知参数 θ 的估计量，就称为参数 θ 的**点估计**.

(2) 如果要求构造两个统计量 $\hat{\theta}_1(X_1, X_2, \cdots, X_n)$ 和 $\hat{\theta}_2(X_1, X_2, \cdots, X_n)$，用可能包含未知参数 θ 的随机区间 $(\hat{\theta}_1, \hat{\theta}_2)$ 作为一种估计，就称为参数 θ 的**区间估计**．如果 x_1，

x_2，…，x_n 是样本的一个观察值，以它代入就得到确定的估计值$\hat{\theta}_1(x_1, x_2, \cdots, x_n)$ 及 $\hat{\theta}_2(x_1, x_2, \cdots, x_n)$，这时 $(\hat{\theta}_1(x_1, x_2, \cdots, x_n), \hat{\theta}_2(x_1, x_2, \cdots, x_n))$就是一个确定的区间.

本节讨论参数的点估计.

5.2.2　参数的点估计

参数的点估计方法有多种，这里介绍矩估计法.

矩估计法的依据和方法是：设 $X_1, X_2, \cdots, X_n$ 是来自总体 $X \sim F(x; \theta)$ 的一个样本，$X_1, X_2, \cdots, X_n$ 是独立同分布的随机变量. 对任何 $k = 1, 2, \cdots$，$X_1^k, X_2^k, \cdots, X_n^k$ 也是独立同分布的随机变量. 根据大数定律，当总体的 k 阶原点矩 μ_k 存在（为有限数）时，样本的 k 阶原点矩 $\frac{1}{n}\sum_{i=1}^{n} X_i^k$ 应与总体的 k 阶原点矩 $\mu_k = E(X^k)$ 很接近，因此可以用样本的 k 阶原点矩估计总体的 k 阶原点矩 μ_k，令

$$\mu_k = \mu_k(\theta) = \frac{1}{n}\sum_{i=1}^{n} X_i^k, \quad k = 1, 2, \cdots,$$

解出 θ，即为参数 θ 的估计值$\hat{\theta}$.

例 1　设 $X_1, X_2, \cdots, X_n$ 是来自总体 $X \sim N(\mu, \sigma^2)$ 的样本，求 μ 和σ^2 的估计量.

解　由§4.2 和§4.4 可知，μ 和σ^2 分别是总体 X 的 1 阶原点矩和 2 阶中心矩，先将 μ 和 σ^2 分别用总体的各阶原点矩 μ_k 表示出来：

$$\mu = E(X) = \mu_1,$$
$$\sigma^2 = E(X^2) - (E(X))^2 = \mu_2 - \mu_1^2.$$

用样本的各阶原点矩代替总体的各阶原点矩，就可以得到 μ 与 σ^2 的估计量. 为了区分估计量与真值，我们习惯上用 $\hat{\mu}$ 和$\hat{\sigma}^2$ 分别表示 μ 与 σ^2 的估计量，于是有

$$\hat{\mu} = \hat{\mu}_1 = \frac{1}{n}\sum_{i=1}^{n} X_i = \overline{X},$$

$$\hat{\sigma}^2 = \hat{\mu}_2 - (\hat{\mu}_1)^2 = \frac{1}{n}\sum_{i=1}^{n} X_i^2 - \overline{X}^2.$$

思考题　请读者自己推导$\frac{1}{n}\sum_{i=1}^{n} X_i^2 - \overline{X}^2 = \frac{1}{n}\sum_{i=1}^{n}(X_i - \overline{X})^2$.

例 2　已知农作物田中单位面积中的虫卵数 $X \sim \pi(\lambda)$，在进行虫情预报时需要对参数 λ 做出估计．今随机抽查某种农作物 10 块田的虫卵数是(万/亩)：

6.4，7.8，12.3，4.6，8.9，21.5，18.7，3.4，7.6，5.8，

问 λ 取怎样的值?

解　由§4.4 知，泊松分布的期望为 $E(X) = \lambda$，用样本的 1 阶原点矩 $\overline{X}$ 代替总体的一阶原点矩 μ_1，即 $\overline{X} = \lambda$，解得 λ 的估计量为$\hat{\lambda} = \overline{X}$，将样本观察值代入

$$\hat{\lambda} = \overline{x} = \frac{1}{10}(6.4 + 7.8 + 12.3 + 4.6 + 8.9 + 21.5 + 18.7 + 3.7 + 7.6 + 5.8) = 9.73,$$

所以 λ 的估计值为 9.73(万/亩).

例 3　设 $X_1, X_2, \cdots, X_n$ 是来自总体 $X \sim U[\theta_1, \theta_2]$ $(\theta_1 < \theta_2)$ 的样本，求 θ_1 和 θ_2 的估计量.

解　设总体

$$X\sim f(x;\theta_1,\theta_2)=\begin{cases}\dfrac{1}{\theta_2-\theta_1}, & x\in[\theta_1,\theta_2]\\ 0, & 其他\end{cases}.$$

由于 $\mu_1=E(X)=\frac{1}{2}(\theta_2+\theta_1)$，$\mu_2=E(X^2)=\frac{1}{3}(\theta_1^2+\theta_1\theta_2+\theta_2^2)$，分别用样本 1 阶原点矩、2 阶原点矩来代替总体的 1 阶原点矩和 2 阶原点矩，即令

$$\overline{X}=\frac{1}{n}\sum_{i=1}^{n}X_i=\frac{1}{2}(\hat{\theta}_1+\hat{\theta}_2),$$

$$\frac{1}{n}\sum_{i=1}^{n}X_i^2=\frac{1}{3}(\hat{\theta}_1^2+\hat{\theta}_1\hat{\theta}_2+\hat{\theta}_2^2),$$

解得

$$\hat{\theta}_1=\overline{X}-\sqrt{3}S_1,\quad \hat{\theta}_2=\overline{X}+\sqrt{3}S_1$$

为 θ_1，θ_2 的估计量，其中 $\overline{X}=\frac{1}{n}\sum_{i=1}^{n}X_i$，$S_1=\sqrt{\frac{1}{n}\sum_{i=1}^{n}(X_i-\overline{X})^2}$.

注意　*参数点估计的方法有多种，常见的还有最大似然估计法. 应用不同的方法对同一个问题求解到的估计量一般不一样，但有时还是一样的. 比如，对于正态分布总体的均值 μ 和方差 σ^2，应用矩估计法和最大似然估计法得到的估计量是一样的. 由于一般求解最大似然估计的问题要用到多元函数微积分的知识，所以在这里不再介绍. 但是，应用 MATLAB 软件可以求解最大似然估计.*

5.2.3　估计量优良性的评价标准

既然是估计就会有偏差，任何实际问题都允许适当范围内的偏差. 问题是如何衡量偏差的程度？

设 X_1，X_2，…，X_n 是来自总体 $X\sim F(x;\theta)$ 的样本，未知参数 θ 的估计量 $\hat{\theta}=\hat{\theta}(X_1,X_2,\cdots,X_n)$ 是样本的函数，它是一个随机变量. 不同的估计方法构造出的 $\hat{\theta}$ 可能是不同的，我们希望能够选择良好的估计量对未知参数进行估计. 评价估计量好坏一般依据下面两个标准：

1. 无偏性

由于估计量是随机变量，对于不同的样本观察值求得的参数估计值是不同的，要衡量一个估计量的好坏不能依据一次试验的结果，而希望在多次试验中它都能在待定参数附近摆动，而且摆动幅度尽可能地小，即希望它的数学期望等于未知参数的真值. 即所谓**无偏性**.

定义 2　设 $\hat{\theta}$ 为未知参数 θ 的估计量，如果 $E(\hat{\theta})=\theta$，则称 $\hat{\theta}$ 为 θ 的**无偏估计量**.

例 4　由例 1 知，正态总体 $N(\mu,\sigma^2)$ 的两个参数 μ 和 σ^2 的矩估计为

$$\hat{\mu}=\overline{X},\ \hat{\sigma}^2=\frac{1}{n}\sum_{i=1}^{n}X_i^2-\overline{X}^2,$$

问 $\hat{\mu}$，$\hat{\sigma}^2$ 分别是 μ 和 σ^2 的无偏估计吗？样本方差 $S^2=\frac{1}{n-1}\sum_{i=1}^{n}(X_i-\overline{X})^2$ 是 σ^2 的无偏估计吗？

解　设 X_1，X_2，…，X_n 是来自正态总体 $N(\mu,\sigma^2)$ 的样本，有

$$E(X_i)=\mu,\quad E(X_i^2)=\sigma^2+\mu^2.$$

由 §5.1 定理 1, $\overline{X}\sim N\left(\mu,\dfrac{\sigma^2}{n}\right)$, 即 $E(\overline{X})=\mu$, $D(\overline{X})=\dfrac{\sigma^2}{n}$, 有

$$E(\overline{X}^2)=D(\overline{X})+[E(\overline{X})]^2=\frac{\sigma^2}{n}+\mu^2.$$

所以,

$$E(\hat{\mu})=E(\overline{X})=\mu,$$

$$\begin{aligned}E(\hat{\sigma}^2)&=E\left[\frac{1}{n}\sum_{i=1}^{n}X_i^2-\overline{X}^2\right]=\frac{1}{n}\sum_{i=1}^{n}E(X_i^2)-E(\overline{X}^2)\\&=\frac{1}{n}\cdot n(\sigma^2+\mu^2)-\left(\frac{\sigma^2}{n}+\mu^2\right)=\frac{n-1}{n}\sigma^2\neq\sigma^2,\end{aligned}$$

因此, $\hat{\mu}$ 是 μ 的无偏估计, 而 $\hat{\sigma}^2$ 不是 σ^2 的无偏估计. 又因为

$$\begin{aligned}E(S^2)&=E\left[\frac{1}{n-1}\sum_{i=1}^{n}(X_i^2-\overline{X})^2\right]=\frac{1}{n-1}E\left[\sum_{i=1}^{n}(X_i^2+\overline{X}^2-2X_i\overline{X})\right]\\&=\frac{1}{n-1}E\left[\sum_{i=1}^{n}(X_i^2)+n\overline{X}^2-2n\overline{X}^2\right]=\frac{1}{n-1}\left[\sum_{i=1}^{n}E(X_i^2)-nE(\overline{X}^2)\right]\\&=\frac{1}{n-1}\left[n(\sigma^2+\mu^2)-n\left(\frac{\sigma^2}{n}+\mu^2\right)\right]=\sigma^2,\end{aligned}$$

所以, 样本方差 $S^2=\dfrac{1}{n-1}\sum\limits_{i=1}^{n}(X_i-\overline{X})^2$ 是 σ^2 的无偏估计.

注意 “S^2 是 σ^2 的无偏估计”这一结论在后面的内容中反复使用.

2. 有效性

如果参数 θ 有两个估计量 $\hat{\theta}_1$, $\hat{\theta}_2$, 那么可以比较 $E(\hat{\theta}_1-\theta)^2$ 与 $E(\hat{\theta}_2-\theta)^2$ 值的大小.

定义 3 设参数 θ 有两个估计量 $\hat{\theta}_1$, $\hat{\theta}_2$, 若有 $E(\hat{\theta}_1-\theta)^2\leqslant E(\hat{\theta}_2-\theta)^2$, 则称 $\hat{\theta}_1$ 比 $\hat{\theta}_2$ **有效**. $E(\hat{\theta}-\theta)^2$ 称为估计量 $\hat{\theta}$ 的**均方误差**, 也简称为**均方误**.

均方误差反映了估计值 $\hat{\theta}$ 偏离真值 θ 的程度.

例 5 设 $X_1, X_2, \cdots, X_n$ 是来自总体 $F(x)$ 的一个样本, $F(x)$ 具有期望值 μ, 问下列三个统计量中哪一个统计量是 μ 的最有效的无偏估计?

(1) $\dfrac{1}{2}(X_1+X_2)$; (2) $\dfrac{1}{n}\sum\limits_{i=1}^{n}X_i\ (n>2)$; (3) $\dfrac{1}{n}\sum\limits_{i=1}^{n}X_i-\dfrac{1}{n}(X_1+X_n)$.

解 设 $X\sim F(x)$, 那么 $X_1, X_2, \cdots, X_n$ 是来自总体 X 的样本. 若 $E(X)=\mu$, 则

$$E(X_i)=\mu,\quad D(X_i)=\sigma^2,\quad i=1,2,\cdots,n.$$

先讨论无偏性.

$$E\left[\frac{1}{2}(X_1+X_2)\right]=\frac{1}{2}[E(X_1)+E(X_2)]=\mu,$$

$$E\left(\frac{1}{n}\sum_{i=1}^{n}X_i\right)=\mu,$$

$$E\left[\frac{1}{n}\sum_{i=1}^{n}X_i-\frac{1}{n}(X_1+X_n)\right]=E\left[\frac{1}{n}\sum_{i=1}^{n}X_i\right]-E\left[\frac{1}{n}(X_1+X_n)\right]$$

$$=\mu-\frac{2}{n}\mu=\frac{n-2}{n}\mu.$$

由无偏估计的定义，(1) 和(2) 两个统计量是μ的无偏估计，(3) 不是μ的无偏估计. 再讨论有效性. 只需在 (1) 和(2) 中选择一个均方误差较小的估计值. 由均方误差定义，

$$E\left[\frac{1}{2}(X_1+X_2)-\mu\right]^2=D\left[\frac{1}{2}(X_1+X_2)\right]=\frac{1}{4}[D(X_1)+D(X_2)]=\frac{1}{2}D(X),$$

$$E\left[\frac{1}{n}\sum_{i=1}^{n}X_i-\mu\right]^2=D\left[\frac{1}{n}\sum_{i=1}^{n}X_i\right]=\frac{D(X)}{n}.$$

显然，当$n>2$时，(2) 的均方误差小于 (1) 的均方误差，故 (2) 是题设三个统计量中关于μ的最有效的无偏估计.

例 6　从一批螺栓中随机抽取 6 个，测量其长度（单位：mm）分别为 60，61，58，61，59，61，试估计这批螺栓长度 X 的数学期望$E(X)$与方差 $D(X)$的值.

解　用样本均值$\bar{x}$作为螺栓长度数学期望$E(X)$ 的估计值，计算样本均值

$$\bar{x}=\frac{1}{6}(60+61+58+61+59+61)=60;$$

用样本方差 s^2 作为螺栓长度方差 $D(X)$的估计值，计算样本方差

$$s^2=\frac{1}{6-1}\times[(60-60)^2+(61-60)^2+(58-60)^2+(61-60)^2+(59-60)^2+(61-60)^2]$$

$$=\frac{1}{5}\times(1+4+1+1+1)=1.6,$$

所以，这批螺栓长度 X 的数学期望 $E(X)$ 的估计值为 60 mm，方差 $D(X)$ 的估计值为 1.6 mm^2.

本节给出了参数估计的概念，讨论了矩估计法，并给出了评价点估计量的标准，在下节继续讨论参数估计方法——区间估计.

本节关键词

估计量　估计值　参数的点估计　无偏性　有效性

习题 5.2

1. 设某品牌电视机的首次故障时间 X 服从指数分布$E(\lambda)$，其概率密度函数为

$$f(x;\lambda)=\begin{cases}\lambda e^{-\lambda x}, & x\geqslant 0\\ 0, & x<0\end{cases},$$

现试验了 7 台电视机，相应的首次故障时间为（万小时）：

0.26，1.49，3.65，4.25，5.43，6.97，8.09，

求参数λ的估计值.

2. 设 X_1，X_2，X_3 是来自总体 $X\sim N(\mu,\sigma^2)$ 的一个样本，下列哪一个统计量是参数μ的无偏估计？

(1) $X_1+X_2+X_3$； (2) X_1+X_2； (3) X_1； (4) $\dfrac{X_1+X_2}{3}$.

3. 设总体 X 的期望 $E(X)$ 和方差 $D(X)$ 都存在，X_1，X_2 是来自 X 的样本，试问下列统计量中哪一个是 $E(X)$ 的有效的无偏估计？

(1) $\varphi_1(X_1, X_2)=\dfrac{1}{4}X_1+\dfrac{3}{4}X_2$； (2) $\varphi_2(X_1, X_2)=\dfrac{2}{3}X_1+\dfrac{2}{3}X_2$；

(3) $\varphi_3(X_1,X_2)=\dfrac{3}{8}X_1+\dfrac{5}{8}X_2$.

4. 从一批电子元件中随机取 10 个，测得它们的寿命（单位：小时）分别为

1 050，1 100，1 080，1 120，1 200，1 250，1 040，1 130，1 300，1 200，

试估计这批电子元件寿命 X 的数学期望 $E(X)$ 与方差 $D(X)$ 值.

§5.3 参数的区间估计

5.3.1 参数区间估计的概念

在§5.2 讨论了参数的点估计，即用样本的一个函数对未知参数 θ 做出一点的估计. 因为用一个值（即点估计）对参数真值作出准确的估计是很难的，或者说把握性不大. 本节要对 θ 的取值估计出一个范围，并能确定这个范围包含此参数 θ 真值的概率. 这种估计称为参数的**区间估计**，这个区间也称为置信区间. 下面给出置信区间的定义.

定义 设 $X_1, X_2, \cdots, X_n$ 是来自总体 $X\sim F(x;\theta)$ 的样本. 对给定的 α $(0<\alpha<1)$，如果能找到两个统计量 $\hat{\theta}_1(X_1, X_2, \cdots, X_n)$ 和 $\hat{\theta}_2(X_1, X_2, \cdots, X_n)$ 使得

$$P[\hat{\theta}_1(X_1, X_2, \cdots, X_n)\leqslant\theta\leqslant\hat{\theta}_2(X_1, X_2, \cdots, X_n)]=1-\alpha,$$

则称 $1-\alpha$ 是**置信度**(**或置信概率**)，$[\hat{\theta}_1(X_1, X_2, \cdots, X_n), \hat{\theta}_2(X_1, X_2, \cdots, X_n)]$ 是置信度为 $1-\alpha$ 的**置信区间**，α 称为**显著性水平**.

如何理解置信区间的意义呢？参数 θ 的置信度为 $1-\alpha$ 的置信区间 $[\hat{\theta}_1, \hat{\theta}_2]$ 是指:这个由样本函数构造出的随机区间 $[\hat{\theta}_1, \hat{\theta}_2]$ 以 $(1-\alpha)100\%$ 的概率含有参数 θ.

例如，总体均值 μ 的 95%的置信区间可以这样理解:总体均值的真实值 μ 是客观存在的，μ 的 95%置信区间是一个随机区间 $[\hat{\theta}_1, \hat{\theta}_2]$，它以 95%的概率包含着 μ. 也就是说，在建立了统计量 $\hat{\theta}_1$，$\hat{\theta}_2$ 后，$\hat{\theta}_1$ 和 $\hat{\theta}_2$ 的观察值依赖于样本的观察值. 每次抽样获得的样本观察值将确定一个区间，不同的样本值得到的区间不同. 在多次抽样观察所得到的区间中，有些区间包含着 μ，有些可能不包含 μ，但是包含着 μ 的区间的频率近似地为 95%. 此时，如果认为“区间 $[\hat{\theta}_1, \hat{\theta}_2]$ 含着 μ”或“区间 $[\hat{\theta}_1, \hat{\theta}_2]$ 套住 μ”，那么这种“认为”犯错误的可能性比较小，其概率为 5%.

思考题 总体均值 μ 的 95%的置信区间能否理解成总体均值 μ 以 95%的概率落入随机区间 $[\hat{\theta}_1, \hat{\theta}_2]$ 中？为什么？对参数 θ 的一种区间估计及一组样本观察值 $x_1, x_2, \cdots, x_n$ 来说，下列结论中哪个是正确的？

(1) 置信度越大，对参数取值范围估计得越准确；

(2) 置信度越大，置信区间越长；

(3) 置信度越大，置信区间越短；

(4) 置信度大小与置信区间的长度无关.

对于参数的区间估计，构造出两个统计量 $\hat{\theta_1}$ 和 $\hat{\theta_2}$ 是关键. 本节仅讨论单正态总体 $N(\mu,\sigma^2)$ 的均值 μ 和方差 σ^2 的区间估计. 通常是借用于§5.1 定理 1 和定理 2 给出的统计量来得到所需统计量.

5.3.2　单正态总体均值的区间估计

1. 已知方差 $\sigma^2=\sigma_0^2$，求均值 μ 的置信区间

设 X_1，X_2，…，X_n 是来自总体 $N(\mu,\sigma_0^2)$ 的一个样本，$\overline{X}=\frac{1}{n}\sum\limits_{i=1}^{n}X_i$ 是 μ 的一个点估计. 由§5.1 定理 1 知，$\overline{X}\sim N\left(\mu,\frac{\sigma_0^2}{n}\right)$，故选用统计量

$$U=\frac{\overline{X}-\mu}{\frac{\sigma_0}{\sqrt{n}}}=\frac{\overline{X}-\mu}{\sigma_0}\sqrt{n}\sim N(0,1),$$

对于给定的置信度 $1-\alpha$ $(0<\alpha<1)$，在标准正态分布数值表中，查得正数 u 使得

$$P\left(\left|\frac{\overline{X}-\mu}{\sigma_0}\sqrt{n}\right|\leqslant u\right)=1-\alpha \quad\cdots\cdots\cdots\cdots\cdots\cdots(1)$$

成立. 事实上，

$$P\left(\left|\frac{\overline{X}-\mu}{\sigma_0}\sqrt{n}\right|\leqslant u\right)=\Phi(u)-\Phi(-u)=2\Phi(u)-1=1-\alpha,$$

即 $\Phi(u)=1-\frac{\alpha}{2}$，所以 $u=u_{1-\frac{\alpha}{2}}$ 是 $N(0,1)$ 的 $1-\frac{\alpha}{2}$ 分位点，也称为**临界值**. 因此，式(1)中的不等式可以表示成

$$\overline{X}-u_{1-\frac{\alpha}{2}}\frac{\sigma_0}{\sqrt{n}}\leqslant\mu\leqslant\overline{X}+u_{1-\frac{\alpha}{2}}\frac{\sigma_0}{\sqrt{n}},$$

随机区间 $\left[\overline{X}-u_{1-\frac{\alpha}{2}}\frac{\sigma_0}{\sqrt{n}},\ \overline{X}+u_{1-\frac{\alpha}{2}}\frac{\sigma_0}{\sqrt{n}}\right]$ 为已知 $\sigma^2=\sigma_0^2$ 时均值 μ 的置信度为 $1-\alpha$ 的置信区间.

2. 未知方差 σ^2，求均值 μ 的置信区间

设 X_1，X_2，…，X_n 是来自总体 $N(\mu,\sigma^2)$ 的样本. 由于 σ^2 未知，用 σ^2 的无偏估计 S^2 来代替总体方差 σ^2，由§5.1 定理 2，选用统计量

$$t=\frac{\overline{X}-\mu}{S}\sqrt{n}\sim t(n-1),$$

对给定的置信度 $1-\alpha$ $(0<\alpha<1)$，在 t 分布双侧临界值表中查自由度为 $n-1$ 对应的临界值 $t_\alpha=t_\alpha(n-1)$，使得

$$P\left(-t_\alpha\leqslant\frac{\overline{X}-\mu}{S}\sqrt{n}\leqslant t_\alpha\right)=1-\alpha,$$

即

$$P\left(\overline{X}-t_\alpha\frac{S}{\sqrt{n}}\leqslant\mu\leqslant\overline{X}+t_\alpha\frac{S}{\sqrt{n}}\right)=1-\alpha,$$

故得到随机区间 $\left[\overline{X}-t_\alpha\frac{S}{\sqrt{n}},\ \overline{X}+t_\alpha\frac{S}{\sqrt{n}}\right]$ 为 σ^2 未知时均值 μ 的置信度为 $1-\alpha$ 的置信区间.

下面给出求解参数置信区间的步骤：

(1) 明确所给问题；

(2) 选用适当的统计量及明确统计量所遵从的分布；

(3) 根据置信度（或显著性水平），查统计量遵从的分布表，得到临界值；

(4) 解得所求置信区间.

例 1 某车间生产滚珠，从长期实践中知道，滚珠直径 X 可以认为是服从正态分布 $N(\mu,\sigma^2)$. 从某天的产品里随机抽取 6 个，量得直径（单位：毫米）如下：

14.6，15.1，14.9，14.8，15.2，15.4，

(1) 试估计该天产品直径的平均值；(2) 如果知道该天产品直径的方差是 0.05^2，试求置信度为 95%的直径平均值的置信区间.

解 (1) 由样本均值可以得到总体均值的点估计值

$$\bar{x}=\frac{1}{n}\sum_{i=1}^{n}x_i=\frac{1}{6}(14.6+15.1+14.9+14.8+15.2+15.4)=15(\text{毫米}),$$

它是直径均值的近似值.

(2) 此问题是已知方差 $\sigma_0{}^2=0.05^2$，求均值 μ 的置信区间. 这里 $n=6$，$\alpha=0.05$. 选用统计量

$$U=\frac{\overline{X}-\mu}{\sigma_0}\sqrt{n}\sim N(0,1),$$

查标准正态分布数值表，$\mu_{1-\frac{\alpha}{2}}=\mu_{0.975}=1.96$，由 $\left|\frac{\overline{X}-\mu}{\sigma_0}\sqrt{n}\right|\leqslant 1.96$ 解出 μ 的置信区间为

$$\left[\bar{x}-1.96\frac{\sigma_0}{\sqrt{n}},\ \bar{x}+1.96\frac{\sigma_0}{\sqrt{n}}\right]=\left[15-1.96\times\frac{0.05}{\sqrt{6}},\ 15+1.96\times\frac{0.05}{\sqrt{6}}\right]$$
$$\approx[15-0.04,\ 15+0.04]=[14.96,\ 15.04],$$

所以，直径平均值 μ 的置信度为 95%的置信区间为[14.96，15.04].

例 2 已知某类零件的重量服从正态分布，现抽取 9 个样品，重量为

18，17，20，16，17，18，19，18，19，

求零件重量均值的置信区间(置信度 $1-\alpha=0.95$).

解 此问题是正态总体未知方差的均值 μ 的区间估计，$n=9$，$\alpha=0.05$. 选用统计量

$$t=\frac{\overline{X}-\mu}{S}\sqrt{n}\sim t(n-1),$$

由样本值计算

$$\bar{x}=\frac{1}{n}\sum_{i=1}^{n}x_i=\frac{1}{9}(18+17+20+16+17+18+19+18+19)=18,$$

$$\begin{aligned}s^2&=\frac{1}{n-1}\sum_{i=1}^{n}(x_i-\bar{x})^2\\&=\frac{1}{8}[(18-18)^2\times3+(17-18)^2\times2+(20-18)^2+(16-18)^2+(19-18)^2\times2]\\&=\frac{3}{2},\end{aligned}$$

查 t 分布表，$t_{0.05}(8)=2.306$，所以重量均值 μ 的置信区间为

$$\left[\bar{x}-t_{0.05}(8)\frac{s}{\sqrt{n}},\ \bar{x}+t_{0.05}(8)\frac{s}{\sqrt{n}}\right]=\left[18-2.306\sqrt{\frac{3}{2\times 9}},\ 18+2.306\sqrt{\frac{3}{2\times 9}}\right]$$

$$\approx[17.06,\ 18.94].$$

注意　在求置信区间时，(1)计算 $\bar{x}$ 及 s^2 可与查表求临界值交换顺序；(2)若能记住所给估计区间形式，也可以直接计算.

例 3　假设某工厂生产一种钢索，其断裂强度 X(千克 / 厘米^2) 服从正态分布，其平均断裂强度为 800 千克 / 厘米^2，标准差为 40 千克 / 厘米^2. 现从一批钢索中抽取样本容量为 9 的样本，测得数值计算 $\sum_{i=1}^{9}x_i=7\ 020$(千克 / 厘米^2). 若方差不变化，问这批钢索的断裂强度的 95.45% 的估计区间是多少?

解　由题设 $X\sim N(800,\ 40^2)$，现取一批钢索，计算得 $\bar{x}=\frac{7\ 020}{9}=780$. 因为方差不变，即已知方差 $\sigma_0^2=40^2$，求 μ 的置信度为 95.45%的置信区间. 选用统计量

$$U=\frac{\overline{X}-\mu}{\sigma_0}\sqrt{n}\sim N(0,\ 1),$$

$$P\left(\left|\frac{\overline{X}-\mu}{\sigma_0}\sqrt{n}\right|\leqslant 2\right)=0.954\ 5,$$

代入样本值有 $\left|\frac{\bar{x}-\mu}{\sigma_0}\sqrt{n}\right|\leqslant 2$，即 $\left|\frac{780-\mu}{40}\times 3\right|\leqslant 2$ 或 $|780-\mu|\leqslant\frac{2}{3}\times 40$，解得 μ 的 95.45% 的置信区间为

$$\left[780-\frac{2}{3}\times 40,\ 780+\frac{2}{3}\times 40\right]\approx[753.33,\ 806.67].$$

5.3.3　单正态总体方差的区间估计

设 $X_1,\ X_2,\ \cdots,\ X_n$ 是来自正态总体 $N(\mu,\ \sigma^2)$ 的样本，由 §5.1 定理 2，统计量

$$\chi^2=\frac{(n-1)S^2}{\sigma^2}=\frac{\sum_{i=1}^{n}(X_i-\overline{X})^2}{\sigma^2}\sim\chi^2(n-1),$$

对于给定的置信度 $1-\alpha$，在 χ^2 分布上侧临界值表中查自由度为 $n-1$ 对应的两个临界值 $\chi^2_{\frac{\alpha}{2}}=\chi^2_{\frac{\alpha}{2}}(n-1)$ 及 $\chi^2_{1-\frac{\alpha}{2}}=\chi^2_{1-\frac{\alpha}{2}}(n-1)$，使得

$$P\left(\frac{(n-1)S^2}{\sigma^2}\geqslant\chi^2_{\frac{\alpha}{2}}\right)=\frac{\alpha}{2}\ \text{及}\ P\left(\frac{(n-1)S^2}{\sigma^2}\geqslant\chi^2_{1-\frac{\alpha}{2}}\right)=1-\frac{\alpha}{2}$$

成立. 由此可得

$$P\left(\chi^2_{1-\frac{\alpha}{2}}\leqslant\frac{(n-1)S^2}{\sigma^2}\leqslant\chi^2_{\frac{\alpha}{2}}\right)=1-\alpha,$$

也即

$$P\left(\frac{(n-1)S^2}{\chi^2_{\frac{\alpha}{2}}}\leqslant\sigma^2\leqslant\frac{(n-1)S^2}{\chi^2_{1-\frac{\alpha}{2}}}\right)=1-\alpha$$

成立. 故随机区间 $\left[\frac{(n-1)S^2}{\chi^2_{\frac{\alpha}{2}}},\ \frac{(n-1)S^2}{\chi^2_{1-\frac{\alpha}{2}}}\right]=\left[\frac{\sum_{i=1}^{n}(X_i-\overline{X})^2}{\chi^2_{\frac{\alpha}{2}}},\frac{\sum_{i=1}^{n}(X_i-\overline{X})^2}{\chi^2_{1-\frac{\alpha}{2}}}\right]$ 为方差 σ^2 的

置信度为 $1-\alpha$ 的置信区间.

例 4 某自动车床加工零件，其长度 $X\sim N(\mu,\sigma^2)$. 今随机抽查 16 个零件，测得长度（单位：mm）如下：

12.15，12.12，12.01，12.08，12.09，12.16，12.03，12.01，

12.06，12.13，12.07，12.11，12.08，12.01，12.03，12.06，

试问该车床所加工的零件长度的方差在什么范围内(置信度为 90%)？

解 选择统计量 $\chi^2=\dfrac{(n-1)S^2}{\sigma^2}\sim\chi^2(n-1)$，由样本值计算

$$\bar{x}=\frac{1}{n}\sum_{i=1}^{n}x_i=\frac{1}{16}(12.15+12.12+\cdots+12.06)=12.075,$$

$$\sum_{i=1}^{n}(x_i-\bar{x})^2=[(12.15-12.075)^2+\cdots+(12.06-12.075)^2]\approx 0.036\,6,$$

$1-\alpha=0.90$，$\alpha=0.10$，查自由度为 15 的 χ^2 分布上侧临界值表，$\chi^2_{0.05}(15)=24.996$，$\chi^2_{0.95}(15)=7.261$，方差 σ^2 的 90%的置信区间为

$$\left[\frac{\sum_{i=1}^{n}(x_i-\bar{x})^2}{\chi^2_{\frac{\alpha}{2}}},\ \frac{\sum_{i=1}^{n}(x_i-\bar{x})^2}{\chi^2_{1-\frac{\alpha}{2}}}\right]=\left[\frac{0.036\,6}{24.996},\ \frac{0.036\,6}{7.261}\right]\approx[0.001\,5,\ 0.005\,0].$$

本节关键词

置信度　置信区间　均值的区间估计　临界值　方差的区间估计

习题 5.3

1. 设总体 $X\sim N(\mu,\sigma^2)$，σ^2 已知，X_1，X_2，…，X_{16} 是来自总体 X 的一个样本，测得其样本平均值为 $\bar{x}=3.4$，试求期望 μ 的 95%的置信区间.

2. 某旅行社为了调查当地旅游者在 4 月～10 月期间用于旅游的平均消费额，随机访问了 100 名旅游者，得到平均消费额 $\bar{x}=80$ 元. (1) 根据经验，已知旅游者消费额服从正态分布，且标准差 $\sigma=12$ 元，求该地旅游者用于旅游的平均消费额 μ 的置信度为 95%的置信区间；(2) 若样本标准差为 $s=12$ 元，求该地旅游者用于旅游的平均消费额 μ 的置信度为 95%的置信区间.

3. 测量两点之间的直线距离 5 次，测得距离（单位：米）为

108.5，109.0，110.0，110.5，112.0，

测量值可以认为服从正态分布 $N(\mu,\sigma^2)$. (1) 在方差 σ^2 未知的情况下，求 μ 的置信度为 95%的置信区间；(2) 若假设 $\sigma^2=2.5$，求 μ 的置信度为 95%的置信区间.

4. 人的身高服从正态分布，从某校大一女生中随机抽取 6 名测得身高如下（单位:厘米）：

159，172，165，167，155，163，

求该校大一女生平均身高的置信区间($\alpha=0.05$).

5. 为了考察某大学成年男子的胆固醇水平，现抽取了样本容量为 25 的一个样本，并测得均值为 $\bar{x}=186$，样本标准差 $s=12$. 假定所考察的胆固醇水平 $X\sim N(\mu,\sigma^2)$，μ 与 σ^2

均未知，试分别求出 μ 以及 σ 的 90%的置信区间.

§5.4　参数的假设检验

假设检验是统计推断的另一个重要内容. 本节仅讨论总体参数的假设检验.

在实际问题中，我们要对某一总体做出推断，除了对未知参数作出估计外，还可以对它的参数进行假设检验. 这种检验称为**参数的显著性检验**.

5.4.1　假设检验的基本思想

由于假设检验的思想不像参数估计那么直观，下面通过具体例子说明假设检验的基本思想和解决问题的方法.

罐装可乐的标准容量为 355 毫升. 在生产正常的情况下，流水线上一罐罐可乐不断装好，怎样知道这批罐装可乐的容量是否合格呢？显然，普查的办法是不切实际的. 通常的办法是抽样检查，即每隔一定的时间抽查若干罐，测得容量 x_1，x_2，…，x_n，根据这些值来判断生产是否正常. 如果发现不正常就应停产，找出原因，消除故障后再继续生产. 如果没有问题，可继续按规定的时间再抽样，以此监督生产，确保质量.

需要指出的是：仅凭几罐容量的数据，在把握不大时就判断生产不正常而造成停产的损失是很大的，但生产看似正常，有了问题未被发现也会造成损失. 假设检验就是要解决这样一对矛盾.

罐装可乐的容量可以看作是总体 $X\sim N(\mu,\sigma^2)$，随机抽查的 n 罐可乐的容量 X_1，X_2，…，X_n 看成是来自总体 $N(\mu,\sigma^2)$ 的一个容量为 n 的样本. 当生产比较稳定时，方差 σ^2 是一个常数. 这批罐装可乐的容量合格与否实际上是看其均值是否有 $\mu=\mu_0=355$. 为此，我们提出这样的假设 H_0：$\mu=\mu_0(\mu_0=355)$，也称为原假设，而把 H_1：$\mu\neq\mu_0$ 作为 H_0 的对立假设.

注意　*在实际工作中，往往把不轻易否定的命题作为原假设. 进行抽样检查是在生产正常时采用的办法，并可以确信一般情况下 $\mu=\mu_0$ 成立. 所以在这个前提下，我们是把 $\mu=\mu_0$ 作为原假设 H_0.*

如何判断 H_0 是否成立？利用所抽取的样本可以判断假设是否正确. 由参数的点估计知道，$\overline{X}$ 是未知参数 μ 的较好的估计量，即 $\mu\approx\bar{x}$. 因此把检验 $\mu=\mu_0$ 是否成立转换成 μ_0 与 $\bar{x}$ 之间的差异是否显著来判断，即用 $|\bar{x}-\mu_0|$ 值的大小来判断.

若 $|\bar{x}-\mu_0|$ 不太大，则可以认为 $|\mu-\mu_0|$ 也不太大，即 $\mu=\mu_0$ 成立(当然是似近成立)；否则，若 $|\bar{x}-\mu_0|$ 相当大，又 $\mu\approx\bar{x}$，那么 $|\mu-\mu_0|$ 就会较大，即认为 $\mu=\mu_0$ 成立不合情理. 那么衡量 $|\bar{x}-\mu_0|$ 不太大或相当大的“标准”是什么呢？通过下面统计量的分布可以得到.

我们知道：如果 H_0：$\mu=\mu_0$ 成立，就有统计量

$$U=\frac{\overline{X}-\mu_0}{\sigma_0}\sqrt{n}\sim N(0,1),$$

对给定显著性水平 α (比较小的值)，可以得到临界值 $u_{1-\frac{\alpha}{2}}$，使得

$$P(|U|>u_{1-\frac{\alpha}{2}})=P\left(\left|\frac{\overline{X}-\mu_0}{\sigma_0}\sqrt{n}\right|>u_{1-\frac{\alpha}{2}}\right)=\alpha,$$

即

$$P\left(|\overline{X}-\mu_0|>u_{1-\frac{\alpha}{2}}\frac{\sigma_0}{\sqrt{n}}\right)=\alpha.$$

可见，我们就把“标准”取为 $u_{1-\frac{\alpha}{2}}\frac{\sigma_0}{\sqrt{n}}$.

当由样本值计算出 $|\bar{x}-\mu_0|\leqslant u_{1-\frac{\alpha}{2}}\frac{\sigma_0}{\sqrt{n}}$，即 $|U|=\left|\frac{\bar{x}-\mu_0}{\sigma_0}\sqrt{n}\right|\leqslant u_{1-\frac{\alpha}{2}}$ 时，认为 $|\bar{x}-\mu_0|$ 不大，因为有 $\mu\approx\bar{x}$，所以（以一定的概率）认为 $\mu=\mu_0$ 成立，而不能（或没有理由）拒绝 H_0；

当 $|\bar{x}-\mu_0|>u_{1-\frac{\alpha}{2}}\frac{\sigma_0}{\sqrt{n}}$，即 $|U|=\left|\frac{\bar{x}-\mu_0}{\sigma_0}\sqrt{n}\right|>u_{1-\frac{\alpha}{2}}$ 时，则认为 $|\bar{x}-\mu_0|$ 相当大，此时 $P\left(|\bar{x}-\mu_0|>u_{1-\frac{\alpha}{2}}\frac{\sigma_0}{\sqrt{n}}\right)=\alpha$，即发生了小概率事件，因此，不能认为 $\mu=\mu_0$，从而拒绝 H_0 成立.

这样判断假设 H_0 正确与否绝不是根据事件 $\{|U|\geqslant u_{1-\frac{\alpha}{2}}\}$ 的概率很小来证实假设 H_0 不成立，而是根据所谓**小概率原理**：小概率事件在一次试验（或观察）中几乎不会发生.

注意 采用上述假设检验方法可能会出现两种情况. 一是当罐装可乐容量的总体均值 $\mu=355$ 时，所抽查的样本值恰好是些不合格品，因为小概率事件不是不可能事件，它也有可能发生，只是发生的概率较小，采用此方法后，有可能将本来合格的产品判断成不合格品，给出了一种错误的判断；二是当罐装可乐容量的总体均值不合格时，抽查到的却都是合格品，由此把本来不合格的产品判断成合格品，给出了另一种错误的推断. 这就是我们常说的假设检验中的**两类错误**.

由罐装可乐容量的假设检验的例子，将参数假设检验的基本思想及处理问题的方法归纳如下，它适用于各种总体参数的假设检验.

1. 参数假设检验问题的提出

对于某一总体 X，要了解它的某些参数，可对这些参数先提出某种假设. 把不能轻易否定的假设称为**零假设**或**原假设**，记作 H_0，与原假设结论不同或当原假设不能接受时以备选择的假设称为**备择假设**或**对立假设**. 例如，总体 $X\sim f(x;\theta)$，θ 是未知参数. 假设 $\theta=\theta_0$（θ_0 是已知数），可记为 H_0：$\theta=\theta_0$，备择假设为 H_1：$\theta\neq\theta_0$.

2. 假设检验依据的原理

假设检验依据的是小概率原理：若在一次试验中，事件 A 发生了，则认为 A 不是小概率事件. 所以在假设检验中，随机抽取样本值相当于做一次试验. 在一次试验中，可以认为小概率事件几乎不会发生.

3. 假设检验的推理过程

对总体 X 的某个参数 θ 提出假设 H_0：$\theta=\theta_0$（θ_0 已知），选择适当的统计量

$$T=T(X_1, X_2, \cdots, X_n)\sim f(t).$$

由统计量遵从的分布知 $P(T>t_{1-\alpha})=\alpha$，α 很小. 因此，如果 H_0 成立，则 $\{T>t_{1-\alpha}\}=A$ 是一小概率事件. 现对总体 X 进行的一次抽样，得到样本值 $x_1, x_2, \cdots, x_n$. 根据样本值计算 T 值，如果 $T(x_1, x_2, \cdots, x_n)>t_{1-\alpha}$，表明事件 A 发生了，由小概率原理，A 不是小概率事件，怀疑 H_0 的正确性，因而否定 H_0；如果 $T(x_1, x_2, \cdots, x_n)\leqslant t_{1-\alpha}$，说明小概率事件

A 没有发生，因而没有理由否定 H_0 成立.

需要特别指出的是，小概率事件中的"小"(即 α 的取值)是根据不同问题的不同需要而选定的一个正数，它是衡量小概率事件的一个标准，称为显著性水平. 通常取 $\alpha=0.05$，$\alpha=0.01$. 当建立了零假设并选定统计量后，由显著性水平可以确定临界值得到一个区域. 如果一次抽样计算出的统计量的值落入该区域内就否定 H_0，称该区域为**否定域或拒绝域**. 对于不同的 α，得到的否定域是不同的.

4. 假设检验主要起否定作用

对于假设 $H_0: \theta=\theta_0$，如果一次抽样后，检验结果发生了小概率事件，于是否定 H_0. 这是肯定的结论，即 θ 不应该等于 θ_0，而应该接受 $H_1: \theta\neq\theta_0$. 如果一次抽样结果没有发生小概率事件，就没有充分的理由否定 H_0，那么 H_0 是否就一定成立呢? 不能完全肯定.

5. 假设检验的步骤

(1) 根据实际问题的需要，明确所要检验的内容，提出原假设和对立假设;

(2) 选用适当的统计量，明确统计量遵从的分布;

(3) 确定显著性水平 α，对给定的 α 查统计量相应的分布表，求出临界值，确定 H_0 的否定域;

(4) 由样本值计算统计量的数值，将它与临界值比较，从而做出判断.

6. 假设检验中的两类错误

采用上面的方法进行假设检验时，可能要犯两种错误：当 H_0 正确时，小概率事件也可能发生. 本来正确的 H_0 在小概率事件发生后被错误地否定了，我们称这类错误为**"以真为假"的错误**，即**第一类错误**. 由上所述，犯第一类错误的概率是 α，所以 α 是用来控制犯第一类错误的. 如果 α 取得大，否定 H_0 发生错误的概率也就大. 另一类错误是当 H_0 不真时，我们接受了 H_0，称这类错误是**"以假为真"的错误**，也称**第二类错误**.

7. 假设检验的类型

参数的假设检验分单边检验和双边检验. 如果由假设检验得到的否定域是在相应的统计量分布的两端，则称为**双边检验**；如果由假设检验得到的否定域在统计量分布的一侧，称为**单边检验**.

基于上述假设检验思想，下面讨论单正态总体参数的假设检验问题.

5.4.2　单正态总体对均值 μ 的假设检验

1. 已知方差 σ^2，对均值 μ 进行假设检验

$H_0: \mu=\mu_0$，　$H_1: \mu\neq\mu_0$

由于 $\sigma^2=\sigma_0^2$ 已知，当 H_0 成立时，统计量

$$U=\frac{\overline{X}-\mu_0}{\sigma_0}\sqrt{n}\sim N(0,1),$$

对给定的显著性水平 α，可由标准正态分布数值表查得临界值，使得

$$P(|U|\geqslant u_{1-\frac{\alpha}{2}})=\alpha.$$

根据样本观察值 $x_1, x_2, \cdots, x_n$ 计算出统计量 U 的值 u，比较 u 与 $u_{1-\frac{\alpha}{2}}$，如果 $|u|\geqslant u_{1-\frac{\alpha}{2}}$，则拒绝假设 $H_0: u=u_0$；否则，不能拒绝 H_0，即接受 H_0.

由于这种检验法选用的统计量是U，所以称为**U 检验法**.

例 1 如果罐装可乐的容量$X\sim N(\mu, \sigma^2)$，依经验$\sigma=1.5$. 现从一批罐装可乐中随机抽查 5 罐，测得 5 罐容量均值$\bar{x}=355.42$毫升. 若显著性水平$\alpha=0.05$，问这批可乐容量是否合格?

解 容量是否合格，即容量均值是否为 355? 为此，提出假设$H_0: \mu=355$，备择假设为$H_1: \mu\neq 355$.

由于$\sigma_0=1.5$为已知，$n=5$. 选用统计量

$$U=\frac{\overline{X}-\mu_0}{\sigma_0}\sqrt{n}\sim N(0, 1),$$

对显著性水平$\alpha=0.05$，查标准正态分布数值表得到临界值$u_{1-\frac{\alpha}{2}}=u_{0.975}=1.96$，由样本值计算

$$|u|=\left|\frac{355.42-355}{1.5}\sqrt{5}\right|=\frac{0.42}{1.5}\sqrt{5}\approx 0.626\ 1,$$

$|u|<u_{0.975}=1.96$，因此，在显著性水平$\alpha=0.05$的意义下不能拒绝H_0，即认为生产是正常的.

2. 未知方差 σ^2，对均值 μ 的假设检验

$H_0: \mu=\mu_0$， $H_1: \mu\neq\mu_0$

由于方差σ^2未知，用σ^2的无偏估计S^2代替总体方差σ^2，当H_0成立时，统计量

$$t=\frac{\overline{X}-\mu_0}{S}\sqrt{n}\sim t(n-1),$$

对给定显著性水平α，查t分布双侧临界值表，得到临界值$t_\alpha(n-1)$使得

$$P(|T|\geqslant t_\alpha(n-1))=\alpha.$$

根据样本值$x_1, x_2, \cdots, x_n$算出统计量T的值t，比较$|t|$与$t_\alpha(n-1)$. 如果$|t|>t_\alpha(n-1)$，则拒绝$H_0: \mu=\mu_0$；如果$|t|<t_\alpha(n-1)$，不能拒绝H_0，而接受H_0.

此种检验法采用的统计量服从t分布，所以也称为**t 检验法**.

例 2 已知切割机切割金属棒，每段金属棒的长度服从正态分布. 在切割机正常工作时，切割所得每段金属棒的平均长度为 10.4 厘米，今从一批产品中随机取 6 段进行测量，其结果（单位：厘米）如下：

10.8，10.6，10.5，10.9，10.5，10.3，

在显著性水平$\alpha=0.05$下，试问该切割机是否正常工作? 即切割机是否有系统偏差?

解 设产品的长度为$X\sim N(\mu, \sigma^2)$. 此问题是：未知方差σ^2，对均值μ的假设检验

$$H_0: \mu=10.4,\quad H_1: \mu\neq 10.4.$$

选用统计量

$$t=\frac{\overline{X}-\mu_0}{S}\sqrt{n}\sim t(n-1),$$

代入样本值计算得

$$\bar{x}=\frac{1}{n}\sum_{i=1}^{n}x_i=\frac{1}{6}(10.8+10.6+10.5+10.9+10.5+10.3)=10.6,$$

$$s^2=\frac{1}{n}\sum_{i=1}^{n}(x_i-\bar{x})^2$$

$$=\frac{1}{6}[(10.8-10.6)^2+(10.6-10.6)^2+(10.5-10.6)^2\times2+(10.9-10.6)^2$$

$$+(10.3-10.6)^2]$$

$$=\frac{1}{6}(0.2^2+0.1^2\times2+0.3^2+0.3^2)=0.04,$$

$$|t|=\left|\frac{\bar{x}-\mu_0}{s}\sqrt{n}\right|=\frac{10.6-10.4}{\sqrt{0.04}}=2.236.$$

对显著性水平 $\alpha=0.05$，查自由度为 5 的 t 分布双侧临界值表，得到临界值 $t_{0.05}(5)=2.571$，$|t|<2.571$，于是，没有理由否定 H_0，即没有发现切割机有系统偏差.

例 3 某零件的直径服从正态分布，过去的均值为 19.5，换了新工具后，从产品中抽取了 7 个样品，测得直径为

19.9，19.7，19.6，19.5，19.7，19.8，19.7

问直径是否因换了工具而引起了变化(显著性水平 $\alpha=0.05$)?

解 此问题是：未知正态总体方差，对均值 μ 的检验

H_0：$\mu=19.5$， H_1：$\mu\neq19.5$.

选用统计量

$$t=\frac{\bar{X}-\mu_0}{S}\sqrt{n}\sim t(n-1),$$

代入样本值，计算得

$$\bar{x}=\frac{1}{n}\sum_{i=1}^{n}x_i=\frac{1}{7}(19.9+19.7+19.6+19.5+19.7+19.8+19.7)=19.7,$$

$$s^2=\frac{1}{n-1}\sum_{i=1}^{n}(x_i-\bar{x})^2$$

$$=\frac{1}{6}[(19.9-19.7)^2+(19.7-19.7)^2\times3+(19.6-19.7)^2+(19.5-19.7)^2$$

$$+(19.8-19.7)^2]$$

$$=\frac{1}{7}(0.2^2+0.1^2+0.2^2+0.1^2)=\frac{0.10}{6},$$

$$t=\frac{\bar{x}-\mu_0}{s}\sqrt{n}=\frac{19.7-19.5}{\sqrt{0.10/6}}\sqrt{7}\approx4.10.$$

对 $\alpha=0.05$，查自由度 $7-1=6$ 的 t 分布双侧临界值表得到临界值 $t_{0.05}(6)=2.447$，$|t|>2.447$，否定 H_0，即换了工具后，零件的直径和原来有显著差异.

5.4.3 单正态总体对方差 σ^2 的假设检验

H_0：$\sigma^2=\sigma_0^2$， H_1：$\sigma^2\neq\sigma_0^2$

由于 μ 与 σ^2 都是未知的，当 H_0 成立时，统计量

$$\chi^2=\frac{(n-1)S^2}{\sigma_0^2}=\frac{\sum_{i=1}^{n}(X_i-\bar{X})^2}{\sigma_0^2}\sim\chi^2(n-1),$$

对给定的显著水平 α，在 χ^2 分布上侧临界值表中查自由度为 $n-1$ 的两个临界值 $\chi^2_{\frac{\alpha}{2}}=\chi^2_{\frac{\alpha}{2}}(n-1)$ 及 $\chi^2_{1-\frac{\alpha}{2}}=\chi^2_{1-\frac{\alpha}{2}}(n-1)$，使得

$$P(\chi^2\geqslant\chi^2_{\frac{\alpha}{2}})=\frac{\alpha}{2} \text{ 及 } P(\chi^2\geqslant\chi^2_{1-\frac{\alpha}{2}})=1-\frac{\alpha}{2},$$

即

$$P(\chi^2_{1-\frac{\alpha}{2}}\leqslant\chi^2\leqslant\chi^2_{\frac{\alpha}{2}}) = 1-\alpha.$$

根据样本观察值 $x_1, x_2, \cdots, x_n$，计算出统计量 χ^2 的观察值，如果 $\chi^2<\chi^2_{1-\frac{\alpha}{2}}$ 或 $\chi^2>\chi^2_{\frac{\alpha}{2}}$，则在显著性水平 α 下拒绝 H_0，否则接受 H_0.

由于此检验采用的统计量服从 χ^2 分布，这种方法称为 **χ^2 检验法.**

例 4 某纺织工厂生产的维尼纶纤度用 X 表示，在生产稳定的情况下，可假定 $X\sim N(\mu,\sigma^2)$，其标准差按往常资料暂定为 0.048. 某天随机抽取 5 根纤维，测得其纤度如下：

1.32，1.55，1.36，1.40，1.44，

试问纤度总体 X 的方差 σ^2 有没有显著性变化？已知显著性水平 $\alpha=0.1$.

解 此问题为检验假设 H_0：$\sigma^2=\sigma_0^2=(0.048)^2$.

选用统计量

$$\chi^2=\frac{(n-1)S^2}{\sigma_0^2}=\frac{\sum_{i=1}^{n}(X_i-\overline{X})^2}{\sigma_0^2}\sim\chi^2(n-1),$$

由样本值计算得

$$\overline{x}=\frac{1}{n}\sum_{i=1}^{n}x_i=\frac{1}{5}(1.32+1.55+1.36+1.40+1.44)=1.414,$$

$$\begin{aligned}\sum_{i=1}^{n}(x_i-\overline{x})^2&=(1.32-1.414)^2+(1.55-1.414)^2+(1.36-1.414)^2\\&\quad+(1.40-1.414)^2+(1.44-1.414)^2\\&=(0.094)^2+(0.136)^2+(0.054)^2+(0.014)^2+(0.026)^2\\&=0.031\,1,\end{aligned}$$

$$\chi^2=\frac{\sum_{i=1}^{n}(x_i-\overline{x})^2}{\sigma_0^2}=\frac{0.031\,1}{(0.048)^2}=13.51.$$

对于给定显著性水平 $\alpha=0.1$，查自由度为 $5-1=4$ 的 χ^2 分布上侧临界值表，得到临界值

$$\chi^2_{\frac{\alpha}{2}}(n-1)=\chi^2_{0.05}(4)=9.488,\quad \chi^2_{1-\frac{\alpha}{2}}(n-1)=\chi^2_{0.95}(4)=0.711,$$

由于 $\chi^2=13.51>\chi^2_{\frac{\alpha}{2}}=9.488$，所以拒绝 H_0，即认为总体方差有了显著的改变.

以上对正态总体的参数进行的假设检验都是双边检验，其实还可以对参数进行单边假设检验. 单边假设检验选用的统计量与双边检验相同，只是临界值和否定域有所不同. 单正态总体参数假设检验所用的统计量、否定域、临界值由表 5—4—1 给出，需要时可以直接从表中查到.

表 5—4—1　　**单正态总体假设检验表**

问题		统计量及其分布	查表	临界值	否定域
已知 σ^2	$H_0: \mu=\mu_0$	$U=\dfrac{\overline{X}-\mu_0}{\sigma_0}\sqrt{n}\sim N(0,1)$	标准正态分布数值表	$u_{1-\frac{\alpha}{2}}$	$\lvert U\rvert>u_{1-\frac{\alpha}{2}}$
	$H_0: \mu\leqslant\mu_0$			$u_{1-\alpha}$	$U>u_{1-\alpha}$
	$H_0: \mu\geqslant\mu_0$			u_α	$U<u_\alpha$
未知 σ^2	$H_0: \mu=\mu_0$	$t=\dfrac{\overline{X}-\mu_0}{S}\sqrt{n}\sim t(n-1)$	$t(n-1)$ 分布双侧临界值表	$t_\alpha(n-1)$	$\lvert t\rvert>t_\alpha(n-1)$
	$H_0: \mu\leqslant\mu_0$			$t_{2\alpha}(n-1)$	$t>t_{2\alpha}(n-1)$
	$H_0: \mu\geqslant\mu_0$			$t_{2\alpha}(n-1)$	$t<-t_{2\alpha}(n-1)$
未知 μ	$H_0: \sigma^2=\sigma_0^2$	$\chi^2=\dfrac{(n-1)S^2}{\sigma_0^2}=\dfrac{\sum\limits_{i=1}^{n}(X_i-\overline{X})^2}{\sigma_0^2}\sim\chi^2(n-1)$	$\chi^2(n-1)$ 分布上侧临界值表	$\chi^2_{\frac{\alpha}{2}}(n-1)$ $\chi^2_{1-\frac{\alpha}{2}}(n-1)$	$\chi^2<\chi^2_{1-\frac{\alpha}{2}}(n-1)$ 或 $\chi^2>\chi^2_{\frac{\alpha}{2}}(n-1)$
	$H_0: \sigma^2\leqslant\sigma_0^2$			$\chi^2_\alpha(n-1)$	$\chi^2>\chi^2_\alpha(n-1)$
	$H_0: \sigma^2\geqslant\sigma_0^2$			$\chi^2_{1-\alpha}(n-1)$	$\chi^2<\chi^2_{1-\alpha}(n-1)$

例 5　设原有一台仪器测量电阻时，误差服从正态分布 $N(0,\ 0.06)$，现有一台新的仪器，对一个电阻测量了 10 次，测得的数据（单位:Ω）如下：

1.101，1.103，1.105，1.098，1.099，1.101，1.104，1.095，1.100，1.100，

问新仪器精度是否比原有的仪器好？

解　可以假定新仪器测量值遵从 $N(\mu,\sigma^2)$，其中 μ 是被测试电阻的真实阻抗值，它是未知的. 原仪器的方差是 $\sigma_0^2=0.06$，如果新的仪器精度不比原来的差，那么 $H_0: \sigma^2\leqslant 0.06$ 应该成立，否则就不如原来的仪器好. 因此，这是一个未知 μ 对方差 σ^2 进行的单边假设检验问题，原假设和备择假设分别是

$$H_0: \sigma^2\leqslant 0.06=\sigma_0^2,\quad H_1: \sigma^2>0.06.$$

选用统计量

$$\chi^2=\frac{(n-1)S^2}{\sigma_0^2}=\frac{\sum\limits_{i=1}^{n}(X_i-\overline{X})^2}{\sigma_0^2}\chi^2(n-1),$$

代入样本值计算

$$\begin{aligned}\overline{x}&=\frac{1}{n}\sum_{i=1}^{n}x_i\\&=\frac{1}{10}(1.101+1.103+1.105+1.098+1.099+1.101+1.104+1.095+1.100+1.100)\\&=1.100,\end{aligned}$$

$$\sum_{i=1}^{n}(x_i-\bar{x})^2=(1.101-1.100)^2\times 2+(1.103-1.100)^2+(1.105-1.100)^2$$
$$+(1.098-1.100)^2+(1.099-1.100)^2+(1.104-1.100)^2+(1.095-1.100)^2$$
$$=0.001^2\times 2+0.003^2+0.005^2+0.002^2+0.001^2+0.004^2+0.005^2$$
$$=0.000\,082,$$

$$\chi^2=\frac{0.000\,082}{0.06}=0.001\,4.$$

由表5—4—1知，查χ^2分布上侧临界值表，$\alpha=0.1$，临界值$\chi^2_\alpha(n-1)=\chi^2_{0.1}(9)=14.684$，$\chi^2=0.001\,4<14.684$，没有理由否定$H_0$，即可认为新仪器的精度不比原来的差.

至此，我们对单正态总体的两个参数的区间估计和假设检验都进行了讨论. 细心的读者早已发现，对于同一类型的问题(如已知方差σ^2)，在对未知参数(如均值μ)进行的区间估计和假设检验时，所采用的统计量是相同的，临界值也是相同的，那么这二者的区别是什么？二者又有何联系呢？实际上，这两种方法都是要对未知参数做出判断. 如果依据的数据资料相同，形式上采用的判断方法不同，判断的表达方式也就不同，但其结果的内涵是一致的. 因此，在置信度为$1-\alpha$下的置信区间，就是在相应的显著性水平α下的接受域.

本节关键词

假设检验　显著性水平　小概率原理　U检验　t检验　χ^2检验

习题5.4

1. 某糖厂自动包装机将糖装箱，规定每箱的重量为100千克，由以往经验知，每箱糖的重量服从正态分布，重量标准差$\sigma=0.9$千克并保持不变. 某天开工后，为了检验包装机的工作是否正常，随机抽取该机包装的9箱，称得其净重(单位:千克)如下：

99.3，99.7，100.5，101.2，98.3，99.7，105.1，102.6，100.5，

显著性水平$\alpha=0.05$，问该日此包装机的工作是否正常？

2. 设某种产品的某个性能指标服从正态分布$N(\mu,\sigma^2)$. 从历史资料已知$\sigma=4$，抽查10个样品，求得均值为17，取显著性水平$\alpha=0.05$，问:原假设H_0：$\mu=20$是否成立？

3. 从一批铜丝中抽查10个样品，冷拉的断力(单位:磅)如下：

568，570，570，570，572，572，578，572，584，590，

按标准，冷拉的断力应该服从正态分布$N(\mu,\sigma^2)$，其中σ^2已知为5，问H_0：$\mu=575$是否成立？已知显著性水平$\alpha=0.05$.

4. 利用上一题的数据，考虑下列问题：

(1) 检验H_0：$\mu\geqslant 570$是否成立,已知显著性水平$\alpha=0.05$；

(2) 如果$\sigma^2=5$这一前提不成立，对σ^2未知的情形，检验假设H_0：$\mu\geqslant 570$，已知显著性水平$\alpha=0.05$；

(3) 比较(1)与(2)的结论，从中你能发现一些区别吗？

(4) 在方差未知的情况下，能否认为这批铜丝的断力方差为64？已知显著性水平$\alpha=0.1$.

§5.5　MATLAB 数学实验

5.5.1　样本的数字特征

在 MATLAB 实验中，样本 X 若为向量，其数字特征是对 X 中的数据作相应的运算；样本 X 若为矩阵，其数字特征是对 X 中的每一列中的数据作相应的运算. 样本常见的数字特征如表 5—5—1 所示.

表 5—5—1　　**样本常见的数字特征**

名称	数学表达式的描述	MATLAB 命令
和	$\sum_{k=1}^{n} x_k$	S=sum(X)
最大值	$\max_{1\leqslant k\leqslant n} x_k$	[M,N]=max(X)
最小值	$\min_{1\leqslant k\leqslant n} x_k$	[M,N]=min(X)
中位数	数据按从小到大的顺序排列后，中间的一个数或两个数的平均值叫做这组数据的中位数	M=median(X)
算术平均	$\overline{x}=\frac{1}{n}\sum_{k=1}^{n} x_k$	mean(X)
方差	$\frac{1}{n-1}\sum_{k=1}^{n}(x_k-\overline{x})^2$	var(X)
标准差	$\sqrt{\mathrm{var}(X)}$	std(X)
k 阶中心矩	$\frac{1}{n}\sum_{k=1}^{n}(x_i-\overline{x})^k$	moment(X,k)

样本的缺失值可用 nan 补充，在求和、最大值、最小值、算术平均值、中值和标准差时，还需在相应的 MATLAB 语句前加上 nan.

例 1　某班选拔 6 位学生进行两场跳绳比赛，成绩如表 5—5—2 所示 .

表 5—5—2

学生编号	1	2	3	4	5	6
第一次跳绳数量	29	25	21	27	28	30
第二次跳绳数量	30	28	32	30	26	

计算两次成绩的和、均值和标准差.

计算步骤：

(1) 在 Command Window 中输入命令，给矩阵 X 赋值，第一列元素为 6 位同学第一次跳绳数量，第二列元素为 6 位同学第二次跳绳数量.

```
>>X=[29,25,21,27,28,30;30,28,32,30,26,nan]';
```

(2) 依次输入求和、均值、标准差的命令，得到结果：

```
>>nansum(X)
ans=
    160   146
>>nanmean(X)
ans=
    26.6667   29.2
>>nanstd(X)
ans=
    3.2660   2.2804
```

即6位学生第一次跳绳数量的和为160，均值为26.666 7，标准差为3.266 0；第二次跳绳数量的和为146，均值为29.200 0，标准差为2.280 4.

5.5.2 单正态分布的参数估计

若$X \sim N(\mu,\sigma^2)$，而且参数μ和σ未知，则其点估计和区间估计调用如下命令：

[mu,sigma,muci,sigmaci]=normfit(X,alpha)

其中X为正态总体的样本；mu和sigma分别为μ和σ的点估计；muci和sigmaci分别为μ和σ的100(1−alpha)%置信度的置信区间估计，其行数为2，列数与X的列数相同，上、下值分别为置信区间的上、下限；alpha为给定的显著性水平α，表示置信度为$(1-\alpha)\cdot 100\%$，默认值为0.05，即置信度为95%.

例2 已知某类零件的重量服从正态分布，现抽取9个样品，重量如下：

18，17，20，16，17，18，19，18，19，

求零件重量均值的点估计和置信区间，以及零件重量标准差的点估计和置信区间（置信度$1-\alpha=0.95$).

计算步骤：

(1) 在Command Window中输入如下命令：

```
>>X=[18 17 20 16 17 18 19 18 19]';
>>[mu,sigma,muci,sigmaci]=normfit(X,0.05)
```

(2) 按回车键，得到结果：

```
mu=
    18
sigma=
    1.2247
muci=
    17.0586
    18.9414
sigmaci=
    0.8273
    2.3463
```

即零件重量均值的点估计为 18，均值的置信区间为[17.058 6，18.941 4]；零件重量标准差的点估计为 1.224 7，标准差的置信区间为[0.827 3，2.346 3].

5.5.3　单正态总体参数的假设检验

1．已知方差 σ^2，对均值 μ 进行假设检验（U 检验法）

在 MATLAB 实验中，U 检验法的命令格式如下：

[h,sig,ci,zval]=ztest(X,μ_0,σ,α,tail)

其中 X 为正态总体的样本；μ_0 为均值；σ 为标准差；α 为显著性水平，默认值为 0.05；sig 为观察值的概率，当 sig 为小概率时对原假设提出质疑；ci 为真正均值 μ 的 $1-\alpha$ 的置信区间；zval 为统计量的值.

检验问题为：

$H_0: \mu=\mu_0$，　$H_1: \mu\neq\mu_0$；

tail 的取值视检验是单尾还是双尾而确定，具体情况如下：

$$H_1=\begin{cases}\mu<\mu_0\\ \mu\neq\mu_0\\ \mu>\mu_0\end{cases}\Leftrightarrow \text{tail}=\begin{cases}-1\\ 0\\ 1\end{cases}\quad;$$

若结果 $h=0$：表示在显著性水平 α 下不能拒绝原假设；若 $h=1$：表示在显著性水平 α 下拒绝原假设.

例 3　某车间用一台包装机包装葡萄糖，包装得到的袋装葡萄糖的重量是一个随机变量，它服从正态分布. 当机器正常时，其均值为 0.5 千克，标准差为 0.015. 某日开工后为了检验包装机是否正常，随机地抽取所包装的葡萄糖 9 袋，称得净重如下（单位：千克）：

0.497，0.506，0.518，0.524，0.498，0.511，0.52，0.515，0.512，

问包装机的工作是否正常？

计算步骤：

（1）该问题是当 σ^2 已知时，在显著性水平 $\alpha=0.05$ 下，根据样本值判断 $\mu=0.5$ 还是 $\mu\neq0.5$. 为此提出假设：原假设为 $H_0: \mu=\mu_0=0.5$，备择假设为 $H_1: \mu\neq0.5$.

（2）在 Command Window 中输入如下命令：

```
>>X=[0.497 0.506 0.518 0.524 0.498 0.511 0.52 0.515 0.512]';
>>[h,sig,ci,zval]=ztest(X,0.5,0.015,0.05,0)
```

（3）按回车键，显示结果：

```
h=
    1
sig=
    0.0248
ci=
    0.5014  0.5210
zvai=
    2.2444
```

结果表明，$h=1$，即在水平 $\alpha=0.05$ 下拒绝原假设，即认为包装机工作不正常.

2. 未知方差 σ^2，求均值 μ 的假设检验（t 检验法）

在 MATLAB 中，t 检验法的命令格式如下：

$[\mathrm{h,sig,ci}]=\mathrm{ttest}(X,\mu_0,\alpha,\mathrm{tail})$

其中 X 为正态总体的样本；μ_0 为均值；α 为显著性水平，默认值为 0.05；sig 为观察值的概率，当 sig 为小概率时对原假设提出质疑；ci 为真正均值 μ 的 $1-\alpha$ 的置信区间.

检验问题为：

$H_0: \mu=\mu_0, \quad H_1: \mu\neq\mu_0;$

tail 的取值视检验是单尾还是双尾而确定，具体情况如下：

$$H_1=\begin{cases}\mu<\mu_0\\ \mu\neq\mu_0\\ \mu>\mu_0\end{cases} \Leftrightarrow \mathrm{tail}=\begin{cases}-1\\ 0\\ 1\end{cases};$$

若结果 $h=0$:表示在显著性水平 α 下不能拒绝原假设；若 $h=1$:表示在显著性水平 α 下拒绝原假设.

例 4 用 MATLAB 计算 §5.4 中例 2.

计算步骤：

(1) 该问题是当 σ^2 未知时，在水平 $\alpha=0.05$ 下，根据样本值判断 $\mu=10.4$ 还是 $\mu\neq 10.4$. 为此提出假设：原假设为 $H_0: \mu=\mu_0=10.4$，备择假设为 $H_1: \mu\neq 10.4$.

(2) 在 Command Window 中输入如下命令：

```
>>X=[10.8 10.6 10.5 10.9 10.5 10.3]';
>>[h,sig, ci]=ttest(X,10.4,0.05,0)
```

(3) 按回车键，显示结果：

```
h=
    0
sig=
    0.0756
ci=
10.3701   10.8299
```

结果表明 $h=0$，即接受原假设 $H_0: \mu=\mu_0=10.4$，切割机工作正常，没有系统偏差.

知识考核点与典型试题举例

一、数理统计的基本概念

1. 总体与样本、样本函数、统计量、样本矩

例 1 来自同一总体中的若干样品称为________.

例 2 设总体 X 满足 $E(X)=\mu$, $D(X)=\sigma^2$, $\overline{X}=\frac{1}{n}\sum_{i=1}^{n}X_i$，其中 $X_1, X_2, \cdots, X_n$ 是来自总体 X 的一个样本，则等式(　　)成立.

A. $E(\overline{X})=\frac{\mu}{n}$　　B. $E(\overline{X})=\frac{\mu}{n-1}$　　C. $D(\overline{X})=\frac{\sigma^2}{n-1}$　　D. $D(\overline{X})=\frac{\sigma^2}{n}$

例 3 统计量是指____________的样本函数.

例 4 对来自总体 $X\sim N(\mu,\sigma^2)$（μ 未知）的一个样本 X_1,X_2,X_3，下列各式中（ ）不是统计量.

A. $\frac{1}{3}\sum_{i=1}^{3}X_i$　　B. $\sum_{i=1}^{3}X_i$　　C. $X_1+2X_2-3X_3$　　D. $\frac{1}{3}\sum_{i=1}^{3}(X_i-\mu)$

2. 抽样分布（$N(\mu,\sigma^2)$，t 分布，χ^2 分布）

例 5 设随机变量 $X\sim N(\mu,\sigma^2)$，$X_1,X_2,\cdots,X_n$ 是来自 X 的一个样本，$\overline{X}=\frac{1}{n}\sum_{i=1}^{n}X_i$，则 $\overline{X}\sim$（ ）.

A. $N(\mu,\sigma^2)$　　B. $N\left(\mu,\frac{\sigma^2}{n}\right)$　　C. $N\left(\frac{\mu}{n},\frac{\sigma}{n}\right)$　　D. $N\left(\frac{\mu}{n},\frac{\sigma^2}{n^2}\right)$

二、参数的点估计

1. 点估计概念与方法

例 6 已知一台起重机装卸百件集装箱的时间 X 服从正态分布，现从历次装卸时间记录中随机抽取 8 次，它们分别为

148，151，160，149，162，154，163，155，

求起重机装卸百件集装箱的时间 X 的数学期望 $E(X)$ 与方差 $D(X)$ 估计值.

2. 估计量优良性的判别

例 7 对于参数 θ，若它的估计量 $\hat{\theta}$ 满足 $E(\hat{\theta})=\theta$，则称 $\hat{\theta}$ 为 θ 的________.

例 8 对于参数 θ，若它的两个估计量 $\hat{\theta}_1$ 和 $\hat{\theta}_2$ 满足 $E(\hat{\theta}_1-\theta)^2<E(\hat{\theta}_2-\theta)^2$，则称 $\hat{\theta}_1$ 比 $\hat{\theta}_2$________.

例 9 已知 $X_1,X_2,\cdots,X_n$ 是来自总体 X 的样本，对总体方差 $D(X)$ 进行估计时，常用的无偏估计为________.

三、参数的区间估计

1. 区间估计的概念，置信区间与置信度

例 10 设由样本构成的统计量 θ 所做的随机区间为 $[\hat{\theta}_1,\hat{\theta}_2]$. 对给定的显著性水平 α，当（ ）时，称 $[\hat{\theta}_1,\hat{\theta}_2]$ 是置信度为 $1-\alpha$ 的置信区间.

A. $\hat{\theta}_1\leqslant\theta\leqslant\hat{\theta}_2$　　B. $\hat{\theta}_1<\theta<\hat{\theta}_2$

C. $P(\hat{\theta}_1\leqslant\theta\leqslant\hat{\theta}_2)=1-\alpha$　　D. $P(\hat{\theta}_1\leqslant\theta\leqslant\hat{\theta}_2)=\alpha$

例 11 设 $(\hat{\theta}_1,\hat{\theta}_2)$ 是参数 θ 的置信度为 $1-\alpha$ 的区间估计，以下结论正确的是（ ）.

A. 参数 θ 落在区间 $(\hat{\theta}_1,\hat{\theta}_2)$ 之内的概率为 $1-\alpha$

B. 参数 θ 落在区间 $(\hat{\theta}_1,\hat{\theta}_2)$ 之外的概率为 α

C. 区间 $(\hat{\theta}_1,\hat{\theta}_2)$ 包含参数 θ 的概率为 $1-\alpha$

D. 对不同的样本观察值，区间 $(\hat{\theta}_1,\hat{\theta}_2)$ 的长度相同

例 12 对总体 $X\sim N(\mu,\sigma^2)$ 的均值 μ 做区间估计，所得到的置信度为 95%的置信区间的意义是指这个区间（ ）.

A. 平均含总体 95%的值　　B. 有 95%的机会含 μ 的值

C. 平均含样本 95%的值　　D. 有 95%的机会含样本值

2. 单正态总体对均值 μ 的区间估计

(1) 已知方差 σ^2，对均值 μ 的区间估计.

例 13 设 $X\sim N(\mu, 4)$，从 X 中抽取容量为 n 的样本，其均值为 $\overline{X}$，问 n 至少取多少时才能使样本均值 $\overline{X}$ 与总体均值 μ 之差的绝对值小于 0.1 的概率不小于 95%?

例 14 某厂生产一种型号的滚珠，其直径 $X\sim N(\mu, 0.04)$，今从这批滚珠中随机抽取 9 个，测得直径(单位:毫米) 的样本均值为 14.7，求滚珠直径 μ 的置信度为 0.95 的置信区间.

例 15 一个健美训练班的学员在休息状态下每分钟脉搏次数 $X\sim N(\mu, 7.2^2)$. 随机挑选 9 名学员测得数据如下：

63，56，58，72，69，82，70，73，69，

求平均脉搏次数 μ 的置信度为 0.95 的置信区间.

例 16 从正态总体 $N(\mu, 4)$中抽取容量为 625 的样本，计算样本均值得 $\bar{x}=2.5$，求 μ 的置信度为 99%的置信区间.

(2) 未知方差 σ^2，对均值 μ 的区间估计 .

例 17 设 $x_1, x_2, \cdots, x_n$ 是来自总体 $X\sim N(\mu, \sigma^2)$ 的样本值，σ^2 未知，对均值 μ 做区间估计，置信度为 95%的置信区间是(　　). 其中 $\bar{x}=\frac{1}{n}\sum_{i=1}^{n}x_i$，$s^2=\frac{1}{n-1}\sum_{i=1}^{n}(x_i-\bar{x})^2$.

A. $\left(\bar{x}-\frac{s}{\sqrt{n}}t_{0.05}(n-1), \bar{x}+\frac{s}{\sqrt{n}}t_{0.05}(n-1)\right)$　　B. $\left(\bar{x}-\frac{\sigma}{\sqrt{n}}t_{0.025}(n-1), \bar{x}+\frac{\sigma}{\sqrt{n}}t_{0.025}(n-1)\right)$

C. $\left(\bar{x}-\frac{s}{\sqrt{n}}u_{0.05}, \bar{x}+\frac{s}{\sqrt{n}}u_{0.05}\right)$　　D. $\left(\bar{x}-\frac{\sigma}{\sqrt{n}}u_{0.975}, \bar{x}+\frac{\sigma}{\sqrt{n}}u_{0.975}\right)$

例 18 某旅行社随机访问了 25 名旅游者，得到近期旅游者平均消费额 $\bar{x}=108$ 元，样本标准差 $s=12$ 元，求该地旅游者用于旅游的平均消费额 μ 的置信度为 95%的置信区间.

3. 单正态总体对方差 σ^2 的区间估计

四、参数的假设检验

1. 假设检验依据的基本原理

例 19 已知某种电子元件的寿命 X 小时服从正态分布 $N(\mu,\sigma^2)$，现在从这批电子元件中任取 10 个，测得其寿命分别为

1 060，1 110，1 090，1 130，1 210，1 260，1 050，1 140，1 310，1 210，

试以 90%的置信度求电子元件寿命方差 σ^2 的置信区间。

例 20 在假设检验中，否定零假设依据的小概率原理是(　　).

A. 小概率事件不可能发生

B. 小概率事件不发生

C. 小概率事件实际上不会发生

D. 小概率事件在一次试验中实际上不会发生

2. 已知方差 σ^2，对均值 μ 的假设检验

例 21 设样本 $X_1, X_2, \cdots, X_n$ 来自总体 $X\sim N(\mu, \sigma^2)$，且 $\sigma^2=169$，对于检验假设 $H_0: \mu=35$，应选用统计量______________.

例 22　某种包装箱内有同一种产品，箱重(单位：千克）服从正态分布 $N(\mu, 30^2)$. 从中随机抽取 9 箱，测得平均重量 $\bar{x}$ 为 780 千克，能否据此认为这批包装箱的重量为 800 千克？已知显著性水平为 $\alpha=0.05$.

例 23　设总体 $X \sim N(\mu, 1)$，从总体 X 中抽取样本值为如下：

27，36，35，24，18，30，33，23，26，

若 $\alpha=0.05$，依此样本检验 $\mu=30$ 是否成立？

3. 未知方差 σ^2，对均值 μ 的假设检验

例 24　设总体 $X \sim N(\mu, \sigma^2)$，且 σ^2 未知，通过样本 $X_1, X_2, \cdots, X_n$ 检验假设 $H_0: \mu=\mu_0$ 时，需要有统计量(　　)，其中 $\overline{X}=\frac{1}{n}\sum_{i=1}^{n} X_i$，$S^2=\frac{1}{n-1}\sum_{i=1}^{n}(X_i-\overline{X})^2$.

A. $\frac{\overline{X}-\mu_0}{\sigma}\sqrt{n}$　　B. $\frac{\overline{X}-\mu_0}{S}\sqrt{n}$　　C. $\frac{\overline{X}-\mu_0}{\sigma^2}\sqrt{n}$　　D. $\frac{\overline{X}-\mu_0}{S}$

例 25　已知某厂排放的工业废水中某有害物质的含量 $X\%$ 服从正态分布 $N(\mu,\sigma^2)$，环境保护条例规定排放的工业废水中该有害物质的含量不得超过 0.50%. 从该厂所排放的工业废水中随机抽取 5 份水样，测得该有害物质的含量分别为

0.53，0.54，0.51，0.49，0.53，

试在显著性水平 $\alpha=0.05$ 下，检验该厂排放的工业废水中该有害物质的平均含量显著超过标准是否成立.

4. 对方差 σ^2 的假设检验

例 26　某厂生产的某种型号元件的寿命(以小时计)长期以来服从方差 $\sigma^2=5\ 000$ 的正态分布，现有一批这样的元件，从生产情况来看寿命的波动性有所变化. 现随机抽取 16 件，测得其寿命的样本方差 $s^2=6\ 500$，问根据这一信息能否推断这批元件的寿命的波动与以往相比有显著变化？已知显著性水平为 $\alpha=0.02$.

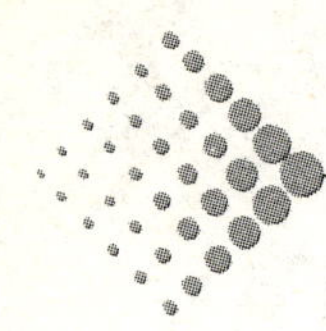

第6章

回归分析

本章主要介绍回归分析的基本方法及其简单应用，重点介绍建立回归直线方程和检验其显著性的方法，介绍利用回归分析进行预测和控制的基本方法，介绍数学实验，应用MATLAB软件进行回归分析的基本操作程序. 最后通过一个案例介绍二元线性回归分析的基本方法.

学习要求

1. 了解回归分析的基本思想，掌握建立一元线性回归方程的基本方法.
2. 能够对所建立的回归直线方程进行显著性检验.

§6.1 回归分析

本节仅讨论一元线性回归方法，包括回归直线方程的建立及回归直线方程的显著性检验.

6.1.1 最小二乘法与回归直线方程的建立

我们要考察的是：随机变量 Y 与普通变量 x 之间的关系，即对于有一定联系的两个变量 x 与 Y，在观察或实验中得到若干对数据：

$$(x_1, y_1), (x_2, y_2), \cdots, (x_n, y_n)$$

的基础上，怎样获得这两个变量（即 Y 对 x）之间的数学表达式呢？先看下面的例子.

例1 为了研究钢线含碳量对钢线电阻值的影响，测得数据如表6—1—1所示.

表 6—1—1

含碳量(x%)	0.10	0.30	0.40	0.55	0.70	0.80	0.95
电阻 y(20℃，微欧)	15	18	19	21	22.6	23.8	26

将这些数据画在平面直角坐标系 Oxy 上，7 对数据对应 7 个点，这 7 个点明显地在一条直线附近，如图 6—1—1 所示，因此可以认为它们之间有近似的线性关系 $y=a+bx$.

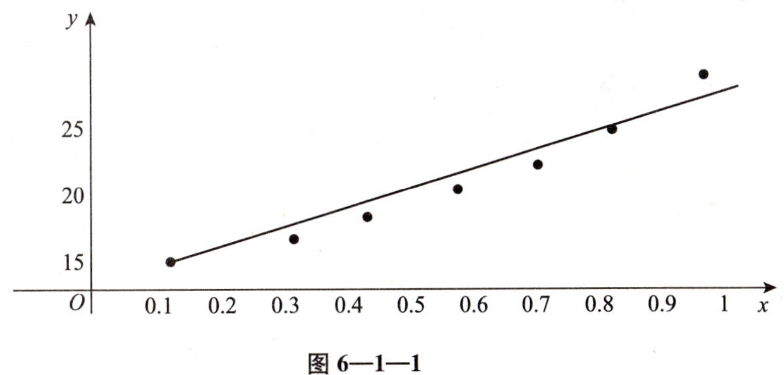

图 6—1—1

由于测量时难免有误差，对真实数据(x_i, y_i)有

$$y_i=a+bx_i+\varepsilon_i,\quad i=1, 2, \cdots, 7,$$

其中 x_i，y_i 是已知的，a，b 是未知的，ε_i 是随机误差，因而是随机变量，$\varepsilon_i\sim N(0,\sigma^2)$，$E(\varepsilon_i)=0$，$D(\varepsilon_i)=\sigma^2$，$i=1, 2, \cdots, 7$. σ^2 是未知的，它的大小反映了误差影响的大小.

要找到 x 与 Y 之间相关关系的数学表达式，就要对未知参数 a，b 作出估计，而且还要对 σ^2 作出估计.

如果实际资料与理论上的关系式比较相符，即关系式 $y_i=a+bx_i+\varepsilon_i$ 比较合适时，误差 $\varepsilon_i=y_i-a-bx_i$ 就不应大，也即误差平方和

$$\sum_{i=1}^{7}\varepsilon_i^2=\sum_{i=1}^{7}(y_i-a-bx_i)^2$$

是比较小的. 最小二乘法就是要求出 a，b 的估计值 $\hat{a}$，$\hat{b}$ 使得上述平方和达到最小.

一般地，用(x_1, y_1)，(x_2, y_2)，…，(x_n, y_n) 表示已知 n 对数据，当关系式

$$y_i=a+bx_i+\varepsilon_i,\quad i=1, 2, \cdots, n$$

成立时，选择合适的 a，b 使误差平方和

$$Q=\sum_{i=1}^{n}\varepsilon_i^2=\sum_{i=1}^{n}(y_i-a-bx_i)^2$$

达到最小的方法称为**最小二乘法**；由最小二乘法得到的 a，b 的估计量（值）$\hat{a}$，$\hat{b}$ 称为 a，b 的**最小二乘估计**.

如何得到 $\hat{a}$，$\hat{b}$ 呢?实际上，要寻找的直线是能够使样本的随机误差的平方和具有最小值的直线. $Q=Q(a,b)=Q_{\min}=\min\sum_{i=1}^{n}\varepsilon_i^2$，由函数求极值的必要条件，$Q$ 关于 a 的导数值和关于 b 的导数值分别都等于 0 时，Q 可能得到最小值. 即得到方程组

$$\begin{cases}-2\sum_{i=1}^{n}(y_i-a-bx_i)=0\\-2\sum_{i=1}^{n}(y_i-a-bx_i)x_i=0\end{cases}\quad\cdots\cdots(1)$$

整理得到关于 a 和 b 的二元线性方程组

$$\begin{cases}na+(\sum_{i=1}^{n}x_i)b=\sum_{i=1}^{n}y_i\\(\sum_{i=1}^{n}x_i)a+(\sum_{i=1}^{n}x_i^2)b=\sum_{i=1}^{n}x_iy_i\end{cases}\quad\cdots\cdots(2)$$

设 $\bar{x}=\frac{1}{n}\sum_{i=1}^{n}x_i$，$\bar{y}=\frac{1}{n}\sum_{i=1}^{n}y_i$，由 §1.3.5 克莱姆法则，解方程组(2) 得到

$$\begin{cases}\hat{b}=\dfrac{\begin{vmatrix}n & \sum_{i=1}^{n}y_i\\ \sum_{i=1}^{n}x_i & \sum_{i=1}^{n}x_iy_i\end{vmatrix}}{\begin{vmatrix}n & \sum_{i=1}^{n}x_i\\ \sum_{i=1}^{n}x_i & \sum_{i=1}^{n}x_i^2\end{vmatrix}}=\dfrac{n\sum_{i=1}^{n}x_iy_i-\sum_{i=1}^{n}x_i\sum_{i=1}^{n}y_i}{n\sum_{i=1}^{n}x_i^2-\sum_{i=1}^{n}x_i\sum_{i=1}^{n}x_i}=\dfrac{\sum_{i=1}^{n}x_iy_i-n\bar{x}\bar{y}}{\sum_{i=1}^{n}x_i^2-n\bar{x}^2}\\ \hat{a}=\bar{y}-\hat{b}\bar{x}\end{cases}\quad\cdots\cdots(3)$$

就是 a，b 的最小二乘估计量. 称 $\hat{y}=\hat{a}+\hat{b}x$ 为 y 对 x 的**回归直线方程**，其中 $\hat{b}$ 称为回归系数，$\hat{a}$ 称**回归常数**.

由回归直线方程得到的 $\hat{y}$ 是一个估计值. 对每一个 x_i 代入回归直线方程得到

$$\hat{y}_i=\hat{a}+\hat{b}x_i,\quad i=1,2,\cdots,n,$$

$\hat{y}_i$ 称为 y_i 的**预测值**. 真实观察值 y_i 与预测值 $\hat{y}_i$ 的差 $y_i-\hat{y}_i$ 反映了由回归直线方程给出的误差，因此它可以作为 ε_i 的估计值. 由于 $E(\varepsilon_i)=0, D(\varepsilon_i)=\sigma^2$，可以证明(证明过程略)

$$\frac{1}{n-2}\sum_{i=1}^{n}(y_i-\hat{y}_i)^2$$

是 σ^2 的无偏估计，并称 $\sum_{i=1}^{n}(y_i-\hat{y}_i)^2$ 为**残差平方和**，记作 $S^2_{残}=\sum_{i=1}^{n}(y_i-\hat{y}_i)^2$.

注意 由于 $\sum_{i=1}^{n}(x_i-\bar{x})(y_i-\bar{y})=\sum_{i=1}^{n}(x_iy_i-x_i\bar{y}-\bar{x}y_i+\bar{x}\bar{y})=\sum_{i=1}^{n}x_iy_i-n\bar{x}\bar{y}$，

$$\sum_{i=1}^{n}(x_i-\bar{x})^2=\sum_{i=1}^{n}x_i^2-n\bar{x}^2,\quad \sum_{i=1}^{n}(y_i-\bar{y})^2=\sum_{i=1}^{n}y_i^2-n\bar{y}^2,$$

记 $l_{xy}=\sum_{i=1}^{n}(x_i-\bar{x})(y_i-\bar{y})$，$l_{xx}=\sum_{i=1}^{n}(x_i-\bar{x})^2$，$l_{yy}=\sum_{i=1}^{n}(y_i-\bar{y})^2$，

则(3) 式可以改写成

$$\begin{cases} \hat{b} = \dfrac{l_{xy}}{l_{xx}} \\ \hat{a} = \overline{y} - \hat{b}\overline{x} \end{cases} \quad \cdots\cdots\cdots\cdots\cdots\cdots\cdots\cdots\cdots\cdots \quad (4)$$

例 2　求例 1 中数据 y 对 x 的回归直线方程.

解　为方便计算，可采用列表方法，如表 6—1—2 所示.

表 6—1—2

编号	x_i	y_i	x_i^2	y_i^2	x_iy_i
1	0.10	15	0.01	225	1.5
2	0.30	18	0.09	324	5.4
3	0.40	19	0.16	361	7.6
4	0.55	21	0.302 5	441	11.55
5	0.70	22.6	0.49	510.76	15.82
6	0.80	23.8	0.64	566.44	19.04
7	0.95	26	0.902 5	676	24.7
$\sum$	3.80	145.4	2.595	3 104.2	85.61

$$l_{xx} = \sum_{i=1}^{n} x_i^2 - \frac{\left(\sum_{i=1}^{n} x_i\right)^2}{n} = 2.595 - \frac{(3.8)^2}{7} \approx 0.532,$$

$$l_{xy} = \sum_{i=1}^{n} x_iy_i - \frac{\sum_{i=1}^{n} x_i \sum_{i=1}^{n} y_i}{n} = 85.61 - \frac{3.8 \times 145.4}{7} \approx 6.68,$$

$$\hat{b} = \frac{l_{xy}}{l_{xx}} = \frac{6.68}{0.532} \approx 12.556,$$

$$\hat{a} = \overline{y} - \hat{b}\overline{x} = \frac{145.4}{7} - 12.556 \times \frac{3.8}{7} \approx 13.955,$$

所以，y 对 x 的回归直线方程为

$$\hat{y} = 13.955 + 12.556x.$$

注意　由例 2 不难看出，任给 n 对数据 (x_1, y_1)，(x_2, y_2)，…，(x_n, y_n)，按照公式(4)都可以求出 $\hat{a}$，$\hat{b}$，得到回归直线方程 $\hat{y}=\hat{a}+\hat{b}x$. 读者自然要问：所得到的回归直线方程有意义吗？或者说 x 与 y 确实具有线性关系吗？如果 x 与 y 具有线性关系，那么应有 $\hat{b} \neq 0$，否则，y 的值不依赖于 x，x 与 y 不具有线性关系，因而回归直线方程无意义. 怎样判定呢？为此，我们提出假设 H_0：$b=0$，H_1：$b \neq 0$，并需要对其进行显著性检验.

6.1.2　回归直线方程的显著性检验

为了检验假设 H_0：$b=0$，我们对数据的性质提出下列要求：

$$Y_i = a + bx_i + \varepsilon_i, \quad i = 1, 2, \cdots, n,$$

其中 ε_1，ε_2，…，ε_n 是随机变量，它们相互独立，且都服从相同的正态分布 $N(0, \sigma^2)$（σ^2 未知）.

为了选择合适的统计量，由下面的引理先给出**偏差平方和** $\sum_{i=1}^{n}(y_i-\bar{y})^2$ **的分解公式**.

引理　对任何 n 对数据 (x_1,y_1)，(x_2,y_2)，…，(x_n,y_n)，恒有下式成立：

$$\sum_{i=1}^{n}(y_i-\bar{y})^2=\sum_{i=1}^{n}(y_i-\hat{y}_i)^2+\sum_{i=1}^{n}(\hat{y}_i-\bar{y})^2,$$

其中 $\hat{y}_i=\hat{a}+\hat{b}x_i$，$\bar{y}=\frac{1}{n}\sum_{i=1}^{n}y_i$.

证

$$\begin{aligned}\sum_{i=1}^{n}(y_i-\bar{y})^2&=\sum_{i=1}^{n}(y_i-\hat{y}_i+\hat{y}_i-\bar{y})^2\\&=\sum_{i=1}^{n}[(y_i-\hat{y}_i)^2+2(y_i-\hat{y}_i)(\hat{y}_i-\bar{y})+(\hat{y}_i-\bar{y})^2]\\&=\sum_{i=1}^{n}(y_i-\hat{y}_i)^2+2\sum_{i=1}^{n}(y_i-\hat{y}_i)(\hat{y}_i-\bar{y})+\sum_{i=1}^{n}(\hat{y}_i-\bar{y})^2\end{aligned}$$

由方程组(1)

$$\begin{aligned}\sum_{i=1}^{n}(y_i-\hat{y}_i)(\hat{y}_i-\bar{y})&=\sum_{i=1}^{n}(y_i-\hat{a}-\hat{b}x_i)(\hat{a}+\hat{b}x_i-\bar{y})\\&=(\hat{a}-\bar{y})\sum_{i=1}^{n}(y_i-\hat{a}-\hat{b}x_i)+\hat{b}\sum_{i=1}^{n}(y_i-\hat{a}-\hat{b}x_i)x_i=0,\end{aligned}$$

所以，

$$\sum_{i=1}^{n}(y_i-\bar{y})^2=\sum_{i=1}^{n}(y_i-\hat{y}_i)^2+\sum_{i=1}^{n}(\hat{y}_i-\bar{y})^2.$$

下面分析三个平方和分别表示的意义.

$\sum_{i=1}^{n}(y_i-\bar{y})^2$ 是 y_1，y_2，…，y_n 的偏差平方和，它的大小反映了这 n 个数据的分散程度，也称**总平方和**，记作 $S^2_{总}$ 或 l_{yy}. $\sum_{i=1}^{n}(\hat{y}_i-\bar{y})^2$ 是 $\hat{y}_1$，$\hat{y}_2$，…，$\hat{y}_n$ 的偏差平方和，记作 U，它反映了 $\hat{y}_1$，$\hat{y}_2$，…，$\hat{y}_n$ 的分散程度. 事实上，

$$\frac{1}{n}\sum_{i=1}^{n}\hat{y}_i=\bar{y},$$

$$U=\sum_{i=1}^{n}(\hat{y}_i-\bar{y})^2=\sum_{i=1}^{n}(\hat{a}+\hat{b}x_i-\hat{a}-\hat{b}\bar{x})^2=\hat{b}^2\sum_{i=1}^{n}(x_i-\bar{x})^2=\hat{b}^2l_{xx},$$

可见 $\hat{y}_1$，$\hat{y}_2$，…，$\hat{y}_n$ 的分散性是由 x_1，x_2，…，x_n 的分散性引起的，称 U 为**回归平方和**. 至于 $\sum_{i=1}^{n}(y_i-\hat{y}_i)^2=Q(a,b)$，前面讲过，它是由随机误差 ε_i 引起的，即除了 x 对 Y 的线性影响之外的一切对 y_1，y_2，…，y_n 产生分散作用的因素的综合，记作 Q，称 Q 为**残差平方和**或**剩余平方和**. 因此 y_1，y_2，…，y_n 的分散程度由两部分组成：

$$l_{yy}=Q+U \text{ 或 } S^2_{总}=S^2_{回}+S^2_{残},$$

其中一部分来源于 x_1，x_2，…，x_n 的分散性，是通过 x 对于 Y 的线性影响而引起的 Y 的分散程度，即回归平方和 U；另一部分是由随机误差项 ε_i 引起的，即剩余平方和 Q.

现在回答 x,Y 之间是否存在线性相关关系的问题，也就是要对回归直线方程进行显著性检验．这里介绍两种方法.

1. F 检验法

把回归平方和 U(线性影响)与剩余平方和 Q(其他影响)进行比较. 如果 H_0：$b=0$ 成立，从数学上可以证明：

$$\frac{U}{\sigma^2}\sim\chi^2(1),\quad \frac{Q}{\sigma^2}\sim\chi^2(n-2),\text{且 } Q \text{ 与 } U \text{ 独立}.$$

统计量 $F=\frac{U}{Q}(n-2)$服从第 1 个自由度为 1，第 2 个自由度为 $n-2$ 的 F 分布. 因此选用 F 统计量作为检验假设 H_0：$b=0$ 的检验统计量.

对于给定的显著性水平 α，查第 1 个自由度为 1 且第 2 个自由度为 $n-2$ 的 F 分布的临界值表(见附录表 4)，$P(F>F_\alpha(1,n-2))=\alpha$，得到临界值 $F_\alpha(1,n-2)$. 如果由实际观察值计算所得的 $F>F_\alpha(1,n-2)$，说明 x 对 Y 的线性影响较大，即否定 H_0：$b=0$，认为 x,Y 线性关系显著，即回归方程有意义；否则，不能否定 H_0，即认为线性关系不显著，回归方程无意义.

注意　一般在实际问题中，若取 $\alpha=0.10$，且 $F>F_{0.10}(1,n-2)$，认为 x 与 Y 线性关系较为显著；若取 $\alpha=0.05$，且 $F>F_{0.05}(1,n-2)$，认为 x 与 Y 线性关系显著；若取 $\alpha=0.01$，且 $F>F_{0.01}(1,n-2)$，认为 x 与 Y 线性关系特别显著.

这种采用 F 统计量来检验回归直线方程的方法称为 F **检验法**，也称为**方差分析**. 检验时可采用表 6—1—3 所示方差分析表.

表 6—1—3　　　　**方差分析表**

方差来源	平方和	自由度	平均平方和	F	显著性
回归	U	1	$\frac{U}{1}$	$(n-2)\frac{U}{Q}$	
剩余	Q	$n-2$	$\frac{Q}{n-2}$		
总和	l_{yy}	$n-1$			

由于 $U=\hat{b}^2 l_{xx}=\frac{l_{xy}^2}{l_{xx}}$，$Q=l_{yy}-U=l_{yy}-\frac{l_{xy}^2}{l_{xx}}=\frac{l_{xx}l_{yy}-l_{xy}^2}{l_{xx}}$，在实际计算中，为了便于计算，$F$ 统计量也可以表示成

$$F=(n-2)\frac{l_{xy}^2}{l_{xx}l_{yy}-l_{xy}^2}\sim F(1,n-2).$$

例 3　检验例 2 所得回归直线方程的显著性.

解　提出假设 H_0：$b=0$，H_1：$b\neq0$.

选用统计量

$$F=(n-2)\frac{l_{xy}^2}{l_{xx}l_{yy}-l_{xy}^2}\sim F(1,5),$$

由例 2 解题过程知，

$$l_{xx}=0.532,\ l_{xy}=6.68,$$

$$l_{yy}=\sum_{i=1}^{n}y_i^2-\frac{\left(\sum_{i=1}^{n}y_i\right)^2}{n}=3\ 104.2-\frac{(145.4)^2}{7}=84.03,$$

代入到 F 统计量中，

$$F=(7-2)\times\frac{(6.68)^2}{0.532\times 84.03-(6.68)^2}=2\ 735.56.$$

查 F 分布表，得到临界值 $F_{0.05}(1,5)=6.61$，$F_{0.01}(1,5)=16.3$，显然 $F>F_{0.05}(1,5)$，$F>F_{0.01}(1,5)$，所以拒绝 H_0：$b=0$，即认为回归直线方程有意义，并可以认为 x 与 y 线性关系特别显著.

2. 相关系数检验法

由§4.2.4 知，相关系数的大小可以反映两个随机变量线性相关程度. 对于线性回归中的普通变量 x 与随机变量 Y，其样本的相关系数为

$$R=\frac{\sum_{i=1}^{n}(x_i-\bar{x})(Y_i-\bar{Y})}{\sqrt{\sum_{i=1}^{n}(x_i-\bar{x})\sum_{i=1}^{n}(Y_i-\bar{Y})}},$$

它反映了普通变量 x 与随机变量 Y 之间的线性相关程度，所以选取检验统计量为 R，代入样本观测值得到

$$r=\frac{l_{xy}}{\sqrt{l_{xx}}\sqrt{l_{yy}}},$$

对给定的显著性水平 α，查自由度为 $n-2$ 的样本相关系数双侧分位数表(见附录 5)，得到 $r_\alpha(n-2)$. 如果由实际观察值计算 R 所得的值为 r，当 $|r|>r_{0.1}(n-2)$时，拒绝 H_0，称 x 与 Y 有较为显著的线性关系；当 $r_{0.01}(n-2)>|r|>r_{0.05}(n-2)$时，称 x 与 Y 有显著的线性关系；当 $|r|>r_{0.01}(n-2)$时，称 x 与 Y 有特别显著的线性关系；当 $|r|\leqslant r_\alpha(n-2)$时，接受 H_0，即回归效果不显著.

这种检验回归直线方程显著性的方法称为**相关系数检验法**.

例 4 已知某商店的商品销售利润 Y 万元与商品进货额 x 万元的一组统计资料列表如表 6—1—4 所示.

表 6—1—4

商品进货额 x(万元)	50	15	25	37	48	65	40
商品销售利润 Y(万元)	12	4	6	8	15	25	10

试求：

(1) 该商店商品销售利润 Y 万元对商品进货额 x 万元的回归直线方程.

(2) 在显著性水平 $\alpha=0.01$ 下，检验该商店商品销售利润 Y 万元与商品进货额 x 万元是否具有显著线性关系.

(3) 商品进货额 x 每增加 1 万元，商品销售利润 Y 平均增加多少?

(4) 当商品进货额 x 为 60 万元时，商品销售利润 Y 估计是多少?

解 (1) 列表计算样本值(见表 6—1—5).

表 6—1—5

编号	x_i	y_i	x_i^2	y_i^2	x_iy_i
1	50	12	2 500	144	600
2	15	4	225	16	60
3	25	6	625	36	150
4	37	8	1 369	64	296
5	48	15	2 304	225	720
6	65	25	4 225	625	1 625
7	40	10	1 600	100	400
$\sum$	280	80	12 848	1 210	3 851

由表 6—1—5 进一步计算得

$$\overline{x}=\frac{1}{n}\sum_{i=1}^{n}x_i=\frac{280}{7}=40,\ \overline{y}=\frac{1}{n}\sum_{i=1}^{n}y_i=\frac{80}{7}=11.43,$$

$$l_{xx}=\sum_{i=1}^{n}x_i^2-\frac{\left(\sum_{i=1}^{n}x_i\right)^2}{n}=12\ 848-\frac{(280)^2}{7}=1\ 648,$$

$$l_{xy}=\sum_{i=1}^{n}x_iy_i-\frac{\sum_{i=1}^{n}x_i\sum_{i=1}^{n}y_i}{n}=3\ 851-\frac{280\times 80}{7}=651,$$

$$\hat{b}=\frac{l_{xy}}{l_{xx}}=\frac{651}{1\ 648}\approx 0.40,$$

$$\hat{a}=\overline{y}-\hat{b}\overline{x}=\frac{80}{7}-0.40\times\frac{280}{7}\approx -4.57,$$

所以，Y 对 x 的回归直线方程为

$$\hat{y}=-4.57+0.40x.$$

(2) 采用相关系数检验法检验回归直线方程的显著性.

提出假设 H_0：$b=0$，H_1：$b\neq 0$，并计算

$$l_{yy}=\sum_{i=1}^{n}y_i^2-\frac{\left(\sum_{i=1}^{n}y_i\right)^2}{n}=1\ 210-\frac{(80)^2}{7}\approx 295.7,$$

将样本观测值代入样本相关系数统计量 R 中，得到

$$r=\frac{l_{xy}}{\sqrt{l_{xx}}\sqrt{l_{yy}}}=\frac{651}{\sqrt{1\ 648}\sqrt{295.7}}\approx 0.933,$$

查 $\alpha=0.01$ 且自由度为 5 的样本相关系数双侧分位数表，$r_{0.01}(5)=0.874\ 3$，由于 $|r|>r_{0.01}(5)$，拒绝 H_0，可以认为销售利润 Y 万元与商品进货额 x 万元具有特别显著的线性关系，即回归直线方程有意义.

(3) 由于回归系数 $\hat{b}=0.40>0$，所以商品进货额 x 每增加 1 万元，商品销售利润 Y 平均增加 0.40 万元.

(4) 在回归直线方程中变量 x 用 60 代入得到

$$\hat{y}|_{x=60}=-4.57+0.40\times 60=19.43(\text{万元}).$$

所以，当商品进货额为 60 万元时，商品销售利润 Y 为 19.43 万元.

本节关键词

最小二乘法　回归直线方程　显著性检验　F 检验法　相关系数检验法

习题 6.1

1. 合成纤维的强度 y 与拉伸倍数 x 有关，测得数据如下：

拉伸倍数 x	2.0	2.5	3.0	4.0	5.0
强度 $y/(\text{kg/mm}^2)$	1.5	2.5	3.0	3.5	5.5

假定 y 与 x 是线性关系，求 y 对 x 的回归直线方程，并检验方程的显著性.

2. 为了预测产品的合格率 y，要了解它与原材料有效成分 x 之间的关系，观察了 8 对数据，算得

$$\sum_{i=1}^{8}x_i=52,\ \sum_{i=1}^{8}y_i=228,\ \sum_{i=1}^{8}y_i^2=13\,147,\ \sum_{i=1}^{8}x_i^2=478,\ \sum_{i=1}^{8}x_iy_i=1\,849,$$

求 y 对 x 的回归直线方程，并检验其显著性.

3. 某城市协议离婚对数如下：

年份	2005	2006	2007	2008	2009	2010
对数	2 474	3 218	4 188	5 121	5 740	6 467

问离婚的对数呈线性增长趋势吗？求相应的回归直线方程.

* §6.2　预报与控制

所谓预报问题是要考虑情况：

$$Y=a+bx+\varepsilon,$$

其中 ε 是随机误差项，$\varepsilon\sim N(0,\sigma^2)$，则当 $x=x_0$ 时，$Y=?$

由本章 6.1.1 及 6.1.2 可知，由样本数据 (x_1,y_1)，(x_2,y_2)，…，(x_n,y_n) 出发，利用最小二乘法可以得到 a，b 的估计值 $\hat{a}$，$\hat{b}$ 及回归直线方程 $\hat{y}=\hat{a}+\hat{b}x$，经过假设检验，当回归直线方程有意义时，用 $\hat{y}_0=\hat{a}+\hat{b}x_0$ 可以作为 Y_0 的点估计，即预报值. 然而，在实际问题中还需要知道预报的精度，即需要给 y_0 值一个区间估计. 可以证明（证明略）：随机变量

$$t=\frac{Y-\hat{y}_0}{\hat{\sigma}\sqrt{1+\frac{1}{n}+\frac{(x_0-\bar{x})^2}{l_{xx}}}}\sim t(n-2).$$

这样，对给定的置信度 $1-\alpha$，查自由度为 $n-2$ 的 t 分布双侧临界值表得到临界值 t_α，使得

$$P\left\{\left|\frac{Y_0-\hat{y}_0}{\hat{\sigma}\sqrt{1+\frac{1}{n}+\frac{(x_0-\bar{x})^2}{l_{xx}}}}\right|<t_\alpha\right\}=1-\alpha \quad\cdots\cdots\quad (1)$$

这里 $\hat{\sigma}=\sqrt{\dfrac{Q}{n-2}}$. 由此得到 Y_0 的置信度为 $1-\alpha$ 的置信区间是：

$$\left[\hat{y}_0-t_\alpha\hat{\sigma}\sqrt{1+\frac{1}{n}+\frac{(x_0-\bar{x})^2}{l_{xx}}},\ \hat{y}_0+t_\alpha\hat{\sigma}\sqrt{1+\frac{1}{n}+\frac{(x_0-\bar{x})^2}{l_{xx}}}\right] \cdots\cdots\cdots\cdots (\ $$

当 n 较大，且 x_0 较接近 $\bar{x}$ 时，

$$\sqrt{1+\frac{1}{n}+\frac{(x_0-\bar{x})^2}{l_{xx}}}\approx 1,$$

此时，Y_0 的置信度为 $1-\alpha$ 的置信区间为

$$[\hat{y}_0-t_\alpha\hat{\sigma},\ \hat{y}_0+t_\alpha\hat{\sigma}]$$

又因为 n 较大时，可以近似地认为 $y_0-\hat{y}_0\sim N(0,\hat{\sigma}^2)$，利用正态分布性质，有

$$P(\hat{y}_0-2\hat{\sigma}<y_0<\hat{y}_0+2\hat{\sigma})=95\%,$$

$$P(\hat{y}_0-3\hat{\sigma}<y_0<\hat{y}_0+3\hat{\sigma})=99\%.$$

在实际问题中常用上述两式进行预测.

注意 置信区间的长度主要由 $\hat{\sigma}$ 所决定，因此，在预报问题中，$\hat{\sigma}$ 是一个基本且重要的量.

对于控制问题，实际上是预报问题的反问题，即对给定的 y_0，去找相应的 x_0 的范围并以一定的可靠性保证预报的精度. 解决问题的方法是：从(1)式出发，由大括号{ }内的不等式解出 x_0，就得到了 x_0 的控制范围.

例1 某地在进行小麦种植试验时，现在根据小麦的基本苗数推算成熟期有效穗数. 在同样的管理水平下，分别在5块地上获得的数据如表6—2—1所示.

表6—2—1

实验号	1	2	3	4	5
基本苗数 x_i 万/亩	15	25.8	30	36.6	44.4
有效穗数 y_i 万/亩	39.4	42.9	41.0	43.1	49.2

试用回归分析方法，研究有效穗数 y 与基本苗数 x 的关系：

(1) 求 y 对 x 的回归直线方程；

(2) 检验回归直线方程的显著性；

(3) 如果第一年通过取样测得一块麦田的基本苗数 $x_0=26$ 万/亩，试对第二年小麦成熟时的有效穗数做出预测.

解 (1) 为了建立回归直线方程，先列表(见表6—2—2)计算.

表6—2—2

编号	x_i	y_i	x_i^2	y_i^2	x_iy_i
1	15.0	39.4	225.00	1 552.36	591.00
2	25.8	42.9	665.64	1 840.41	1 106.82
3	30.0	41.0	900.00	1 681.00	1 230.00
4	36.6	43.1	1 339.56	1 857.61	1 577.46
5	44.4	49.2	1 971.36	2 420.64	2 184.48
$\sum$	151.8	215.6	5 101.56	9 352.02	6 689.76

由表 6—2—2 进一步计算得

$$\bar{x}=30.36,\ \bar{y}=43.12,$$

$$l_{xx}=\sum_{i=1}^{n}x_i^2-n\bar{x}^2=5\ 101.56-\frac{(151.8)^2}{5}\approx 492.91,$$

$$l_{xy}=\sum_{i=1}^{n}x_iy_i-n\bar{x}\bar{y}=6\ 689.76-\frac{151.8\times 215.6}{5}\approx 144.14,$$

$$=\sum_{i=1}^{n}y_i^2-n\bar{y}^2=9\ 352.02-\frac{(215.6)^2}{5}\approx 55.35,$$

$$\hat{b}=\frac{l_{x}144.15}{92.92}\approx 0.29,$$

$$\hat{a}=\bar{y}-\hat{b}\ \ 3.12-0.29\times 30.36\approx 34.32,$$

故所求回归直线方程

$$\hat{y}=34.32+0.29$$

(2) 检验回归直线方程的显著性

分别计算回归平方和 U 与残差平方和 Q 的值，

$$U=\hat{b}l_{xy}=0.29\times 144.45=41.$$

$$Q=l_{yy}-U=55.35-41.80=13.$$

具体检验方法在方差分析表 6—2—3 上进行.

表 6—2—3 方差分析表

方差来源	平方和	自由度	平均平方	F	显著性
回归	41.80	1	41.80	9.25	较为显著
剩余	13.55	3	4.52		
总和	55.35	4			

查 F 分布表，对于 $\alpha=0.10$，$F_{0.10}(1,3)=5.54$，$\alpha=0.05$，$F_{0.05}(1,\ )=10.13$，由于 $F=9.25>F_{0.10}(1,3)=5.54$，说明 x 与 y 线性关系较为显著，即回归直线方程在一般情形是有效的.

(3) 由第一年的基本苗数 $x_0=26$(万/亩) 来预测第二年小麦成熟时的有效穗数 由回归直线方程得第二年小麦成熟时的有效穗数的估计值为

$$\hat{y}_0=34.32+0.29\times 26=41.86(\text{万/亩}).$$

由于 $\hat{\sigma}=\sqrt{\frac{Q}{n-2}}=\sqrt{4.52}=2.13$，查自由度为 3 的 t 分布双侧临界值表得到临界值 $t_{0.10}(3)=2.353$，

$$\sqrt{1+\frac{1}{n}+\frac{(x_0-\bar{x})^2}{l_{xx}}}=\sqrt{1+\frac{1}{5}+\frac{(26-30.36)^2}{492.91}}\approx\sqrt{1.238\ 6}=1.113,$$

$$t_{0.10}(3)\hat{\sigma}\sqrt{1+\frac{1}{n}+\frac{(x_0-\bar{x})^2}{l_{xx}}}=2.353\times 2.13\times 1.113=5.58,$$

置信区间为[41.86－5.58，41.86＋5.58]＝[36.28，47.44]，所以，以 90%的置信概率预测第二年小麦成熟时有效穗数 y_0 在[36.28，47.44] 万/亩内.

本节关键词

预报与控制

习题 6.2

已知某地区每个家庭一年的支出 Y 万元与收入 x 万元的一组统计资料列表(见表 6—2—4).

表 6—2—4

收入 x(万元)	1.4	1.6	1.8	1.9	2.0	2.7	4.0
支出 Y(万元)	1.2	1.3	1.5	1.6	1.6	2.0	2.4

试求：

(1) 建立该地区每个家庭一年支出 Y 万元对收入 x 万元的回归直线方程.

(2) 在显著性水平 $\alpha=0.05$ 下，检验支出 Y 万元对收入 x 万元的回归直线方程是否具有显著线性关系.

(3) 若该地区每个家庭收入每增加 1 万元，那么该地区每个家庭一年支出 Y 平均增加多少?

(4) 若该地区每个家庭收入 x 为 5 万元时，那么该地区每个家庭一年支出 Y 的点估计和区间估计是多少?

§6.3　MATLAB 数学实验

6.3.1　函数命令

一元线性回归的数学模型为 $Y=a+bx$，希望 n 组测量数据 (x_1,y_1)，(x_2,y_2)，…，(x_n,y_n) 满足方程，用矩阵表示即为

$$\boldsymbol{Y}=[\text{ones}(n,1),\boldsymbol{x}]\cdot\begin{bmatrix}a\\b\end{bmatrix}$$

其中 $\boldsymbol{Y}=\begin{bmatrix}y_1\\\vdots\\y_n\end{bmatrix}$，$\boldsymbol{x}=\begin{bmatrix}x_1\\\vdots\\x_n\end{bmatrix}$，ones$(n,1)$表示生成一个 n 行 1 列元素全为 1 的矩阵.

在 MATLAB 中调用的程序和命令为：

```
x=[…]',Y=[…]'                          %按列的方式输入变量的数据
X=[ones(n,1),x]                        % n 为变量的行数
[b,bint,r,rint,stats]=regress(Y,X,α)   %作线性回归
rcoplot(r,rint)                        %作残差图
```

其中 b 是回归系数的最小二乘估计，bint 是置信度为 $100(1-\alpha)\%$ 的回归系数的置信区间，r 为观测值 Y 与估计值的残差向量，rint 是置信度为 $100(1-\alpha)\%$ 的各残量的区间估计，stats 返回的是相关系数的平方值、F 统计量、阈值和显著性概率 P 值.

注意 当所有数据的残差图都过 0 线，且显著性概率 $P<0.01$ 时，回归效果显著；若某个数据的残差图不过 0 线(此时数据对应的残差线为红线)，则视为异常值，将其剔除，再重新进行回归.

6.3.2 范例

例 1 由§6.1 例 1 所给数据，用 MATLAB 实验计算钢线电阻值对含碳量的回归直线方程，并检验其显著性.

计算步骤:

(1) 在 Command Window 中输入如下命令：

```
>>x=[0.10 0.30 0.40 0.55 0.70 0.80 0.95]';
   Y=[15 18 19 21 22.6 23.8 26]';
>> X=[ones(7,1),x]';
>> [b,bint,r,rint,stats]=regress(Y,X,0.05)
```

(2) 按回车键，得到如下结果：

```
b=
     13.9584
     12.5503
bint =
     13.5125   14.4043
     11.8180   13.2827
r =
     -0.2134
      0.2765
      0.0215
      0.1389
     -0.1436
     -0.1987
      0.1188
rint =
     -0.5282   0.1013
     -0.0976   0.6506
     -0.5183   0.5613
     -0.3844   0.6623
     -0.6488   0.3615
     -0.6417   0.2444
     -0.2952   0.5328
```

```
stats =
  1.0e+003 *
     0.0010   1.9405   0.0000      0.0000
```

由 MATLAB 结果，写出回归方程为：$y=13.9584+12.5503x$.

(3) 继续输入命令：

```
>> rcoplot(r,rint)
```

(4) 按回车键，得到残差图(见图 6—3—1)：

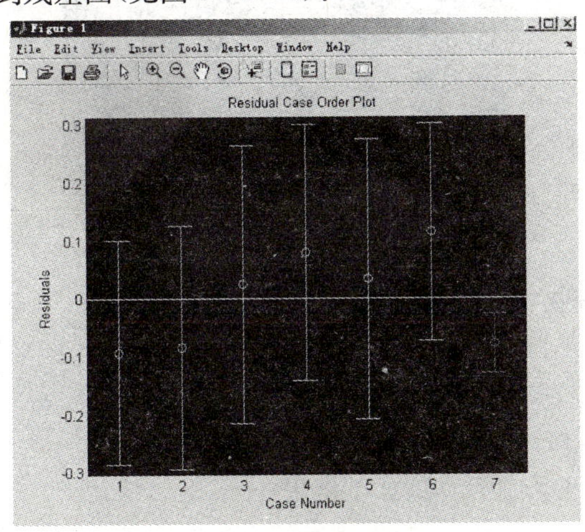

图 6—3—1

从本步结果看到，所有数据的残差图都过 0 线，且从第二步 stats 返回值中看到显著性概率 P 几乎为 0，可以判断回归效果是显著的.

例 2 用 MATLAB 实验计算习题 6.2 的第 1 题.

计算步骤：

(1) 在 Command Window 中输入如下命令：

```
>>x=[1.4 1.6 1.8 1.9 2.0 2.7 4.0 ]'; Y=[1.2 1.3 1.5 1.6 2.0 2.4]';
    X=[ones(7,1),x];
>> [b,bint,r,rint,stats]=regress(Y,X,0.05);
>> b
```

按回车键，得到如下结果：

```
b=
      0.6538
      0.4561
```

所以该地区每个家庭一年支出 Y 万元对收入 x 万元的回归直线方程是 $Y=0.6538+0.4561x$.

(2) 继续输入命令：

```
>> rcoplot(r,rint)
```

按回车键得到残差图如图 6—3—2 所示，可以看到绝大部分的残差图都过 0 线，所以得到的回归直线方程能较好地符合原始数据，具有较显著的线性关系.

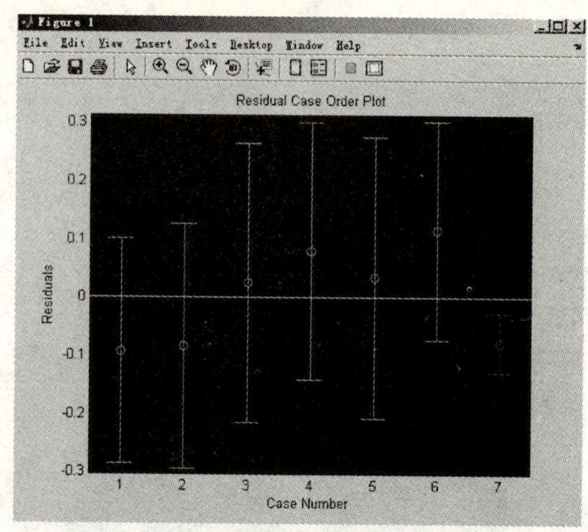

图 6—3—2

(3) 计算[0.653 8+0.456 1(x+1)]−[0.653 8+0.456 1x]=0.456 1，即如果该地区每个家庭收入 x 每增加 1 万元，那么该地区每个家庭一年支出 Y 平均增加 0.456 1 万元.

(4) 将 x 为 5 时代入直线方程，输入如下命令：

```
>>Y0=0.6538+0.4561*5
```

按回车键得到 Y 值的点估计，即如下结果：

```
Y0=
    2.9343
```

即 Y 值的点估计为 2.934 3 万元.

利用 § 6.2 的(2)式计算 Y 的区间估计，查表得 $t_{0.05}(5)=2.571$，在命令窗口中继续输入下面命令：

```
>>x0=5;t=2.571;n=7;
>>sx=Y0-t*sqrt(sum(r.^2)/(n-2))*sqrt(1+1/n+((x0-mean(x))^2/(sum(x.^2)
-n*(mean(x)^2)));
>>xx=Y0+ t*sqrt(sum(r.^2)/(n-2))*sqrt(1+1/n+((x0-mean(x))^2/(sum(x.^2)
-n*(mean(x)^2)));
>>sx,xx
```

按回车键得到结果：

```
sx=
    2.5369
xx=
    3.3317
```

所以，该地区每个家庭一年支出 Y 的区间估计是[2.536 9，3.331 7].

§ 6.4 案例 子女身高对父母身高的再回归分析

在前面三节，我们对一元线性回归分析方法做了比较详细的介绍. 然而，在现实的生

产、生活中所遇到的问题不一定都是一元线性回归问题. 比如，通过抽样调查了解到的数据，其散点图可能是平面上某一曲线上(或为对数曲线，或为指数曲线或其他)的点，也可能是空间中某一平面上的点. 本节试图通过案例——子女身高对父母身高的再回归分析的介绍，起到以下几方面的作用：

(1) 作为一元线性回归分析方法的延伸，介绍二元线性回归分析方法及其应用；

(2) 将本书所涉及的线性代数、概率论与数理统计的一些基本思想与方法做一综合应用；

(3) 介绍应用数学思想、知识到社会生产、生活中分析与解决实际问题的基本思想方法.

6.4.1 问题的提出

既然回归问题在本篇的引子中已追溯到源头，它是英国生物学家高尔登和他的学生在研究关于父母身高与子女身高的关系问题时提出的，那么，在时隔一百多年后的今天，人类的物质生活和精神生活都发生了巨大的变化，父母身高与子女身高之间将呈现出一种什么样的关系呢？在现实生活中，人们普遍认为父母身高对子女身高是有影响的，而且影响一般也是不一样的，但是父亲与母亲的影响分别有多大？父亲、母亲对儿子或对女儿的影响程度是否一样？我们能否以定量的形式回答这些问题呢？具体地讲，我们是否也可以利用回归的思想和方法，进一步揭示出父亲身高、母亲身高与子女身高之间量化关系的秘密呢？如果可以的话，它可以帮助那些关注自己后代身高的年轻父母们进行早期的预测；也可以为未婚青年男女选择理想配偶提供一种比较科学的参考依据.

6.4.2 数据采集

可采用随机抽样的方法，就父母身高对子女身高的影响问题进行调查.

首先，对所调查的家庭提出了明确要求：

(1) 该家庭可以有一个或多个子女；

(2) 每个家庭成员身体健康，发育正常，无先天性和遗传性疾病，无残疾；

(3) 子女的年龄均在 23 岁(含 23 岁)以上，23 岁以下者剔除.

为了使调查的范围具有广泛性，调查对象的成分中有机关干部、职员、工人、农民、城市居民、军人、大学生等，样本来自全国各地，家庭背景也相对复杂一些，这使得样本更具有代表性. 发放的 460 张调查表，收回 410 张 .

其次，将调查数据进行有效筛选. 有 290 个家庭符合要求，其中在对“子”、“女”的统计中，“儿子”有 405 人，“女儿”有 270 人.

6.4.3 二元线性回归分析方法

在抽样调查和数据有效筛选的基础上，通过建立父母身高与子女身高的二元线性回归方程，对上述问题作了定量的分析.

1. 回归平面方程的建立

设 X 为父亲身高，Y 为母亲身高，Z 为儿子(或女儿)身高，单位:厘米. 在所调查的 n 个家庭的数据中，设第 i 个家庭中父亲身高为 X_i，母亲身高为 Y_i，儿子(或女儿)身高为 Z_i，该家庭中父亲、母亲、儿子(或女儿)身高有以下关系式：

$$Z_i=\beta_0+\beta_1 X_i+\beta_2 Y_i+\varepsilon_i, \quad i=1, 2, \cdots, n,$$

其中 β_0，β_1，β_2 为待定常数.

利用最小二乘法得到方程组

$$\boldsymbol{A\beta}=\boldsymbol{B} \quad \cdots\cdots (1)$$

其中

$$\boldsymbol{A}=\begin{bmatrix} n & \sum_{i=1}^{n}X_i & \sum_{i=1}^{n}Y_i \\ \sum_{i=1}^{n}X_i & \sum_{i=1}^{n}X_i^2 & \sum_{i=1}^{n}X_iY_i \\ \sum_{i=1}^{n}Y_i & \sum_{i=1}^{n}X_iY_i & \sum_{i=1}^{n}Y_i^2 \end{bmatrix},\ \boldsymbol{B}=\begin{bmatrix} \sum_{i=1}^{n}Z_i \\ \sum_{i=1}^{n}X_iZ_i \\ \sum_{i=1}^{n}Y_iZ_i \end{bmatrix},\ \boldsymbol{\beta}=\begin{bmatrix}\beta_0\\ \beta_1\\ \beta_2\end{bmatrix}.$$

当系数矩阵 $\boldsymbol{A}$ 可逆时，$\boldsymbol{\beta}=\boldsymbol{A}^{-1}\boldsymbol{B}$.

为了使方程组(1) 求解更加简单，将(1) 的增广矩阵进行初等行变换得到

$$\begin{bmatrix} 1 & \overline{X} & \overline{Y} & \overline{Z} \\ 0 & \sum_{i=1}^{n}X_i^2-n\overline{X}^2 & \sum_{i=1}^{n}X_iY_i-n\overline{X}\overline{Y} & \sum_{i=1}^{n}X_iZ_i-n\overline{X}\overline{Z} \\ 0 & \sum_{i=1}^{n}X_iY_i-n\overline{X}\overline{Y} & \sum_{i=1}^{n}Y_i^2-n\overline{Y}^2 & \sum_{i=1}^{n}Y_iZ_i-n\overline{Y}\overline{Z} \end{bmatrix},$$

令

$$\overline{X}=\frac{1}{n}\sum_{i=1}^{n}X_i,\ \overline{Y}=\frac{1}{n}\sum_{i=1}^{n}Y_i,\ \overline{Z}=\frac{1}{n}\sum_{i=1}^{n}Z_i,\ l_{xz}=\sum_{i=1}^{n}X_iZ_i-n\overline{X}\overline{Z},\ l_{yz}=\sum_{i=1}^{n}Y_iZ_i-n\overline{Y}\overline{Z},$$

$$l_{xx}=\sum_{i=1}^{n}X_i^2-n\overline{X}^2,\ l_{yy}=\sum_{i=1}^{n}Y_i^2-n\overline{Y}^2,\ l_{xy}=l_{yx}=\sum_{i=1}^{n}X_iY_i-n\overline{X}\overline{Y},$$

得到与方程组(1)同解的方程组，

$$\begin{bmatrix} 1 & \overline{X} & \overline{Y} \\ 0 & l_{xx} & l_{xy} \\ 0 & l_{yx} & l_{yy} \end{bmatrix}\begin{bmatrix}\beta_0\\ \beta_1\\ \beta_2\end{bmatrix}=\begin{bmatrix}\overline{Z}\\ l_{xz}\\ l_{yz}\end{bmatrix} \text{ 或 } \begin{bmatrix} l_{xx} & l_{xy} \\ l_{yx} & l_{yy}\end{bmatrix}\begin{bmatrix}\beta_1\\ \beta_2\end{bmatrix}=\begin{bmatrix}l_{xz}\\ l_{yz}\end{bmatrix}.$$

当矩阵 $\boldsymbol{L}=\begin{bmatrix} l_{xx} & l_{xy} \\ l_{xy} & l_{yy}\end{bmatrix}$可逆($l_{xx}l_{yy}-l_{xy}^2\neq 0$)时，由克莱姆法则得到

$$\hat{\beta}_1=\frac{\begin{vmatrix} l_{xz} & l_{xy} \\ l_{yz} & l_{yy}\end{vmatrix}}{\begin{vmatrix} l_{xx} & l_{xy} \\ l_{xy} & l_{yy}\end{vmatrix}}=\frac{l_{xz}l_{yy}-l_{xy}l_{yz}}{l_{xx}l_{yy}-l_{xy}^2},\ \hat{\beta}_2=\frac{\begin{vmatrix} l_{xx} & l_{xz} \\ l_{xy} & l_{yz}\end{vmatrix}}{\begin{vmatrix} l_{xx} & l_{xy} \\ l_{xy} & l_{yy}\end{vmatrix}}=\frac{l_{xx}l_{yz}-l_{xy}l_{xz}}{l_{xx}l_{yy}-l_{xy}^2},$$

$$\hat{\beta}_0=\overline{Z}-\hat{\beta}_1\overline{X}-\hat{\beta}_2\overline{Y},$$

从而得到线性回归方程

$$\hat{Z}=\hat{\beta}_0+\hat{\beta}_1X+\hat{\beta}_2Y \quad \cdots\cdots (2)$$

这里$\hat{\beta}_1$,$\hat{\beta}_2$ 为回归系数,β_0 为回归常数.

2. 线性回归方程的显著性检验

采用方差分析的方法，对所得线性回归方程(2)进行显著性检验.

提出假设 $H_0: \beta_1=\beta_2=0$.

选用统计量

$$F=\frac{\frac{U}{n-2}}{\frac{Q}{n-3}}\sim F(2, n-3),$$

其中 $U=\sum_{i=1}^{n}(\hat{Z}_i-\overline{Z})^2=\hat{\beta}_1 l_{xz}+\hat{\beta}_2 l_{yz}$ 为回归平方和，$Q=\sum_{i=1}^{n}(Z_i-\hat{Z}_i)^2=l_{zz}-U=l_{zz}-\hat{\beta}_1 l_{xz}-\hat{\beta}_2 l_{yz}$ 为残差平方和.

计算 F 值．根据给定的显著性水平 α，查第一个自由度为 2 且第二个自由度为 $n-3$ 的 F 分布上侧临界值表(附录 4)，得到临界值为 $F_\alpha(2,n-3)$，否定域为 $F>F_\alpha(2,n-3)$.

3. 回归系数的显著性检验

为了了解父亲身高 X 和母亲身高 Y 两个变量分别对子女身高变量 Z 影响的程度，即两个回归系数$\hat{\beta}_1$,$\hat{\beta}_2$ 在回归方程中各自起的作用，需要分别对两个回归系数的显著性进行假设检验. 为此，提出假设 $H_0: \beta_j=0$，$j=1, 2$.

由于 $E(\hat{\beta}_j)=\beta_j$，$D(\hat{\beta}_j)=c_{jj}\sigma^2$，$j=1, 2$，其中 c_{jj} 为矩阵 $C=L^{-1}$ 主对角线上的元素. $\hat{\sigma}^*=\sqrt{\frac{Q}{n-3}}$是标准误差 σ 的无偏估计. 对回归系数进行显著性 t 检验.

选用统计量

$$T_j=\frac{\hat{\beta}_j}{\sqrt{c_{jj}}\hat{\sigma}^*}\sim t(n-3),\quad j=1, 2,$$

根据给定的显著性水平 α，查自由度为 $n-3$ 的 t 分布双侧临界值表，得到临界值为 $t_\alpha(n-3)$，否定域为$|T|>t_\alpha(n-3)$.

4. 预测

当回归方程建立后，若某一家庭中父亲身高和母亲身高分别为 x_0，y_0，那么

$$\hat{z}_0=\hat{\beta}_0+\hat{\beta}_1 x_0+\hat{\beta}_2 y_0 \quad\cdots\cdots(3)$$

是其子(或女)身高的点估计值. 此时，我们不仅关注该家庭儿子(或女儿)身高的估计值，而且更加关注所有这样家庭中儿子(或女儿)身高的期望值 $E(Z_0|X=x_0, Y=y_0)$，即将$\hat{Z}_0$ 作为 $E(Z_0|X=x_0, Y=y_0)$ 的估计值.

选用统计量 $T=\frac{Z_0-\hat{Z}_0}{\hat{\sigma}d}\sim t(n-3)$，$t_\alpha(n-3)$同上，得到 $E(Z_0|X=x_0, Y=y_0)$ 的置信概率为 $1-\alpha$ 的置信区间为

$$(\hat{z}_0-t_\alpha(n-3)\hat{\sigma}^* d, \hat{z}_0+t_\alpha(n-3)\hat{\sigma}^* d) \quad\cdots\cdots(4)$$

其中

$$d=\sqrt{\frac{1}{n}+c_{11}(x_0-\overline{x})^2+c_{22}(y_0-\overline{y})^2+2c_{12}(x_0-\overline{x})(y_0-\overline{y})} \quad\cdots\cdots(5)$$

6.4.4 统计分析结果

1. 父母身高对儿子身高的影响

由抽样调查统计得到方程组为

$$\begin{bmatrix} 405 & 69\,471 & 65\,274 \\ 69\,471 & 11\,925\,341 & 11\,197\,852 \\ 65\,274 & 11\,197\,852 & 10\,527\,328 \end{bmatrix} \begin{bmatrix} \beta_0 \\ \beta_1 \\ \beta_2 \end{bmatrix} = \begin{bmatrix} 70\,052 \\ 12\,019\,883 \\ 11\,293\,219 \end{bmatrix},$$

解得$\hat{\beta}_0=53.640$，$\hat{\beta}_1=0.368$，$\hat{\beta}_2=0.349$，从而得到儿子身高对父母身高的线性回归方程为

$$\hat{z}=53.640+0.368X+0.349Y \qquad (6)$$

利用方差分析对此方程进行 F 检验，计算得到 $F=62.715$，查表得 $F_{0.01}(2, 500)=4.65$，说明儿子身高和父母身高均有显著线性关系；对回归系数$\hat{\beta}_1$，$\hat{\beta}_2$ 进行 t 检验，计算得$\hat{\sigma}^*=4.330$，$T_1=7.851$，$T_2=6.714$，查表得 $t_{0.05}(500)=1.965$，$t_{0.01}(500)=2.586$，说明回归系数$\hat{\beta}_1$，$\hat{\beta}_2$ 均显著地不为零. 因此，儿子身高对父母身高的回归方程(6)是有意义的.

当某一家庭中父亲身高 x_0 与母亲身高 y_0 已知时，儿子身高的点估计值为

$$\hat{z}_0=53.640+0.368x_0+0.349y_0,$$

由(4)和(5)式及查表得到 $t_{0.05}(500)$和 $t_{0.01}(500)$，儿子身高期望值的置信概率分别为 95%及 99%的预测区间：

$$(\hat{z}_0-1.222, \hat{z}_0+1.222) \text{ 及 } (\hat{z}_0-1.608, \hat{z}_0+1.608).$$

2. 父母身高对女儿身高的影响

由抽样调查统计得到方程组为

$$\begin{bmatrix} 270 & 46\,460 & 43\,316 \\ 46\,460 & 8\,000\,134 & 7\,453\,485 \\ 43\,316 & 7\,453\,485 & 6\,953\,164 \end{bmatrix} \begin{bmatrix} \beta_0 \\ \beta_1 \\ \beta_2 \end{bmatrix} = \begin{bmatrix} 44\,004 \\ 7\,573\,299 \\ 7\,061\,344 \end{bmatrix},$$

解得$\hat{\beta}_0=47.188$，$\hat{\beta}_1=0.249$，$\hat{\beta}_2=0.455$，从而得到女儿身高对父母身高线性回归方程

$$\hat{z}=47.188+0.249X+0.455Y \qquad (7)$$

利用方差分析对此方程进行 F 检验，计算得到 $F=46.81$，查表得 $F_{0.01}(2, 300)=4.68$，女儿身高和父母身高均有显著线性关系；对回归系数$\hat{\beta}_1$，$\hat{\beta}_2$ 进行 t 检验，计算得$T_1=4.797$，$T_2=7.431$，$\hat{\sigma}^*=3.869$，查表得 $t_{0.05}(200)=1.972$，$t_{0.01}(200)=2.601$，说明回归系数$\hat{\beta}_1$，$\hat{\beta}_2$ 均显著地不为零，因此，女儿身高对父母身高的回归方程(7)也是有意义的.

同样，当某一家庭中父亲身高 x_0 与母亲身高 y_0 已知时，其女儿身高的点估计值为

$$\hat{z}_0=47.188+0.249x_0+0.455y_0,$$

由(4)和(5)式及查表得到 $t_{0.05}(200)$和 $t_{0.01}(200)$，女儿身高期望值的置信概率分别为 95%及 99%的预测区间：

$$(\hat{z}_0-1.491, \hat{z}_0+1.491) \text{ 及 } (\hat{z}_0-1.966, \hat{z}_0+1.966).$$

6.4.5　分析与讨论

由本次抽样调查统计所建立的两个线性回归方程(6)和(7)，以及上述的定量分析可以看出以下几点：

(1) 当年 Galton 和他的学生把父亲身高与母亲身高的平均值作为一个变量得到的线性回归方程是一元的．我们把父亲身高与母亲身高分别作为两个独立的变量来研究，分别建立的儿子身高对父母身高及女儿身高对父母身高的两个线性回归方程是两个二元的，无疑将父母身高对儿子(或女儿)身高的影响表示得更加直接和清晰.

(2) 父母身高与子女身高有显著的线性关系. 在一定程度上可以说，父母身高对子女身高有着重要的影响，而且在不同的历史时期，子女身高同样有回归平均身高的倾向，即个子矮的父母，其子女身高未必低于自己；个子高的父母，其子女身高未必高于自己．今天，明确地揭示出这一统计规律性,无疑有它的现实意义和社会意义.

(3) 由两个回归方程的回归系数还可以看出，母亲身高对子女身高的影响比父亲的影响相对大些，特别是母亲身高对女儿身高的影响更为明显一些. 这一统计规律与现实生活中的普遍现象是基本吻合的.

(4) 上面所给出的两个线性回归方程及结论具有一般统计规律性，但也不排除一个人在其成长过程中所处的特殊环境和生活条件等因素对其身高可能产生某些影响.

知识考核点与典型试题举例

一、基本概念

例 1　在平方和分解公式中，回归平方和是指(　　).

A. $\sum_{i=1}^{n}(y_i-\bar{y})^2$　　B. $\sum_{i=1}^{n}(y_i-\hat{y}_i)^2$

C. $\sum_{i=1}^{n}(y_i-x_i)^2$　　D. $\sum_{i=1}^{n}(\hat{y}_i-\bar{y})^2$

例 2　对一元线性回归方程进行显著性检验所用的统计量为(　　).

A. $(n-2)\dfrac{S_{残}^2}{S_{回}^2}$　　B. $(n-2)\dfrac{S_{回}^2}{S_{残}^2}$

C. $(n-1)\dfrac{S_{残}^2}{S_{回}^2}$　　D. $(n-1)\dfrac{S_{回}^2}{S_{残}^2}$

例 3　平方和分解公式中的 $\sum_{i=1}^{n}(y_i-\hat{y}_i)^2$ 称为________平方和.

二、一元线性回归方程的建立与显著性检验

例 4　从某行业中随机抽取 10 个企业，调查它们的产量 x(单位：千件) 和生产成本 y (单位：千元) 的情况，对 10 组数据处理结果如下：

$$\sum_{i=1}^{10}x_i=770,\ \sum_{i=1}^{10}y_i=1\,650,\ \sum_{i=1}^{10}x_i^2=60\,890,\ \sum_{i=1}^{10}y_i^2=272\,910,\ \sum_{i=1}^{n}x_iy_i=127\,930,$$

(1) 求成本 y 对产量 x 的回归直线方程；

(2) 检验回归直线方程的显著性($\alpha=0.05$).

例 5 已知某种商品的销售额 Y 万元与广告费 x 万元的一组统计资料下表所示.

广告费 x(万元)	30	25	20	30	40	15	20	50
销售额 Y(万元)	470	460	420	500	520	400	440	560

(1) 求该商店商品销售额 Y 万元对广告费 x 万元的回归直线方程.

(2) 在检验水平 $\alpha=0.01$ 下，检验该商品的销售额 Y 万元与广告费 x 万元是否具有显著线性关系？

(3) 广告费 x 每增加 1 万元，商品销售额 Y 平均增加多少？

(4) 当广告费 x 为 35 万元时，估计商品的销售额 Y.

习题答案或提示

第1章 矩 阵

习题1.1

1. 表示四城市间距离的矩阵：

	北京	天津	上海	沈阳
北京	0	130	1 200	750
天津	130	0	1 070	610
上海	1 200	1 070	0	1 560
沈阳	750	610	1 560	0

2. 0，3，2，-5.

3. (1) $\begin{bmatrix}2&1\\0&9\end{bmatrix}$； (2) $\begin{bmatrix}6&6\\-4&8\end{bmatrix}$； (3) $\begin{bmatrix}17&16\\-9&19\end{bmatrix}$； (4) $\begin{bmatrix}6&-3\\12&25\end{bmatrix}$； (5) $\begin{bmatrix}28&49\\37&117\end{bmatrix}$.

4. (1) $\begin{bmatrix}5&-3&3&0\\-1&7&7&-1\\-13&-14&5&-12\end{bmatrix}$； (2) $\begin{bmatrix}-4&-13&2&22\\25&12&23&3\\6&-13&-4&-8\end{bmatrix}$；

(3) $\begin{bmatrix}-3&-1&-1&4\\5&-1&1&1\\7&4&-3&4\end{bmatrix}$； (4) $\begin{bmatrix}-\frac{1}{3}&-4&1&6\\\frac{20}{3}&\frac{13}{3}&\frac{22}{3}&\frac{2}{3}\\-\frac{1}{3}&-\frac{17}{3}&-\frac{1}{3}&-4\end{bmatrix}$.

5. (1) $\begin{bmatrix}14&8\\18&14\\13&24\end{bmatrix}$； (2) $\begin{bmatrix}5&6&7&8\\1&2&3&4\\9&10&11&12\end{bmatrix}$； (3) 11； (4) $\begin{bmatrix}2&4&6\\3&6&9\\1&2&3\end{bmatrix}$；

(5) $\begin{bmatrix}0&7\\7&0\end{bmatrix}$； (6) $\begin{bmatrix}7&2\\3&5\end{bmatrix}$； (7) $\begin{bmatrix}-1&-2&-1\\10&12&2\end{bmatrix}$； (8) $\begin{bmatrix}0&0\\0&0\end{bmatrix}$；

(9) $\begin{bmatrix}0&0\\0&0\end{bmatrix}$； (10) $\begin{bmatrix}0&5\\0&0\end{bmatrix}$； (11) $\begin{bmatrix}4&5\\1&3\end{bmatrix}$； (12) $\begin{bmatrix}3&1\\5&4\end{bmatrix}$.

6. (1) $\begin{bmatrix}2x_1-x_2+5x_3+7x_4\\3x_1-2x_3-5x_4\\4x_1+6x_2+x_3+x_4\end{bmatrix}$； (2) $\begin{bmatrix}4&1&11\\7&-8&-3\\-10&14&8\end{bmatrix}$； (3) $\begin{bmatrix}1&0&0\\0&1&0\\0&0&1\end{bmatrix}$；

(4) $a_{11}x_1^2+2a_{12}x_1x_2+2a_{13}x_1x_3+a_{22}x_2^2+2a_{23}x_2x_3+a_{33}x_3^2$.

7. (1) $\begin{bmatrix}8&1&4\\5&0&3\\8&-1&4\end{bmatrix}$； (2) $\begin{bmatrix}8&5&8\\1&0&-1\\4&3&4\end{bmatrix}$； (3) $\begin{bmatrix}0&-2&-2\\2&0&4\\4&-4&0\end{bmatrix}$.

8. $(\boldsymbol{B}_1+\boldsymbol{B}_2)\boldsymbol{A}=\boldsymbol{B}_1\boldsymbol{A}+\boldsymbol{B}_2\boldsymbol{A}=\boldsymbol{A}\boldsymbol{B}_1+\boldsymbol{A}\boldsymbol{B}_2=\boldsymbol{A}(\boldsymbol{B}_1+\boldsymbol{B}_2)$；$\boldsymbol{B}_1\boldsymbol{B}_2$ 与 $\boldsymbol{A}$ 可交换证明类似.

9. (1) $(\boldsymbol{A}+\boldsymbol{B})^2=(\boldsymbol{A}+\boldsymbol{B})(\boldsymbol{A}+\boldsymbol{B})=\boldsymbol{A}^2+\boldsymbol{AB}+\boldsymbol{BA}+\boldsymbol{B}^2=\boldsymbol{A}^2+2\boldsymbol{AB}+\boldsymbol{B}^2$；

(2)，(3) 证明类似.

习题 1.2

1. (1) $\begin{bmatrix}d_1a_{11}&d_1a_{12}&d_1a_{13}\\d_2a_{21}&d_2a_{22}&d_2a_{23}\\d_3a_{31}&d_3a_{23}&d_3a_{33}\end{bmatrix}$； (2) $\begin{bmatrix}d_1a_{11}&d_2a_{12}&d_3a_{13}\\d_1a_{21}&d_2a_{22}&d_3a_{23}\\d_1a_{31}&d_2a_{32}&d_3a_{33}\end{bmatrix}$.

2. (1) $(\boldsymbol{A}+\boldsymbol{A}')'=\boldsymbol{A}'+(\boldsymbol{A}')'=\boldsymbol{A}'+\boldsymbol{A}=\boldsymbol{A}+\boldsymbol{A}'$，所以 $\boldsymbol{A}+\boldsymbol{A}'$ 是对称的. $\boldsymbol{AA}'$ 对称性证明类似.

(2) $\boldsymbol{AB}-\boldsymbol{BA}$ 不一定是对称的. 当 $\boldsymbol{A}$ 与 $\boldsymbol{B}$ 可交换时 $\boldsymbol{AB}-\boldsymbol{BA}$ 是对称的，否则不对称.

3. 提示：$\boldsymbol{A}^2=\boldsymbol{AA}=\boldsymbol{AA}'=\boldsymbol{O}$，$\boldsymbol{A}^2$ 的主对角线上的元素分别为 $\sum_{j=1}^{n}a_{1j}^2$，$\sum_{j=1}^{n}a_{2j}^2$，…，$\sum_{j=1}^{n}a_{nj}^2$，由矩阵相等概念有 $\sum_{j=1}^{n}a_{1j}^2=\sum_{j=1}^{n}a_{2j}^2=\cdots=\sum_{j=1}^{n}a_{nj}^2=0$，从而有 $a_{ij}=0$ ($i=1, 2, \cdots, n$; $j=1, 2, \cdots, n$).

习题 1.3

1. (1) $M_{23}=\begin{vmatrix}30&20\\-3&1\end{vmatrix}$，$A_{23}=-\begin{vmatrix}30&20\\-3&1\end{vmatrix}$，$M_{31}=\begin{vmatrix}20&-100\\2&0\end{vmatrix}$，$A_{31}=\begin{vmatrix}20&-100\\2&0\end{vmatrix}$.

(2) $M_{23}=\begin{vmatrix}x&2&6\\-1&-2&1\\-5&0&0\end{vmatrix}$，$A_{23}=-\begin{vmatrix}x&2&6\\-1&-2&1\\-5&0&0\end{vmatrix}$，$M_{31}=\begin{vmatrix}2&x&6\\3&4&5\\0&2&0\end{vmatrix}$，$A_{31}=\begin{vmatrix}2&x&6\\3&4&5\\0&2&0\end{vmatrix}$.

2. (1) 80； (2) -24； (3) 120.

3. (1) $a_1b_1c_1d_1e_1$； (2) 0； (3) $abcd$； (4) 0； (5) 0；

(6) 0； (7) 8； (8) $-\frac{107}{3}$； (9) $-\frac{47}{4}$.

4. $x_1=0$(二重根)，$x_2=2$，$x_3=-2$.

5. 提示：利用数乘矩阵定义和行列式性质 5.

6. 提示：由方阵行列式定理，$|\boldsymbol{A}\boldsymbol{A}'|=|\boldsymbol{A}|^2=1$.

7*. 提示：利用式子 $(\boldsymbol{I}+\boldsymbol{A})\boldsymbol{A}'=\boldsymbol{A}'+\boldsymbol{A}\boldsymbol{A}'=\boldsymbol{A}'+\boldsymbol{I}=(\boldsymbol{I}+\boldsymbol{A})'$，再取行列式.

8. (1) $x_1=\frac{1}{4}$，$x_2=-\frac{1}{3}$，$x_3=-\frac{17}{12}$；

(2) $x_1=x_2=x_3=0$；

(3) $x_1=1$，$x_2=-1$，$x_3=-1$，$x_4=1$.

9. $a=-\frac{1}{4}$.

习题 1.4

1. (1) 是； (2) 不是，但 $\boldsymbol{A}$，$\boldsymbol{B}$ 均为可逆矩阵.

2. (1) $x=-\frac{1}{5}$，$y=\frac{1}{10}$； (2) $\begin{bmatrix} \frac{1}{2} & 0 & 0 \\ 0 & \frac{1}{3} & 0 \\ 0 & 0 & \frac{1}{4} \end{bmatrix}$.

3. (1) 可逆； (2) 不可逆； (3) 可逆.

4. (1) $\begin{bmatrix} 0 & -2 \\ -1 & 3 \end{bmatrix}$； (2) $\begin{bmatrix} -2 & 0 \\ 0 & 6 \end{bmatrix}$； (3) $\begin{bmatrix} -4 & 17 & -8 \\ 26 & -4 & -19 \\ -3 & -5 & -6 \end{bmatrix}$.

5. (1) 可逆，$\begin{bmatrix} -11 & 7 \\ 8 & -5 \end{bmatrix}$； (2) 可逆，$\begin{bmatrix} -\frac{2}{3} & -1 & \frac{1}{3} \\ -1 & -1 & 0 \\ \frac{1}{3} & 1 & \frac{1}{3} \end{bmatrix}$； (3) 可逆，$\begin{bmatrix} 2 & -1 & -1 \\ 3 & -1 & -2 \\ -1 & 1 & 1 \end{bmatrix}$.

6. 提示：利用可逆矩阵的充分必要条件及逆矩阵的定义.

7. $\boldsymbol{A}+\boldsymbol{B}$ 与 $\boldsymbol{A}-\boldsymbol{B}$ 不一定可逆，$\boldsymbol{A}\boldsymbol{B}$ 与 $\boldsymbol{A}\boldsymbol{B}^{-1}$ 均可逆.

8. $\begin{bmatrix} 2 & 5 & 5 \\ 0 & 2 & 9 \\ -1 & 1 & 11 \end{bmatrix}$，$\begin{bmatrix} 4 & 1 & 4 \\ 4 & 5 & 7 \\ 5 & 6 & 8 \end{bmatrix}$，$\begin{bmatrix} 2 & 0 & -1 \\ 5 & 2 & 1 \\ 5 & 9 & 11 \end{bmatrix}$.

9. 提示：利用可逆矩阵的充分必要条件及逆矩阵的定义.

10. (1) $\begin{bmatrix} -\frac{13}{5} & -\frac{2}{5} \\ -\frac{4}{5} & -\frac{11}{5} \\ -3 & -1 \end{bmatrix}$； (2) $\begin{bmatrix} 1 & -3 & 3 \\ 0 & 1 & -2 \end{bmatrix}$； (3) $\frac{1}{7}\begin{bmatrix} 6 & 19 \\ 2 & -3 \end{bmatrix}$.

习题 1.5

1. (1) $\frac{1}{9}\begin{bmatrix}1&2&2\\2&1&-2\\2&-2&1\end{bmatrix}$; (2) $\begin{bmatrix}22&-6&-26&17\\-17&5&20&-13\\-1&0&2&-1\\4&-1&-5&3\end{bmatrix}$; (3) $\begin{bmatrix}1&0&0&0\\-1&1&0&0\\0&-1&1&0\\0&0&-1&1\end{bmatrix}$;

(4) $\begin{bmatrix}1&-a&0&0\\0&1&-a&0\\0&0&1&-a\\0&0&0&1\end{bmatrix}$; (5) $\begin{bmatrix}0&0&0&\cdots&0&a_n^{-1}\\a_1^{-1}&0&0&\cdots&0&0\\0&a_2^{-1}&0&\cdots&0&0\\\cdots&\cdots&\cdots&\cdots&\cdots&\cdots\\0&0&0&\cdots&a_{n-1}^{-1}&0\end{bmatrix}$.

2. (1) 3; (2) 3; (3) 3.

3. $\lambda=\frac{9}{4}$时，秩$(\boldsymbol{A})=2$ 为最小.

4. (1) $\begin{bmatrix}2&-23\\0&8\end{bmatrix}$; (2) $\frac{1}{7}\begin{bmatrix}1&20&1\\-8&57&20\end{bmatrix}$.

习题 1.6

1. (1) $\begin{bmatrix}7&27&0&0&0\\18&70&0&0&0\\3&3&4&1&2\\6&9&14&11&10\\5&4&8&4&6\end{bmatrix}$; (2) $\begin{bmatrix}a&0&ac&0\\0&a&0&ac\\1&0&c+bd&0\\0&1&0&c+bd\end{bmatrix}$.

2. $\boldsymbol{A}=[\boldsymbol{C}^{-1}\boldsymbol{O}]$.

3. $\begin{bmatrix}5&-2&0&0&0\\-2&1&0&0&0\\0&0&\frac{1}{4}&0&0\\0&0&0&-1&0\\0&0&0&0&\frac{1}{3}\end{bmatrix}$.

知识考核点与典型试题举例

例 1 C 例 2 C 例 3 $\begin{bmatrix}1&4\\0&1\end{bmatrix}$. 例 4 C 例 5 $\begin{bmatrix}3&2\\2&1\\2&1\end{bmatrix}$.

例 6 $\begin{bmatrix}0&4&2\\2&2&2\end{bmatrix}$, $\begin{bmatrix}2&11&-5\\4&7&-1\end{bmatrix}$. 例 7 $\begin{bmatrix}1&-5\\0&-3\\0&-11\end{bmatrix}$. 例 8 $-\begin{vmatrix}1&4&5\\2&1&1\\0&2&1\end{vmatrix}$. 例 9 A

例 10 A 例 11 -2. 例 12 D 例 13 -47. 例 14 9. 例 15 $(\lambda+2)^2(\lambda-4)$.

例 16 $(\lambda+1)(\lambda^2-5\lambda+4)$. 例 17 1(二重)，10. 例 18 -2，1(二重).

例 19 B 例 20 $\frac{1}{12}$. 例 21 A 例 22 B 例 23 提示：用正交矩阵定义.

例 24 A 例 25 提示：参见§2.2 例 4. 例 26 $|\boldsymbol{A}|\neq 0$. 例 27 B 例 28 D

例 29 B 例 30 $\begin{bmatrix} 4 & -2 \\ -3 & 1 \end{bmatrix}$. 例 31 $\frac{1}{|\boldsymbol{A}|}\boldsymbol{A}$. 例 32 $\begin{bmatrix} -5 & 3 \\ 2 & -1 \end{bmatrix}$. 例 33 D

例 34 $\begin{bmatrix} -11 & 2 & 2 \\ -4 & 0 & 1 \\ 6 & -1 & -1 \end{bmatrix}$. 例 35 $\begin{bmatrix} -2 & 4 & -1 \\ 1 & -\frac{3}{2} & \frac{1}{2} \\ -2 & \frac{7}{2} & -\frac{1}{2} \end{bmatrix}$. 例 36 $\begin{bmatrix} -5 & 6 \\ -4 & 4 \end{bmatrix}$.

例 37 提示：$\boldsymbol{A}(\boldsymbol{A}-2\boldsymbol{I})=\boldsymbol{O}$, $\boldsymbol{A}^{-1}=\boldsymbol{A}-2\boldsymbol{I}$. 例 38 提示：$\boldsymbol{I}-\boldsymbol{A}^2=\boldsymbol{I}$, $(\boldsymbol{I}-\boldsymbol{A})^{-1}=\boldsymbol{I}+\boldsymbol{A}$.

例 39 提示：利用 $\boldsymbol{A}^2=\boldsymbol{A}$ 得 $\boldsymbol{B}^2=\boldsymbol{I}$. 例 40 3. 例 41 2. 例 42 D

例 43 $\begin{bmatrix} \frac{1}{2} & 0 & 0 & 0 \\ 0 & -2 & 1 & 0 \\ 0 & \frac{3}{2} & -\frac{1}{2} & 0 \\ 0 & 0 & 0 & \frac{1}{5} \end{bmatrix}$.

第 2 章 线性方程组

习题 2.1

1. $\begin{cases} x_1=x_3-2 \\ x_2=-2x_3+3 \end{cases}$，$x_3$ 为自由未知量，$\begin{bmatrix} x_1 \\ x_2 \\ x_3 \end{bmatrix}=k\begin{bmatrix} 1 \\ -2 \\ 1 \end{bmatrix}+\begin{bmatrix} -2 \\ 3 \\ 0 \end{bmatrix}$，$k$ 为任意常数.

2. $\begin{cases} x_1=-x_4+1 \\ x_2=-x_4 \\ x_3=x_4-1 \end{cases}$，$x_4$ 为自由未知量，$\begin{bmatrix} x_1 \\ x_2 \\ x_3 \\ x_4 \end{bmatrix}=k\begin{bmatrix} -1 \\ -1 \\ 1 \\ 1 \end{bmatrix}+\begin{bmatrix} 1 \\ 0 \\ -1 \\ 0 \end{bmatrix}$，$k$ 为任意常数.

3. $\begin{cases} x_1=-\frac{1}{3}x_4 \\ x_2=-\frac{2}{3}x_4 \\ x_3=-\frac{1}{3}x_4 \end{cases}$，$x_4$ 为自由未知量，$\begin{bmatrix} x_1 \\ x_2 \\ x_3 \\ x_4 \end{bmatrix}=k\begin{bmatrix} -\frac{1}{3} \\ -\frac{2}{3} \\ -\frac{1}{3} \\ 1 \end{bmatrix}=k_1\begin{bmatrix} 1 \\ 2 \\ 1 \\ -3 \end{bmatrix}$，$k_1$ 为任意常数.

习题 2.2

1. (1) 相容，有唯一解；(2) 不相容，无解.
2. $\lambda\neq1$ 且 $\lambda\neq-2$ 时有唯一解；$\lambda=1$ 时有无穷多解，$\lambda=-2$ 时无解.
3. (1) 有非零解；(2) 无非零解.
4. $\lambda=8$ 时方程组有非零解，$\begin{cases}x_1=0\\x_2=x_3\end{cases}$，$x_3$ 为自由未知量.
5. 当 $a\neq-3$ 或 $a=-3$ 且 $b=1$ 时，方程组相容；当 $a=-3$，$b\neq1$ 时，方程组不相容.

习题 2.3

1. (1) $\begin{bmatrix}-1\\-14\\12\\-1\end{bmatrix}$；(2) $\begin{bmatrix}0\\0\\0\\0\end{bmatrix}$；(3) $\begin{bmatrix}x_1-3x_3\\2x_1+4x_2-10x_3\\-x_1+2x_2+5x_3\end{bmatrix}$.　2. $\begin{bmatrix}-21\\14\\2\\-3\end{bmatrix}$.
3. (1) $\boldsymbol{\beta}$ 能由 $\boldsymbol{\alpha}_1$，$\boldsymbol{\alpha}_2$，$\boldsymbol{\alpha}_3$ 线性表出，且表达式唯一，$\boldsymbol{\beta}=2\boldsymbol{\alpha}_1-\boldsymbol{\alpha}_2-3\boldsymbol{\alpha}_3$；
   (2) $\boldsymbol{\beta}$ 不能由 $\boldsymbol{\alpha}_1$，$\boldsymbol{\alpha}_2$，$\boldsymbol{\alpha}_3$ 线性表出；
   (3) $\boldsymbol{\beta}$ 能由 $\boldsymbol{\alpha}_1$，$\boldsymbol{\alpha}_2$，$\boldsymbol{\alpha}_3$ 线性表出，有无穷多种表达方式，$\boldsymbol{\beta}=-\boldsymbol{\alpha}_1-5\boldsymbol{\alpha}_2$.
4. 提示：判断方程组 $\boldsymbol{\beta}=\boldsymbol{x}_1\boldsymbol{\alpha}_1+\boldsymbol{x}_2\boldsymbol{\alpha}_2+\boldsymbol{x}_3\boldsymbol{\alpha}_3+\boldsymbol{x}_4\boldsymbol{\alpha}_4$ 解的情况，
   $\boldsymbol{\beta}=(a_1-a_2)\boldsymbol{\alpha}_1+(a_2-a_3)\boldsymbol{\alpha}_2+(a_3-a_4)\boldsymbol{\alpha}_3+a_4\boldsymbol{\alpha}_4$.
5. 提示：利用线性表出定义.
6. (1) 线性相关；(2) 线性无关.
7. 提示：用反证法及线性相关定义.
8. (1) 不对；(2) 不对；(3) 不对.
9. 提示：参考本书 § 2.3 例 6.

习题 2.4

1. (1) 秩$(\boldsymbol{\alpha}_1,\boldsymbol{\alpha}_2,\boldsymbol{\alpha}_3,\boldsymbol{\alpha}_4)=3$，$\{\boldsymbol{\alpha}_1,\boldsymbol{\alpha}_2,\boldsymbol{\alpha}_4\}$ 为一极大无关组，$\boldsymbol{\alpha}_3=\boldsymbol{\alpha}_1-5\boldsymbol{\alpha}_2$；
   (2) 秩$(\boldsymbol{\alpha}_1,\boldsymbol{\alpha}_2,\boldsymbol{\alpha}_3,\boldsymbol{\alpha}_4,\boldsymbol{\alpha}_5)=3$，$\{\boldsymbol{\alpha}_1,\boldsymbol{\alpha}_2,\boldsymbol{\alpha}_4\}$ 也是一个极大无关组，
   $\boldsymbol{\alpha}_3=3\boldsymbol{\alpha}_1+\boldsymbol{\alpha}_2$，$\boldsymbol{\alpha}_5=-\boldsymbol{\alpha}_1-\boldsymbol{\alpha}_2+\boldsymbol{\alpha}_4$；
   (3) 秩$(\boldsymbol{\alpha}_1,\boldsymbol{\alpha}_2,\boldsymbol{\alpha}_3,\boldsymbol{\alpha}_4)=3$，$\{\boldsymbol{\alpha}_1,\boldsymbol{\alpha}_2,\boldsymbol{\alpha}_3\}$ 是一个极大无关组，$\boldsymbol{\alpha}_4=-3\boldsymbol{\alpha}_1+5\boldsymbol{\alpha}_2-\boldsymbol{\alpha}_3$.
2. (1) $\mathrm{r}(\boldsymbol{\alpha}_1,\boldsymbol{\alpha}_5)=2$；(2) $\mathrm{r}(\boldsymbol{\alpha}_1,\boldsymbol{\alpha}_2,\boldsymbol{\alpha}_3,\boldsymbol{\alpha}_4,\boldsymbol{\alpha}_5)=3$；(3) $\boldsymbol{\alpha}_1,\boldsymbol{\alpha}_2,\boldsymbol{\alpha}_5$ 是一个极大无关组.

习题 2.5

1. (1) 基础解系 $\boldsymbol{\eta}_1=\begin{bmatrix}-\frac{3}{2}\\\frac{7}{2}\\1\\0\end{bmatrix}$，$\boldsymbol{\eta}_2=\begin{bmatrix}-1\\-2\\0\\1\end{bmatrix}$，通解为 $k_1\boldsymbol{\eta}_1+k_2\boldsymbol{\eta}_2$，$k_1$，$k_2$ 为任意常数；

（2）基础解系 $\boldsymbol{\eta}=\begin{bmatrix}-1\\-1\\0\\1\end{bmatrix}$，通解为 $k\boldsymbol{\eta}$，k 为任意实数；

2. $a\neq0$ 时，可以构成；当 $a=0$ 时，不能.

习题 2.6

1. （1）$\begin{bmatrix}-\frac{2}{11}\\\frac{10}{11}\\0\\0\end{bmatrix}+k_1\begin{bmatrix}1\\-5\\11\\0\end{bmatrix}+k_2\begin{bmatrix}-9\\1\\0\\11\end{bmatrix}$，$k_1$，$k_2$ 为任意常数；

（2）无解；

（3）$\begin{bmatrix}-16\\23\\0\\0\\0\end{bmatrix}+k_1\begin{bmatrix}1\\-2\\1\\0\\0\end{bmatrix}+k_2\begin{bmatrix}1\\-2\\0\\1\\0\end{bmatrix}+k_3\begin{bmatrix}5\\-6\\0\\0\\1\end{bmatrix}$，$k_1$，$k_2$，$k_3$ 为任意常数.

（4）$\begin{bmatrix}-1\\2\\0\end{bmatrix}+k\begin{bmatrix}-2\\1\\1\end{bmatrix}$，$k$ 为任意常数.

2. $p\neq18$ 或 $q\neq32$，方程组无解；$p=18$ 且 $q=32$ 时方程组有解，

$\begin{bmatrix}-2\\3\\0\\0\\0\end{bmatrix}+k_1\begin{bmatrix}1\\-2\\1\\0\\0\end{bmatrix}+k_2\begin{bmatrix}1\\-2\\0\\1\\0\end{bmatrix}+k_3\begin{bmatrix}5\\-6\\0\\0\\1\end{bmatrix}$，$k_1$，$k_2$，$k_3$ 为任意常数.

知识考核点与典型试题举例

例 1　C　　例 2　$\neq2$　　例 3　-1.　　例 4　线性相关.　　例 5　B

例 6　提示：用线性相关定义.　　例 7　证明略.　　例 8　3.　　例 9　B

例 10　$\boldsymbol{\alpha}_1,\boldsymbol{\alpha}_2,\boldsymbol{\alpha}_4$（或 $\boldsymbol{\alpha}_1,\boldsymbol{\alpha}_3,\boldsymbol{\alpha}_4$）.　　例 11　$\boldsymbol{\alpha}_1,\boldsymbol{\alpha}_2,\boldsymbol{\alpha}_3$（或 $\boldsymbol{\alpha}_1,\boldsymbol{\alpha}_3,\boldsymbol{\alpha}_4$）.

例 12　C　　例 13　$\neq-1$.　　例 14　2.

例 15　$\lambda=8$ 时，方程组有解，$\begin{cases}x_1=0\\x_2=x_3\end{cases}$，$x_3$ 为自由元.

例 16　$\lambda=5$ 时，方程组有解，一般解为$\begin{cases} x_1=\frac{4}{5}-\frac{1}{5}x_3-\frac{6}{5}x_4 \\ x_2=\frac{3}{5}+\frac{3}{5}x_3-\frac{7}{5}x_4 \end{cases}$，$x_3$，$x_4$ 为自由未知量.

例 17　A　　例 18　A　　例 19　$=0$.　　例 20　$|\boldsymbol{A}|\neq0$.　　例 21　D

例 22　$r(\bar{\boldsymbol{A}})=r(\boldsymbol{A}\ \boldsymbol{B})=n$　　例 23　$\lambda\neq3$.　　例 24　只有零.　　例 25　B

例 26　3.　　例 27　$\begin{bmatrix}-2\\0\\1\\0\\0\end{bmatrix}$，$\begin{bmatrix}-5\\-2\\0\\1\\0\end{bmatrix}$，$\begin{bmatrix}6\\5\\0\\0\\1\end{bmatrix}$.　例 28　D

例 29　$\lambda=-\frac{1}{2}$时，方程组有解，特解为 $X_0=\begin{bmatrix}5\\1\\0\\0\end{bmatrix}$.

例 30　$\begin{bmatrix}0\\1\\0\\0\\0\end{bmatrix}+k_1\begin{bmatrix}-3\\2\\1\\0\\0\end{bmatrix}+k_2\begin{bmatrix}-1\\0\\0\\1\\0\end{bmatrix}+k_3\begin{bmatrix}-4\\3\\0\\0\\1\end{bmatrix}$，$k_1$，$k_2$，$k_3$ 为任意常数.

例 31　$\begin{bmatrix}1\\0\\0\\0\end{bmatrix}+k_1\begin{bmatrix}2\\1\\0\\0\end{bmatrix}+k_2\begin{bmatrix}-3\\0\\1\\1\end{bmatrix}$，$k_1$，$k_2$ 为任意常数.

例 32　$\boldsymbol{X}=[13\quad 0\quad -3\quad 4]'+k[-2\quad 1\quad 0\quad 0]'$，$k$ 为任意常数.

第 3 章　随机事件与概率

习题 3.1

1. (1)，(3)，(4)，(5)，(6) 都是随机事件；(2) 不是随机事件.
2. (1) U；(2) Φ.
3. (1) $\{x|0\leqslant x<3\}$；(2) $\{x|0\leqslant x\leqslant 2\}$；(3) $\{-\infty<x<0\}\cup\{x|2<x<+\infty\}$；(4) Φ.
4. (1) $A\bar{B}\bar{C}$；(2) $(A+B)\bar{C}$；(3) $\bar{A}\bar{B}\bar{C}$；(4) $\bar{A}\bar{B}+\bar{B}\bar{C}+\bar{C}\bar{A}$；(5) $A+B+C$；(6) $AB+BC+AC$.
5. $B=A_1A_2$，$C=\bar{A}_1\bar{A}_2$，$D=A_1\bar{A}_2+\bar{A}_1A_2$，$E=A_1+A_2$，$C$ 与 E 互为对立，B 与 D，B 与 C，C 与 D 均互不相容.

习题 3.2

1. $\frac{2}{3}$. 2. $\frac{1}{15}$. 3. (1) $\frac{1}{10}$; (2) $\frac{3}{10}$; (3) $\frac{3}{5}$. 4. $\frac{3}{8}$.

5. (1) $\frac{2}{9}$; (2) $\frac{2}{3}$. 6. $\frac{1}{17}$. 7. $\frac{1}{20}$. 8. (1) $\frac{17}{24}$; (2) $\frac{17}{80}$.

习题 3.3

1. (1) $\frac{22}{35}$; (2) $\frac{34}{35}$. 2. (1) 0.2; (2) 0.2. 3. 0.746.

4. $\frac{2}{9}$. 5. 略. 6. $\frac{5}{8}$. 7. 0.69; 0.31.

习题 3.4

1. 0.7; 0.7; 0.52. 2. 0.5. 3. 0.72. 4. 0.72. 5. $\frac{7}{12}$.

6. 0.3. 7. $\frac{1}{10}, \frac{1}{10}, \cdots, \frac{1}{10}$. 8. 0.004. 9. 0.034 5.

习题 3.5

1. $\frac{5}{9}$. 2. (1) 0.56; (2) 0.94; (3) 0.24; (4) 0.38. 3. 0.63.

4. 提示：参见本节定义 1 的注意(2)的证明. 5. 0.664. 6. 0.328.

7. 0.980 1. 8. (1) 0.504; (2) 0. 902.

9. 第一种工艺保证得到一等品的概率较大. 10. $\frac{96}{15\ 625}$.

11. (1) 0.327 68, 0.409 6, 0.204 8, 0.051 2, 0.006 4, 0.000 32; (2) 0.672 32.

12. 0.104. 13. 0.820 8. 14. 0.320 76.

知识考核点与典型试题举例

例 1 $A_2\overline{A}_1$. 例 2 A 例 3 $A_1A_2\overline{A}_3+\overline{A}_1A_2A_3+A_1\overline{A}_2A_3$. 例 4 C

例 5 C 例 6 $P(A)-P(B)$. 例 7 B 例 8 (1) $\frac{3}{10}$; (2) $\frac{3}{10}$; (3) $\frac{1}{120}$.

例 9 D 例 10 $\frac{3}{20}$. 例 11 (1) 0.88; (2) 0.46. 例 12 $\frac{3}{8}$. 例 13 $\frac{1}{3}$.

例 14 略. 例 15 $\frac{1}{7}$. 例 16 B 例 17 A 例 18 0.64. 例 19 D

例 20 C 例 21 B 例 22 C 例 23 $\frac{1}{2}, \frac{1}{2}$. 例 24 0.078 5.

例 25 $\frac{37}{64}$. 例 26 0.047. 例 27 D 例 28 0.819 2. 例 29 0.016 8.

例 30 约为 0.086.

第4章　随机变量及其数字特征

习题 4.1

1. $P(X=0)=\frac{5}{14}$, $P(X=1)=\frac{15}{28}$, $P(X=2)=\frac{3}{28}$.

2. (1) 能；(2) 不能.

3. (1) $P(X=k)=C_6^k 0.3^k(1-0.3)^{6-k}$, $k=0, 1, 2, \cdots, 6$;
   (2) $P(X=3)=0.185\ 22$；(3) $P(X=0)=0.117\ 65$.

4. (1) 可以，因为 $f(x)\geqslant 0$, $x\in\left[0, \frac{\pi}{2}\right]$，且$\int_0^{\frac{\pi}{2}}\sin x\mathrm{d}x=1$；
   (2) 不可以，因为$\int_0^{\pi}\sin x\mathrm{d}x\neq 1$；
   (3) 不可以，因为当 $x\in\left(\pi, \frac{3\pi}{2}\right)$时，$f(x)<0$.

5. (1) 2；(2) 0.25；(3) 0.91；(4) $F(x)=\begin{cases}0, & x\leqslant 0\\ x^2, & 0<x\leqslant 1\\ 1, & x>1\end{cases}$.

6. (1) 0.4；(2) $f(x)=\begin{cases}2x, & x\in(0,1)\\ 0, & \text{其他}\end{cases}$.

7. (1) $A=\frac{1}{2}$, $B=\frac{1}{\pi}$；(2) $\frac{1}{2}$；(3) $\frac{1}{\pi}\frac{1}{1+x^2}$.

习题 4.2

1. 11.　　2. $\frac{2}{3}$, $\frac{1}{18}$.　　3. 乙比甲好.　　4. (1) 2；(2) $\frac{3}{2}$, $\frac{3}{20}$.

5. (1) $A=2$, $B=0$；(2) 0.75；(3) $\frac{1}{18}$.　　6. (1) -0.2；(2) 2.8；(3) 7.8.

7. (1) 2；(2) $\frac{1}{3}$.　　8. (1) -12；(2) 20.

习题 4.3

1. 0.961.　　2. $\frac{1}{64}$.　　3. (1) $\frac{1}{70}$；(2) $p_0=0.000\ 316$，有区分能力.

4. $-\frac{q}{2}$, $\frac{q^2}{12}$.　　5. $\frac{3}{5}$.　　6. e^{-2}.　　7. (1) $1-\mathrm{e}^{-2}$；(2) e^{-3}.　　8. e^{-1}.　　9. e^{-8}.

10. 提示：$X\sim B\left(5\ 000, \frac{1}{1\ 000}\right)$,

$$P(X>5)=\sum_{k=6}^{5\ 000}C_{5\ 000}^k\left(\frac{1}{1\ 000}\right)^k\left(\frac{999}{1\ 000}\right)^{5\ 000-k}$$
$$\approx\sum_{k=6}^{5\ 000}\frac{\lambda^k\mathrm{e}^{-\lambda}}{k!}=1-\sum_{k=0}^{5}\frac{\lambda^k\mathrm{e}^{-\lambda}}{k!}\approx 0.384\ 04,$$

其中 $\lambda = 5\,000 \times \dfrac{1}{1\,000} = 5$.

习题 4.4

1. (1) 1.96； (2) −1.96； (3) 1.96； (4) 1.96.

2. (1) 0.025，0.990 3； (2) 25.88； (3) 13.6.

3. (1) 0.841 3； (2) 0.022 75.　　4. 0.866 38.　　5. 0.153 79.

6. (1) 0.420 7； (2) 0.307 6.

7. 完成 4 077 件以上.　　8. 可以录取.

9. (1) $\dfrac{1}{\sigma^2}$； (2) 提示：先求 $E(X)=\sqrt{\dfrac{\pi}{2}}\sigma$，$P\left(X>\sqrt{\dfrac{\pi}{2}}\sigma\right)=e^{-\frac{\pi}{4}}$.

10. 643.

习题 4.5

1. 0.975.　　2. 14.　　3. 25.　　4. (1) 可用大数定律； (2) 3 458； (3) 0.682 6.

知识考核点与典型试题举例

例 1　随机变量.　　例 2　$\dfrac{1}{8}$.　　例 3　B　　例 4　(1) $\dfrac{1}{2}$； (2) $\dfrac{1}{2}$.

例 5　C　　例 6　分布函数.　　例 7　0.8.　　例 8　B

例 9　(1) $F(x)=\begin{cases} 0, & x\leqslant 0 \\ \dfrac{1}{2}x^2+\dfrac{1}{2}x, & 0<x\leqslant 1 \\ 1, & x>1 \end{cases}$； (2) $\dfrac{5}{8}$.

例 10　(1) $\dfrac{3}{8}$； (2) $\dfrac{1}{8}$； (3) 4.　　例 11　0.5.　　例 12　A　　例 13　B

例 14　$\int_{-\infty}^{+\infty} g(x)f(x)\mathrm{d}x$.　　例 15　A　　例 16　A　　例 17　C

例 18　$\dfrac{1}{12}$.　　例 19　np.　　例 20　C　　例 21　2，2.

例 22　$E(X_1)=2$，$D(X_1)=4$，$C=\dfrac{1}{4}$，$E(X_2)=4$.　　例 23　0，$\dfrac{1}{2}$.

例 24　$P(X=0)=0.01$，$P(X=1)=0.18$，$P(X=2)=0.81$.　　例 25　$\dfrac{1}{p}$.

例 26　B　　例 27　C　　例 28　A

例 29　(1) 0.135 95； (2) 0.066 81； (3) 13.

例 30　0.383，0.977 25.　　例 31　0.691 5.　　例 32　0.818 55.

例 33　(1) 走第 2 条路线； (2) 走第 1 条路线.

例 34　(1) 2，3； (2) 2.　　例 35　A　　例 36　C

第 5 章　统计推断

习题 5.1

1. (1) 总体：城市居民的年消费支出数额分布；样品：随机抽取一户居民的年消费支出数额（不确定哪一户）；样本：1 000 户居民的年消费支出数额（不确定哪 1 000 户）；样本容量：1 000；

   (2) 总体：机装食盐的重量分布；样品：随机抽取 100 袋食盐中某一袋食盐的重量；样本：100 袋食盐的重量（不确定哪 100 袋）；样本容量：100.

2. 由于 X_5+2p，$\frac{1}{n}\sum_{i=1}^{n}X_i-\frac{p}{2}$ 均含有未知参数 p，且 $E(X)=P$，因此 (2) (5) (6) 不是统计量；

   X_1+X_2，$\min\{X_i\}$，$(X_5-X_1)^2$ 不含未知参数，所以 (1) (3) (4) 都是统计量.

3. $\bar{x}=\frac{3}{5}$，$s^2=\frac{3}{10}$.

4. μ，$\frac{\sigma^2}{n}$，σ^2.

习题 5.2

1. 0.232.
2. X_1 是 μ 的无偏估计.
3. $\varphi_3(X_1, X_2)$是 $E(X)$的有效的无偏估计.
4. $E(X)$的估计值为 1 147 小时，方差 $D(X)$的估计值为 7 578.9 小时^2.

习题 5.3

1. $[3.4-0.49\sigma, 3.4+0.49\sigma]$.
2. (1) [77.65，82.35]；　(2) [77.62，82.38].
3. (1) [108.30，111.70]；　(2) [108.61，111.39].
4. [157.21，169.79].
5. [181.89，190.11]，[9.74，15.80].

习题 5.4

1. $|U|=2.6$，可以认为包装机工作不正常.
2. $|U|=2.37$，可以认为原假设 H_0：$\mu=20$ 不成立.
3. H_0 成立.
4. (1) H_0 成立；　(2) H_0 成立；

   (3) 说明(1)中的否定域比(2)中的否定域相应地要大；

   (4) 可以认为 $\sigma^2=64$.

知识考核点与典型试题举例

例 1　样本.　　例 2　D　　例 3　不含未知参数.　　例 4　D　　例 5　B

例 6　155.3；34.2.　　例 7　无偏估计.　　例 8　有效.　　例 9　$\frac{1}{n-1}\sum_{i=1}^{n}(X_i-\overline{X})^2$.

例 10　C　　例 11　C　　例 12　B　　例 13　$n\geqslant 1\,537$.　　例 14　[14.57，14.83].

例 15　[63.296，72.704].　　例 16　[2.294，2.706].　　例 17　A

例 18　[103.05，112.95].　　例 19　[4 031.56,20 514.29]　　例 20　D

例 21　$\frac{\overline{X}-35}{13}\sqrt{n}\sim N(0,1)$.　　例 22　不能.

例 23　不成立.　　例 24　B　　例 25　平均含量显著超标成立.　　例 26　没有显著变化.

第 6 章　回归分析

习题 6.1

1. $\hat{y}=-0.76+1.2x$，x 与 y 之间的线性关系特别显著.
2. $\hat{y}=11.47+2.62x$，x 与 y 之间的线性关系不显著.
3. 回归直线方程为 $\hat{y}=-162\,808\,5+813.26x$，有意义，离婚对数逐年呈线性增长趋势.

习题 6.2

1. (1) $\hat{y}=0.456x+0.653\,9$；(2) $r=0.979$，线性回归特别显著；
   (3) 0.456；(4) 2.933 9，[2.54，3.33] 万元.

知识考核点与典型试题举例

例 1　D　　例 2　B　　例 3　残差.　　例 4　(1) $\hat{y}=122.65+0.55x$；(2) 特别显著.

例 5　(1) $\hat{y}=341.3+4.29x$；

(2) 线性关系特别显著；

(3) 4.29 万元；

(4) 491.45 万元.

附 录

附录 1 标准正态分布数值表

$$\Phi(u)=\frac{1}{\sqrt{2\pi}}\int_{-\infty}^{u}\mathrm{e}^{-\frac{x^2}{2}}\,\mathrm{d}x\ (u\geqslant 0)$$

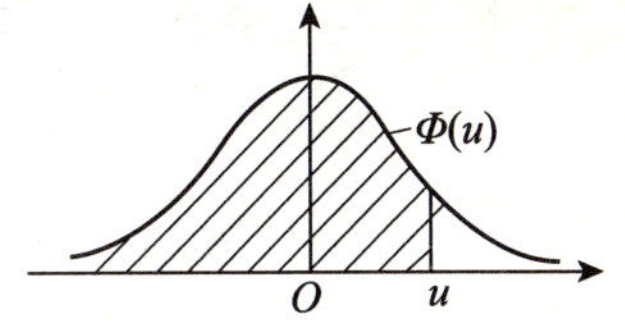

u	0.00	0.01	0.02	0.03	0.04	0.05	0.06	0.07	0.08	0.09	u
0.0	0.5000	0.5040	0.5080	0.5120	0.5160	0.5199	0.5239	0.5279	0.5319	0.5359	0.0
0.1	0.5398	0.5438	0.5478	0.5517	0.5557	0.5596	0.5636	0.5675	0.5714	0.5753	0.1
0.2	0.5793	0.5832	0.5871	0.5910	0.5948	0.5987	0.6026	0.6064	0.6103	0.6141	0.2
0.3	0.6179	0.6217	0.6255	0.6293	0.6331	0.6368	0.6406	0.6443	0.6480	0.6517	0.3
0.4	0.6554	0.6591	0.6628	0.6664	0.6700	0.6736	0.6772	0.6808	0.6844	0.6879	0.4
0.5	0.6915	0.6950	0.6985	0.7019	0.7054	0.7088	0.7123	0.7157	0.7190	0.7224	0.5
0.6	0.7257	0.7291	0.7324	0.7357	0.7389	0.7422	0.7454	0.7486	0.7517	0.7549	0.6
0.7	0.7580	0.7611	0.7642	0.7673	0.7703	0.7734	0.7764	0.7794	0.7823	0.7852	0.7
0.8	0.7881	0.7910	0.7939	0.7967	0.7995	0.8023	0.8051	0.8078	0.8106	0.8133	0.8
0.9	0.8159	0.8186	0.8212	0.8238	0.8264	0.8289	0.8315	0.8340	0.8365	0.8389	0.9
1.0	0.8413	0.8438	0.8461	0.8485	0.8508	0.8531	0.8554	0.8577	0.8599	0.8621	1.0
1.1	0.8643	0.8665	0.8686	0.8708	0.8729	0.8749	0.8770	0.8790	0.8810	0.8830	1.1
1.2	0.8849	0.8869	0.8888	0.8907	0.8925	0.8944	0.8962	0.8980	0.8997	0.90147	1.2
1.3	0.90320	0.90490	0.90658	0.90824	0.90988	0.91149	0.91309	0.91466	0.91621	0.91774	1.3
1.4	0.91924	0.92703	0.92220	0.92364	0.92507	0.92647	0.92785	0.92922	0.93056	0.93189	1.4
1.5	0.93319	0.93448	0.93574	0.93699	0.93822	0.93943	0.94062	0.94179	0.94295	0.94408	1.5
1.6	0.94520	0.94630	0.94738	0.94845	0.94950	0.95053	0.95154	0.95254	0.95352	0.95449	1.6
1.7	0.95543	0.95637	0.95728	0.95818	0.95907	0.95994	0.96080	0.96164	0.96246	0.96327	1.7
1.8	0.96407	0.96485	0.96562	0.96638	0.96712	0.96784	0.96856	0.96926	0.96995	0.97062	1.8
1.9	0.97128	0.97193	0.97257	0.97320	0.97381	0.97411	0.97500	0.97558	0.97615	0.97670	1.9
2.0	0.97725	0.97778	0.97831	0.97882	0.97932	0.97982	0.98030	0.98077	0.98124	0.98169	2.0
2.1	0.98214	0.98257	0.98300	0.98341	0.98382	0.98422	0.98461	0.98500	0.98537	0.98574	2.1
2.2	0.98610	0.98645	0.98679	0.98713	0.98745	0.98778	0.98809	0.98840	0.98870	0.98899	2.2
2.3	0.98928	0.98956	0.98983	$0.9^{2}0097$	$0.9^{2}0358$	$0.9^{2}0613$	$0.9^{2}0863$	$0.9^{2}1106$	$0.9^{2}1344$	$0.9^{2}1576$	2.3
2.4	$0.9^{2}1802$	$0.9^{2}2024$	$0.9^{2}2240$	$0.9^{2}2451$	$0.9^{2}2656$	$0.9^{2}2857$	$0.9^{2}3053$	$0.9^{2}3244$	$0.9^{2}3431$	$0.9^{2}3613$	2.4
2.5	$0.9^{2}3790$	$0.9^{2}3963$	$0.9^{2}4132$	$0.9^{2}4297$	$0.9^{2}4457$	$0.9^{2}4614$	$0.9^{2}4766$	$0.9^{2}4915$	$0.9^{2}5060$	$0.9^{2}5201$	2.5
2.6	$0.9^{2}5339$	$0.9^{2}5473$	$0.9^{2}5604$	$0.9^{2}5731$	$0.9^{2}5855$	$0.9^{2}5975$	$0.9^{2}6093$	$0.9^{2}6207$	$0.9^{2}6319$	$0.9^{2}6427$	2.6
2.7	$0.9^{2}6533$	$0.9^{2}6636$	$0.9^{2}6736$	$0.9^{2}6833$	$0.9^{2}6928$	$0.9^{2}7020$	$0.9^{2}7110$	$0.9^{2}7197$	$0.9^{2}7282$	$0.9^{2}7365$	2.7
2.8	$0.9^{2}7445$	$0.9^{2}7523$	$0.9^{2}7599$	$0.9^{2}7673$	$0.9^{2}7744$	$0.9^{2}7814$	$0.9^{2}7882$	$0.9^{2}7948$	$0.9^{2}8012$	$0.9^{2}8074$	2.8
2.9	$0.9^{2}8134$	$0.9^{2}8193$	$0.9^{2}8250$	$0.9^{2}8305$	$0.9^{2}8359$	$0.9^{2}8411$	$0.9^{2}8462$	$0.9^{2}8511$	$0.9^{2}8559$	$0.9^{2}8605$	2.9
3.0	$0.9^{2}8650$	$0.9^{2}8694$	$0.9^{2}8736$	$0.9^{2}8777$	$0.9^{2}8817$	$0.9^{2}8856$	$0.9^{2}8892$	$0.9^{2}8930$	$0.9^{2}8965$	$0.9^{2}8999$	3.0
3.1	$0.9^{3}0324$	$0.9^{3}0646$	$0.9^{3}0957$	$0.9^{3}1260$	$0.9^{3}1553$	$0.9^{3}1836$	$0.9^{3}2112$	$0.9^{3}2378$	$0.9^{3}2636$	$0.9^{3}2886$	3.1
3.2	$0.9^{3}3129$	$0.9^{3}3363$	$0.9^{3}3590$	$0.9^{3}3810$	$0.9^{3}4024$	$0.9^{3}4230$	$0.9^{3}4429$	$0.9^{3}4623$	$0.9^{3}4810$	$0.9^{3}4991$	3.2
3.3	$0.9^{3}5166$	$0.9^{3}5335$	$0.9^{3}5499$	$0.9^{3}5658$	$0.9^{3}5811$	$0.9^{3}5959$	$0.9^{3}6103$	$0.9^{3}6242$	$0.9^{3}6376$	$0.9^{3}6505$	3.3
3.4	$0.9^{3}6631$	$0.9^{3}6752$	$0.9^{3}6869$	$0.9^{3}6982$	$0.9^{3}7091$	$0.9^{3}7197$	$0.9^{3}7299$	$0.9^{3}7398$	$0.9^{3}7493$	$0.9^{3}7585$	3.4
3.5	$0.9^{3}7674$	$0.9^{3}7759$	$0.9^{3}7842$	$0.9^{3}7922$	$0.9^{3}7999$	$0.9^{3}8074$	$0.9^{3}8146$	$0.9^{3}8215$	$0.9^{3}8282$	$0.9^{3}8347$	3.5
3.6	$0.9^{3}8409$	$0.9^{3}8469$	$0.9^{3}8527$	$0.9^{3}8583$	$0.9^{3}8637$	$0.9^{3}8689$	$0.9^{3}8739$	$0.9^{3}8787$	$0.9^{3}8834$	$0.9^{4}8879$	3.6
3.7	$0.9^{3}8922$	$0.9^{3}8964$	$0.9^{4}0039$	$0.9^{4}0426$	$0.9^{4}0799$	$0.9^{4}1158$	$0.9^{4}1504$	$0.9^{4}1838$	$0.9^{4}2159$	$0.9^{4}2468$	3.7
3.8	$0.9^{4}2765$	$0.9^{4}3052$	$0.9^{4}3327$	$0.9^{4}3593$	$0.9^{4}3848$	$0.9^{4}4094$	$0.9^{4}4331$	$0.9^{4}4558$	$0.9^{4}4777$	$0.9^{4}4988$	3.8
3.9	$0.9^{4}5190$	$0.9^{4}5385$	$0.9^{4}5573$	$0.9^{4}5753$	$0.9^{4}5926$	$0.9^{4}6092$	$0.9^{4}6253$	$0.9^{4}6406$	$0.9^{4}6554$	$0.9^{4}6696$	3.9
4.0	$0.9^{4}6833$	$0.9^{4}6964$	$0.9^{4}7090$	$0.9^{4}7211$	$0.9^{4}7327$	$0.9^{4}7439$	$0.9^{4}7546$	$0.9^{4}7649$	$0.9^{4}7748$	$0.9^{4}7843$	4.0
4.1	$0.9^{4}7934$	$0.9^{4}8022$	$0.9^{4}8106$	$0.9^{4}8186$	$0.9^{4}8263$	$0.9^{4}8338$	$0.9^{4}8409$	$0.9^{4}8477$	$0.9^{4}8542$	$0.9^{4}8605$	4.1
4.2	$0.9^{4}8665$	$0.9^{4}8723$	$0.9^{4}8778$	$0.9^{4}8832$	$0.9^{4}8882$	$0.9^{4}8931$	$0.9^{4}8978$	$0.9^{4}0226$	$0.9^{4}0655$	$0.9^{4}1066$	4.2
4.3	$0.9^{5}1460$	$0.9^{5}1837$	$0.9^{5}2199$	$0.9^{5}2545$	$0.9^{5}2876$	$0.9^{5}3193$	$0.9^{5}3497$	$0.9^{5}3788$	$0.9^{5}4066$	$0.9^{5}4332$	4.3
4.4	$0.9^{5}4587$	$0.9^{5}4831$	$0.9^{5}5065$	$0.9^{5}5288$	$0.9^{5}5502$	$0.9^{5}5706$	$0.9^{5}5902$	$0.9^{5}6089$	$0.9^{5}6268$	$0.9^{5}6439$	4.4
4.5	$0.9^{5}6602$	$0.9^{5}6759$	$0.9^{5}6908$	$0.9^{5}7051$	$0.9^{5}7187$	$0.9^{5}7318$	$0.9^{5}7442$	$0.9^{5}7561$	$0.9^{5}7675$	$0.9^{5}7784$	4.5
4.6	$0.9^{5}7888$	$0.9^{5}7987$	$0.9^{5}8081$	$0.9^{5}8172$	$0.9^{5}8258$	$0.9^{5}8340$	$0.9^{5}8419$	$0.9^{5}8494$	$0.9^{5}8566$	$0.9^{5}8634$	4.6
4.7	$0.9^{5}8699$	$0.9^{5}8761$	$0.9^{5}8821$	$0.9^{5}8872$	$0.9^{5}8931$	$0.9^{5}8983$	$0.9^{5}0320$	$0.9^{5}0789$	$0.9^{5}1235$	$0.9^{5}1661$	4.7
4.8	$0.9^{6}2067$	$0.9^{6}2453$	$0.9^{6}2822$	$0.9^{6}3173$	$0.9^{6}3508$	$0.9^{6}3827$	$0.9^{6}4131$	$0.9^{6}4420$	$0.9^{6}4696$	$0.9^{6}4958$	4.8
4.9	$0.9^{6}5208$	$0.9^{6}5446$	$0.9^{6}5673$	$0.9^{6}5889$	$0.9^{6}6094$	$0.9^{6}6289$	$0.9^{6}6475$	$0.9^{6}6652$	$0.9^{6}6821$	$0.9^{6}6981$	4.9

附录 2　t 分布双侧临界值表

$P(|t|>t_\alpha)=\alpha$

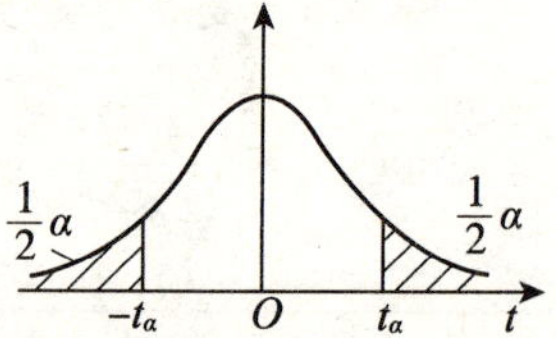

n \ α	0.9	0.8	0.7	0.6	0.5	0.4	0.3	0.2	0.1	0.05	0.02	0.01	0.001	α / n
1	0.158	0.325	0.510	0.727	1.000	1.376	1.963	3.078	6.314	12.706	31.821	63.657	636.619	1
2	0.142	0.289	0.445	0.617	0.816	1.061	1.386	1.886	2.920	4.303	6.965	9.925	31.598	2
3	0.137	0.277	0.424	0.584	0.765	0.978	1.250	1.638	2.353	3.182	4.451	5.841	12.924	3
4	0.134	0.271	0.414	0.569	0.741	0.941	1.190	1.533	2.132	2.776	3.747	4.604	8.610	4
5	0.132	0.267	0.408	0.559	0.727	0.920	1.156	1.476	2.015	2.571	3.365	4.032	6.859	5
6	0.131	0.265	0.404	0.553	0.718	0.906	1.134	1.440	1.943	2.447	3.143	3.707	5.959	6
7	0.130	0.263	0.402	0.549	0.711	0.896	1.119	1.415	1.895	2.365	2.998	3.499	5.405	7
8	0.130	0.262	0.399	0.546	0.706	0.889	1.108	1.397	1.860	2.306	2.896	3.355	5.041	8
9	0.129	0.261	0.398	0.543	0.703	0.883	1.100	1.383	1.833	2.262	2.821	3.250	4.781	9
10	0.129	0.260	0.397	0.542	0.700	0.879	1.093	1.372	1.812	2.228	2.764	3.169	4.587	10
11	0.129	0.260	0.396	0.540	0.697	0.876	1.088	1.363	1.796	2.201	2.718	3.106	4.437	11
12	0.128	0.259	0.395	0.539	0.695	0.873	1.083	1.356	1.782	2.179	2.681	3.055	4.318	12
13	0.128	0.259	0.394	0.538	0.694	0.870	1.079	1.350	1.771	2.160	2.650	3.012	4.221	13
14	0.128	0.258	0.393	0.537	0.692	0.868	1.076	1.345	1.761	2.145	2.624	2.977	4.140	14
15	0.128	0.258	0.393	0.536	0.691	0.866	1.074	1.341	1.753	2.131	2.602	2.947	4.073	15
16	0.128	0.258	0.392	0.535	0.690	0.865	1.071	1.337	1.746	2.120	2.583	2.921	4.015	16
17	0.128	0.257	0.392	0.534	0.689	0.863	1.069	1.333	1.740	2.110	2.567	2.898	3.965	17
18	0.127	0.257	0.392	0.534	0.688	0.862	1.067	1.330	1.734	2.101	2.552	2.878	3.922	18
19	0.127	0.257	0.391	0.533	0.688	0.861	1.066	1.328	1.729	2.093	2.539	2.861	3.883	19
20	0.127	0.257	0.391	0.533	0.687	0.860	1.064	1.325	1.725	2.086	2.528	2.845	3.850	20
21	0.127	0.257	0.391	0.532	0.686	0.859	1.063	1.323	1.721	2.080	2.518	2.831	3.819	21
22	0.127	0.256	0.390	0.532	0.686	0.858	1.061	1.321	1.717	2.074	2.508	2.819	3.792	22
23	0.127	0.256	0.390	0.532	0.685	0.858	1.060	1.319	1.714	2.069	2.500	2.807	3.767	23
24	0.127	0.256	0.390	0.531	0.685	0.857	1.059	1.318	1.711	2.064	2.492	2.797	3.745	24
25	0.127	0.256	0.390	0.531	0.684	0.856	1.058	1.316	1.708	2.060	2.485	2.787	3.725	25
26	0.127	0.256	0.390	0.531	0.684	0.856	1.058	1.315	1.706	2.056	2.479	2.779	3.707	26
27	0.127	0.256	0.389	0.531	0.684	0.855	1.057	1.314	1.703	2.052	2.473	2.771	3.690	27
28	0.127	0.256	0.389	0.530	0.683	0.855	1.056	1.313	1.701	2.048	2.467	2.763	3.674	28
29	0.127	0.256	0.389	0.530	0.683	0.854	1.055	1.311	1.699	2.045	2.462	2.756	3.659	29
30	0.127	0.256	0.389	0.530	0.683	0.854	1.055	1.310	1.697	2.042	2.457	2.750	3.646	30
40	0.126	0.255	0.388	0.529	0.681	0.851	1.050	1.303	1.684	2.021	2.423	2.704	3.551	40
60	0.126	0.254	0.387	0.527	0.679	0.848	1.046	1.296	1.671	2.000	2.390	2.660	3.460	60
120	0.126	0.254	0.386	0.526	0.677	0.845	1.041	1.289	1.658	1.980	2.358	2.617	3.373	120
∞	0.126	0.253	0.385	0.524	0.674	0.842	1.036	1.282	1.645	1.960	2.326	2.576	3.291	∞

附录3 χ^2 分布上侧临界值表

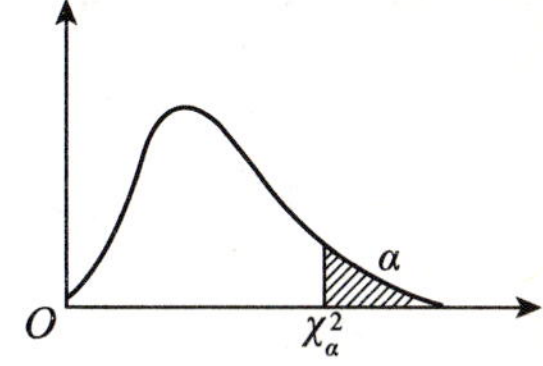

$$P(\chi^2>\chi_\alpha^2)=\alpha$$

n \ α	0.99	0.98	0.95	0.90	0.80	0.70	0.50	0.30	0.20	0.10	0.05	0.02	0.01	0.001	α / n
1	0.0^3157	0.0^3628	0.0^3393	0.0158	0.0642	0.148	0.455	1.074	1.642	2.706	3.841	5.412	6.635	10.828	1
2	0.0201	0.0404	0.103	0.211	0.446	0.713	1.386	2.408	3.219	4.605	5.991	7.824	9.210	13.816	2
3	0.115	0.185	0.352	0.584	1.005	1.424	2.366	3.665	4.642	6.251	7.815	9.837	11.345	16.266	3
4	0.297	0.429	0.711	1.064	1.649	2.195	3.357	4.878	5.989	7.779	9.488	11.668	13.277	18.467	4
5	0.554	0.752	1.145	1.610	2.343	3.000	4.361	6.064	7.289	9.236	11.070	13.388	15.068	20.515	5
6	0.872	1.134	1.635	2.204	3.070	3.828	5.348	7.9.31	8.558	10.645	12.592	15.033	16.812	22.458	6
7	1.239	11.564	2.167	2.833	3.822	4.671	6.346	8.383	9.803	12.017	14.067	16.622	18.475	24.322	7
8	1.646	2.032	2.733	3.490	4.594	5.527	7.344	9.524	11.030	13.362	15.507	18.168	20.090	26.195	8
9	2.088	2.532	3.325	4.168	5.380	6.393	8.343	10.656	12.242	14.684	16.919	19.679	21.606	27.877	9
10	2.558	3.059	3.940	4.865	6.179	7.267	9.342	11.781	13.442	15.987	18.307	21.161	23.209	29.588	10
11	3.053	3.609	4.575	5.578	6.989	8.148	10.341	12.899	14.631	17.257	19.675	22.618	24.725	31.264	11
12	3.571	4.178	5.226	6.304	7.807	9.034	11.340	14.011	15.812	18.549	21.026	24.054	95.217	32.909	12
13	4.107	4.765	5.892	7.042	8.634	9.926	12.340	15.119	16.985	19.812	22.362	25.472	27.688	34.528	13
14	4.660	5.368	6.571	7.790	9.467	10.821	13.339	16.222	18.151	21.064	23.685	26.873	29.141	36.123	14
15	5.229	5.985	7.261	8.547	10.307	11.721	14.339	17.322	19.311	3.307	24.996	28.259	30.578	37.697	15
16	5.812	6.614	7.962	9.312	11.152	12.624	15.338	18.418	20.465	23.542	26.296	29.633	32.000	39.252	16
17	6.408	7.255	8.672	10.085	12.002	13.531	16.338	19.511	21.615	24.769	27.587	30.995	33.409	40.790	17
18	7.015	7.906	9.390	10.865	12.857	14.440	17.338	2.601	22.760	95.989	28.869	32.346	34.805	42.312	18
19	7.633	8.567	10.117	11.651	13.716	15.352	18.338	21.689	23.900	27.204	30.144	33.687	36.191	43.820	19
20	8.260	9.237	10.851	12.443	14.578	16.266	19.337	22.775	95.038	28.412	31.410	35.020	37.566	45.315	20
21	8.897	9.915	11.591	13.240	15.445	17.182	20.337	23.858	36.171	29.615	32.671	36.343	38.932	46.797	21
22	9.542	10.600	12.338	14.041	16.314	18.101	21.337	24.939	27.301	30.813	33.924	37.659	40.289	48.266	22
23	10.196	11.293	13.091	14.848	17.187	19.021	22.337	26.018	28.429	32.007	35.172	38.968	41.638	49.728	23
24	10.856	11.992	13.848	15.659	18.062	19.943	23.337	27.096	29.553	33.196	36.415	40.270	42.980	51.179	24
25	11.524	12.697	14.611	16.473	18.940	20.867	24.332	28.172	30.675	34.382	37.652	41.566	44.314	52.618	25
26	12.198	13.409	15.379	17.292	19.820	21.792	25.336	29.246	31.795	35.563	38.885	42.856	45.642	54.052	26
27	12.879	14.125	16.151	18.114	20.703	22.719	26.336	30.319	32.912	36.741	40.113	44.140	46.963	55.476	27
28	13.565	14.847	16.928	19.939	21.588	23.647	27.336	31.391	34.027	37.916	41.337	45.419	48.278	56.893	28
29	14.256	15.574	17.708	19.768	2.475	24.577	28.336	32.461	35.139	39.087	42.557	46.693	49.588	58.301	29
30	14.953	16.306	18.493	20.599	23.364	25.508	29.336	33.530	36.250	40.256	43.773	47.962	50.892	59.703	30

附录4 F分布上侧临界值表

$$P(F>F_{\alpha})=\alpha$$

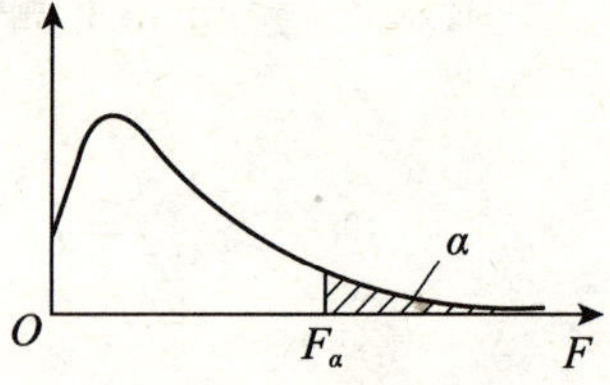

$\alpha=0.10$

n_2 \ n_1	1	2	3	4	5	6	7	8	9	10	15	20	30	50	100	200	500	∞	n_1 / n_2
1	39.9	49.5	53.6	55.8	57.2	58.2	58.9	59.4	59.9	60.2	61.2	61.7	62.3	62.7	63.0	63.2	63.3	63.3	1
2	8.53	9.00	9.16	9.24	9.29	9.39	9.35	9.37	9.38	9.39	9.42	9.44	9.46	9.47	9.48	9.49	9.49	9.49	2
3	5.54	4.46	5.39	5.34	5.31	5.28	5.27	5.25	5.24	5.23	5.20	5.18	5.17	5.15	5.14	5.14	5.14	5.13	3
4	4.54	4.32	4.19	4.11	4.05	4.01	3.98	3.95	3.94	3.92	3.87	3.84	3.82	3.80	3.78	3.77	3.76	3.76	4
5	4.06	3.78	3.62	3.52	3.45	3.40	3.37	3.34	3.32	3.30	3.24	3.21	3.17	3.15	3.13	3.12	3.11	3.10	5
6	3.78	3.46	3.29	3.18	3.11	3.05	3.01	2.98	2.96	2.94	2.87	2.84	2.80	2.77	2.75	2.73	2.73	2.72	6
7	3.59	3.26	3.07	2.96	2.83	2.83	2.78	2.75	2.72	2.70	2.63	2.59	2.56	2.52	2.50	2.48	2.48	2.47	7
8	3.46	3.11	2.92	2.81	2.73	2.67	2.62	2.59	2.56	2.54	2.46	2.42	2.38	2.35	2.32	2.31	2.30	2.29	8
9	3.36	3.01	2.81	2.69	2.61	2.55	2.51	2.47	2.44	2.42	2.34	2.30	2.25	2.22	2.19	2.17	2.17	2.16	9
10	3.28	2.92	2.73	2.61	2.52	2.46	2.41	2.38	2.35	2.32	2.24	2.20	2.16	2.12	2.09	2.07	2.06	2.06	10
11	3.23	2.86	2.66	2.54	2.45	2.39	2.34	2.30	2.27	2.25	2.17	2.12	2.08	2.04	2.00	1.99	1.98	1.97	11
12	3.18	2.81	2.61	2.48	2.39	2.33	2.28	2.24	2.21	2.19	2.10	2.06	2.01	1.97	1.94	1.92	1.91	1.90	12
13	3.14	2.76	2.56	2.43	2.35	2.28	2.23	2.20	2.16	2.14	2.05	2.01	1.96	1.92	1.88	1.86	1.85	1.85	13
14	3.10	2.73	2.52	2.39	2.31	2.24	2.19	2.15	2.12	2.10	2.01	1.96	1.91	1.87	1.83	1.82	1.80	1.80	14
15	3.07	2.70	2.49	2.36	2.27	2.21	2.16	2.12	2.09	2.06	1.97	1.92	1.87	1.83	1.79	1.77	1.76	1.76	15
16	3.05	2.67	2.46	2.33	2.24	2.18	2.13	2.09	2.06	2.03	1.94	1.89	1.84	1.79	1.76	1.74	1.73	1.72	16
17	3.13	2.64	2.44	2.31	2.22	2.15	2.10	2.06	2.03	2.00	1.91	1.86	1.81	1.76	1.73	1.71	1.69	1.69	17
18	3.01	2.62	2.42	2.29	2.20	2.13	2.08	2.04	2.00	1.98	1.89	1.84	1.78	1.74	1.70	1.68	1.67	1.66	18
19	2.99	2.61	2.40	2.27	2.18	2.11	2.06	2.02	1.98	1.96	1.86	1.81	1.76	1.71	1.67	1.65	1.64	1.63	19
20	2.97	2.59	2.38	2.25	2.16	2.09	2.04	2.00	1.96	1.94	1.84	1.79	1.74	1.69	1.65	1.63	1.62	1.61	20
22	2.95	2.56	2.35	2.22	2.13	2.06	2.01	1.97	1.93	1.90	1.81	1.76	1.70	1.65	1.61	1.59	1.58	1.57	22
24	2.93	2.54	2.33	2.19	2.10	2.04	1.98	1.94	1.91	1.88	1.78	1.73	1.67	1.62	1.58	1.56	1.54	1.53	24
26	2.91	2.52	2.31	2.17	2.08	2.01	1.96	1.92	1.88	1.86	1.76	1.71	1.65	1.59	1.55	1.53	1.51	1.50	26
28	2.89	2.50	2.29	2.16	2.06	2.00	1.94	1.90	1.87	1.84	1.74	1.69	1.63	1.57	1.53	1.50	1.49	1.48	28
30	2.88	2.49	2.28	2.14	2.05	1.98	1.93	1.88	1.85	1.82	1.72	1.67	1.61	1.55	1.51	1.48	1.47	1.46	30
40	2.84	2.44	2.23	2.09	2.00	1.93	1.87	1.83	1.79	1.76	1.66	1.61	1.54	1.48	1.43	1.41	1.39	1.38	40
50	2.81	2.41	2.20	2.06	1.97	1.90	1.84	1.80	1.76	1.73	1.63	1.57	1.50	1.44	1.39	1.36	1.34	1.33	50
60	2.79	2.39	2.18	2.04	1.95	1.87	1.82	1.77	1.74	1.71	1.60	1.54	1.48	1.41	1.36	1.33	1.31	1.29	60
80	2.77	2.37	2.15	2.02	1.92	1.85	1.79	1.75	1.71	1.68	1.57	1.51	1.44	1.38	1.32	1.28	1.26	1.24	80
100	2.76	2.36	2.14	2.00	1.91	1.83	1.78	1.73	1.70	1.66	1.56	1.49	1.42	4.35	1.29	1.26	1.23	1.21	100
200	2.73	2.33	2.11	1.97	1.88	1.80	1.75	1.70	1.66	1.63	1.52	1.46	1.38	1.31	1.24	1.20	1.17	1.14	200
500	2.72	2.31	2.10	1.96	1.86	1.79	1.73	1.68	1.64	1.61	1.50	1.44	1.36	1.28	1.21	1.16	1.12	1.09	500
∞	2.71	2.30	2.08	1.94	1.85	1.77	1.72	1.67	1.63	1.60	1.49	1.42	1.34	1.26	1.18	1.13	1.03	1.00	∞

$\alpha=0.05$

n_2 \ n_1	1	2	3	4	5	6	7	8	9	10	12	14	16	18	20	n_1 / n_2
1	161	200	216	225	230	234	237	239	241	242	244	245	246	247	248	1
2	18.5	19.0	19.2	19.2	19.3	19.3	19.4	19.4	19.4	19.4	19.4	19.4	19.4	19.4	19.4	2
3	10.1	9.55	9.28	9.12	9.01	8.94	8.89	8.85	8.81	8.79	8.74	8.71	8.69	8.67	8.66	3
4	7.71	6.94	6.59	6.39	6.26	6.16	6.09	6.04	6.00	5.96	5.91	5.87	5.84	5.82	5.80	4
5	6.61	5.79	5.41	5.19	5.05	4.95	4.88	4.82	4.77	4.74	4.68	4.64	4.60	4.58	4.56	5
6	5.99	5.14	4.76	4.53	4.39	4.28	4.21	4.15	4.10	4.06	4.00	3.96	3.29	3.90	3.87	6
7	5.59	4.74	4.35	4.12	3.97	3.87	3.79	3.73	3.68	3.64	3.57	3.53	3.49	3.47	3.44	7
8	5.32	4.46	4.07	3.84	3.69	3.58	3.50	3.44	3.39	3.35	3.28	3.24	3.20	3.17	3.15	8
9	5.12	4.26	3.86	3.63	3.48	3.37	3.29	3.23	3.18	3.14	3.07	3.03	2.99	2.96	2.94	9
10	4.96	4.10	3.71	3.48	3.38	3.28	3.14	3.07	3.02	2.98	2.91	2.86	2.83	2.80	2.77	10
11	4.84	3.98	3.59	3.36	3.20	3.09	3.01	2.95	2.90	2.85	2.79	2.74	2.70	2.67	2.65	11
12	4.75	3.89	3.49	3.26	3.11	3.00	2.91	2.85	2.80	2.75	2.69	2.64	2.60	2.57	2.54	12
13	4.67	3.81	3.41	3.18	3.03	2.92	2.83	2.77	2.71	2.67	2.60	2.55	2.51	2.48	2.46	13
14	4.60	3.74	3.34	3.11	2.96	2.85	2.76	2.70	2.65	2.60	2.53	2.48	2.44	2.41	2.39	14
15	4.54	3.68	3.29	3.06	2.90	2.79	2.71	2.64	2.59	2.54	2.48	2.42	2.38	2.35	2.33	15
16	4.49	3.63	3.24	3.01	2.85	2.74	2.66	2.59	2.54	2.49	2.42	2.37	2.33	2.30	2.28	16
17	4.45	2.59	3.20	2.96	2.81	2.70	2.61	2.55	2.49	2.45	2.38	2.33	2.29	2.26	2.23	17
18	4.41	3.55	3.16	2.93	2.77	2.66	2.58	2.51	2.46	2.41	2.34	2.29	2.25	2.22	2.19	18
19	4.38	3.52	3.13	2.90	2.74	2.63	2.54	2.48	2.42	2.38	2.31	2.26	2.21	2.18	2.16	19
20	4.35	3.49	3.10	2.87	2.71	2.60	2.51	2.45	2.39	2.35	2.28	2.22	2.18	2.15	2.12	20
21	4.31	3.47	3.07	2.84	2.68	2.57	2.49	2.42	2.37	2.32	2.25	2.20	2.16	2.12	2.10	21
22	4.30	3.44	3.05	2.82	2.66	2.55	2.46	2.40	2.37	2.30	2.23	2.17	2.13	2.10	2.07	22
23	4.28	3.42	3.03	2.80	2.64	2.53	2.44	2.37	2.32	2.27	2.20	2.15	2.11	2.07	2.05	23
24	4.26	3.40	3.01	2.78	2.62	2.51	2.42	2.36	2.30	2.25	2.18	2.13	2.09	2.05	2.03	24
25	4.24	3.39	2.09	2.76	2.60	2.49	2.40	2.34	2.28	2.24	2.16	2.11	2.07	2.04	2.01	25
26	4.23	3.37	2.98	2.74	2.59	2.47	2.39	2.32	2.27	2.22	2.15	2.09	2.05	2.02	1.99	26
27	4.21	3.35	2.96	2.73	2.57	2.46	2.37	2.31	2.25	2.20	2.13	2.08	2.04	2.00	1.97	27
28	4.20	3.34	2.95	2.71	2.56	2.45	2.36	2.29	2.24	2.19	2:12	2.06	2.02	1.99	1.96	28
29	4.18	3.33	2.93	2.70	2.55	2.43	2.35	2.28	2.22	2.18	2.10	2.05	2.01	1.97	1.94	29
30	4.17	3.32	2.92	2.69	2.53	2.42	2.33	2.27	2.21	2.16	2.09	2.04	1.99	1.96	1.93	30
32	4.15	3.29	2.90	2.67	2.51	2.40	2.31	2.24	2.19	2.14	2.07	2.01	1.97	1.94	1.91	32
34	4.13	3.28	2.88	2.65	2.49	2.38	2.29	2.23	2.17	2.12	2.05	1.99	1.95	1.92	1.89	34
36	4.11	3.26	2.87	2.63	2.48	2.36	2.28	2.21	2.15	2.11	2.03	1.98	1.93	1.90	1.87	36
38	4.10	3.24	2.85	2.62	2.46	2.35	2.26	2.19	2.14	2.09	2.02	1.96	1.92	1.88	1.85	38
40	4.08	3.23	2.84	2.61	2.45	2.34	2.25	2.18	2.12	2.08	2.00	1.95	1.90	1.87	1.84	40
42	4.07	3.22	2.83	2.59	2.44	2.32	2.24	2.17	2.11	2.06	1.99	1.93	1.89	1.86	1.83	42
44	4.06	3.21	2.82	2.58	2.43	2.31	2.23	2.16	2.10	2.05	1.98	1.92	1.88	1.84	1.81	44
46	4.05	3.20	2.81	2.57	2.42	2.30	2.22	2.15	2.09	2.04	1.97	1.91	1.87	1.83	1.80	46
48	4.04	3.19	2.80	2.57	2.41	2.29	2.21	2.14	2.08	2.03	1.96	1.90	1.86	1.82	1.79	48
50	4.03	3.18	2.79	2.56	2.40	2.29	2.20	2.13	2.07	2.03	1.95	1.89	1.85	1.81	1.78	50
60	4.00	3.15	2.76	2.53	2.37	2.25	2.17	2.10	2.04	1.99	1.92	1.86	1.82	1.78	1.75	60
80	3.96	3.11	2.72	2.49	2.33	2.21	2.13	2.06	2.00	1.95	1.88	1.82	1.77	1.73	1.70	80
100	3.94	3.09	2.70	2.46	2.31	2.19	2.10	2.03	1.97	1.93	1.85	1.79	1.75	1.71	1.68	100
125	3.92	3.07	2.68	2.44	2.29	2.17	2.08	2.01	1.96	1.91	1.83	1.77	1.72	1.69	1.65	125
150	3.90	3.06	2.66	2.43	2.27	2.16	2.07	2.00	1.94	1.89	1.82	1.76	1.71	1.67	1.64	150
200	3.89	3.03	2.65	2.42	2.26	2.14	2.06	1.98	1.93	1.88	1.80	1.74	1.69	1.66	1.62	200
300	2.87	3.01	2.63	2.40	2.24	2.13	2.04	1.97	1.91	1.86	1.78	1.72	1.68	1.64	1.61	300
500	3.86	3.01	2.62	2.39	2.23	2.12	2.03	1.96	1.90	1.85	1.77	1.71	1.66	1.62	1.59	500
1000	3.85	3.00	2.61	2.38	2.22	2.11	2.02	1.95	1.89	1.84	1.76	1.70	1.65	1.61	1.58	1000
∞	3.84	3.00	2.60	2.37	2.21	2.10	2.01	1.94	1.88	1.83	1.75	1.69	1.64	1.60	1.57	∞

$\alpha=0.05$

n_1 / n_2	22	24	26	28	30	35	40	45	50	60	80	100	200	500	∞	n_1 / n_2
1	249	249	249	250	250	251	251	251	252	252	252	253	254	254	254	1
2	19.5	18.5	19.5	19.5	19.5	19.5	19.5	19.5	19.5	19.5	19.5	19.5	19.5	19.5	19.5	2
3	8.65	8.64	8.63	8.62	8.62	8.60	8.59	8.59	8.58	8.57	8.56	8.55	8.54	8.63	8.53	3
4	5.79	5.77	5.76	5.75	5.75	5.73	5.72	5.71	5.70	5.69	5.67	5.66	5.65	5.64	5.63	4
5	4.54	4.53	4.52	4.50	4.50	4.48	4.46	4.45	4.44	4.43	4.41	4.41	4.39	4.37	4.37	5
6	3.86	3.84	3.83	3.82	3.81	3.79	3.77	3.76	3.75	3.74	3.72	3.71	3.69	3.68	3.67	6
7	3.43	3.41	3.40	3.39	3.38	3.36	3.34	3.33	3.32	3.30	3.29	3.27	3.25	3.24	3.23	7
8	3.13	3.12	3.10	3.09	3.08	3.06	3.04	3.03	3.02	3.01	2.99	2.97	2.95	2.94	2.93	8
9	2.92	2.90	2.89	2.87	2.86	2.84	2.83	2.81	2.80	2.79	2.77	2.76	2.73	2.72	2.71	9
10	2.75	2.74	2.72	2.71	2.70	2.68	2.66	2.65	2.64	2.62	2.60	2.59	2.56	2.55	2.54	10
11	2.63	2.61	2.59	2.58	2.57	2.55	2.53	2.52	2.51	2.49	2.47	2.46	2.43	2.42	2.40	11
12	2.52	2.51	2.49	2.48	2.47	2.44	2.43	2.41	2.40	2.38	2.36	2.35	2.32	2.31	2.30	12
13	2.44	2.42	2.41	2.39	2.38	2.36	2.34	2.33	2.31	2.30	2.27	2.26	2.23	2.22	2.21	13
14	2.37	2.35	2.33	2.32	2.31	2.28	2.27	2.25	2.24	2.22	2.20	2.19	2.16	2.14	2.13	14
15	2.31	2.29	2.27	2.26	2.25	2.22	2.20	2.19	2.18	2.16	2.14	2.12	2.10	2.08	2.07	15
16	2.25	2.24	2.22	2.21	2.19	2.17	2.15	2.14	2.12	2.11	2.08	2.07	2.04	2.02	2.01	16
17	2.21	2.19	2.17	2.16	2.15	2.12	2.10	2.09	2.08	2.06	2.03	2.02	1.99	1.97	1.96	17
18	2.17	2.15	2.13	2.12	2.11	2.08	2.06	2.05	2.04	2.02	1.99	1.98	1.95	1.93	1.92	18
19	2.13	2.11	2.10	2.08	2.07	2.05	2.03	2.01	2.00	1.98	1.96	1.94	1.91	1.89	1.88	19
20	2.10	2.08	2.07	2.05	2.04	2.01	1.99	1.98	1.97	1.95	1.92	1.91	1.88	1.86	1.84	20
21	2.07	2.05	2.04	2.02	2.01	1.98	1.96	1.95	1.94	1.92	1.89	1.88	1.84	1.82	1.81	21
22	2.05	2.03	2.01	2.00	1.98	1.96	1.94	1.92	1.91	1.89	1.86	1.85	1.82	1.80	1.78	22
23	2.02	2.00	1.99	1.97	1.96	1.93	1.91	1.90	1.88	1.86	1.84	1.82	1.79	1.77	1.76	23
24	2.00	1.98	1.97	1.95	1.94	1.91	1.89	1.88	1.86	1.84	1.82	1.80	1.77	1.75	1.73	24
25	1.98	1.96	1.95	1.93	1.92	1.89	1.87	1.86	1.84	1.82	1.80	1.78	1.75	1.73	1.71	25
26	1.97	1.95	1.93	1.97	1.90	1.87	1.85	1.84	1.82	1.80	1.78	1.76	1.73	1.71	1.69	26
27	1.95	1.93	1.91	1.90	1.88	1.86	1.84	1.82	1.81	1.79	1.76	1.74	1.71	1.69	1.67	27
28	1.93	1.91	1.90	1.88	1.87	1.84	1.82	1.80	1.79	1.77	1.75	1.73	1.69	1.67	1.65	28
29	1.92	1.90	1.88	1.87	1.85	1.83	1.81	1.79	1.77	1.75	1.73	1.71	1.67	1.65	1.64	29
30	1.91	1.89	1.87	1.85	1.84	1.81	1.79	1.77	1.76	1.74	1.71	1.70	1.66	1.64	1.62	30
32	1.88	1.86	1.85	1.83	1.82	1.79	1.77	1.75	1.74	1.71	1.69	1.67	1.63	1.61	1.59	32
34	1.86	1.84	1.82	1.80	1.80	1.77	1.75	1.73	1.71	1.69	1.66	1.65	1.61	1.59	1.57	34
36	1.85	1.82	1.81	1.79	1.78	1.75	1.73	1.71	1.69	1.65	1.64	1.62	1.59	1.56	1.55	36
38	1.83	1.81	1.79	1.77	1.76	1.73	1.71	1.69	1.68	1.64	1.62	1.61	1.57	1.54	1.53	38
40	1.81	1.79	1.77	1.76	1.74	1.72	1.69	1.67	1.66	1.63	1.61	1.59	1.55	1.53	1.51	40
42	1.80	1.78	1.76	1.74	1.73	1.70	1.68	1.66	1.65	1.62	1.59	1.57	1.63	1.51	1.49	42
44	1.79	1.77	1.75	1.73	1.72	1.69	1.67	1.65	1.63	1.61	1.58	1.56	1.52	1.49	1.48	44
46	1.78	1.76	1.74	1.72	1.71	1.68	1.65	1.64	1.62	1.60	1.57	1.55	1.51	1.48	1.46	46
48	1.77	1.75	1.73	1.71	1.70	1.67	1.64	1.62	1.61	1.59	1.56	1.54	1.49	1.47	1.45	48
50	1.76	1.74	1.72	1.70	1.69	1.66	1.63	1.61	1.60	1.58	1.54	1.52	1.48	1.46	1.44	50
60	1.72	1.70	1.68	1.66	1.65	1.62	1.59	1.57	1.56	1.53	1.50	1.48	1.44	1.41	1.39	60
80	1.68	1.65	1.63	1.62	1.60	1.57	1.54	1.52	1.51	1.43	1.45	1.43	1.38	1.35	1.32	80
100	1.65	1.63	1.61	1.59	1.57	1.54	1.52	1.49	1.48	1.45	1.41	1.39	1.34	1.31	1.28	100
125	1.63	1.60	1.58	1.57	1.55	1.52	1.49	1.47	1.45	1.42	1.39	1.36	1.31	1.27	1.25	125
150	1.61	1.59	1.57	1.55	1.53	1.50	1.48	1.45	1.44	1.41	1.37	1.34	1.29	1.25	1.22	150
200	1.60	1.57	1.55	1.53	1.52	1.48	1.46	1.43	1.41	1.39	1.35	1.32	1.26	1.22	1.19	200
300	1.58	1.55	1.53	1.51	1.50	1.46	1.43	1.41	1.39	1.36	1.32	1.30	1.23	1.19	1.15	300
500	1.56	1.54	1.52	1.50	1.48	1.45	1.42	1.40	1.38	1.34	1.30	1.28	1.21	1.16	1.11	500
1000	1.55	1.53	1.51	1.49	1.47	1.44	1.41	1.38	1.36	1.33	1.29	1.26	1.19	1.13	1.00	1000
∞	1.54	1.52	1.50	1.48	1.46	1.42	1.39	1.37	1.35	1.32	1.27	1.24	1.17	1.11	1.00	∞

$\alpha=0.01$

n_2 \ n_1	1	2	3	4	5	6	7	8	9	10	12	14	16	18	20	n_1 / n_2
1	405	500	540	563	576	586	593	598	602	606	611	614	617	619	621	1
2	98.5	99.0	99.2	99.2	99.3	99.3	99.4	99.4	99.4	99.4	99.4	99.4	99.4	99.4	99.4	2
3	34.1	30.8	29.5	28.7	28.2	27.9	27.7	27.5	27.3	27.2	27.1	26.9	26.8	26.7	26.7	3
4	21.2	18.0	16.7	16.0	15.5	15.2	15.0	14.8	14.7	14.5	14.4	14.2	14.2	14.1	14.0	4
5	16.3	13.3	12.1	11.4	11.0	10.7	10.5	10.3	10.2	10.1	9.89	9.77	9.68	9.61	9.55	5
6	13.7	10.9	9.78	9.15	8.75	8.47	8.26	8.10	7.98	7.87	7.72	7.60	7.52	7.45	7.40	6
7	12.2	9.55	8.45	8.85	7.46	7.19	6.99	6.84	6.72	6.62	6.47	6.36	6.27	6.21	6.16	7
8	11.3	8.65	7.59	7.01	6.63	6.37	6.18	6.03	5.91	5.81	5.67	5.56	5.48	5.41	5.36	8
9	10.6	8.02	6.99	6.42	6.06	5.80	5.61	5.47	5.35	5.26	5.11	5.00	4.95	4.86	4.81	9
10	10.0	7.56	6.55	5.99	5.64	5.39	5.20	5.06	4.94	4.85	4.71	4.60	4.52	4.46	4.41	10
11	9.65	7.21	6.22	5.67	5.32	5.07	4.89	4.74	4.63	4.54	4.40	4.29	4.21	4.15	4.10	11
12	9.33	6.93	5.95	5.41	5.06	4.82	4.64	4.50	4.39	4.30	4.16	4.05	3.97	3.91	3.86	12
13	9.07	6.70	5.74	5.21	4.86	4.62	4.44	4.30	4.19	4.10	3.96	3.86	3.78	3.71	3.66	13
14	8.86	6.51	5.56	5.04	4.70	4.46	4.28	4.14	4.03	3.94	3.80	3.70	3.62	3.56	3.51	14
15	8.68	6.36	6.42	4.89	4.56	4.32	4.14	4.00	3.89	3.80	3.67	3.56	3.49	3.42	3.37	15
16	8.53	6.23	5.29	4.77	4.44	4.20	4.03	3.89	3.78	3.69	3.55	3.45	3.37	3.31	3.26	16
17	8.40	6.11	5.18	4.67	4.34	4.10	3.93	3.79	3.68	3.59	3.46	3.35	3.27	3.21	3.16	17
18	8.29	6.01	5.09	4.58	4.25	4.01	3.84	3.71	3.60	3.51	8.37	3.27	3.19	3.13	3.08	18
19	8.18	5.93	5.01	4.50	4.17	3.94	3.77	3.63	3.52	3.43	3.30	3.19	3.12	3.05	3.00	19
20	8.10	5.85	4.94	4.43	4.10	3.87	3.70	3.56	3.46	3.37	3.23	3.13	3.05	2.99	2.94	20
21	8.02	5.78	4.87	4.37	4.04	3.81	3.64	3.54	3.40	3.31	3.17	3.07	2.99	2.93	2.88	21
22	7.95	5.72	4.82	4.31	3.99	3.76	6.59	3.51	3.35	3.26	3.12	3.02	2.94	2.88	2.83	22
23	7.88	5.66	4.76	4.26	3.94	3.71	3.54	3.41	3.30	3.21	3.07	2.97	2.89	2.83	2.78	23
24	7.82	5.61	4.72	4.22	3.90	3.67	3.50	3.36	3.26	3.17	3.03	2.93	2.85	2.79	2.74	24
25	7.77	5.57	4.68	4.18	3.86	3.63	3.46	3.32	3.22	3.13	2.99	2.89	2.81	2.75	2.70	25
26	7.72	5.53	4.64	4.14	3.82	3.59	3.42	3.29	3.18	3.09	2.96	2.86	2.78	2.72	2.66	26
27	7.68	5.49	4.60	4.11	3.78	3.56	3.39	3.26	3.15	3.06	2.93	2.82	2.75	2.68	2.63	27
28	7.64	5.45	4.57	4.07	3.75	3.53	3.36	3.23	3.12	3.03	2.90	2.79	2.72	2.65	2.60	28
29	7.60	5.42	4.54	4.04	3.73	3.50	3.33	3.20	3.09	3.00	0.87	2.77	2.69	2.63	2.57	29
30	7.56	5.39	4.51	4.02	3.70	3.47	3.30	3.17	3.07	2.98	2.84	2.74	2.66	2.60	2.55	30
32	7.50	5.34	4.46	3.97	3.65	3.43	3.26	3.13	3.02	2.93	2.80	2.70	2.62	2.55	2.50	32
34	7.44	5.29	4.42	3.93	3.61	3.39	3.22	3.09	2.98	2.89	2.76	2.66	2.58	2.51	2.46	34
36	7.40	5.25	4.38	3.89	3.57	3.35	3.18	3.05	2.95	2.86	2.72	2.62	2.54	2.48	2.43	36
38	7.35	5.21	4.34	3.86	3.54	3.32	3.15	3.02	2.92	2.83	2.69	2.59	2.51	2.45	2.40	38
40	7.31	5.18	4.31	3.83	3.51	3.29	3.12	2.99	2.89	2.80	2.66	2.56	2.48	2.42	2.37	40
42	7.28	5.15	4.29	3.80	3.49	3.27	3.10	2.97	2.86	2.78	2.64	2.54	2.46	2.40	2.34	42
44	7.25	5.12	4.26	3.78	3.47	3.24	3.08	2.95	2.84	2.75	2.62	2.52	2.44	2.37	2.32	44
46	7.22	5.10	4.24	3.76	3.44	3.22	3.06	2.93	2.82	2.73	2.60	2.50	2.42	2.35	2.30	46
48	7.20	5.08	4.22	3.74	3.43	3.20	3.04	2.91	2.80	2.72	2.58	2.48	2.40	2.33	2.28	48
50	7.17	5.06	4.20	3.72	3.41	3.19	3.02	2.89	2.79	2.70	2.56	2.46	2.38	2.32	2.27	50
60	7.08	4.98	4.13	3.65	3.34	3.12	2.95	2.82	2.72	2.63	2.50	2.39	2.31	2.25	2.20	60
80	6.96	4.88	4.04	6.56	3.26	3.04	2.87	2.74	2.64	2.55	2.42	2.31	2.23	2.17	2.12	80
100	6.90	4.82	3.98	3.51	3.21	2.99	2.82	2.69	2.59	2.50	2.37	2.26	2.19	2.12	2.07	100
125	6.84	4.78	3.94	3.47	3.17	2.95	2.79	2.66	2.55	2.47	2.33	2.23	2.15	2.08	2.03	125
150	6.81	4.75	3.92	3.45	3.14	2.92	2.76	2.63	2.53	2.44	2.31	2.20	2.12	2.06	2.00	150
200	6.76	4.71	3.88	3.41	3.11	2.89	2.73	2.60	2.50	2.41	2.27	2.17	2.09	2.02	1.97	200
300	6.72	4.68	3.85	3.38	3.08	2.86	2.70	2.57	2.47	2.38	2.24	2.14	2.06	1.99	1.94	300
500	6.69	4.65	3.82	3.36	3.05	2.84	2.68	2.55	2.44	2.36	2.22	2.12	2.04	1.97	1.92	500
1000	6.66	4.63	3.80	3.34	3.04	2.82	2.66	2.53	2.43	2.34	2.20	2.10	2.02	1.95	1.90	1000
∞	6.63	4.61	3.78	3.32	3.02	2.80	2.64	2.51	2.41	2.32	2.18	2.08	2.00	1.93	1.88	∞

α=0.01

n_2 \ n_1	22	24	26	28	30	35	40	45	50	60	80	100	200	500	∞	n_1 / n_2
1	622	623	624	625	626	628	629	630	630	631	633	633	635	636	637	1
2	99.5	99.5	99.5	99.5	99.5	99.5	99.5	99.5	99.5	99.5	99.5	99.5	99.5	99.5	99.5	2
3	26.6	26.6	26.6	26.5	26.5	26.5	26.4	26.4	26.4	26.3	26.3	26.2	26.2	26.1	26.1	3
4	14.0	13.9	13.9	13.9	13.8	13.8	13.7	13.7	13.7	13.7	13.6	13.6	13.5	13.5	13.5	4
5	9.51	9.47	9.43	9.40	9.38	9.33	9.29	9.26	9.24	9.20	9.16	9.13	9.08	9.04	9.02	5
6	7.35	7.31	7.28	7.25	7.23	7.18	7.14	7.11	7.09	7.06	7.01	6.99	6.93	6.90	6.88	6
7	6.11	6.07	6.04	6.02	5.99	5.94	5.91	5.88	5.86	5.82	5.78	5.75	5.70	5.67	6.65	7
8	5.32	5.28	5.25	5.22	5.20	5.15	5.12	5.00	5.07	5.03	4.99	4.96	4.91	4.88	4.86	8
9	4.77	4.73	4.70	4.67	4.65	4.60	4.57	5.54	4.52	4.48	4.44	4.42	4.36	4.33	4.31	9
10	4.36	4.33	4.30	4.27	4.25	4.20	4.17	4.14	4.12	4.08	4.04	4.01	3.69	3.93	3.91	10
11	4.06	4.02	3.99	3.96	3.94	3.89	3.86	3.83	3.81	3.78	3.73	3.71	3.66	3.62	3.60	11
12	3.82	3.78	3.75	3.72	3.70	3.65	3.62	3.59	3.57	3.54	3.49	3.47	3.41	3.38	3.36	12
13	3.62	3.59	3.56	3.53	3.51	3.46	3.43	3.40	3.38	3.34	3.30	3.27	3.22	3.19	3.17	13
14	3.46	3.43	3.40	3.37	3.35	3.30	3.27	3.24	3.22	3.18	3.14	3.11	3.06	3.03	3.00	14
15	3.33	3.29	3.26	3.24	3.21	3.17	3.13	3.10	3.08	3.05	3.00	2.98	2.92	2.89	2.87	15
16	3.22	3.18	3.15	3.12	3.10	3.05	3.02	2.99	2.97	2.93	2.89	2.86	2.81	2.78	2.75	16
17	3.12	3.08	3.05	3.03	3.00	2.96	2.92	2.89	2.87	2.83	2.79	2.76	2.71	2.68	2.65	17
18	3.03	3.00	2.97	2.94	2.92	2.87	2.84	2.81	2.78	2.75	2.70	2.68	2.62	2.59	2.57	18
19	2.96	2.92	2.89	2.87	2.84	2.80	2.76	2.73	2.71	2.67	2.63	2.60	2.55	2.51	2.49	19
20	2.90	2.86	2.83	2.80	2.78	2.73	2.69	2.67	2.64	2.61	2.56	2.54	2.48	2.44	2.42	20
21	2.84	2.80	2.77	2.74	2.72	2.67	2.64	2.61	2.58	2.55	2.50	2.48	2.42	2.38	2.36	21
22	2.78	2.75	2.72	2.69	2.67	2.62	2.58	2.55	2.53	2.50	2.45	2.42	2.36	2.33	2.31	22
23	2.74	2.70	2.67	2.64	2.62	2.57	2.54	2.51	2.48	2.45	2.40	2.37	2.32	2.28	2.26	23
24	2.70	2.66	2.63	2.60	2.58	2.53	2.49	2.46	2.44	2.40	2.36	2.33	2.27	2.24	2.21	24
25	2.66	2.58	2.59	2.56	2.54	2.49	2.45	2.42	2.40	2.36	2.32	2.29	2.23	2.19	2.17	25
26	2.62	2.58	2.55	2.53	2.50	2.45	2.42	2.39	2.36	2.33	2.28	2.25	2.19	2.16	2.13	26
27	2.59	2.55	2.52	2.49	2.47	2.42	2.38	2.35	2.33	2.29	2.25	2.22	2.16	2.12	2.10	27
28	2.56	2.52	2.49	2.46	2.44	2.39	2.35	2.32	2.30	2.26	2.22	2.19	2.13	2.09	2.06	28
29	2.53	2.49	2.46	2.44	2.41	2.36	2.33	2.30	2.27	2.23	2.19	2.16	2.10	2.06	2.03	29
30	2.51	2.47	2.44	2.41	2.39	2.34	2.30	2.27	2.25	2.21	2.16	2.13	2.07	2.03	2.01	30
32	2.46	2.42	2.39	2.36	2.34	2.29	2.25	2.22	2.20	2.16	2.11	2.06	2.02	1.98	1.96	32
34	2.42	2.38	2.35	2.32	2.30	2.25	2.21	2.18	2.16	2.12	2.07	2.04	1.98	1.94	1.91	34
36	2.38	2.35	2.32	2.29	2.26	2.21	2.17	2.14	2.12	2.08	2.03	2.00	1.94	1.90	1.87	36
38	2.35	2.32	2.28	2.26	2.23	2.18	2.14	2.11	2.09	2.05	2.00	1.97	1.90	1.86	1.84	38
40	2.33	2.29	2.26	2.23	2.20	2.15	2.11	2.08	2.06	2.02	1.97	1.94	1.87	1.83	1.80	40
42	2.30	2.26	2.23	2.20	2.18	2.13	2.09	2.06	2.03	1.99	1.94	1.91	1.85	1.80	1.78	42
44	2.28	2.24	2.21	2.18	2.15	2.10	2.06	2.03	2.01	1.97	1.92	1.89	1.82	1.78	1.75	44
46	2.26	2.22	2.19	2.16	2.13	2.08	2.04	2.01	1.99	1.95	1.90	1.86	1.80	1.75	1.73	46
48	2.24	2.20	2.17	2.14	2.12	2.06	2.02	1.99	1.97	1.93	1.88	1.84	1.78	1.73	1.70	48
50	2.22	2.18	2.15	2.12	2.10	2.05	2.01	1.97	1.95	1.91	1.86	1.82	1.76	1.71	1.68	50
60	2.15	2.12	2.08	2.05	2.03	1.98	1.94	1.90	1.88	1.84	1.78	1.75	1.68	1.63	1.60	60
80	2.07	2.03	2.00	1.97	1.94	1.89	1.85	1.81	1.79	1.75	1.69	1.66	1.58	1.53	1.49	80
100	2.02	1.98	1.94	1.92	1.89	1.84	1.80	1.76	1.73	1.69	1.63	1.60	1.52	1.47	1.43	100
125	1.98	1.94	1.91	1.88	1.85	1.80	1.76	1.72	1.69	1.65	1.59	1.55	1.47	1.41	1.37	125
150	1.96	1.92	1.88	1.85	1.83	1.77	1.73	1.69	1.66	1.62	1.56	1.52	1.43	1.38	1.33	150
200	1.93	1.89	1.85	1.82	1.79	1.74	1.69	1.66	1.63	1.58	1.52	1.48	1.69	1.33	1.28	200
300	1.89	1.85	1.82	1.79	1.76	1.71	1.66	1.62	1.59	1.55	1.48	1.44	1.35	1.28	1.22	300
500	1.87	1.83	1.79	1.76	1.74	1.68	1.63	1.60	1.56	1.52	1.45	1.41	1.31	1.23	1.13	500
1000	1.85	1.81	1.77	1.74	1.72	1.66	1.61	1.57	1.54	1.50	1.43	1.38	1.28	1.19	1.11	1000
∞	1.83	1.79	1.76	1.72	1.70	1.64	1.59	1.55	1.52	1.47	1.40	1.36	1.25	1.15	1.00	∞

附录 5　样本相关系数双侧分位数表

$P(|R| \geqslant \lambda) = p$（自由度为 m）

m \ p	0.10	0.05	0.01
1	0.987 7	0.996 9	0.999 9
2	0.900 0	0.950 0	0.990 0
3	0.805 4	0.878 3	0.958 7
4	0.729 3	0.811 4	0.917 2
5	0.669 4	0.754 5	0.874 3
6	0.621 5	0.706 7	0.834 5
7	0.582 2	0.666 4	0.797 7
8	0.549 4	0.631 9	0.764 6
9	0.521 1	0.602 1	0.734 8
10	0.493 3	0.576 0	0.707 9
11	0.476 2	0.552 9	0.683 5
12	0.457 5	0.532 4	0.667 4
13	0.440 9	0.513 9	0.641 1
14	0.425 9	0.497 3	0.622 6
15	0.412 4	0.482 1	0.605 5
16	0.400 0	0.468 3	0.589 7
17	0.388 7	0.455 5	0.575 1
18	0.378 3	0.443 8	0.561 4
19	0.368 7	0.432 9	0.548 7
20	0.359 8	0.422 7	0.536 8
25	0.323 3	0.380 9	0.486 9
30	0.296 0	0.349 4	0.448 7
35	0.274 6	0.324 6	0.418 2
40	0.257 3	0.304 4	0.393 2
45	0.242 8	0.287 5	0.372 1
50	0.230 6	0.273 2	0.354 1
60	0.210 8	0.250 0	0.324 8
70	0.195 4	0.231 9	0.301 7
80	0.182 9	0.217 2	0.283 0
90	0.172 6	0.205 0	0.267 3
100	0.163 8	0.194 6	0.254 0

参 考 文 献

[1] 王新华. 应用数学基础. 北京：清华大学出版社，2010.
[2] 周誓达. 概率论与数理统计. 北京：中国人民大学出版社，2009.
[3] 刘明忠，黄长琴. 大学应用数学. 北京：中国经济出版社，2010.
[4] 贺利敏. 应用数学. 北京：科学出版社，2009.
[5] 胡晶. 应用数学基础. 保定：河北大学出版社，2004.
[6] 楚天科技. MATLAB科学计算实例教程. 北京：化学工业出版社，2009.
[7] 何晓群. 现代统计分析方法与应用. 北京：中国人民大学出版社，1998.
[8] 吴赣昌. 应用数学基础. 北京：中国人民大学出版社，2009.
[9] 吴赣昌. 线性代数. 北京：中国人民大学出版社，2006.
[10] 吴赣昌. 概率论与数理统计. 北京：中国人民大学出版社，2006.
[11] 李林曙等. 经济数学基础——概率论与数理统计. 北京：高等教育出版社，2004.
[12] 胡晶. 逆矩阵定义及有关教材内容的改革. 河北广播电视大学学报，2001(4).
[13] 胡晶. 子女身高对父母身高的再回归分析. 数学的实践与认识，2001(3).
[14] 施光燕. 线性代数. 北京：中央广播电视大学出版社，1993.
[15] 张尧庭. 工程数学. 北京：中央广播电视大学出版社，1993.
[16] 胡晶. 工程数学典型试题分析. 北京：学苑出版社，1995.
[17] 周复恭等. 应用数理统计. 北京：中央广播电视大学出版社，1987.
[18] 金子瑜. 概率论与数理统计. 石家庄：河北教育出版社，1980.
[19] Daniel Solow. *The Key to Linear Algebra*. Books Unlimited，1998.
[20] David A Harville. *Matrix algebra－From a Statistician's Perspective*. Springer-Verlag Publishing Company. 1997.
[21] John B Fraleigh，Raymond A Beauregard. *Linear Algebra*. Addison-Wesley Publishing Company，1995.

图书在版编目（CIP）数据

应用数学基础/胡晶主编．—北京：中国人民大学出版社，2012.4
ISBN 978-7-300-15295-0

Ⅰ．①应… Ⅱ．①胡… Ⅲ．①应用数学-教材 Ⅳ．①029

中国版本图书馆 CIP 数据核字（2012）第 032866 号

应用数学基础
主　编　胡晶

出版发行	中国人民大学出版社		
社　　址	北京中关村大街 31 号	**邮政编码**	100080
电　　话	010－62511242（总编室）		010－62511398（质管部）
	010－82501766（邮购部）		010－62514148（门市部）
	010－62515195（发行公司）		010－62515275（盗版举报）
网　　址	http://www.crup.com.cn		
	http://www.ttrnet.com(人大教研网)		
经　　销	新华书店		
印　　刷	北京诚顺达印刷有限公司		
规　　格	185 mm×260 mm　16 开本	**版　　次**	2012 年 4 月第 1 版
印　　张	16.5	**印　　次**	2012 年 4 月第 1 次印刷
字　　数	368 000	**定　　价**	29.00 元